国家出版基金项目
NATIONAL PUBLICATION FOUNDATION

"十四五"时期国家重点出版物出版专项规划项目

新一代人工智能理论、技术及应用丛书

深海智能探测与自主采样机器人

宋士吉 葛 彤 著

科学出版社
北 京

内 容 简 介

本书详细阐述了深海探测与采样机器人的两层分离式主体结构总体设计、关键配套部件及应用系统的创新设计。本书建立了海底热液异常源信息智能搜索问题的强化学习模型，提出了基于机器学习的系列高效求解算法，提高了深海探测与采样机器人的搜索效率与准确性；建立了深海探测与采样机器人实时跟踪控制问题的强化学习模型，提出了基于深度学习的系列高效求解方法，实现了深海探测与采样机器人运动轨迹的精确跟踪与自主精准采样。本书阐述的深海探测与采样机器人具有整机智能和多功能等显著特点，其智能搜索、轨迹跟踪智能控制、自主精准地质采样等先进性能在大洋航次调查任务中得到了验证。

本书适合于从事深海机器人技术及系统领域研究的教师或研究生使用，也可供从事机器人相关领域研究的专业技术人员参考。

图书在版编目(CIP)数据

深海智能探测与自主采样机器人 / 宋士吉，葛彤著. -- 北京 : 科学出版社，2024. 12. --(新一代人工智能理论、技术及应用丛书). -- ISBN 978-7-03-080526-3

Ⅰ. TP242.3

中国国家版本馆CIP数据核字第2024PJ1393号

责任编辑：孙伯元 / 责任校对：崔向琳
责任印制：师艳茹 / 封面设计：陈　敬

科学出版社出版
北京东黄城根北街 16 号
邮政编码: 100717
http://www.sciencep.com
北京中科印刷有限公司印刷
科学出版社发行　各地新华书店经销
*
2024年12月第　一　版　开本：720 × 1000　1/16
2024年12月第一次印刷　印张：17 1/2
字数：353 000

定价：150.00 元

(如有印装质量问题，我社负责调换)

"新一代人工智能理论、技术及应用丛书"编委会

"新一代人工智能理论、技术及应用丛书"序

科学技术发展的历史就是一部不断模拟和扩展人类能力的历史。按照人类能力复杂的程度和科技发展成熟的程度，科学技术最早聚焦于模拟和扩展人类的体质能力，这就是从古代就启动的材料科学技术。在此基础上，模拟和扩展人类的体力能力是近代才蓬勃兴起的能量科学技术。有了上述的成就做基础，科学技术便进展到模拟和扩展人类的智力能力。这便是20世纪中叶迅速崛起的现代信息科学技术，包括它的高端产物——智能科学技术。

人工智能，是以自然智能(特别是人类智能)为原型、以扩展人类的智能为目的、以相关的现代科学技术为手段而发展起来的一门科学技术。这是有史以来科学技术最高级、最复杂、最精彩、最有意义的篇章。人工智能对于人类进步和人类社会发展的重要性，已是不言而喻。

有鉴于此，世界各主要国家都高度重视人工智能的发展，纷纷把发展人工智能作为战略国策。越来越多的国家也在陆续跟进。可以预料，人工智能的发展和应用必将成为推动世界发展和改变世界面貌的世纪大潮。

我国的人工智能研究与应用，已经获得可喜的发展与长足的进步：涌现了一批具有世界水平的理论研究成果，造就了一批朝气蓬勃的龙头企业，培育了大批富有创新意识和创新能力的人才，实现了越来越多的实际应用，为公众提供了越来越好、越来越多的人工智能惠益。我国的人工智能事业正在开足马力，向世界强国的目标努力奋进。

"新一代人工智能理论、技术及应用丛书"是科学出版社在长期跟踪我国科技发展前沿、广泛征求专家意见的基础上，经过长期考察、反复论证后组织出版的。人工智能是众多学科交叉互促的结晶，因此丛书高度重视与人工智能紧密交叉的相关学科的优秀研究成果，包括脑神经科学、认知科学、信息科学、逻辑科学、数学、人文科学、人类学、社会学和相关哲学等学科的研究成果。特别鼓励创造性的研究成果，着重出版我国的人工智能创新著作，同时介绍一些优秀的国外人工智能成果。

尤其值得注意的是，我们所处的时代是工业时代向信息时代转变的时代，也是传统科学向信息科学转变的时代，是传统科学的科学观和方法论向信息科学的科学观和方法论转变的时代。因此，丛书将以极大的热情期待与欢迎具有开创性的跨越时代的科学研究成果。

“新一代人工智能理论、技术及应用丛书”是一个开放的出版平台，将长期为我国人工智能的发展提供交流平台和出版服务。我们相信，这个正在朝着“两个一百年”奋斗目标奋力前进的英雄时代，必将是一个人才辈出百业繁荣的时代。

希望这套丛书的出版，能给我国一代又一代科技工作者不断为人工智能的发展做出引领性的积极贡献带来一些启迪和帮助。

李衍达

前　　言

深海探测历来是科技探索和创新的前沿，处于大洋深处的国际海底区域，以其广阔的空间，丰富的矿物、能源、蛋白质及生物基因等资源，重要的科学研究价值，以及特殊的政治地位，成为世界大国关注和争夺的重要战略区域。目前，深海技术与装备已成为世界各国重点发展的技术领域，是国际海洋工程技术研究的热点和前沿。深海技术体现了一个国家的总体技术水平和综合技术实力，既有深海环境的特殊性，又有多学科交叉的典型特征，其研发与应用的主要难题是：技术挑战性强、海上作业风险大、成本高。深海技术与装备是实现我国“深海进入、深海探测、深海开发”发展战略的核心关键技术。近年来，我国在发展深海高新技术领域取得了突破，研究人员逐步开发了一批深海核心技术与装备，在深海科学研究、深海运载装备、深海探测技术和深海资源开发利用等领域取得了重大成就，开创了“追赶迅速、局部领先”的新局面。

深海调查是当今国际深海探测领域的主要研究方法，目前最为常用的主流调查手段仍是采用深海综合探测拖体和深海可视化电视抓斗相结合的经典作业模式。这类作业模式的主要缺陷是深海拖体探测设备和深海可视化抓斗采样设备各自独立作业，难以满足深海智能探测和定点精准采样的实际作业需求。受到拖曳作业方式的限制，综合探测拖体和深海可视化抓斗均无法在海底进行可控运动，这导致深海探测与海底定点采样效率低下，更难以完成智能探测与精准采样作业。

针对深海调查工作的实际需求和作业过程面临的技术瓶颈问题，在国家自然科学基金重大科学仪器研制项目资助下，本书作者将深海探测和深海定点采样两个主要功能集于一体，研制出我国首台满足6000m水深作业的深海智能探测与自主采样机器人(简称“深海探测与采样机器人”)，在6000m海底位置的150m半径范围内可自主移动作业。该机器人采用两层分离式主体结构，具有海底热液异常信息的智能搜索、海底运动的智能控制、抓挖和抓取采样过程的智能控制等先进性能，具有整机智能和多功能的特点，可实现对深海硫化物矿区的智能探测和精准采样，极大提升了深海调查作业的效率和质量。该机器人的自主创新技术对推动我国深海资源勘探与采样智能装备的发展具有应用示范作用，特别是在深海油气、水合物等矿产资源的精细勘探等领域同样可实现重大工程应用。

本书系统全面地阐述了深海探测与采样机器人的应用背景、作业需求、总体结构、关键技术及应用系统等。在深海智能探测与自主采样技术方面，本书阐述了多种智能路径规划与智能控制方法，特别是强化学习系列方法在求解智能轨迹规划及其跟踪控制问题的开创性工作，突破了复杂海底环境下深海探测与采样机器人的智能导航与实时跟踪控制难题，取得了显著效果。为便于阅读，本书提供部分彩图电子版文件，读者可自行扫描前言二维码查阅。

本书取材于作者在深海探测与采样机器人领域的主要研究成果，参与本书撰稿工作的其他成员包括：吴超、林金表、艾晓东、武辉、胡航凯、石文杰、江鹏、杨张义等，作者愿意借此机会对他们的辛勤付出表示感谢！

限于作者水平，书中难免存在不妥之处，恳请读者批评指正。

部分彩图二维码

目　录

第 1 章　深海探测与采样机器人概述

1.1　科学与应用需求

“深空、深海、深地探测计划”是科学史上空前的重大举措。地球深部包括深海和深地，深海、深地蕴藏了绝大部分的资源和能源。深海探测、深地探测是人类实现可持续发展的战略途径和重要手段。总面积约占 2.5 亿平方公里的国际海域(包括国家管辖海域之外的国际海底区域和公海水域)，承载着全人类可持续发展的未来资源和空间，其中蕴藏着丰富的矿产资源、生物基因资源、海水和能源。国际海域在政治、经济、科学和军事上有着与太空一样的特殊战略意义。

21 世纪以来，发达国家和新兴工业国家以开发资源为目标，不断加大在国际海域活动的力度。随着国际海底管理局有关国际海底区域资源探矿和勘探规章的颁布，为争夺国际海底资源和空间的新一轮“蓝色圈地运动”悄然兴起，并愈演愈烈。深海高新技术是人类认识国际海底资源和空间，并逐步实现开发利用的合理可行的技术手段。目前，深海技术成为世界各国的重点发展技术领域，其中某些技术的复杂性与难度与航空航天技术相当。深海竞争实质上是综合国力和高技术能力的竞争，深海高新技术集中体现了一个国家的综合技术实力。

我国对“国际海底深海资源研究与开发利用”一直给予高度重视。《国家深海高技术发展专项规划(2009—2020)》将深海运载与作业关键技术作为重点发展方向，制定了翔实的任务部署：①深海遥控潜水器(remote operated vehicle, ROV)及作业关键技术，包括具有强作业能力的深海遥控潜水器水下载体技术、收放技术、动力与信息传输技术以及作业技术；②自治水下机器人关键技术，包括具有精细调查和轻作业能力的作业型自治水下机器人关键技术等。

我国在 20 世纪 90 年代开启大规模深海资源勘查与深海活动，先后启动深海多金属结核、富钴结壳、多金属硫化物和深海稀土资源等多种资源的勘查工作。迄今为止，我国已经成为世界上勘探矿区种类最为齐全、数量最多的国家，包括 3 个多金属结核勘探合同区、1 个富钴结壳勘探合同区，以及 1 个多金属硫化物勘探合同区，特别是我国 2011 年在西南印度洋中脊获得的 1 万平方公里的海底硫化物专属勘探区，已与国际海底管理局签订勘探合同，目前由一般勘探阶段进入详细勘探阶段。同时，我国在东太平洋、北印度洋、南大西洋等也开辟了海底硫化物远景调查区。

30余年来，我国在深海矿产资源勘探技术研发领域进行合理部署和投入，不仅基本解决了从无到有的问题，而且建成了自主的深海勘探技术装备体系。先后成功研制了水下机器人、中深孔岩心钻机、电视抓斗、瞬变电磁系统、海底磁力仪、声学深拖系统、多功能深拖系统和生物捕获器等一系列深海勘查装备，并在实际应用过程中不断升级和完善，在深海资源勘探开发领域发挥了重要作用。我国科研人员自主成功研制了深海资源探测核心装备，部分装备打破了国外技术垄断，为我国实施“攻深探盲”“向地球深部进军”等国家战略提供了核心技术与装备，为我国资源、能源安全保障体系提供了强有力的技术支撑。

随着国际科技竞争形势日趋激烈，“深海、深地探测”迅速向科技制高点迈进，从地球表层走向深部，从陆地走向海洋，从近海走向远海，从开发成熟区域走向难以进入区域。深海、深地领域的科技创新正处于从量的积累向质的飞跃，点的突破向系统能力提升的重要阶段。随着海上勘查工作的开展，目前已逐步形成了针对多种资源行之有效的勘查方法，编制了深海多金属结核、富钴结壳、多金属硫化物等资源的勘查规范。这些规范和勘探方法为我们合理、规范、有序地开展资源勘查中一般勘探和详细勘探提出了明确要求，其目的是提高大深海资源勘查效率和质量。

另一方面，在自然科学发展历程中，深海大洋历来就是科学探索的前沿，其中海底扩张和板块构造、大洋中脊热液活动是20世纪自然科学的重大发现之一，已成为海洋科学、地球科学和生命科学等学科的前沿和热点领域。深部岩浆活动和断裂构造是形成大洋中脊热液系统和多金属硫化物成矿最关键的因素，深部岩浆活动形成的岩浆房为多金属硫化物成矿提供了热源和矿物质元素，断裂构造提供了重要的导矿通道和容矿裂隙，海底沉积物为海底稳定热液对流系统的形成提供了良好的圈闭盖层以及成矿物质来源。海底硫化物矿床常存在于火山活动的构造板块边缘，包括大洋中脊、弧后扩张中心和火山弧，主要形成于大洋中脊的玄武岩中，但超过三分之一的区域与俯冲带有关。海底硫化物矿床是由加热海水、岩浆挥发分和大量母岩相互作用在海底和海底以下形成的金属矿床，海底多金属硫化物矿床的主要元素是Cu、Zn、Pb、Ag、Ba、Ca和Au等，形成的矿物以黄铁矿、闪锌矿、黄铜矿、斑铜矿、白铁矿、方铅矿、磁黄铁矿为主，也有一些热液型黏土矿物和非硫化物矿物，如硬石膏以及非晶质SiO_2等；一般来说，金属含量可达30%～40%[1]，如图1.1所示。自从发现黑烟囱以来，已经确定了300多个高温热液喷发地点，其中已有165个地点发现了明显的块状硫化物堆积。根据矿床出现模式，对喷口区域和相关矿床总数的估计从500个到5000个不等。据估计，这些地区的总储量约为6×10^8t，其中Cu和Zn的储量约为3×10^7t[2]。海底块状硫化物矿床拥有巨大的稀有金属资源含量，非常具有开发利用价值和商业化前景，是全球勘探活动的重要研究目标。

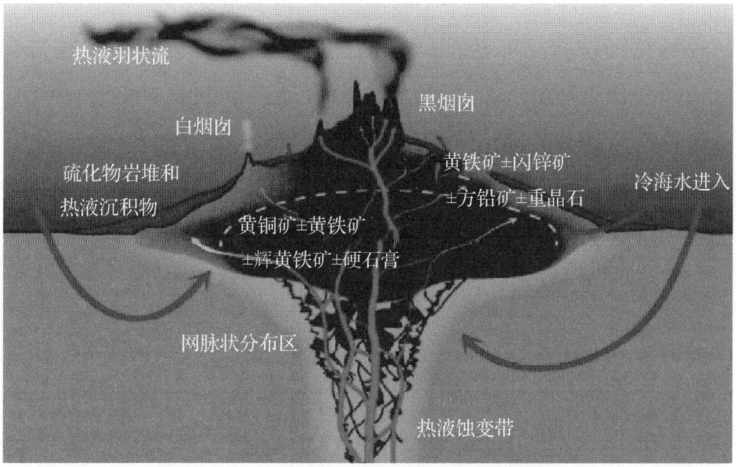

图 1.1　典型的海底热液硫化物堆横截面

热液活动及其相关的前沿科学问题，如海底热液系统的内循环机制，热液高温浮力流与周围海水掺混的水动力学机制，热液喷口流量变化过程、热通量及物质通量，热液环境中生物群落的演化过程，热液活动对全球气候变化的影响等，是海洋学家、地质学家、生物学家等共同面临的挑战。近年来的海底热液调查中对海底，特别是热液活动区的认知远比以前更加深刻。热液活动区具有斑块状分布特征，这种斑块状分布表现为，小面积分布的活性生物，如深海珊瑚和热液生物等；局部地质活动，如热液喷口和矿藏露头等。在热液活动区，小范围内岩石蚀变和矿化变异很多，斑块性更为明显。海底采样不同于陆地采样，难度大得多，海洋地质学家需要洞察不同岩石类型、不同矿化类型之间的相互关系，以把握它们的形成过程和机理。因此，可视化调查和有针对采样问题是深海调查亟待解决的关键技术问题。

热液喷口的大小、结构、喷射强度以及所处环境等不同因素决定了所形成羽状流的高度、大小、物理化学的异常强弱不同。考虑到海底洋流的实时变化特征，以及海底热液异常信息的获取极为困难等情况，如何跟踪热液羽状流，进而准确定位热液喷口，是目前地质学家长期面临且亟待解决的一个难题。常见的方法是利用装有盐温深(conductivity temperature depth, CTD)传感器和其他传感器的船载热液探测拖体，靠近海底进行大范围测量，以探测羽状流和热液喷口。近年来，随着传感器技术、水下机器人技术的发展以及人们对热液喷口物理、化学特征的逐步了解，这种基于热液探测拖体的“割草机”式深海探测方法已无法满足深海实际工作的需求。目前，海洋地质学家提出了热液异常智能搜索技术，基于海底热液资源异常分布的少量信息进行热液异常智能搜索的这一关键技术迅速得到了国内外学术界的一致关注。

当前，我国深海调查工作仍然以深海热液活动区的探索和发现为重点，主要的调查手段仍然是传统的热液探测拖体和电视抓斗的组合。这种调查和采样手段过于落后，存在着严重的技术缺陷，主要体现在以下两点。①在对热液区的探测过程中，目前拖体探测热液异常是一个较“盲目”的搜索过程，因为拖体依靠缆绳拖曳，无法在海底实现水平方向的可控运动，即使发现热液异常信息，也难以完成小范围内的可控智能搜索。②采样过程中，电视抓斗难以精确定位和精细化可控采样，虽然深海拖体探测时可以搭载超短基线进行水下定位，但由于拖体和电视抓斗作业方式不同且超短基线本身存在定位误差，即使深海拖体发现了热液异常信息的海底坐标点，在用电视抓斗进行采样时，重新找到热液异常信息定位点依然具有较大难度。同时，因为电视抓斗不具备小范围智能搜索能力，只能依靠船的动力定位进行反复的低效率搜寻，对船的动力定位性能要求很高。可见，电视抓斗的海底热液异常信息点的搜寻过程是极为耗时耗力的。

在深海底热液环境下，本书提出科考调查智能装备的两种核心性能：一是海底热液异常信息融合与智能搜索；二是海底近距离可控、可视化智能探测与精细化地质采样。主要科学需求和应用需求可归纳如下。

(1)科学需求。

瞄准热液硫化物及其相关的深海生物基因等当前国际海底资源研究领域的热点问题，为满足深海智能探测和精细化采样作业要求，研制我国首套在 6000m 水深海底位置的 150m 半径范围内可自主移动的深海探测与采样机器人。解决深海探测与采样机器人的总体结构设计，交互式运动控制技术，多传感器信息处理与热液异常信息智能搜索技术，载体框架、采样抓斗等关键零部件设计制造，样机设计与制造等一系列理论和关键技术问题，形成完全自主知识产权。

(2)应用需求。

深海探测与采样机器人突破了我国现有海底电视抓斗和深海摄像拖曳系统的功能局限性，将精确探测作业和精细采样作业有机集成在一起，同时具备深海遥控潜水器的部分功能。该深海探测与采样机器人采用模块化结构，具备交互式作业、精确运动控制、热液异常信息智能搜索等功能，其底层模块可以灵活更换为其他作业工具，满足不同类型深海调查任务需求。该机器人在 6000m 海底位置的 150m 半径范围内能够实现自主可控运动、热液异常信息智能搜索和高效精细化采样作业，具有成本低、易于操控、对船舶动力定位能力要求不高等优势。深海探测与采样机器人将逐步成为我国深海调查的一种高效通用核心装备，极大提升深海调查的质量和效率。

1.2　系统功能定位

1.2.1　深海拖曳系统

深海拖曳系统(underwater towing system, UTS)在海洋学研究、海底资源开发、海洋打捞救助及水下目标探测等方面具有广泛的应用。如海洋学研究中普遍应用的拖曳式 CTD 剖面仪就是一种典型的拖体，作为一种船用走航式测量海水电导率(C)、温度(T)随深度(D)变化的剖面仪器，可以在航行状态下实现快速、大面积、连续的剖面测量[3]。深海拖曳系统安装在拖船上，由拖体、拖缆和收放拖曳装置组成。有些系统采用一级拖曳系统，并在缆绳上使用导流装置以减少缆绳受海流的影响；有些系统则采用二级拖曳系统，使用“拖船-重缆-一级拖体-轻缆-二级拖体”的组合方式来达到升沉补偿效果。拖缆将动力送至拖体内部的水下设备，并将需要的信息通过拖缆传回到水面母船上[4]。深海拖曳系统结构简单，能以相对较高的速度拖曳，已得到广泛应用。

虽然潜水器的发展较早，且种类众多、用途各异，但是在大多数海洋科考活动中，深拖系统仍旧是目前最常用的技术手段。其原因包含以下几点[5]：①结构形式简单，可维护性高；②操控方便、可靠性高；③工作范围大，时间长，效率高。

日本海洋科技中心的深拖摄像系统采用了双拖方式，即引两根拖缆对深海拖体实施拖曳作用。名为“SHINKAI 2000”的深海拖体内部装置有：高清彩色摄像头、250W 的卤素灯、深度计、压力计、温度计、高度计，其拖缆采用了双层内芯的铠装方式，确保其信号能够顺利到达拖船，同时也保证在 6000m 级深度工作时拖缆的强度要求[6]。

丹麦 MacArtney 公司研制的主型号 Triaxus 深海拖体，是一款高速且具有 3D 成形效果的水下拖体[7,8]。在设计上，其采用了流线型翼板，分别安置在水下拖体前后端当作首尾升降舵使用。水下拖体可通过打开升降舵以实现垂直方向的定高航行。整个方框结构加上平衡舵组保持垂向和横向的可操纵性。

虽然在深海拖曳系统领域的研究起步较晚，但经过最近二十余年的发展，我国成功研制了多种深海拖曳系统。周建平等针对热液喷口的探测需求，根据集成深海拖体与 AUV 两种方法的优点，提出两种技术的联合探测方法[9]。该技术方法可更快速地探测热液的异常范围，同时降低 AUV 下潜的盲目性，也可以减少自主水下潜航器的下潜次数，节约了海上调查时间，提高探测效率。

目前，我国“大洋一号”科考船经常使用的热液探测拖体、深海侧扫声学拖体、深海光学拖体等，都具备 6000m 深度的作业能力。热液探测拖体经常搭载各种物理传感器、化学传感器等进行热液异常探测，是目前热液活动探查的主流调查设备，又称为摄像集成化拖体，如图 1.2 所示。

图 1.2　6000m 海底热液探测拖体

1.2.2　海底电视抓斗

海底电视抓斗是一套海底摄像连续观察与地质抓斗取样器相结合的可视地质取样器[10]。抓斗上装有海底电视摄像头、光源及电源装置，通过铠装电缆与船上操控板、显示器相连接。海上作业时，用绞车将抓斗下放到离海底 5～10m 的高度，以 1～2kn（1kn=1.852km/h）慢速航行并通过船上的显示器寻找采样目标，一旦找到目标立即布放海底电视抓斗，并通过船载操控板打开或关闭电视抓斗，完成一次海底取样[11]。电视抓斗在深海及大洋洋中脊资源调查，特别是在深海底块状硫化物、多金属结核、锰结壳调查等勘测任务中发挥了重要的作用。

目前国际使用较为广泛的海底电视抓斗是德国 Preussag 公司生产的。一些世界先进的考察船，如德国的 POLARSTERN 科考船和 SONNE 科考船，以及日本的科考船等都装备了该电视抓斗，其重量约为 2.5t，采用甲板供电与水下供电结合，并采用液压驱动方式，咬合力可达 1t 以上。

我国第一代电视抓斗是在“十五”期间由中国海洋大学等单位研制的，并于 2003 年 6 月通过海试验收。现装备在“大洋一号”科考船上的电视抓斗由北京先驱高技术开发公司研制，经过三代发展，成为目前深海调查的主要调查设备之一，由液压动力驱动系统、通信控制系统、甲板控制系统、主框架、斗体、摄像机、照明灯、高度计等组成。其外形尺寸 2.0m×1.5m×1.8m，重量 2.4t，可在水深 6000m 的海底进行热液硫化物、岩石及各类地质样品的取样，最大可抓取 1t 以上的样品，如图 1.3 所示。

图 1.3　我国自主研制的深海电视抓斗

1.2.3　深海遥控潜水器

深海遥控潜水器是有缆远程遥控操作潜水器，它由水面母船上的工作人员，通过连接潜水器的电缆或光缆操纵潜水器，通过水下电视、声呐等专用设备进行观察，通过机械手进行水下作业。母船通过主缆与中继器相连，中继器又通过脐带电缆与 ROV 主体相连，操作员在母船遥控 ROV，使得 ROV 能完成复杂的水下作业任务。ROV 主体及脐带缆均采用了浮体材料，使得其在水中处于悬浮状态，且能在水中自由移动。ROV 可携带定位声呐、图像扫描声呐、多参数水质检测传感器、辐射传感器、机械手、金属测厚仪等设备，实时进行水下探测和定点地质采样作业。

1953 年，世界上第一个深海遥控潜水器“POODLE”诞生。1966 年美国海军的“CURV Ⅰ”号 ROV 在载人潜水器阿尔文的协同工作下，打捞起失落在西班牙附近海域 856m 水深的一颗氢弹，引起极大轰动，从此 ROV 技术开始引起人们的重视[12]。

1986 年，日本海洋科技中心开始研制“海沟号”(KAIKO) 深海遥控潜水器，经过 6 年研制成功。海沟号 ROV 长 3m，重 5.4t，装备有复杂的摄像机、声呐和一对采集海底样品的机械手。海沟号 ROV 于 1995 年 3 月下潜到马里亚纳海沟 11034m 的最深处查林杰海渊[13]。

美国研制的先进拖曳机器人，其设计作业深度为 6100m，主要用于海洋科学考察[14]。1990 年 6 月，机器人成功地下潜至夏威夷岛附近的莫洛凯岛断裂区，下潜深度为 6276m。美国伍兹霍尔海洋研究所分别于 1988 年和 2002 年研制成功第一代和第二代“Jason”系列 ROV，可进行海底观察和采样作业[15]。2009 年 5 月，“JasonⅡ”首次发现并记录下太平洋 4000 英尺水深处海底火山爆发的影像。

俄罗斯在深海 ROV 研究方面有很强的技术实力，由 Okeangeofizika 研究院研制开发的“RTM”系列潜水深度可达 500～6000m。潜水深度 6000m 的“RTM6000”在空气中重 4t，航行速度为 0.5m/s，2001 年 5 月，打捞 Kursk 号核潜艇的初期阶段使用了该 ROV[16]。

加拿大拥有“Hysub”系列 ROV，最大潜水深度为 5000m，现由加拿大维多利亚科学潜水设备公司使用[17]。此外，加拿大、挪威、新加坡、英国、巴西也有 3000m 以上 ROV[18]。

国内从事 ROV 开发的科研机构主要是中国科学院沈阳自动化所、上海交通大学、哈尔滨工程大学，以及中国船舶科学研究中心等。从 20 世纪 70 年代末起，中国科学院沈阳自动化所和上海交通大学开始从事 ROV 的研究与开发工作，合作研制了“海人一号”ROV，潜深 200m，能连续在水下进行观察、取样、切割、焊接等作业[19]。沈阳自动化所于 1986 年开始先后研制了 RECON-IV-300-SIA-01、02、03 型 ROV，“金鱼号”轻型观察水下机器人，以及“海蟹号”水下工程六足步行机器人。1993 年 11 月，中国船舶科学研究中心等多家研究机构联合研制的“8A4 水下机器人”在大连海湾进行了海上试验，这标志着我国在 ROV 研制方面进入了一个新阶段。上海交通大学的 ROV 研究起步早、产品多，从微型的观察型 ROV 到重达数吨的深水作业型 ROV，潜深从几十米到数千米不等。尤其是“海龙号”系列 ROV 装备技术不断升级和完善，技术性能达到了世界先进水平[20]，有力支撑了我国深海科考和深水工程领域的重大应用，如图 1.4 所示。

图 1.4 “海龙Ⅳ”号 ROV

1.2.4　现有深海调查作业设备的优势与局限性

1. 无人遥控潜水器

ROV 是目前技术成熟且应用广泛的潜水器，具有以下特点。

(1)能源供给充足：通过与水面相连的电缆向 ROV 提供能源，作业时间不受能源的限制。

(2)人机交互操控：操作者在船上通过人机交互方式控制和操作 ROV。

(3)复杂环境水下作业：用于复杂环境的水下作业。完成自主水下潜航器(autonomous underwater vehicle，AUV)难以实现的任务。

ROV 虽然功能强大，能在复杂的海底环境下精细作业，完成探测、采样工作，但是存在着以下几个问题。

(1)操作复杂：ROV 需要由经过专门培训的人员进行操作、维护，通常一个完整的 ROV 操作维护团队至少需要 4～8 人。

(2)下潜和回收时间长：ROV 的下潜和回收均需要专门的设备配合，时间周期长，效率低。

(3)浮体材料限制：由于采用了浮体材料以达到在海底自由行动的目的，ROV 不能随意更换或加载其他模块，否则会出现浮力与重力不匹配的情况。ROV 不具备大重量运载能力，对采集样本的体积、重量有一定限制。

(4)安全性问题：ROV 的工作环境极为复杂多变，容易被深海一些探测不到的障碍物所阻挡、碰撞甚至卡住，进而发生损坏、遗失，造成重大损失。比如，日本的海沟号 ROV 就在 2003 年于太平洋水域神秘失踪。

(5)造价昂贵：ROV 的造价高昂，特别是用于深海作业的大型 ROV 造价一般不低于 3000 万元人民币。

2. 深海热液探测拖体

深海热液探测拖体是目前深海调查中应用最为广泛的设备，与 ROV 等设备相比，具有价格低廉、操作简便的优点，但热液探测拖体存在以下几方面的局限性。

(1)功能单一。热液探测拖体只能用于探测，除摄像和照相等基本功能外，还可搭载多种自容式传感器进行环境参数观测和热液异常探测，目前摄像拖体很少使用光电复合缆，不易实现多传感器信息在线传输和实时处理的功能。由于拖曳作业方式的限制，拖体不具备采样功能，更不具备大重量设备布放、回收等其他功能。

(2)不具备小范围精细化智能搜索能力。在对热液区的探测过程中，拖体探测热液异常是一个较为盲目的搜索过程。探测拖体依靠缆绳拖曳作业，在海底作业运动不可控，即使发现热液异常，也无法在小范围内进行智能搜索。

3. 海底电视抓斗

电视抓斗的突出特点是既可直接进行海底观察和记录，又可在甲板遥控下针对目标准确地进行取样，且单次取样容量大(有时可达 1t 以上)。然而，电视抓斗不具备小范围智能搜索能力，在采样时只能依靠船的动力定位进行小范围内的反复搜寻，对船的动力定位性能要求很高，耗费船时多，作业效率低。而且，由于现有电视抓斗不具备支撑结构，抓挖作业过程中容易出现倾斜，偏倒。

1.2.5　深海探测与采样机器人产生背景

为了弥补深海热液探测拖体和深海遥控潜水器作业能力的若干不足，在国家重大科研仪器研制项目“深海可控式可视采样器关键技术研究与样机研制”支持下，项目将深海热液探测拖体、海底地质采样电视抓斗、定点探测及取样 ROV 的三种装备的功能有机集成为一体，研发出我国深海探测与采样机器人。从作业能力和使用难度两个维度，该机器人与现有拖体、海底电视抓斗、ROV 的对比分析如图 1.5 所示。

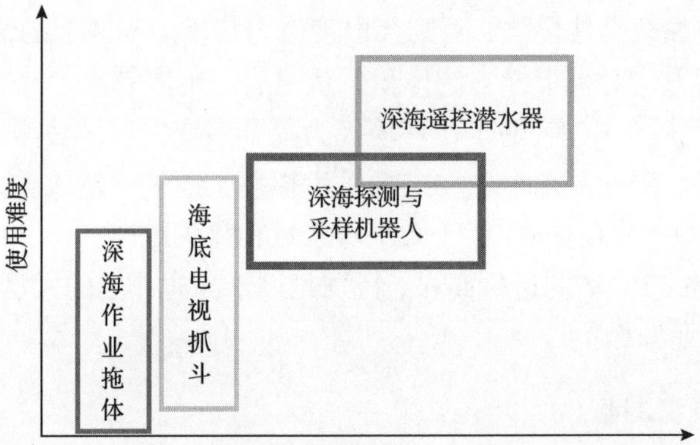

图 1.5　深海探测与采样机器人与相关深海作业设备对比

该深海探测与采样机器人是通过光电复合缆控制的拖曳式交互作业系统，同时具备深海智能探测和深海定点精细采样两个功能，改变了深海调查作业多装备相互配合的传统模式，极大提升了深海调查作业的效率和质量。而且该机器人的下层作业模块可根据不同海底调查任务需求进行灵活更换，如深海底大型装备的布放与回收装置、深海生物取样器、深海地震与电磁同步探测系统的发射基站、大型近海工程设施的监测与维护装备等，可解决深海探测、监测、采样等海底复杂作业场景的工程应用问题。

1.3　系统概述与海试应用

本书瞄准国际海底资源热液硫化物矿区调查领域的热点问题——硫化物矿区的智能探测与高效精准采样。为揭示热液活动形成机理及演化规律、热液环境及其生物特征提供科学依据，如何获取精准探测数据和大容量定点地质样品，是深海热液调查的关键技术难题。深海关键技术与智能装备的自主创新、系统研发及整机应用，可望打破国外长期技术垄断，并逐步引领深海技术前沿。

针对当前国际海底资源勘探开发领域的深海热液硫化物资源调查等热点问题，在国家自然科学基金重大科研仪器研制项目支持下，本书项目团队成功研制出我国首套满足深海 6000m 深海智能探测和自主采样机器人，打破了我国现有海底电视抓斗和深海摄像拖曳系统的功能局限性，将精确探测作业和精细采样作业等功能有机集成为一体，同时具备 ROV 的部分功能。本书提出了深海探测与采样机器人的两层模块分离式的总体结构，关键配套部件等创新设计，深海探测与采样机器人的上层模块安装了两个水平推进器、电气系统、组合导航单元等，提供运动姿态和水平面内的运动方向的控制能力；深海探测与采样机器人的下层模块设计为可更换的作业模块，安装了具备支撑底座的蛤壳式抓斗(简称“抓斗”)和五功能液压机械手；同时可根据深海作业需要更换为多功能深海机械手、海底地震和电磁同步探测的发射端装备、大型设备布放与回收装置、海底生物取样装备等。项目团队突破了机器人海底作业的交互式智能控制技术、多信息融合与热液异常信息智能搜索技术等挑战性技术难题，解决了总体结构与优化布局、电气系统、液压系统、抓斗和五功能机械手等关键零部件等设计与研制的一系列关键技术问题。该机器人满足深海 6000m 水深海底位置的 150m 半径范围内可自主移动的作业需求，具备海底硫化物等矿区的智能探测与精细化定点地质采样作业能力，实现了海底热液源的智能搜索和海底作业过程智能控制等先进性能，具备整机智能和多功能的显著特点，同时具有成本低、易于操控、对船舶动力定位能力要求不高等优势，极大提升了深海调查作业的质量和效率。

该深海探测与采样机器人已经通过了 3 个大洋航次的海试与应用验证，分别在西太平洋海域 2500m 级和 4500m 级两个深度获得了大量海底高清观测视频数据，采集得到了深海海底钙质及沙质土壤、沉积物和岩石样品，在南海冷泉区以甲烷数据异常通过了智能搜索性能验证，在我国深海调查作业中已逐步得到推广应用。

第 2 章　深海探测与采样机器人总体设计

2.1　总体设计需求

为能实现在 6000m 深海近海底、150m 半径范围内的自主可控运动、热液异常智能搜索和精细化采样作业，深海探测与采样机器人的设计思想是：模块化结构、全方位探测、交互式作业、精确运动控制与精细化采样、热液异常智能搜索等。该深海探测与采样机器人由上层模块和下层模块组成，上层模块为命令模块，是深海探测与采样机器人的运转控制中心，由电气系统、通信系统、液压系统、推进器、摄像与照明设备、多种传感器组成；下层模块为抓斗模块，由上层模块进行控制完成机器人的探测与采样作业。两层模块之间采用可控液压机构连接，紧急情况可抛载。深海探测与采样机器人的总体布局、核心部件的优化设计与加工制造，包括载体框架、深海采样抓斗、五功能机械手、液压系统、电控系统、通信系统、传感器系统、照明系统；该深海探测与采样机器人水下作业软件系统包括船载控制平台的水下作业数据管理与集成模块、水下作业智能控制模块、热液异常智能搜索模块。

本书项目团队率先提出了深海探测与采样机器人智能控制的强化学习方法，同时研究了深海探测与采样机器人智能控制的模型预测控制方法，实现了机器人深海作业过程的实时智能控制。项目团队同时提出了基于海底热液异常信息的深海探测与采样机器人智能搜索方法，提高了热液喷口的搜索效率与准确性。

深海探测与采样机器人作业过程需要母船提供配套设施如下。

(1) 甲板布放支持系统：固定安装在作业母船上，主要由 A 架、脐带缆绞车和光电脐带缆组成，为深海探测与采样机器人深海布放回收提供基本的支持。

(2) 水面监控动力站：深海探测与采样机器人的水面信息集控中心，集成于一套标准的集装箱内，由水面操作台和水面动力配电系统组成。水面监控动力站通过脐带缆与深海探测与采样机器人本体相连，为机器人提供水下能源供给，传输深海探测与采样机器人的水下实时状态、传感信息和控制指令，操作手在水面监控动力站内远程操控水下潜器，开展水下观测、运动和取样等作业任务。

基于模块化设计方法，本章提出了深海探测与采样机器人的本体设计，由上层控制模块和下层采样模块两部分组成，上下两层模块通过机构拼装实现总体功能，应急情况下通过液压锁销分离。

上层模块是深海探测与采样机器人的水下信息综合处理、运动控制、设备管理的控制中心，搭载了光学摄像、推进器、液压阀控、各类传感器等，具备系统控制、深海观测、航行控制、环境感知等功能。

下层模块功能是实现海底地质采样作业，设计为可替换模块。深海探测与采样机器人的下层模块当前主要为抓斗模块，提供水下定点、可视化取样能力。根据作业任务需求，海底其他作业设备搭载于下层模块上可实现特殊功能。

深海探测与采样机器人本体为重于水的开架式结构，不配置浮力材料，在水中为负浮力状态，整体重力大于浮力。在运动功能上，深海探测与采样机器人配置了水平推进器，可以提供水平面内的运动能力；机器人作业时在铠装光电复合缆的拖曳下前行，推进器适当调节方向和位置，并抵抗海流影响，具有海底小范围自主移动能力。深海探测与采样机器人本体在水面监控动力站的远程遥控下进行深海物化信号异常的搜索，在确定目标作业区域后进行坐底作业，完成采样作业后通过铠装光电复合缆回收。在出现下层采样模块卡在海底等异常情况时，可以通过控制连接上下层模块的插销进行二者自动分离，通过抛弃下端模块的方式实现系统的自救。

2.2　总体结构与优化布局

基于模块化设计思想，且保证系统通用性和功能可拓展性，整个深海探测与采样机器人系统分为机器人本体和船载控制平台两部分，主要由深海探测与采样机器人本体、水面监控动力站和甲板布放支持系统三大部分组成，如图 2.1 所示。

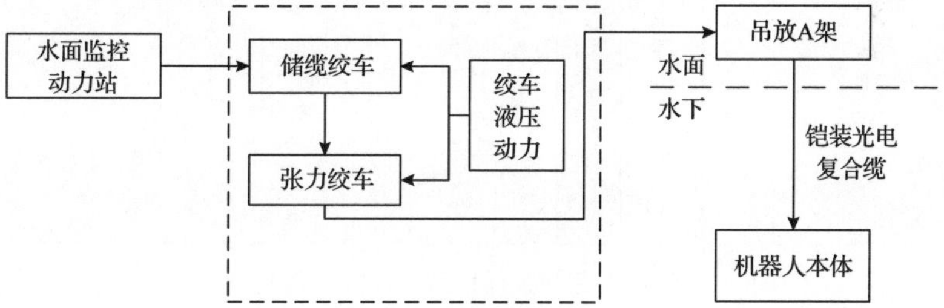

图 2.1　系统组成

深海探测与采样机器人的总体结构分为上下两个模块，上层模块为命令模块，是水下设备的运转控制中心，由电气系统、通信系统、液压系统、推进器、摄像与照明设备、多种传感器组成。下层模块是可更换作业模块，分别安装抓斗和五功能机械手。但下层模块也可以安装其他采样或作业工具，如海底仪器设备布放和回收装置、生物取样器、振动取芯器等。上层模块和下层模块通过液压机构进行连接。深海探测与采样机器人系统的概念设计和总体结构如图 2.2 和图 2.3 所示。

图 2.3 中浅红色部分和机器人载体框架为主要研发内容，其余部分采用购置或集成方案，虚线框内的部分是待扩展的模块。

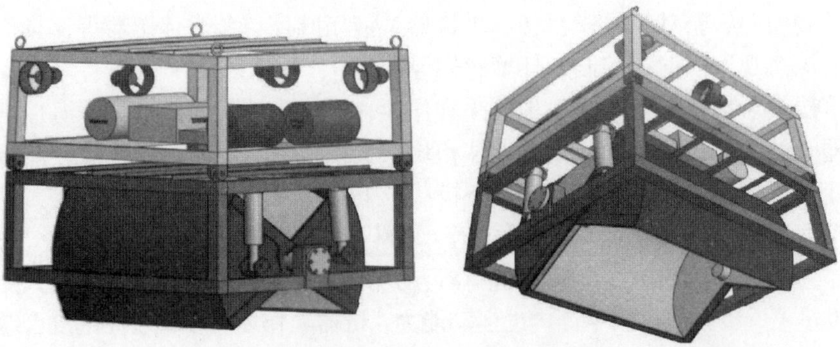

图 2.2　深海探测与采样机器人系统概念设计
上层为命令模块，下层为可更换作业模块

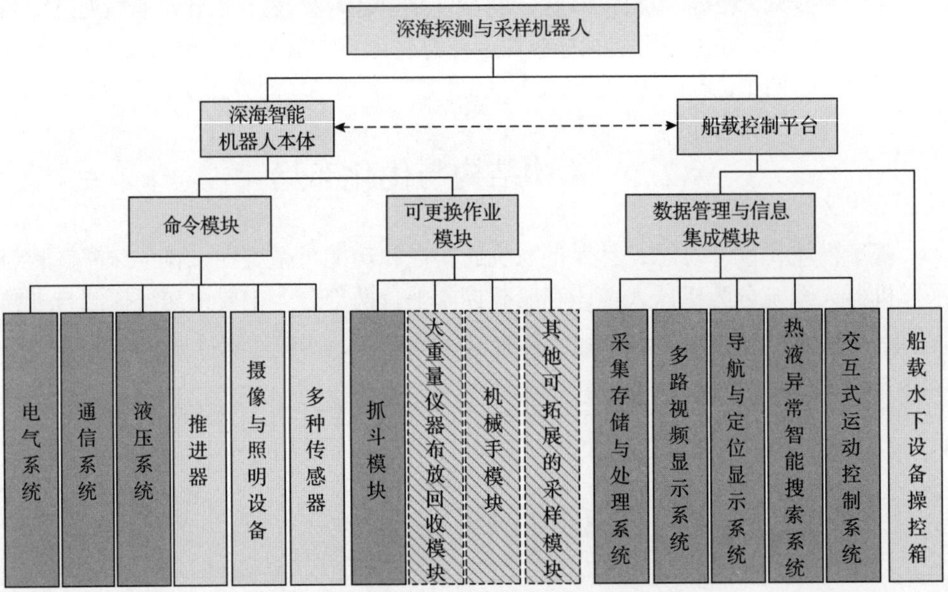

图 2.3　深海探测与采样机器人系统总体结构示意

2.2.1　上层模块总体布局

深海探测与采样机器人主框架采用中央承力结构，中央连接承重头。上层框架底部采用槽钢(Q345B)100mm×48mm 及相应钢板，其他防护框架采用不锈钢管(31658)40mm×5mm。

深海探测与采样机器人上层模块主要搭载部件：主结构、承重头、防护框架、液压泵站、控制舱、驱动舱、设备接线箱、脐带与变压器接线箱、尾翼、应急拔销机构。通过液压拔销机构与下层模块连接。深海探测与采样机器人由顶部承重头起吊，未布置浮力材料。

上模块总体尺寸为 1.5m×1.2m×0.65m，质量≤750kg。本节提出上层模块四种布局方案。

布局方案 1。该方案采用如图 2.4 所示布局，主尺度为 1.868m×1.400m×1.242m。推进器在左右舷侧布置，缺少防护。

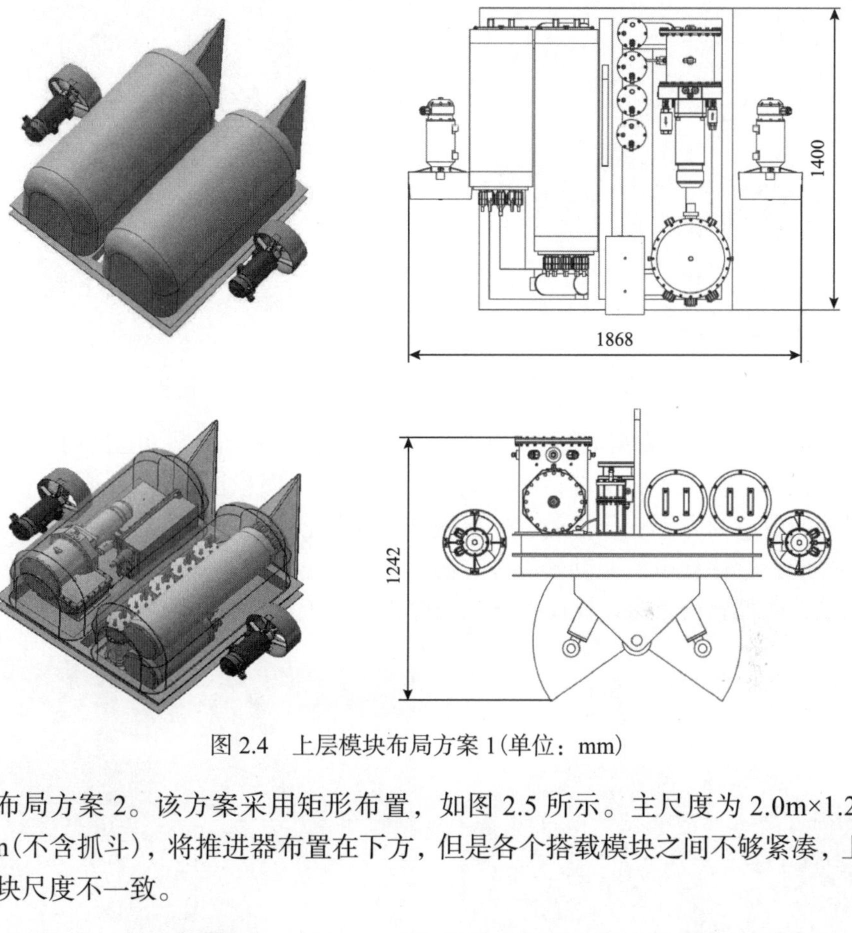

图 2.4　上层模块布局方案 1(单位：mm)

布局方案 2。该方案采用矩形布置，如图 2.5 所示。主尺度为 2.0m×1.2m×0.75m(不含抓斗)，将推进器布置在下方，但是各个搭载模块之间不够紧凑，上下端模块尺度不一致。

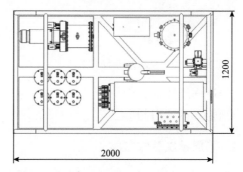

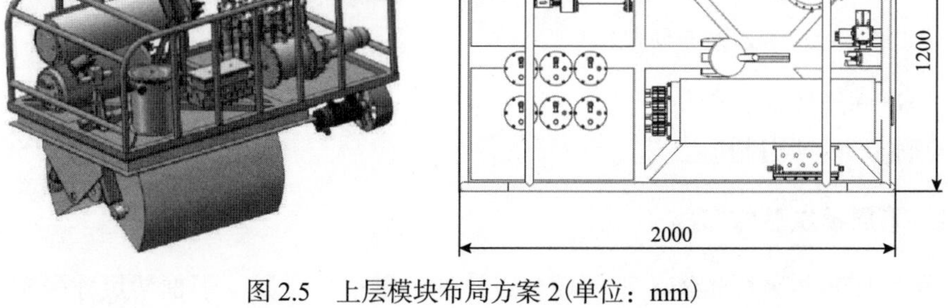

图 2.5　上层模块布局方案 2(单位：mm)

布局方案 3。该方案采用更加紧凑的布局，如图 2.6 所示，主尺寸为 1.3m×1.2m×0.75m，将推进器呈 11°放置，增加深海探测与采样机器人的机动性；并且增加了防护架，可靠性更佳。

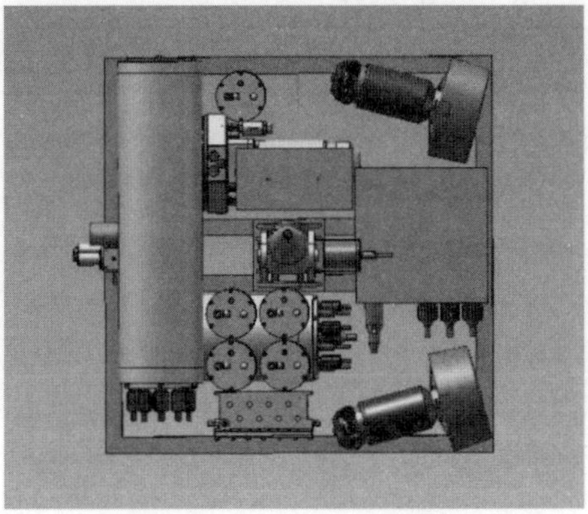

图 2.6　上层模块布局方案 3

布局方案 4。该方案如图 2.7 所示，进一步优化总体布局，并明确了上下两层模块的接口，提出了关键部件的优化设计，如下：①优化变压器外形，将圆柱形变压器舱调整为方形变压器舱，使得重量减轻(充油量少了)，同时优化出舱水密插件方向；②优化电机驱动器设计方案，将圆仓型的集中式驱动舱变成分布式的驱动舱，降低整机重量。深海探测与采样机器人上层模块实物如图 2.8 所示。

图 2.7　上层模块布局方案 4

图 2.8　上层模块实物图

经过详细技术分析与论证，选择方案 4 为最优设计方案，优化技术参数，进行详细施工设计与制造。

2.2.2　下层模块总体布局

深海探测与采样机器人下层模块设计的关键技术点是：下框架尺寸限制，摄像头、卤素灯的位置预留，液压缸最短安装距的预留，驱动力的有效传输效率。

下框架支撑结构确保抓斗作业过程中稳定、不倾倒。下层抓斗模块通过液压机构对抓斗的采样作业过程的动作(包括开、合动作与抓挖动作)进行控制。下层模块安装摄像头和卤素灯，保证抓斗在打开和闭合状态下，能观察到海底和抓斗所采的样品。下层模块总体布局如图 2.9 所示，其实物如图 2.10 所示。

图 2.9　下层模块总体布局

图 2.10　下层模块实物图

深海探测与采样机器人下层模块是深海作业模块，通过液压结构与上层模块连接，整体采用对称结构。下层模块分为内外两层，内层的抓斗、箱形梁采用高屈服钢(Q460A)焊接成型，外围防护框架采用型号为 60mm×6mm 以及 40mm×5mm 不锈钢管(Q345B)焊接成型。

下层模块主要搭载部件：摄像头、卤素灯、液压驱动器。下层模块的抓斗在液压驱动下可实现开合、抓挖动作，有效抓挖面积≥0.8m^2，下挖深度≥0.3m，下层模块总体尺寸为 1.55m×1.75m×1.05m，质量≤450kg。

通过有限元分析仿真实验，完成了抓斗的强度校验。通过抓斗及下框架的初步加工制造，完成了抓斗咬合力与应变应力实验。

2.2.3　总体布局与重量重心估算

基于深海探测与采样机器人上、下层模块总体设计与优化布局，构建可满足 6000m 水深、150m 半径范围内可自主移动精细化作业要求的深海探测与采样机器人总体设计方案，如图 2.11 所示，实物如图 2.12 所示。

以上部模块上表面中心为原点，艏向为 X 正，左舷为 Y 正，向上为 Z 正。各部件的重量重心如表 2.1 所示；该设计方案总重 1244.6kg，重心与浮心在 XOY 平面内基本重合，且重心位于整体框架中心位置，保证机器人水下姿态稳定。其中坐标系定义：以上部模块上表面中心为原点，艏向为 X 正，左舷为 Y 正，向上为

图 2.11　总体设计图

图 2.12　实物图

表 2.1　各部件重量重心估算

部件	重量/kg	*X* 坐标/mm	*Y* 坐标/mm	*Z* 坐标/mm	重量矩 GY/(kg·mm)	重量矩 GX/(kg·mm)	重量矩 GZ/(kg·mm)
电控舱	115	424	−74	480	48760	−8510	55200
电机驱动舱	80	232	240	160	18560	19200	12800
接线箱	12	108	475	352	1296	5700	4224
变压器	120	−386	−60	344	−46320	−7200	41280
水下电缆	15	0	0	0	0	0	0
多普勒测速仪	20	−750	0	−150	−15000	0	−3000
云台	10.6	550	0	150	5830	0	1590
其他传感器	10	0	0	0	0	0	0
液压泵站	50	204	−276	188	10200	−13800	9400
液压阀箱	25	8	−232	478	200	−5800	11950
液压管线	15	0	0	0	0	0	0
补偿系统	30	134	105	488	4020	3150	14640
推进器	42	−412	0	262	−17304	0	11004
脐带终端	20	0	0	700	0	0	14000
主结构	150	0	0	−20	0	0	−3000
防护栏	30	0	0	300	0	0	9000
设备支架	50	0	0	0	0	0	0
下部模块	450	400	0	−400	180000	0	−180000
合计	1244.6	—	—	—	190242	−7260	−912
整机重心	—	152.853	−5.833	−0.733	—	—	—

Z 正；吊点应布置在中心正上方，且比重心越高越好。

2.3　关键零部件研制

1. 关键部件 1——船载控制平台

在母船上远程控制，由船载水下设备操控箱以及数据管理与应用模块组成，包括数据采集、存储与处理、多路视频显示、导航与定位显示、热液异常智能搜索、交互式运动控制等系统。船载水下设备操控箱由 4 个显示屏、1 台 PC、作业控制箱(包含推进器操控杆和液压设备操控按钮等，见图 2.13)，以及光纤复用器、视频叠加器、GPS 接收器等组成。

船载数据管理与信息集成模块的各个系统软件安装在操控箱的 PC 上。视频叠加器把深度、转圈数、GPS 或超短基线(ultra short base line, USBL)的经纬度叠加在复合视频图像上显示出来。我们接收到的设备深度、位置、GPS 时间和航向的串行数据，与逐行倒向(phase alteration line, PAL)视频叠加，在显示器和录像机上显示出来。其他视频屏幕上显示从其他摄像机传来的视频，一个在仪表板的 PC 窗口显示导航信息，如航向、深度、圈数和位置，如图 2.14 所示。所有的视频可以导出到更远的视频监视器和录像机上。

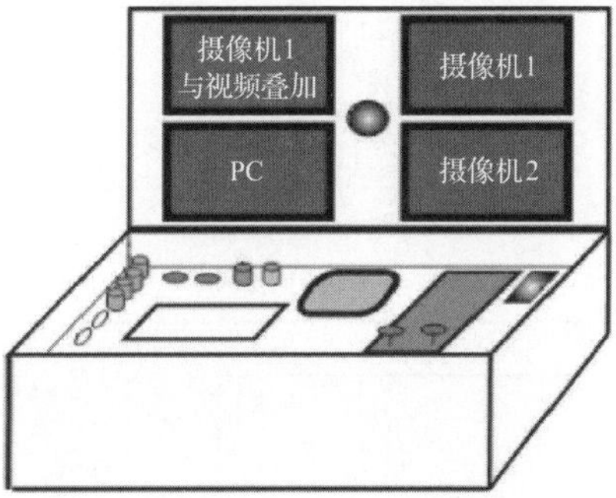

图 2.13　船载作业控制箱示意图

图 2.14　深海作业过程水面监控系统

2. 关键部件 2——大深度推进器

深海探测与采样机器人上层模块布置推进器 2 个，由三相 380V 交流 400Hz 供电。推进器布置与 Y 轴方向呈 15°夹角，这样布置推进器不仅能提供 Y 轴方向的推进力，只要适当分配系统动力，就可以为深海探测与采样机器人提供 X 轴方向的推力以及绕 Z 轴的转矩，使深海探测与采样机器人在水下的运动更加灵活。推进器的布置如图 2.15 所示，推进器的具体参数如表 2.2 所示，推力曲线和功率转速曲线如图 2.16 和图 2.17 所示。

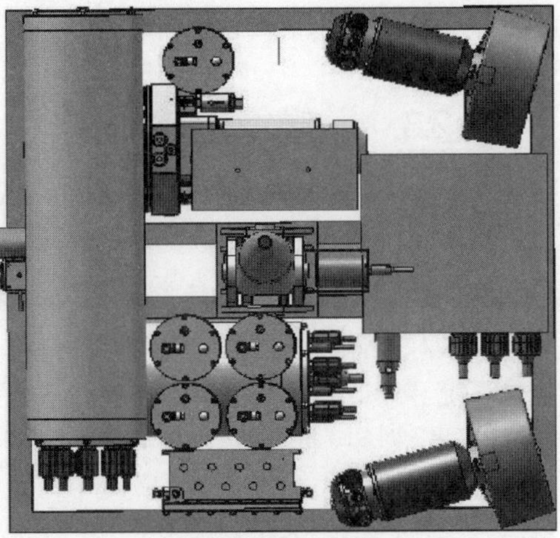

图 2.15　推进器布置示意图

表 2.2　推进器的具体参数

指标项	参数
工作深度/m	6000（充油）
重量/kg	20
尺寸/mm	500（总长），330（浆盘直径）
额定推力/kgf	120
额定扭矩/（N·m）	25
电机最大功率/kW	2（输出转速可调）
额定转速/（r/min）	1700
响应时间/ms	约 150（0～1700 转加速）

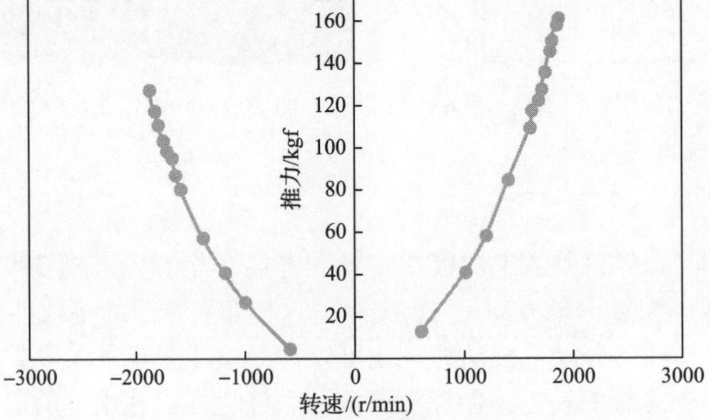

图 2.16　推进器推力曲线

1kgf ≈ 9.8N

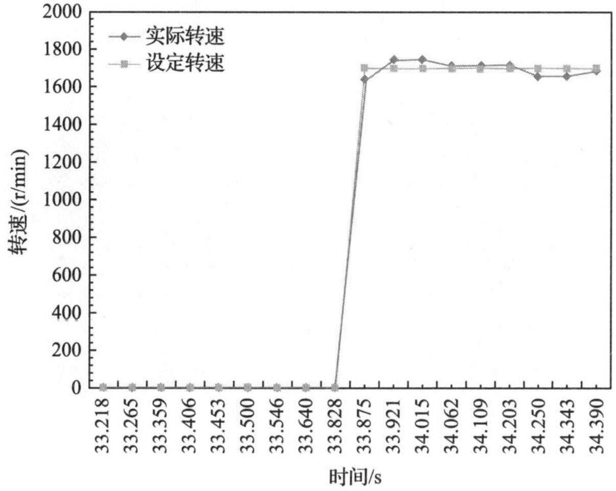

图 2.17　推进器功率转速曲线

3. 关键部件 3——液压泵站、补偿器、液压控制阀箱、抓斗开合油缸

1) 液压泵站

液压泵站的主要功能是为各种液压机构提供动力，用于抓斗开合、云台控制、上下模块连接油缸。泵站由油箱、滤油器、泵电机组成，由电机驱动液压泵产生压力，进而驱动各个液压缸(控制云台旋转、抓斗开合、上下模块之间的连接)。液压泵站的另一作用是进行压力补偿，通过弹性元件感应外界海水压力，并将其传递到液压系统内部，使系统的回油压力与外界海水压力相等，并随海水深度变化进行自动调节，实现不同海水深度下的压力补偿。液压泵站接口示意图、结构与原理如图 2.18 和图 2.19 所示，液压泵站的主要技术指标如表 2.3 所示。

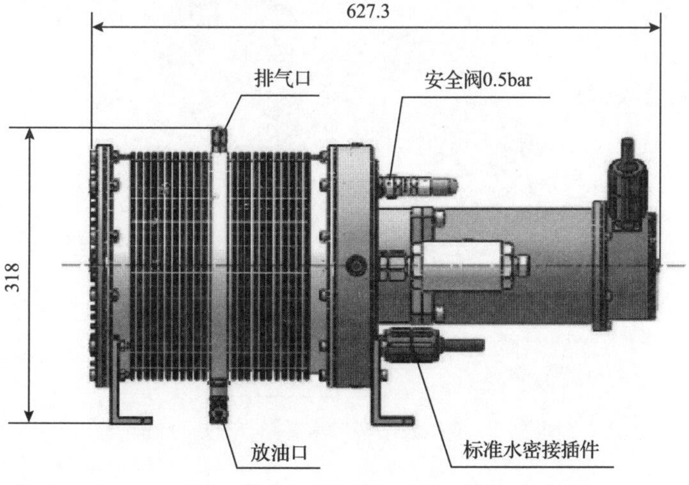

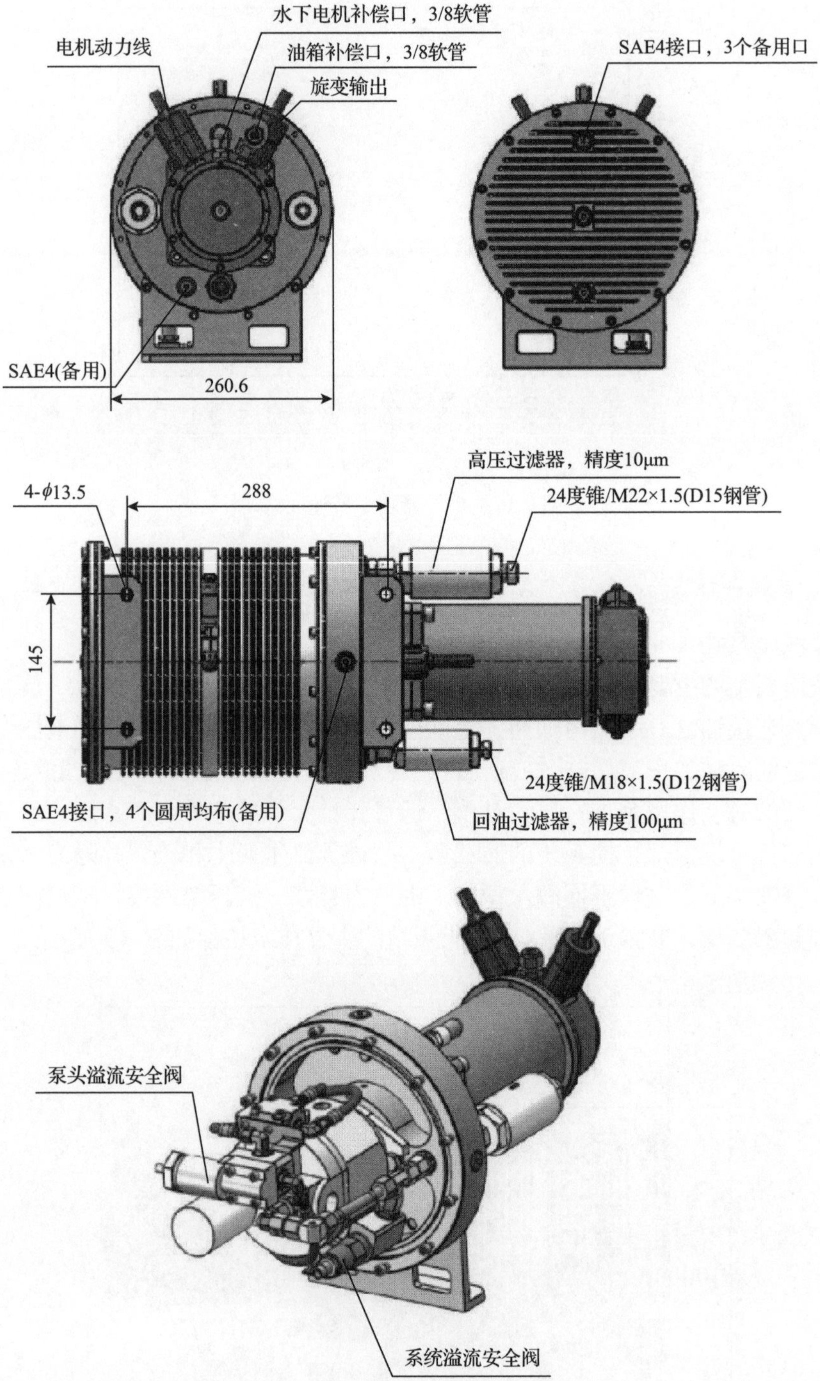

图 2.18　液压泵站接口示意图(单位：mm)

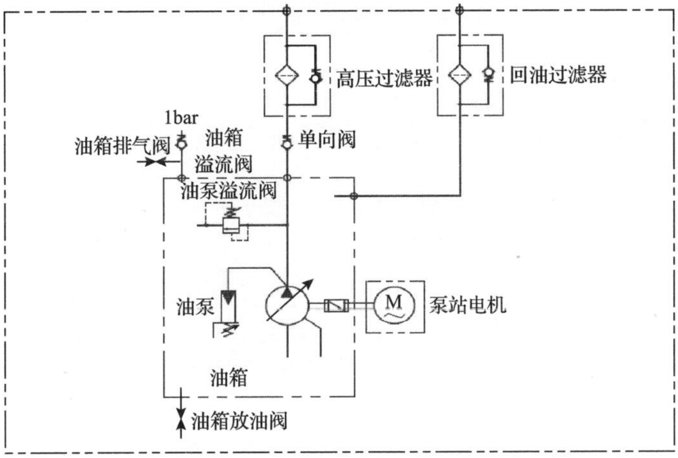

图 2.19　液压泵站结构与原理图

表 2.3　液压泵站的主要技术指标

指标项	参数
额定压力/bar	210
重量/kg	42
电机最大功率/kW	5(输出转速可调)
尺寸/mm	750(长)，约 430(直径)
流量/(L/min)	12

注：1bar=0.1MPa

2)补偿器

主要采用 5 个 1.7L 补偿器，分别用于对液压泵站、左推进器、右推进器、设备分线箱、液压阀箱，以及脐带与变压器接线箱进行补偿，详见图 2.20。

补偿器 6000m 工况下体积压缩量计算如下：

$$\Delta V = \Delta P \times V / K = 600 \times 1.7 / 7000 \approx 0.15\text{L}$$

其中，ΔP 表示 6000m 海水产生的压力 600bar；V 表示补偿器有效容积 1.7L；K 表示油液弹性模量，由于液体内不可避免地会混入气泡，K 值显著减小，建议选用(0.7～1.4)×10000bar，此处选用 7000bar。

BQ125 弹簧膜片式补偿器采用橡胶皮囊和弹簧结构，内部压力比外压稍高，可以有效防止海水渗入。该补偿器用于控制阀箱补偿，相关技术参数如表 2.4 所示，外形尺寸和实物图如图 2.21 所示。

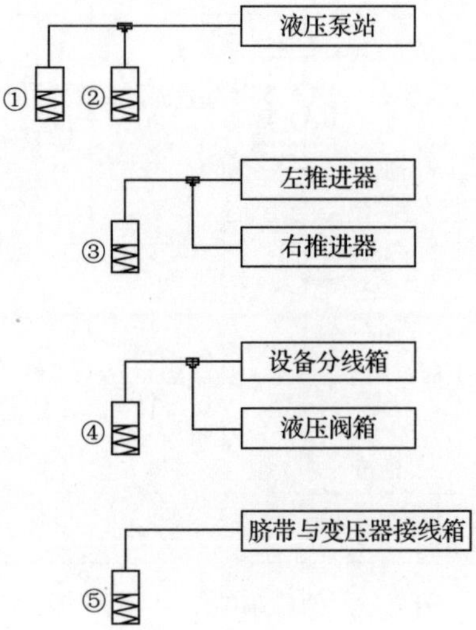

图 2.20　补偿器分布图

表 2.4　补偿器相关技术参数与配置

指标项	参数与配置
适用水深/m	6000
补油压力/bar	0.2～0.4
空气中重量/kgf	5.009(不含油，油重约 1.4)
海水中浮力/kgf	5.65
储存温度/℃	–30～60
补油量/L	1.7
补油行程/mm	185
主体材料	透明有机玻璃，透明度好，便于观察油位，耐海水腐蚀
工作温度/℃	–30～60
连接接口	世伟洛克 G1/4 卡套接头、1/4in 油管

注：1in=2.54cm

3)液压控制阀箱

控制阀箱是液压控制阀的集成单元，由控制阀组、阀块和罩壳等组成，它是整套液压系统的控制部分。控制阀箱为三功能开关阀箱，主要控制抓斗开合两个油缸和两个插销缸，另有 1 个备用口以支持设备的扩展功能。控制阀箱采用电子舱直接驱动 3 个电磁铁动作。控制阀箱的阀体和罩壳采用分体式设计，装配与维修方便。阀体采用 6061 铝合金制作，具有重量轻、强度高、耐腐蚀等优点。采用定差减压阀和节流阀串联方式，保证油缸速度相对稳定，油缸控制回路上设置

SUN 平衡阀，泄漏小，安全可靠，速度平稳。其原理如图 2.22 所示。

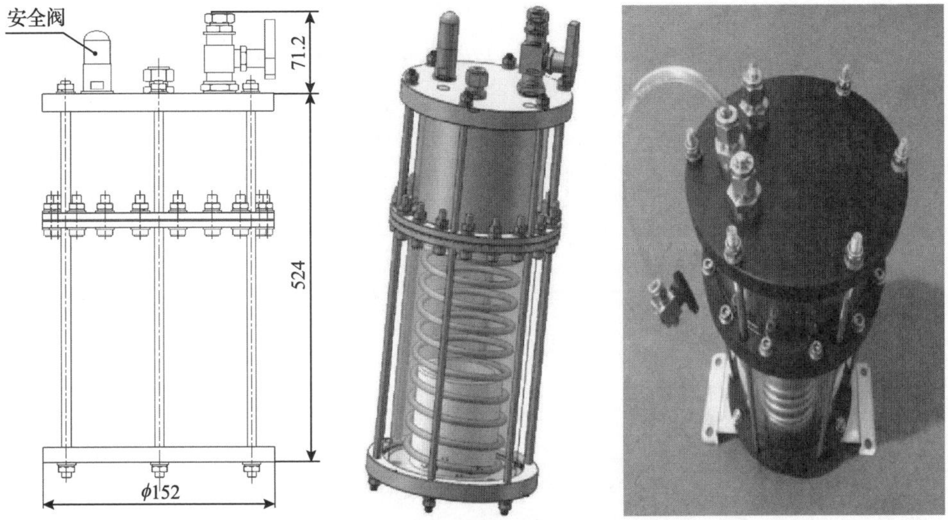

图 2.21　BQ125 弹簧膜片式补偿器外形尺寸和实物图(单位：mm)

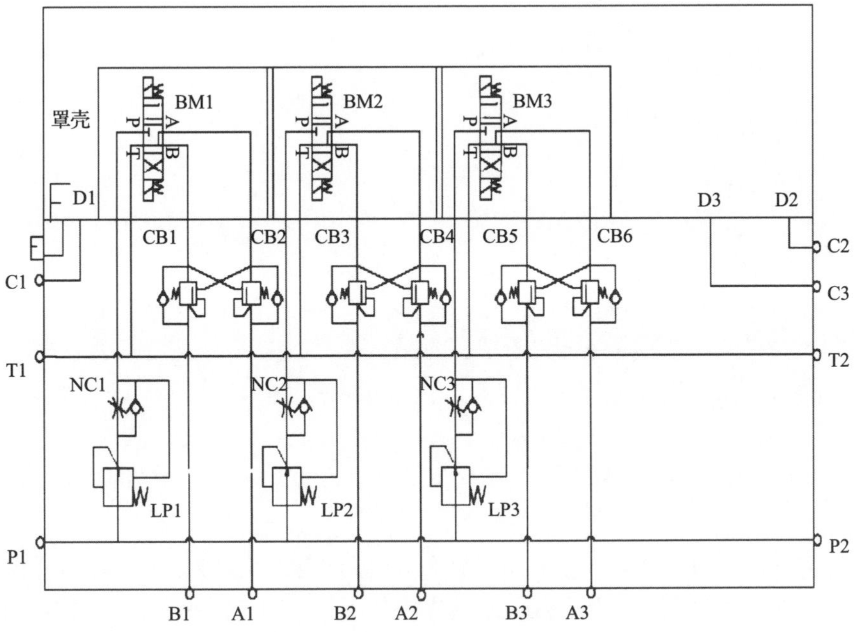

图 2.22　阀箱工作原理图

开关阀是液压控制阀箱的直接控制部分，该阀选用万福乐系列 NG3-Y 型三位四通阀。板式滑阀有 4 个液流通道，阀芯带定位机构和复位弹簧，湿式电磁铁可在水下 6000m 甚至更深处工作。三位四通阀有 2 块电磁铁和 3 个工作位置，弹簧对中，在两个电磁铁断电情况下，阀芯处于中位。其外形和压降性能如图 2.23 和图 2.24 所示。

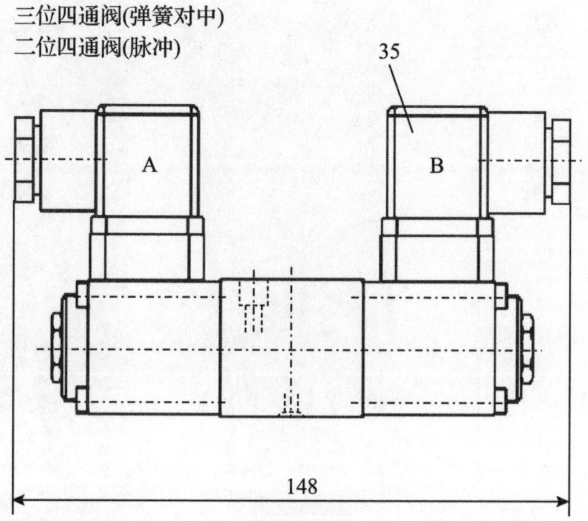

图 2.23　开关阀外形图(单位：mm)

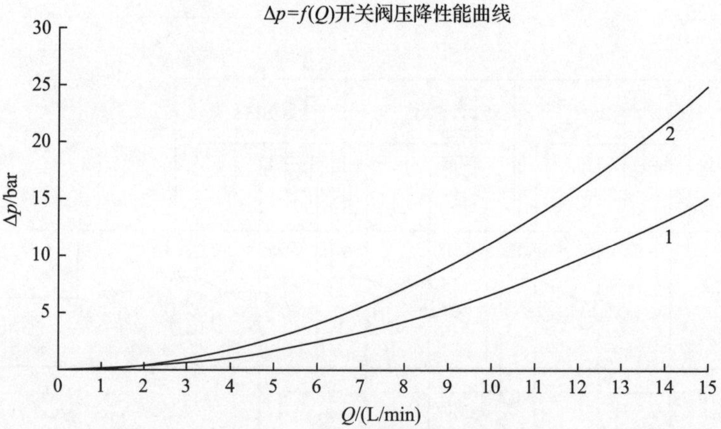

图 2.24　开关阀压降性能曲线

曲线 1-工作进油口 A 到回油口 T，工作进油口 B 到回油口 T；曲线 2-压力口 P 到工作进油口 A，压力口 P 到工作进油口 B

阀箱设置前后两个 P、T 口，可选择一个方向与液压站接口连接，A、B 口分别位于前后两侧，采用直角接头过渡。阀箱补偿接口 C1、C3 配 1/4 卡套管，C2 配 3/8 卡套管，阀箱上配 10 芯 SUBCONN 接插件，其外形尺寸为：220mm×220mm×260mm，阀箱重量约为 13kg。阀箱实物如图 2.25 所示。

4) 抓斗开合油缸

抓斗开合油缸采用恒立 HA250 系列液压缸，最高工作压力 25MPa，其外形图和尺寸如图 2.26 所示。

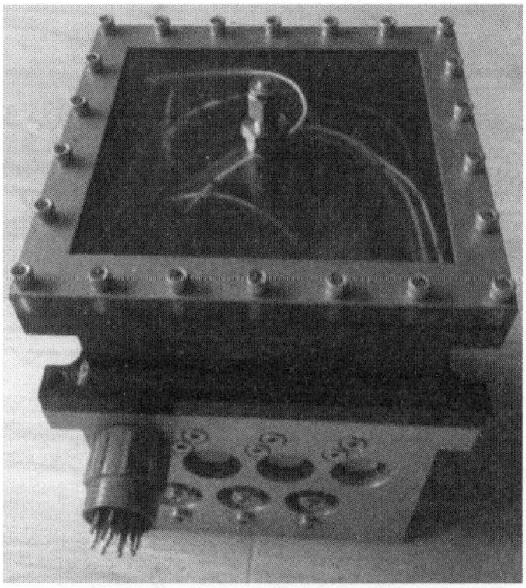

图 2.25　阀箱实物图

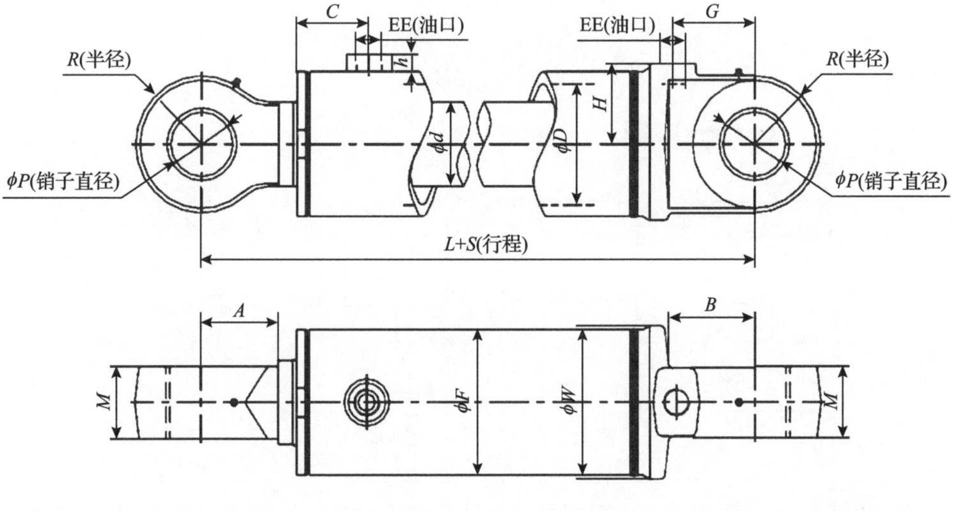

ϕD(缸径)	ϕd(杆径)	EE(油口)	A	B	C	ϕF	G	H	L	M	ϕP	R	ϕW	h
ϕ40	ϕ28/ϕ25	M14×1.5/(G1/4)	40	40	56	ϕ57	34	35	224	30	ϕ25	30	ϕ62	15
ϕ50	ϕ36/ϕ28	M18×1.5/(G3/8)	40	40	56	ϕ62	34	35	233	30	ϕ30	30	ϕ62	15
ϕ63	ϕ45/ϕ36	M18×1.5/(G3/8)	50	50	56	ϕ80	45	45	253	35	ϕ35	40	ϕ85	15
ϕ70	ϕ50/ϕ40	M22×1.5/(G1/2)	50	50	63	ϕ85	45	45	280	45	ϕ40	40	ϕ85	18
ϕ80	ϕ56/ϕ45	M22×1.5/(G1/2)	60	65	70	ϕ100	55	55	318	50	ϕ40	50	ϕ108	18
ϕ90	ϕ63/ϕ50	M22×1.5/(G1/2)	65	65	72	ϕ108	55	60	325	55	ϕ45	50	ϕ108	18

图 2.26　抓斗开合油缸外形图及尺寸(单位：mm)

液压缸缸径选用 80mm，可保证在 210bar 下油缸最大输出力满足

$$F = p\frac{\pi}{4}d^2 = 21\times10^6\times\frac{\pi}{4}\times\left(80\times10^{-3}\right)^2 \approx 105504\text{N} > 90000\text{N}$$

5)插销缸

插销缸选用 HA250 的 40 系列(缸径 40mm)，可保证在 210bar 下油缸最大输出力满足

$$F = p\frac{\pi}{4}d^2 = 21\times10^6\times\frac{\pi}{4}\times\left(40\times10^{-3}\right)^2 \approx 26376\text{N}$$

行程由实际插销长度决定。

4. 关键部件 4——综合布线系统

水下作业设备的电子元件存放在不同的耐压壳当中，通过水密接插头连接，故需要布线系统实现各个模块间的通信、供电连接。布线系统主要包括 1 个电控舱、1 个驱动舱、1 个脐带缆与变压器接线箱、1 个大型充油设备接线箱、1 个液压阀箱、舱外外设(1 个温度与深度传感器、2 个监视摄像机和 1 个高清摄像机、4 个 LED 泛光灯和 2 个 LED 聚光灯、1 套电动云台、1 个浊度仪、1 个 Eh 传感器、1 套多普勒测速仪、1 套超短基线信标、1 套光纤陀螺仪)。综合布线系统的总体设计如图 2.27 所示，系统示意图如图 2.28 所示。

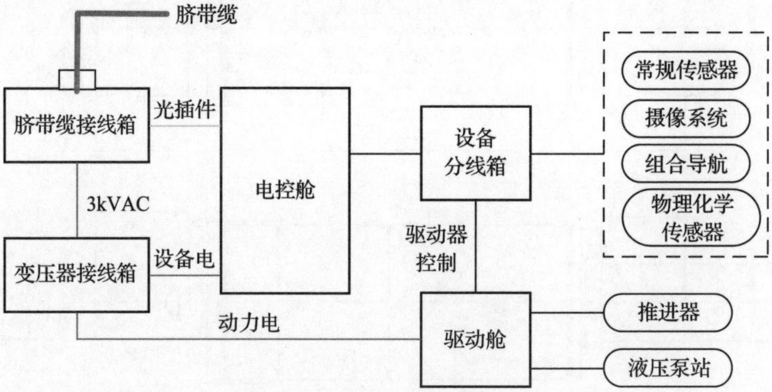

图 2.27 综合布线系统总体设计

综合布线系统主要由以下设备单元组成。

(1)电控舱。电控舱中是水下系统的控制层、信息传输层与决策层，其结构采用紧凑型外围部件互连(peripheral component interconnect, PCI)插板式结构，模块化控制单元，调试维护方便，可靠性高。主要包括运动控制、设备监控、推力分配、绝缘检测、漏水监测等功能模块。信息传输通道包括系统通信与视频通道、预留搭载设备信息通道、高清高速传输通道。其结构形式如图 2.29 所示。

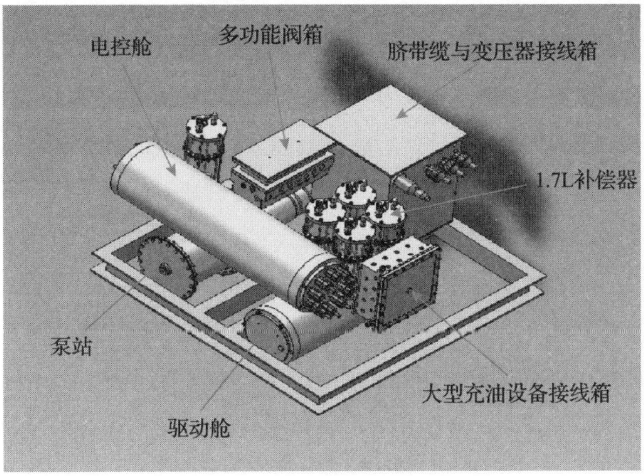

图 2.28　综合布线系统示意图

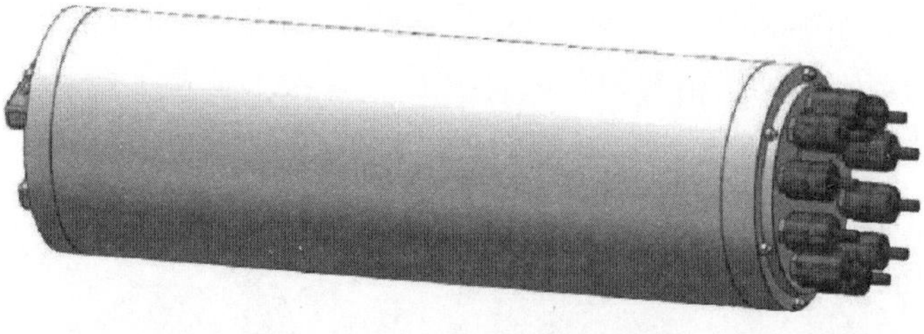

图 2.29　电控舱结构形状示意图

(2)脐带缆与变压器接线箱。为更有效地利用空间，设计时将脐带缆接线箱与变压器接线箱合并，接收水面信息，同时将水面供电系统的超高压电源转化为 380V 三相电供推进器和泵站使用，81V 三相交流电整流为 110V 单相直流电供该机器人搭载设备使用(控制系统、摄像头等)。脐带缆与变压器接线箱示意图如图 2.30 所示。

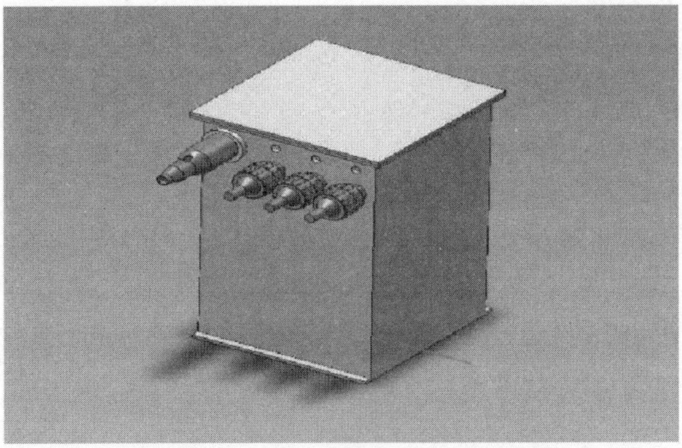

图 2.30　脐带缆与变压器接线箱示意图

(3)大型充油设备接线箱。深海探测与采样机器人配备了摄像头、运动、声学、化学传感器用于侦测作业状态，这些设备需要通过设备接线箱与控制舱连接。大型充油设备接线箱如图 2.31 所示。

图 2.31　大型充油设备接线箱示意图

(4)驱动舱。驱动舱有 3 个开孔，两个用于驱动推进器，并通过编码器获得推进器的转速。RS485 接口用于与控制舱进行通信，反馈推进器的状态并接受指令控制推进器转速。驱动舱结构如图 2.32 所示。

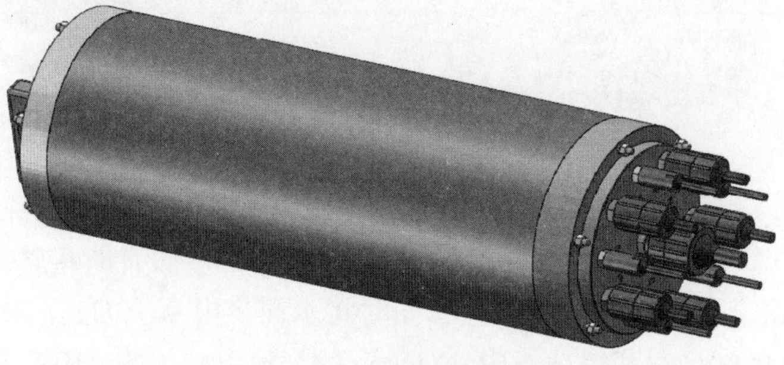

图 2.32　驱动舱结构示意图

(5)多功能阀箱。水下机构运动均采用液压控制，阀箱内有 4 路开关，用于对云台角度和抓斗开合的控制。阀箱结构如图 2.33 所示。

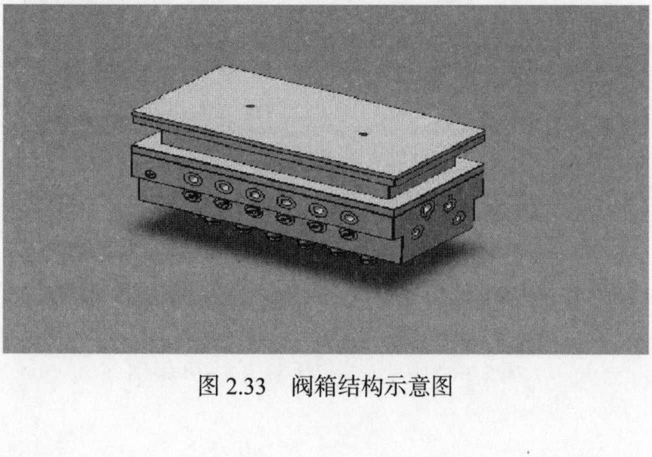

图 2.33　阀箱结构示意图

2.4　舱外搭载主要设备

深海探测与采样机器人舱外搭载主要设备如下。

(1)首部云台。首部云台为 6000m 耐压的双自由度电动云台，能进行俯仰和左右调节。拟选用 Kongsberg OE10-102 双自由度云台，如图 2.34 所示。

指标类型	配置与参数
型号	OE10-102
生产商	Kongsberg
深度等级/m	6000(充油补偿)
尺寸/(mm×mm×mm)	1695×150×152
重量/kg	10.6(空气中)；8.6(水中)
电气接口	● 供电：12~24VDC，最大2.8A； ● 控制方式：Rs232/Rs485； ● 水密插件：Burton 5506-2008
最大载荷/kg	25(空气中)

图 2.34　首部云台基本参数与实物图

(2)水下摄像机。本体上共布置 2 个水下摄像机和 1 个高清摄像机。高清摄像机安装于首部云台上，用于巡点与精细观测；抓斗监视摄像机安装于取样器中部，固定角度，用于观察抓斗内部样品情况；尾部监视摄像机安装于取样器尾部，固定角度，用于取样器尾部情况。水下高清摄像机与监视摄像机选用 DeepSea Power&Lights 公司的成熟产品，如图 2.35 和图 2.36 所示。

(3)水下 LED 灯。水下灯配置 DeepSea Power&Light 公司的 SeaLite Sphere 水下 LED 灯 6 只，包括 4 个泛光灯和 2 个聚光灯，如图 2.37 所示。

(4)温深传感器。高精度深度与温度传感器：选择 Seabird 公司的 SBE39 高精度温度传感器(带深度计)，最大工作深度 6000m，带 Rs232 串行通信接口，如图 2.38 所示。

指标类型	配置与参数
型号	HD Multi SeaCam
生产商	DeepSea Power&Lights
深度等级/m	6000
尺寸/(mm×mm)	ϕ47.5×158.5
重量/kg	0.65(空气中)；0.37/0.44(水中)
感光度/lux	0.1
清晰度	1920(H)×1080(V)

图 2.35　水下高清摄像机基本参数与实物图

指标类型	配置与参数
型号	Multi SeaCam
生产商	DeepSea Power&Lights
深度等级/m	6000
尺寸/(mm×mm)	ϕ47.5×158.5
重量/g	459(空气中)；112(水中)
感光度/lux	0.1；自动光圈
清晰度	460TV Lines

图 2.36　监视摄像机基本参数与实物图

指标类型	配置与参数
型号	SeaLite Sphere　SLS-6100
生产商	DeepSea Power&Light
深度等级/m	6000
重量/g	769(空气中)；314(水中)
尺寸/mm	● 最大直径：ϕ84 ● 长度：129(不含插件)
功耗	1.6A@120VAC；1.1A@135VDC
光学特性	● 色温：5000~6000K； ● 光通量：7500lm； ● 光源发射角：泛光75°，聚光38°

图 2.37　水下灯基本参数与实物图

指标类型	配置与参数
重量/kg	1.2(空气中)，0.7(水中)
深度等级/m	10500
材质	钛合金
尺寸/(mm×mm)	ϕ48.2×231.1
测量范围	● 温度测量：量程–5~35℃；精度±0.001℃； ● 深度测量：量程0~7000m，精度0.002%全量程
电气接口	● 供电：9~30VDC； ● 通信接口：Rs232； ● 水密插件：MCBH-4MP 或XSG-4-BCL-HP-SS

图 2.38　温深传感器基本参数与实物图

(5)高精度罗盘。AHRS-3000 是一款高性能的小型航姿系统，可用于动静态环境下对载体的横滚角、俯仰角和航向角进行高精度测量。基于三轴陀螺仪、三轴加速度计和三轴磁力计，AHRS-3000 采用自适应 Kalman 数据融合算法，可实现以 100Hz 更新速率输出载体的惯性运动信息(三轴角速度、三轴加速度)、最优姿态角(横滚角、俯仰角和航向角)和温度等参数，并且，通过对传感器的安装误差、轴间正交误差和温度误差进行补偿，极大地提高了测量精度，如图 2.39 所示。

指标类型	配置与参数
尺寸/(mm×mm)	49×49
精度/(°)	● 艏向：静态0.5，动态2； ● 纵横倾：静态0.5，动态2
测量范围/(°)	● 艏向：±90； ● 纵横倾：±180
电气接口	● 供电：5VDC； ● 输出：Rs232

图 2.39　高精度罗盘基本参数与实物图

(6)高度计。KONGSBERG 1007D 高度计，最大工作深度 6000m。配置参数如图 2.40 所示。

特点
- 设计鲁棒；
- MS 1000；
- 易配置的模拟/数字输出；
- 三种深度等级: 3000m、6000m和9000m

应用
- ROV/AUV高度；
- 避障；
- 定位；
- 地表下检测

1007D高分辨率高度计(6000m＆3000m)

图 2.40　高度计基本参数与实物图

(7)超短基线信标。采用支持母船超短基线信标机，信标机自带电池，可直接搭载在取样器上，如图 2.41 所示。

(8)深海探测与采样机器人惯导系统。本体内置高精度光纤陀螺仪和石英挠性加速度计，利用实时测量的角运动和线运动信息，通过数学计算获得载体的航姿、速度和位置等导航信息。具备惯导和罗经两种工作模式：在惯导模式下，可提供连续稳定的航姿、速度和位置等导航信息，支持接入卫星、多普勒、声学定位系统和深度计等外部辅助设备；在罗经模式下，无需外部辅助设备，可提供高精度航姿信息。如图 2.42 所示。

(9)水下多普勒测速仪。多普勒测速仪(Doppler velocity log, DVL)是应用声波在水下传播的多普勒效应进行测速和计程的一种水声导航仪器。搭载于 ROV 上，可测量 ROV 对底跟踪速度和流速，对惯导系统的导航误差进行滤波估计，进而对导航参数进行误差修正，提高系统的导航精度。采用中国科学院声学所研制的高精度多普勒测速仪，其数据协议与 RDI Workhorse 系列 DVL 兼容，数据测量精度可达 0.3%，如图 2.43 所示。

指标类型	配置与参数
重量/kg	25(空气中)，16(水中)
材质	高强度复合不锈钢(UNS32550)
工作等级/m	6000
尺寸/(mm×mm)	ϕ130×680
声学参数	● 12kHz音频，10ms脉冲宽度； ● 可编程低频CW或Chrip信号； ● 重复频率1次/s
其他参数	带电池，手动ON/OFF开关

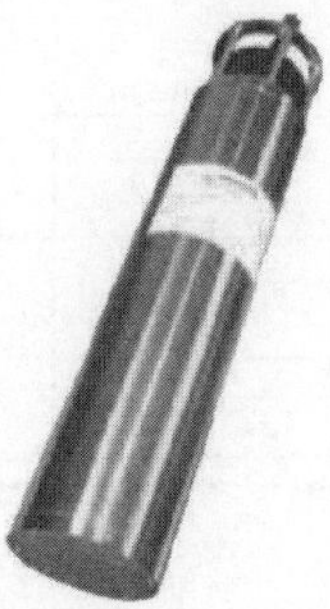

图 2.41　超短基线信标基本参数与实物图

指标类型	配置与参数
型号	KsKINS-L-6000
生产商	河北汉光重工有限责任公司
深度等级/m	6000
尺寸/(mm×mm)	ϕ255×303
重量/kg	25(空气中)；15.5(水中)
航向精度(1σ)/(°)	0.1secφ
姿态精度(1σ)/(°)	0.02
多普勒测速仪组合定位精度/%	0.5

图 2.42　深水惯导系统基本参数与实物图

指标类型	配置与参数
重量/kg	22(空气中)，17(水中)
材质	钛合金
尺寸/mm	● 高度：270； ● 直径：换能器252，筒体187
工作频率/kHz	600
测速范围/(m/s)	±10
底跟踪测速准确度/(mm/s)	0.3%测量值±3
底跟踪最大作用距离/m	120
侧流层数	128
流速测量准确度/(cm/s)	1%测量值±0.5
测流最大作用距离/m	80
最大工作深度/m	6000

图 2.43　水下多普勒测速仪基本参数与实物图

(10)避障声呐系统。1 个双频扫描声呐，用于近底地形扫描和探测。选用 Tritech Super Seaking 声呐，耐压等级 6000m，如图 2.44 所示。

指标类型	配置与参数
生产商	Tritech
水下声呐阵	Super Seaking DST
工作频率/kHz	双频 300&670
最大作用距离/m	300@300kHz、100@670kHz
深度等级/m	4000
作业类型	机械扫描式
水面控制单元	Seanet SUC&RAT
水下电缆	集成

图 2.44　避障声呐配置参数与实物图

(11)浊度仪。选择 Seapoint 公司的浊度仪，它具有低功耗、体积小，通过对 2 个数字线实现 4 个不同增益测量的切换，适合于多种水质下的浊度测量，如图 2.45 所示。

指标类型	配置与参数
重量/g	80(空气中)
深度等级/m	6000
尺寸/(mm×mm)	ϕ25×66.5
测量范围	● 增益可调：×1,×5,×20,×100； ● 量程与灵敏度： ✓ 100× gain: 200mV/FTU 25 FTU ✓ 20× gain: 40mV/FTU 125 FTU ✓ 5× gain: 10mV/FTU 500 FTU ✓ 1× gain: 2mV/FTU 4000 FTU
电气接口	● 供电：7~20VDC； ● 输出：0~5VDC； ● 水密插件：MCBH6M

图 2.45　浊度仪配置参数与实物图

(12)Eh 传感器。选择 AMT 公司的 Eh 传感器，此传感器低功耗、体积小，通过对 2 个数字线实现 4 个不同增益测量的切换，适合于多种水质下的浊度测量，如图 2.46 所示。

指标类型	配置与参数
深度等级/m	6000
尺寸/(mm×mm)	ϕ30×256
物理参数	● 测量范围：±2V； ● 精度/处理精度：2mV/0.1mV
电气接口	● 供电：9.5~18VDC； ● 输出：0~5VDC； ● 水密插件：Subconn BH-4M, Titanium

图 2.46　Eh 传感器配置参数与实物图

2.5 主要技术性能与技术指标

2.5.1 主要技术性能

深海探测与采样机器人的总体设计、关键技术和工程实现技术可保证机器人命令模块的电气系统、液压系统、推进器、传感器等协同工作，满足安全性、稳定性、可靠性技术性能，高质量地完成海底探测与采样等多种作业任务。其优越的技术性能具体包括以下几点。

(1)结构优化设计保证其具有体积小、重量轻、负重能力强、可满足大多数深海区域调查作业性能需求。

(2)精确运动控制技术实现系统运动过程实时准确可控,达到精细化调查作业的要求。

(3)热液异常智能搜索技术，通过建立智能优化数学模型及智能优化算法，保证对热液异常优选方位的准确判断。

(4)载体框架可满足海底6000m各种作业的强度和刚度要求。

(5)可更换采样模块安装的抓斗,通过命令模块的液压系统驱动完成海底采样作业。

(6)通过安装浊度传感器、化学传感器等多种传感器并搭载CTD传感器，实现海底环境多参数全方位探测。

(7)数据管理与信息集成模块具有深海探测与采样机器人探测数据的处理、存储和实时信息交互功能，并与热液异常智能搜索系统、交互式运动控制系统，以及船载信息系统进行综合集成。

2.5.2 主要技术指标与先进性分析

深海探测与采样机器人主要技术指标参见表2.5，其与英国国家海洋中心研制的先进深海探测与采样机器人技术指标的对比参见表2.6。

表2.5 深海探测与采样机器人主要技术指标

技术指标	计划书要求	实际完成情况	稳定性
总体尺寸/(m×m×m)	1.2×1.2×1.5	1.55×1.75×1.70	稳定
自身重量/t	约1	≤1.2	稳定
最大有效载荷/t	0.8	0.8	稳定
供电功率/kW	15	15	稳定
供电电压/V	3000(三相交流)	3000(三相交流)	稳定

续表

技术指标	计划书要求	实际完成情况	稳定性
最大工作水深/m	6000	6000	稳定
最大工作半径/m	150	150	稳定
工作海况/级	⩽4	⩽4	稳定
拖行速度/节	0.5～1	0.5～1	稳定
距底高度/m	5～150	5～150	稳定
推进器功率/kW	2×3	2×3～2×5	稳定
推进器推力/kg	⩾100	⩾200	稳定
抓斗尺寸/m	0.5(半径)，1(长)	0.5(半径)，1(长)	稳定
最大开口尺寸/m	0.8×1	0.8×1	稳定
抓斗咬合力/t	⩾2	⩾2	稳定
抓斗最大下挖深度/m	0.3	0.3	稳定
位置精度/m	±0.5	航行距离×1%	稳定
速度精度	设定速度×5%	设定速度×5%	稳定
运动方向角度精度/(°)	3	3	稳定
智能搜索功能	对热液喷口方位的准确判断	准确发现热液喷口位置	稳定

表 2.6　与英国先进深海探测与采样机器人(HyBIS)的技术指标对比

技术指标	HyBIS	深海探测与采样机器人
最大工作深度/m	6000	6000
总体尺寸/(m×m×m)	1.2×1.3×1.5	1.55×1.75×1.70
有效载荷/t	0.5	0.8
最大工作半径/m	约 150	约 150
工作海况/级	⩽4	⩽4
供电电压/V	1500(单相交流)	3000(三相交流)
供电功率/kW	7	15
推进器推力/kg	100	⩾200
最大开口尺寸/m	0.5(半径)，1(长)	0.8(半径)，1(长)
抓斗咬合力/t	⩾2	⩾2
抓斗最大下挖深度/m	0.3	0.3

与英国 HyBIS 技术指标对比可见，深海智能探测与采样机器人的多项指标持平或超过英国 HyBIS 水下机器人；而且深海探测与采样机器人另具备海底热液异常信息智能搜索、轨迹跟踪实时智能控制等先进功能，其技术指标的先进性已在多次海试中得到应用验证。

第 3 章　深海探测与采样机器人系统设计

3.1　系统设计需求

深海探测与采样机器人是一种典型的缆控式水下潜水器系统，其关键系统主要包括母船配电系统、液压系统、监控系统、数据管理与信息集成系统。深海探测与采样机器人系统通过安装于机器人本体上的各种传感器收集不同的物理化学信号，对这些信号进行处理并形成辅助的路径规划指令。科考人员和操作手在视频、传感器及辅助指令信息的协助下操控深海探测与采样机器人本体进行小范围的机动和调查，并在发现作业目标后进行深海坐底和采样作业，通过铠装光电复合缆进行深海探测与采样机器人本体的回收。深海探测与采样机器人系统同时兼容多种深海采样设备，运用模块化的理念使其采样部分能够灵活地分离和更换。上述作业方式需要深海探测与采样机器人系统具备深海作业能力、远程操控能力、环境感知能力、采样能力，以及机动能力；从深海作业安全的角度，深海探测与采样机器人系统还应该具备系统状态感知能力和紧急脱险能力，具体阐述如下。

(1) 模块化设计。深海探测与采样机器人系统应当能够兼容搭载多种深海采样设备，比如采样抓斗、机械臂、钻机等，面对不同的作业任务，其能够灵活转换形态，除此之外，系统还应具备对任务导向型设备的兼容搭载能力。

(2) 深海作业能力。深海探测与采样机器人系统设计工作深度为 6000m，针对大深度的作业区域，系统的耐压舱体的结构和材料应当具备足够的强度。出于成本考虑，深海探测与采样机器人本体上有许多非耐压舱体，针对这些舱体应当设计液压补偿系统，保证其在深海水压下保持内外压力平衡。除了面对深海的水压，深海作业能力还意味着深海探测与采样机器人系统应当能够对本体进行远距离电力输送。

(3) 远程操控能力。远程操控能力首先要求深海探测与采样机器人本体能够和水面操作手之间形成实时通信，水面端和水下端共同完成水下信息的回传以及水面操作手的操作指令下发。这需要系统在硬件上实现稳定的通信链路，并在软件上实现各部分的收发、解析和采集功能。

(4) 环境感知能力。深海探测与采样机器人本体需要能够对环境的关键物理化学参数进行测量、采集。除此之外，系统的环境感知能力还包括定位与导航、避障、深度、高度，以及视像信息的感知能力。

(5)采样能力。深海探测与采样机器人的执行机构采样抓斗在采样的过程中应当具备足够的咬合力，以保证能够破开样品并保持抓斗回收过程的闭合。抓斗应当具备足够的强度以保证采样过程中不发生损坏，且应保证一定的采样容积。

(6)机动能力。深海探测与采样机器人本体应当保证一定的机动能力，这需要其本体具备足够推力的推进器和有效的电机驱动器，除此之外，应当设计适当的结构使其在遭遇海流时能够保持方向稳定性。

(7)系统状态感知能力。深海探测与采样机器人系统在运行中需应对高压长距离输电、深海水压、坐底冲击载荷等挑战，因此系统应当能够对自身的运行状态进行实时的感知。具体包括所有舱室的漏水异常、电控系统的绝缘状态、水面监控动力站的绝缘状态、主泵的工作压力等。

(8)紧急脱险能力。深海探测与采样机器人本体在采样作业的过程中会遇到因液压系统失效、采样设备损坏或样品过大等原因而卡在海床上无法脱离的情况。因此应当设计能够将占据装备主要价值的部分和搭载的采样设备分开的紧急脱离机构。

深海探测与采样机器人系统设计需求如图 3.1 所示。

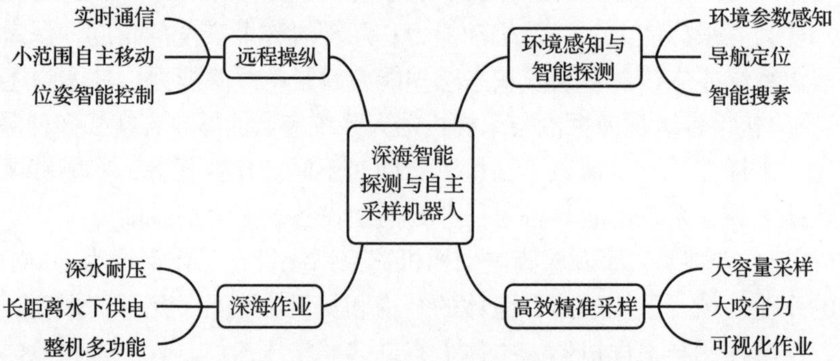

图 3.1 系统设计需求

3.2 船载配电系统

水下电气系统由充油接线箱、水下降压变压器、水下电控舱、液压泵站、推进器驱动舱，以及连接各电气设备的动力水密接插件等组成，完成水下动力电能分配与传输。水下电气系统接线原理如图 3.2 所示。

(1)充油接线箱。项目研制的水下动力充油接线箱包含 1 路脐带缆贯穿件，1 路额定电压 380V 交流、额定电流 20A 的动力电缆接插件，1 路额定电压 380V 交流、额定电流 10A 的动力电缆接插件，1 路仪器桶电源插件脐带缆终端，并自带漏水报警功能与压力补偿。

(2)脐带终端。脐带终端是脐带缆进入动力接线箱的穿舱件，具有轴向密封功能，当脐带缆破损时，海水无法流入动力接线箱。

(3)动力电缆接插件。动力电缆接插件是水下动力电缆进入动力接线箱的穿舱件，具有轴向密封功能，当脐带缆破损时，海水无法流入动力接线箱。

(4)水下降压变压器。降压变压器为三相隔离降压变压器，由于降压变压器的功率较大，为了能够在充油接线箱内安装，需要减小降压变压器的重量和体积，所以采用三个中频400Hz环形变压器组成。降压变压器的功能就是将3000V交流电压降低到380V交流和220V交流。

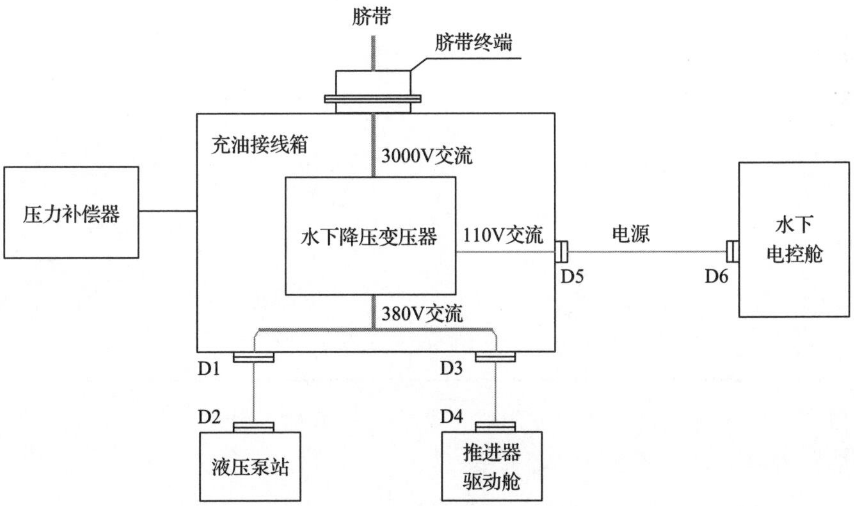

图3.2　水下电气系统接线原理

3.2.1　脐带缆的适配性

深海探测与采样机器人配电系统以高强度水下光电脐带缆作为电力传输介质，需要为水下长周期高效调查取样作业的机器人提供稳定、高效的能源供给，保证系统在水下长周期、安全、稳定和可靠地工作。深海探测与采样机器人的电力系统设计，应与脐带缆具有良好的适配性。考虑脐带缆远距离送电、潜器不同工况下负载波动等原因，在脐带缆的需用电压范围内，通过对脐带缆的送电能力的评估，确定电力系统的设计指标。

以“大洋一号”“大洋号”“嘉庚号”等目前国内科考船上常用的三种铠装光脐带缆为例，分析计算深海探测与采样机器人搭载于这些母船的适配性。脐带缆的相关参数如表3.1所示。

表 3.1　脐带缆参数

参数类型	种类一	种类二	种类三
厂家	Rochester	Rochester	DE REGT
规格	A307403	A302351	015A079
电缆类别	铠装光电缆	铠装光电缆	铠装光电缆
科考船	"大洋一号""海洋 20"等	"嘉庚号""张骞号"等	"大洋号""深海一号"等
缆长/m	10000	10000	5000、8000 各 1 条
缆外径/mm	21.2	17.3	21.1
工作载荷/kN	56.5	44.5	107
芯线组成	电导体：6×13AWG（$2.43mm^2$），耐压 3300V 光纤：4 根单模	电导体：3×11AWG（$4.17mm^2$），耐压 2800V 光纤：3 根单模	电导体：3×$4.5mm^2$，耐压 4500V 光纤：3 组×4 根单模
脐带缆截面图		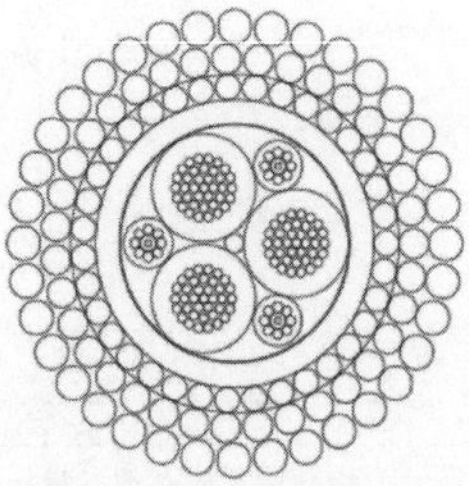	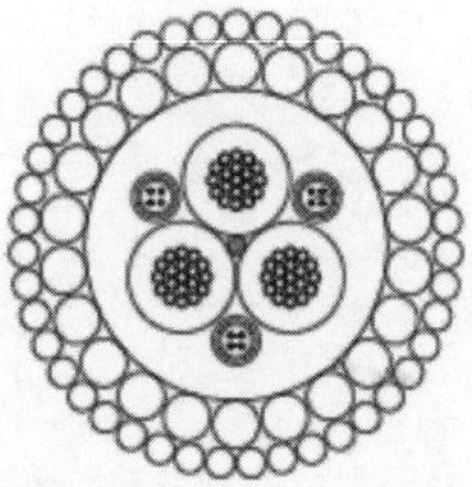

以"大洋一号"科考船的光电脐带缆为传输介质，计算 10000m 长时的脐带缆电能传输能力。主要计算过程如下。

(1)已知深海探测与采样机器人系统的水下最大功率为 15kW。

(2)已知脐带缆共包括动力导体 6 芯，单芯导线的标称截面积为 $2.43mm^2$。

(3)环境温度在 45℃时，$2.43mm^2$ 电缆单芯时载流量(导体长期允许温度 60℃)为 17A；由于铠装缆为组合电缆，考虑修正系数为 0.49，得到两根导体的载流量为 0.49×17×2=16.66A，考虑脐带缆不能完全放出绞车发热的安全系数，脐带缆载流量不宜超过 10A。

(4)功率因数 $\cos\varphi = 0.8$，则可以计算得出 $\tan\varphi = 0.75$。

(5)脐带缆阻抗的计算。万米长缆是复杂的 R、L、C 网络，准确计算非常复杂。计算可简化为 R、L 线路串联和 C 并联。在 R、L、C 串并联线路中，导体的阻抗存在如下公式，即

$$Z = R + \mathrm{j}X = R + \mathrm{j}\left(X_{\mathrm{L}} - X_{\mathrm{C}}\right)$$
$$+ \mathrm{j}X = R + \mathrm{j}\left(X_{\mathrm{L}} - X_{\mathrm{C}}\right)$$

其中，R 为直流阻抗；X_{L} 为感抗；X_{C} 为容抗，感抗和容抗统称为电抗。当 $X_{\mathrm{L}} - X_{\mathrm{C}} >$

0 称为“感性负载”；反之，若 $X_L - X_C < 0$ 称为“容性负载”。

(6) 脐带缆终端电压及线路电压降。

设定脐带缆水面端供电 U=3300V 交流，按允许线路电压降百分比 $\eta = 10\%$ 计算，则线路末端电压降最大为

$$\Delta U = U \cdot \frac{\eta}{1+\eta} = 330\text{V交流}$$

由此可以得出线路末端最低电压为

$$U_2 = U - \Delta U = 3000\text{V交流}$$

(7) 三相线路输出功率计算。

对于脐带缆压降，存在如下关系，即

$$\Delta U = \sqrt{3} I \cdot (R \cdot \cos\varphi + X \cdot \sin\varphi)$$

对于脐带缆末端输出功率，存在如下关系，即

$$P_2 = \sqrt{3} U_2 \cdot I \cdot \cos\varphi$$

由此可得

$$\begin{aligned}\Delta U &= \sqrt{3} I \cdot (R \cdot \cos\varphi + X \cdot \sin\varphi) \\ &= \frac{P_2}{U_2} \cdot R + \frac{P_2}{U_2 \cdot \cos\varphi} \cdot X \cdot \sin\varphi \\ &= \frac{P_2}{U_2} \cdot (R + X \cdot \text{tg}\varphi)\end{aligned}$$

由上可以得出末端输出功率的计算公式为

$$P_2 = \Delta U \cdot U_2 / (R + X \cdot \text{tg}\varphi)$$

对于 Rochester A307403 光电脐带缆，当缆长为 10000m 时，可以计算得到脐带缆末端的传输功率计算为

$$P_2 = 330 \times 3000 / (41 + 1.1 \times 0.75) = 23.7\text{kW}$$

对于 Rochester A307403 光电脐带缆，当缆长为 10000m 时，实测过程中，采用 400Hz 中频电源供电时，R、L、C 串联线路中，脐带缆感性负载 L 很小，可忽略不计；但对地及相间电容 C 较大，可等效线路并联一个大电容 C。根据导体的截面积，可以得到直流电阻 R。由于采用三相供电，六根导体中两根电导体并联

当作一相电使用，得到万米脐带缆的阻抗为

$$Z = 41\Omega$$

可计算得出脐带缆末端的传输功率为

$$P_2 = 330 \times 3000 / (41 + 0 \times 0.75) = 24.1\text{kW}$$

(8) 导体载流量校核为

$$I = P_2 / \left(\sqrt{3}U_2 \cdot \cos\varphi\right) = 24.1 / (\sqrt{3} \times 3 \times 0.8) = 5.8\text{A}$$

线路开路，实测首端容性电流约 8A，带电缆首端容性电流与负载电流矢量和为 9.9A，小于脐带缆 10A 安全电流值，满足要求。

因此，在最大 24kW 的末端功率条件下，脐带缆的过电流能力满足要求，且满足深海探测与采样机器人水下作业功率需求。

按照上述方法，可以得到压降 10%、15%、20%条件下脐带缆的末端送电能力。得到计算结果如表 3.2 所示。

表 3.2 脐带缆送电能力核算表 （单位：kW）

型号	供电情况	压降 10%	压降 15%	压降 20%	适用性
A307403 型缆	3300V 供电	23.7	33.2	41.7	满足
A302351 型缆	2500V 供电	16	22.7	33.4	满足
015A079 型缆	3300V 供电	17.3	24.5	36.0	满足

因此，基于上述光电铠装脐带缆，经送电能力的分析校核，均能够满足深海探测与采样机器人的供配电需求，同时也表明深海探测与采样机器人系统具有良好的母船搭载适配性。

3.2.2 系统配电方案

传统潜水器采用 50Hz 或 60Hz 的工频供电，为满足深海探测与采样机器人深海长距离送电要求，有效降低线路降压损耗，船电经水面监控动力站的升压变压器组升压后向水下送电，在机器人水下本体上经降压变压器组得到水下所需的动力用电和设备用电。深海探测与采样机器人母船提供 380V 三相交流电源，通过图 3.3 所示的供电系统将电压升高到 3000V，然后通过光电复合缆传输给机器人的水下电气系统，最大供电功率为 15kW。采用高压供电，可减少长距离脐带缆传输过程中的压降和电能损耗，并避免水下负载波动时电源电压波动对设备产生影响。母船提供的光电复合缆包含 6 路铜导体，供电电压等级为 3300V 三相交流电、最大传输电流为 20A，能够满足 15kW 的供电功率要求。

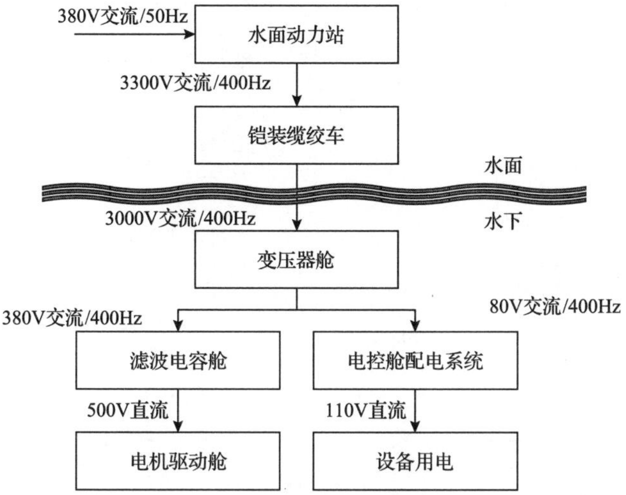

图 3.3　采样器母船供电系统示意图

为了克服长距离供电在光电缆上的电能损失、时变及设备运行等不稳定因素，项目设计了高压输电系统的电源稳压控制方案，保证深海探测与采样机器人在深海作业时的工作电压稳定维持在安全范围内。电源稳压技术通过对高压输电过程建模，利用反馈信息设计控制系统，使得深海探测与采样机器人工作电压保持稳定。通过在降压变压器输出端加入量测装置，将电压信息反馈回甲板上的控制器，控制器通过智能算法给出控制信号，调整稳压器的输出电压参数设置，保证整个电源系统稳定运行。高压输电闭环控制如图 3.4 所示。

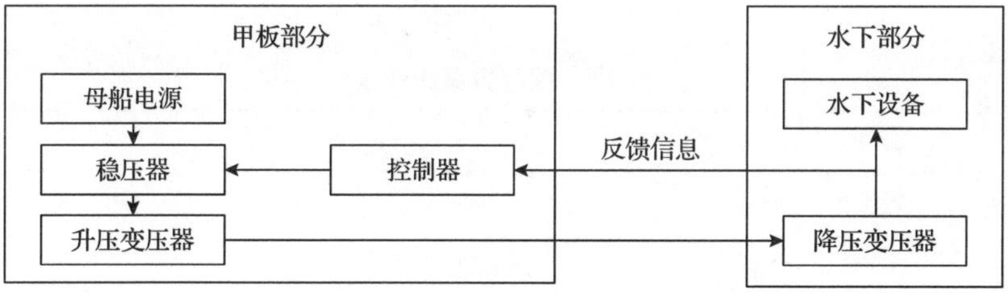

图 3.4　高压输电的闭环控制

这里提供四种不同的配电方案，如图 3.5 所示。

为了更好地降低深海探测与采样机器人的水下重量和降压变压器组的尺寸和重量，提高交流电源的工作频率，对不同配电方案对比分析如表 3.3 所示。

深海探测与采样机器人最终采用了最新的 400Hz 的高压中频配电方案，能有效降低水下变压器组的尺寸和重量。中频电源系统由中频逆变器、正弦波滤波器、升压变压器组、高压在线绝缘检测、配电控制柜等组成。三相 380V 交流、50Hz 的船电经甲板脐带送至监控动力站内的变频器，经变频后频率由 50Hz 变频至 400Hz，再经水面升压变压器升压至 3000V 交流，经脐带缆送至深海探测与采样机器人。高压中频供电原理如图 3.6 所示。

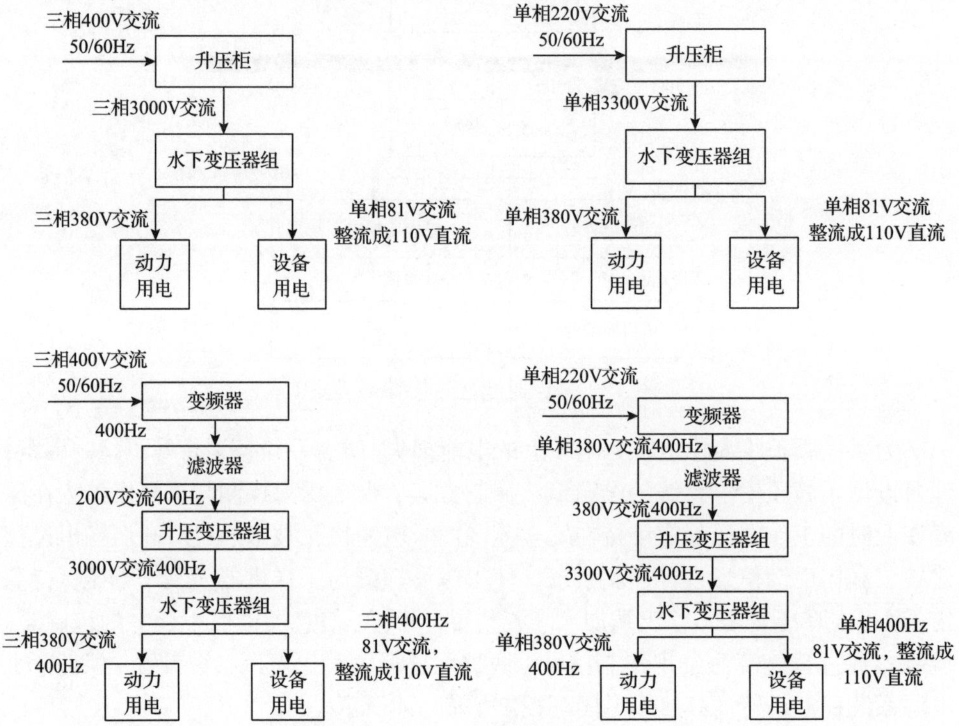

图 3.5　四种不同的配电方案

表 3.3　配电方案比较表

	频率/Hz	50	400
三相	单组尺寸/(mm×mm)	ϕ 260×130	ϕ 150×60
	单组重量/kg	16	4
	变压器舱尺寸/(mm×mm)	ϕ 370×580	ϕ 270×370
	变压器舱重量/kg	约 72	约 35
单相	单组尺寸/(mm×mm)	ϕ 360×135	ϕ 170×120
	单组重量/kg	约 47	约 10
	变压器舱尺寸/(mm×mm)	ϕ 470×335	ϕ 290×310
	变压器舱重量/kg	—	—

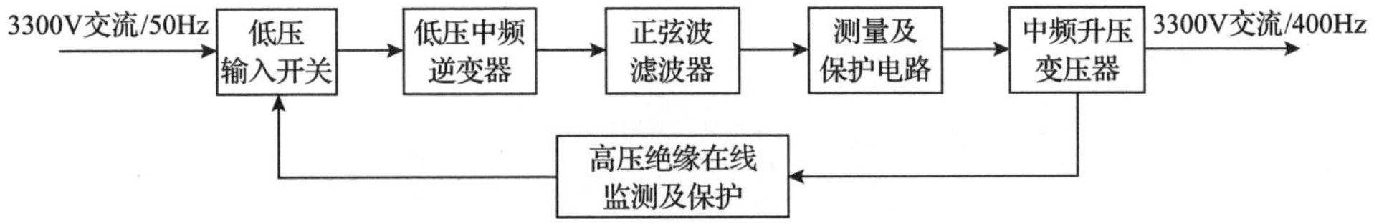

图 3.6　高压中频供电原理

水下变压器舱内包括 1 套三相低压变压器组，将 3000V 交流/400Hz 的高压交流电降压为 380V 交流/400Hz 动力交流电和 81V 交流/400Hz 的设备交流电。动力和设备交流电，分别经三相整流和滤波，得到供驱动器工作的 500V 直流和 110V 直流控制设备用电。水下配电方案如图 3.7 所示。

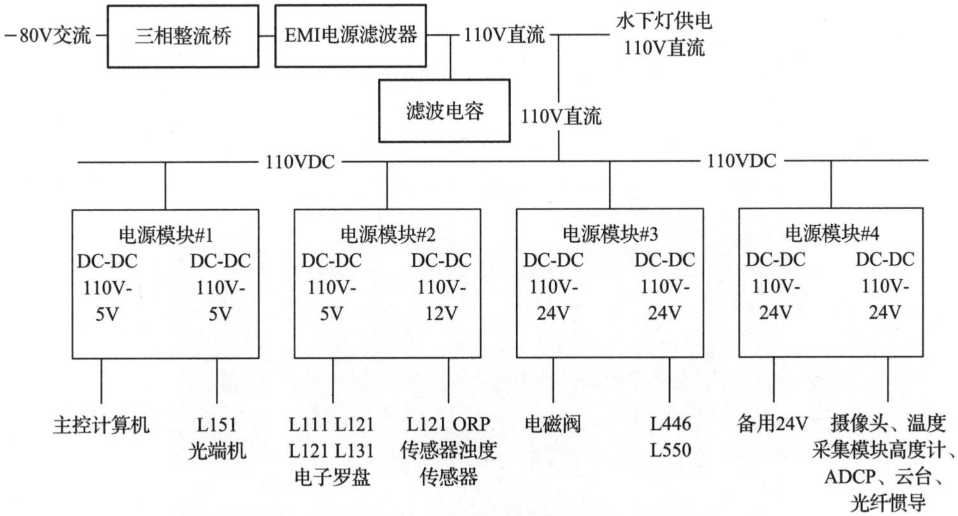

图 3.7　水下配电方案

3.2.3　水面监控动力站

水面监控动力站集成了水面操作台和水面动力站，安装于一套标准的集装箱内。水面操作台远程监视深海探测与采样机器人本体状态并控制其运动。水面监控动力站的组成如图 3.8 所示。

水面操作台如图 3.9 所示，包含的主要设备有：水面信息处理单元、水面监控计算机、操控面板、硬盘录像机等。水面信息处理单元中集成了主通信光端机和高清视频光端机，将通过光电复合缆传输的光信号转换为串口、模拟视频、网络等数字信号，提供水下控制设备的远程透明传输功能。水面监控软件解析主通信信号显示在交互界面上并形成运行记录文件，同时根据操作人员的输入生成控制指令下发至深海探测与采样机器人本体。视频信号通过硬盘录像机进行录制并且显示在交互界面上作为操作手的重要参考信息。

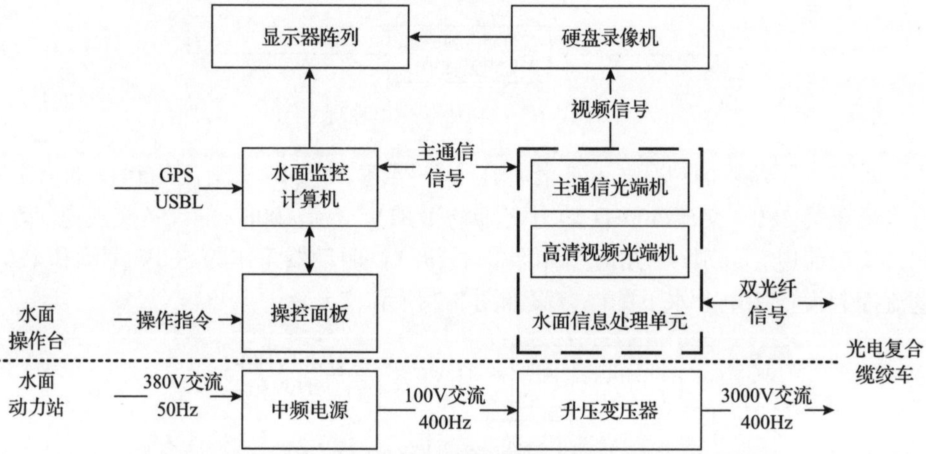

图 3.8　水面监控动力站组成

图 3.9　水面操作台

3.3　综合监控系统

3.3.1　综合监控系统概述

深海探测与采样机器人上配备了自主研发的监控系统，其构成主要包括：水面监控系统、水下监控系统、综合布线系统、信息传输系统等。

1. 水面监控系统

水面监控系统安装于控制台内，主要包括以下几部分。

(1) 控制计算机系统。由 3 套工控机组成，包括：①监控计算机；②导航定位计算机；③热液智能搜索计算机。

(2) 显控设备系统。包括：①显示墙，安装 19in(1in≈2.54cm) 液晶平板显示器，兼容 VGA、AV 和 HMI 接口；②矩阵设备，包括 1 套视频矩阵和 1 套 VGA 矩阵，用于视频和计算机显示终端的切换显示；③水面记录仪，采用视频硬盘录像机，能够提供 16 路模拟和数字视频信号的显示、录像等功能。

(3) 操纵面板。用于深海探测与采样机器人水面设备指令的操控，包括操纵杆、旋钮、按钮等各种控件。

监控计算机采用研华工控机，软件系统为 Windows 环境，通过 PCI 总线扩展数字和模拟控制采集卡，实现对控制面板控件的实时采集。主要配置如表 3.4 所示。

表 3.4　水面主控计算机配置

模块	型号	数量	主要参数
工控机	研华 610L	1	标准配置，带多路 PCI 接口
通信卡	CP-118U-i	1	8 路 Rs485/422/232，光电隔离，PCI 扩展
数字隔离输入输出卡	PCI-1758UDIO	1	64 路隔离数字输入+64 路隔离数字输出
模拟量采集模块	PCI-1713U	1	32 路单端/16 路差分，12 位模拟输入

2. 水下监控系统

水下综合监控系统由水下中控系统、综合布线系统和舱外搭载系统组成。各部分的基本功能如下。

(1) 水下中控系统。安装于耐压电子舱内，是水下控制系统的核心组件。水下中控系统是深海探测与采样机器人系统的中枢系统，集传感与信息处理、运动控制、设备管理等功能于一体。

(2) 综合布线系统。由各接线箱和相关布线线路组成，是遍布深海探测与采样机器人系统本体、连接深海探测与采样机器人各子系统的神经分支系统，实现系统的电源分配、信息传输、接口扩展等功能。类似于结构的总体布置，布线系统作为独立的任务进行设计。

(3) 舱外搭载系统。包括各种传感器、观测与照明设备、推进系统、液压阀控系统、物理化学传感器等各种扩展设备，通过机械、电气、液压等接口方式搭载于取样器。

从系统功能上，水下监控系统负责取样装置的运动控制、取样设备管理和抓斗作业模块的监测与控制。运动控制基本功能如下。

(1)推进器控制。通过手操控制和辅助自动定向控制模式，通过推力分配，控制 2 个水平推进器工作，实现在水下小范围内的浮游和目标点搜索。

(2)巡线跟踪控制。包括惯性导航单元、DVL 等，能融合 DVL、USBL 等信号，使系统具备近地跟踪的精确控位能力。

设备控制是对潜水器本体设备及其健康状态进行综合管理。包括上端模块的设备控制和下端抓斗的控制。设备控制功能包括以下几种。

(1)设备功能控制。包括水下灯、水下摄像机、液压执行机构等功能控制。

(2)设备电源管理。包括传感器组、搭载设备的电源管理。

(3)设备状态监测。包括油压、油温、油箱补偿容积、系统绝缘、漏水检测等重要参数的实时监测。

(4)各专用设备的状态检测等。

(5)上下模块分离油缸的拔销控制。

(6)动力管理与分配。

深海探测与采样机器人作业模块的监测与控制功能包括以下几种。

(1)液压泵站的状态监测。包括系统油压、油温、油位数据。

(2)抓斗抓合动作控制。

(3)机械手的关节运动。

水下中控系统是实现深海探测与采样机器人系统环境感知能力、远程控制能力的水下关键控制组件，是水下控制系统的中枢。如图 3.10 所示，水下中控系统安装于主控舱内，由主控计算机、外围智能模块等组成。水下中控系统采用 Compact PCI 构架，安装于加长型 3U Compact PCI 机架内，通过柜式连接器与仪器舱相连，具有良好的可维护性。

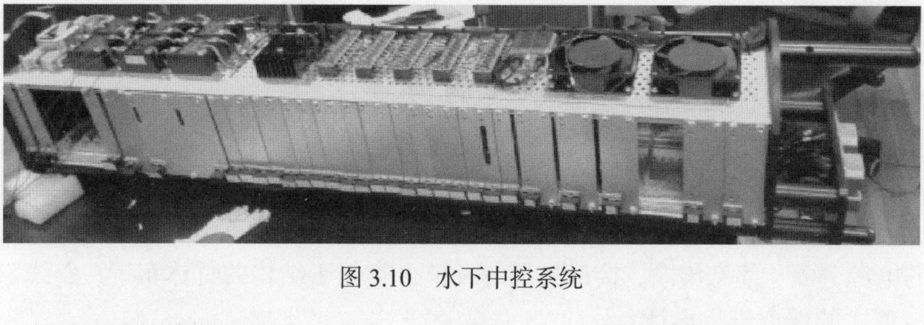

图 3.10　水下中控系统

水下主控计算机系统由一个主 CPU 模块和 3 个扩展板组成，如表 3.5 所示。主 CPU 模块采用基于 x86 构架的 PC104 模块，两个扩展板分别为数字输入输出(digital in and out，DIO)接口模块和通信模块。控制主机采用研华公司的 x86 构架的工业用 PC104 控制模块，运行基于 Vxwork 平台的实时控制软件；模拟量模块、数字输入输出接口模块和通信板卡采用国产盛博 PC104 数据采集扩展板卡。水下中控系统构架如图 3.11 所示。

表 3.5　水下主控计算机配置

模块	型号	数量	主要参数
CPU 模块	PCM3343	1	3 路 RS232，1 路 Rs232/485； CF 卡接口； 2 路 10M/100M 以太网
DIO 接口模块	SEM/CDT900	1	96 通道基于 TTL/CMOS； 71055 的可编程数字量 I/O
通信模块	SEM/CSD	1	4 路 Rs232/422/485； 2 路 CAN
模拟量模块	SEM/ADT882	2	16 路 16 位 A/D 通道； 8 路 14 位 D/A 通道； 24 路 TTL/CMOS 兼容 I/O； 200kHz 采样速率(带 FIFO)

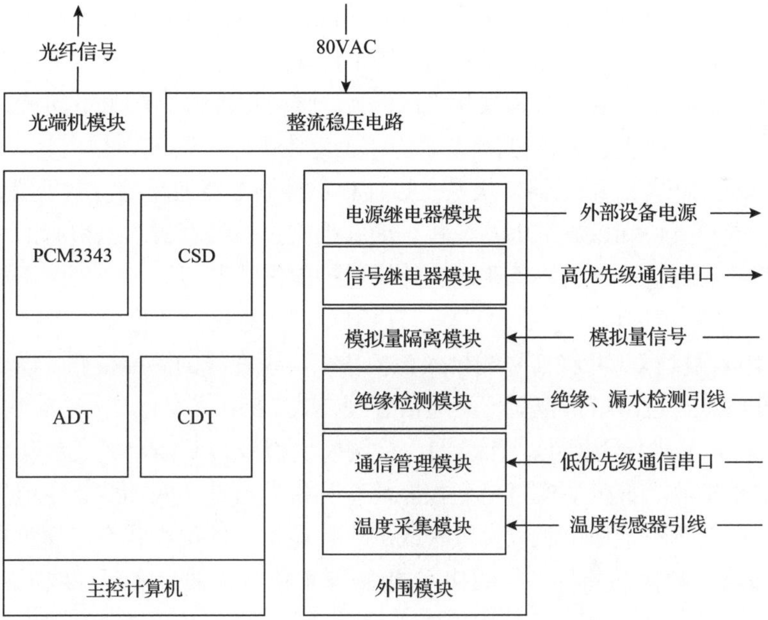

图 3.11　水下中控系统构架

主控舱中的外部模块是主控计算机实现通信、控制功能不可或缺的部分，主要包括光端机、通信管理模块、温度采集模块、绝缘/漏水检测模块和继电器模块等，如图 3.12 所示，具体功能如下。

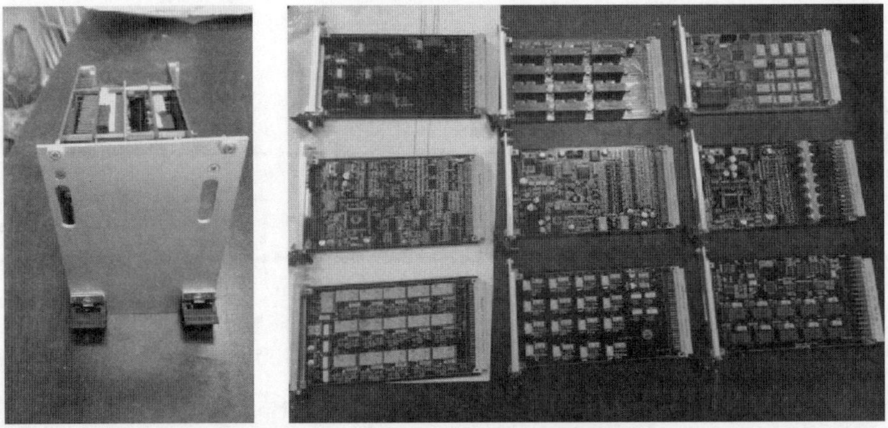

(a) 主控制器　　(b) 外围扩展模块

图 3.12　水下中控系统控制模块

(1) 光端机。深海探测与采样机器人本体和水面端通过光纤进行通信，主控舱机芯中安装有主通信光端机和高清视频光端机，主通信光端机支持 8 路 Rs232/422 串口以及四路普清视频传输，高清视频光端机支持高清视频信号传输。

(2) 通信管理模块。为缓解主控计算机的串口处理任务，将不同通信频率的串口型传感器首先接入通信管理模块 L550 上，通信管理模块按照不同传感器的通信协议进行消息解析和再打包，以固定的通信频率上传至主控计算机。

(3) 继电器模块。继电器模块是主控计算机控制电路通断的主要手段，可以分为信号继电器模块和供电继电器模块。能够根据主控计算机对应引脚的电平高低控式电路的通断，能够为装备调试、外设保护提供帮助。

(4) 温度采集模块。型号为研华 ADAM4015，通过在其他舱体及泵站油箱内布置 PT100 温度探头并将信号线接入该模块来实现在线的温度检测，模块将各端口的温度信息通过串口打包上传至通信管理模块 L550。

(5) 绝缘/漏水检测模块。绝缘/漏水检测模块型号为 L446，其主要功能有绝缘检测、漏水检测。该模块通过对主控舱筒壁和机芯接地之间加载一定电压的直流电和交流电并测量绝缘电阻以实现在线的主控舱机芯的绝缘状态。通过在其他舱体布设漏水检测探头并将信号线接入绝缘/漏水检测模块来实现在线的漏水状态检测。

ADT 模块主要功能是数据采集，即采集油压传感器、ORP 传感器以及浊度传感器的模拟信号。CDT 模块是一款 16 位计数器/定时器与数字量 I/O 模块，在中控计算机中主要功能为向继电器模块发送控制电平信号，包括电源与信号的隔离。CSD 模块是一款通信与数字量 I/O 模块，主要功能为管理主控计算机与惯导、驱动器舱、通信管理模块、绝缘检测模块以及主通信光端机之间的串口通信。

根据深海探测与采样机器人的控制舱和外设需求，对舱内控制系统进行原理设计，如图 3.13 所示。主控制器包括 4 个串口、多路数字输出(digital output, DO)、多路模拟输入接口(analog input, AI)。4 个串口根据应用需求，被定义为 2 条快速总线和 2 条慢速总线。快速总线分别连接推进驱动系统和组合导航系统模块，对控制的实时性和速度要求较高；慢速总线分别连接光端机和 1 个用于设备控制的 Rs422 分布式总线网络。在 Rs422 分布式设备总线(慢速总线 2)上，分别连接了视频矩阵模块、绝缘检测模块等设备；继电器隔离电路通过独立控制器的 DO 进行控制和状态检测，外部模拟信号通过模拟信号隔离和调制后，通过独立控制器上的 AI 接口进行采样处理。

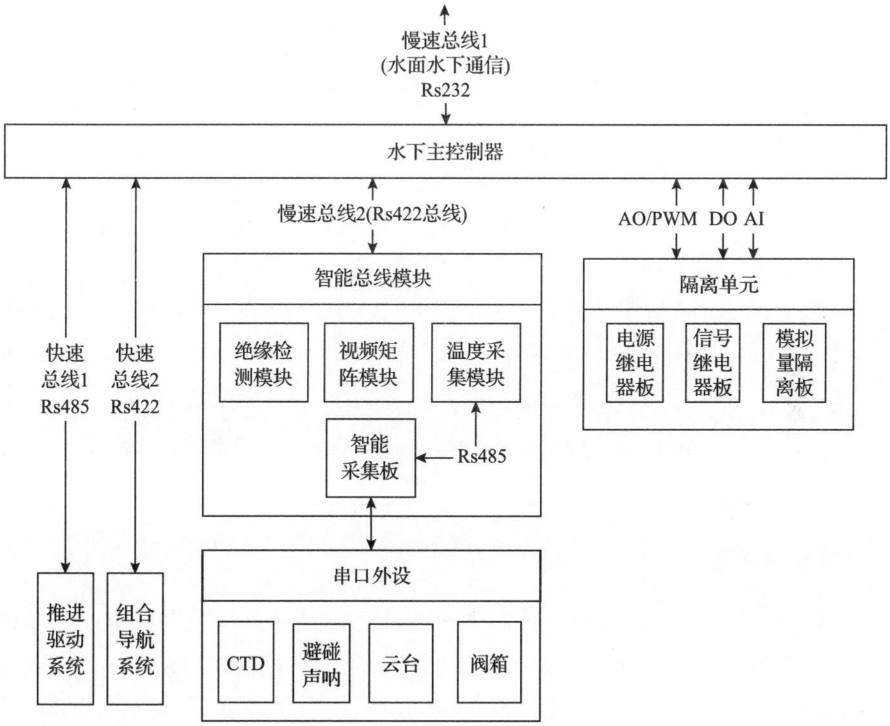

图 3.13　水下中控系统原理

3.3.2　综合布线系统

综合布线系统包括动力、监控和液控系统的关键性箱体组件，是潜水器脐带信号接入、连接外部驱动、监控与液压设备的关键性节点部件。综合布线系统主要包括脐带接线箱、变压器接线箱、主控舱、驱动箱、液压阀箱等，如图 3.14 所示。各舱箱的基本功能定义如表 3.6 所示。

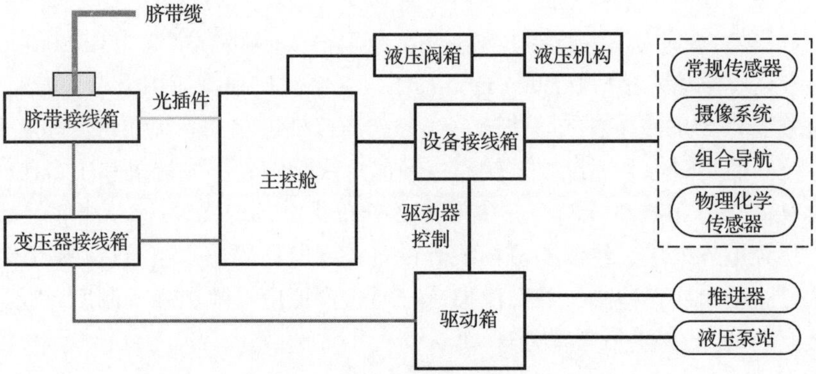

图 3.14　综合布线系统

表 3.6　关键舱箱功能划分

舱箱名称	数量	用途	密封方式
主控舱	1	安装水下中央控制系统，负责 ROV 水下的信息采集、处理与控制	干舱
设备接线箱	1	连接外部传感器、视像系统等外部搭载设备，并通过出舱总线与主控舱相连	充油箱
脐带接线箱	1	通过穿舱方式，连接脐带缆，并完成电源与光纤的分线走线	充油箱
变压器接线箱	1	安装水下三相降压变压器组、三相整流器，变换得到动力和设备用电	充油箱
驱动箱	1	安装湿式充油驱动器，用于驱动推进器、液压泵站等执行机构	充油箱
液压阀箱	1	通过电缆与控制舱相连，实现液压阀控功能；通过液压管路与液压机构相连，实现对外液压机构驱动控制	充油箱

3.3.3　信息传输系统

信息传输系统采用光端机，能有效确保信息传输距离和数据质量。光端机采用塔式叠加结构，扩展接口和功能方便。采用波分复用(wavelength division multiplexing, WDM)技术，实现多套光端机系统共用 1 条光纤通路，降低了设备脐带缆光纤路数的要求，系统组装连接简单，可用性和扩展性良好。

为了提高系统的可靠性，采用光纤余度传输技术，利用光纤复用器，实现光纤链路备份。正常通信时，主环处于工作状态，备环处于备份状态，当主环光纤断裂或脱落导致链路中断时，备环会启动工作；当主环故障消除时，备环退出作用，恢复成备环状态，而主环恢复正常工作状态。

整个信息传输系统由 1 对数字视频光端机系统(包括底板和扩展板)、1 对

HD-SDI 光端机、1 对波分复用器和 1 套光纤分路器组成(图 3.15)：两组光端机可通过波分复用器，将光路汇聚于 1 路光纤上传输；同时，两组光端机还可以通过光纤热切换器，实现两根光纤传输链路上互备。

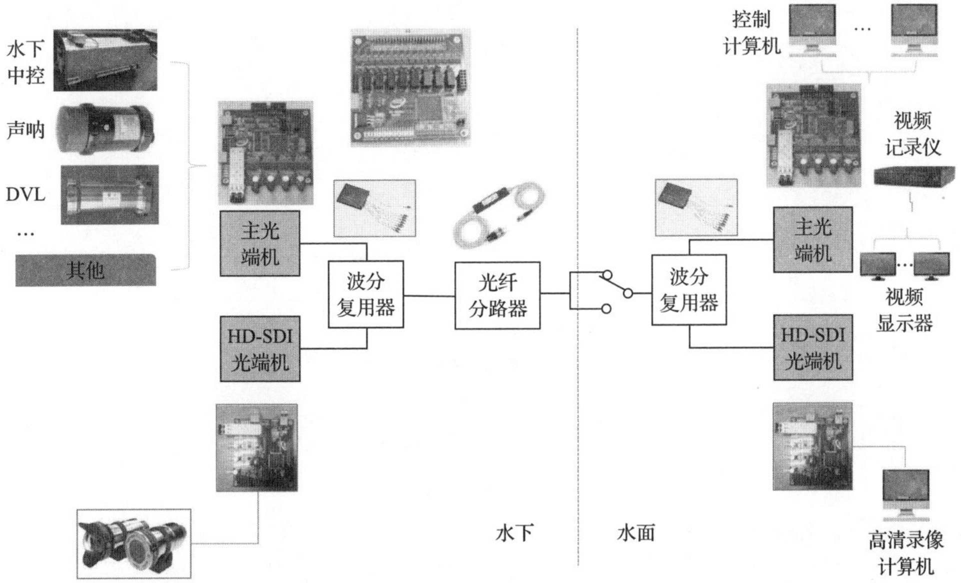

图 3.15　信息传输组件

3.3.4　绝缘检测

绝缘检测是确保电力系统安全工作的一项重要检测手段。绝缘检测的基本原理是利用隔离电源，检测被测设备和大地、设备机壳之间的漏电流，并以此判定系统的绝缘特性，如图 3.16 所示。通常，水下潜器的动力高压绝缘检测在水面监控动力站完成，通过在线绝缘检测表(live insulation measurement, LIM)实现在线实时检测。潜水器的设备绝缘是另一项关键性检测指标，一般通过水下绝缘检测模块进行检测。

对于潜水器的水下设备绝缘检测可以归结为多个电源系统对地绝缘问题。通常,潜水器的水下二次电源包括共地(或共阴极)电源系统和不共地电源系统(或称隔离电源系统)两类，图 3.16 所述的绝缘检测系统的基本原理是分时检测共地电源系统和各个独立的不共地电源系统对机壳的漏电流。当共地电源系统上存在多个外部设备时，通常采用继电器隔离电路的方式，利用继电器的硬隔离特性，区分不同外部设备上电工作时对该电路系统绝缘性能的影响，以此实现绝缘故障设备的快速诊断定位和故障隔离。

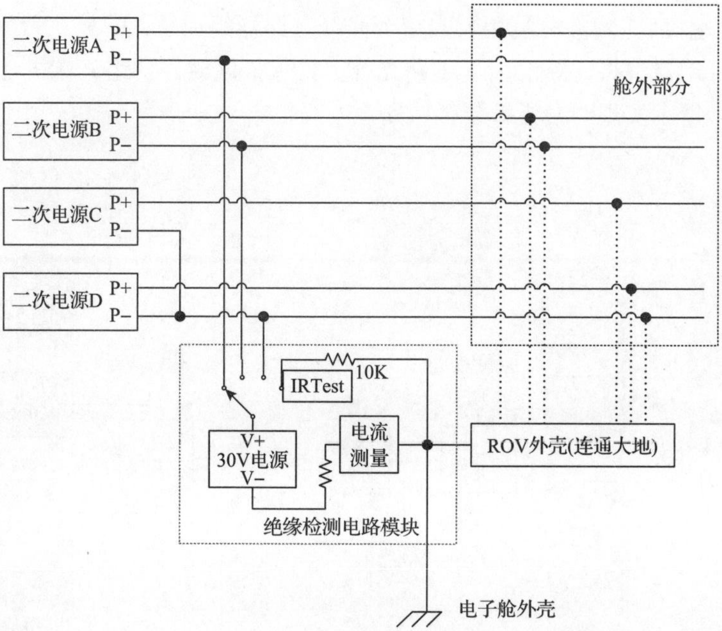

图 3.16　绝缘检测原理

3.4　数据管理与信息集成模块

3.4.1　模块概述

数据管理与信息集成模块主要实现数据采集、存储与处理，交互式运动控制，热液异常智能搜索以及综合信息显示等功能。

(1) 信息采集、存储与处理系统。采集深海探测与采样机器人工作状态信息和传感器探测数据，如导航信息、控制命令记录、监测信息、海底勘探信息等，确定这些数据的真实性和有效性，并进行进一步的加工和处理，包括收集、提取、预处理、质控、分析处理、分类整理和保存，以人机界面的形式显示出来；同时建立采集数据的数据库，完成数据库的实时更新、浏览查询、汇总分析、安全共享等管理工作。

(2) 多路视频显示系统。用于实时显示多个摄像机的观测画面。

(3) 导航与定位信息显示系统。用于显示 GPS 导航和水下定位信息，如罗盘航向、深度、转动圈数和位置等。

(4) 交互式运动控制系统。根据深海探测与采样机器人的运动信息、导航定位信息和深海流体信息，调用交互式精确运动控制软件中的控制算法，发送运动控制指令给推进器，实现精确运动控制。

(5)热液异常智能搜索系统。根据物理、化学传感器的探测信息、导航定位信息，调用热液异常智能搜索软件中的算法，给出热液异常智能搜索方向。

该模块系统的实现框架遵循“视图-控制器-模型”架构，采用开放式、模块化设计，使系统具有良好的可扩展性和稳定性。系统按工业控制要求，在设计上确保专用性、可封装性、实时性、可靠性和抗干扰能力，有相当强的实时数据处理能力和控制能力。图 3.17 为该模块系统的逻辑框架。

系统采用面向对象分析方法进行分层设计，分为控制层、业务层、界面层三层。系统开发使用 Microsoft Visual Studio (C#语言) 作为集成开发工具。控制层监控深海探测与采样机器人水下设备的状态信息并发送相应的设备控制命令。业务层包含数据访问和业务处理单元，数据访问单元基于 ADO.NET，使用统一的数据访问接口，分别连接本地数据库和网络平台数据库。本地的后台数据库采用现有船载 Oracle 数据库，具有支持面向对象的数据模型、灵活高效的海量数据处理能力、安全可靠等特点。业务处理单元主要进行各类传感器数据和作业数据的分析处理等。界面层提供人机交互接口，综合显示各设备的状态信息、多路视频信息的任意切换，并接收用户的各种控制命令。

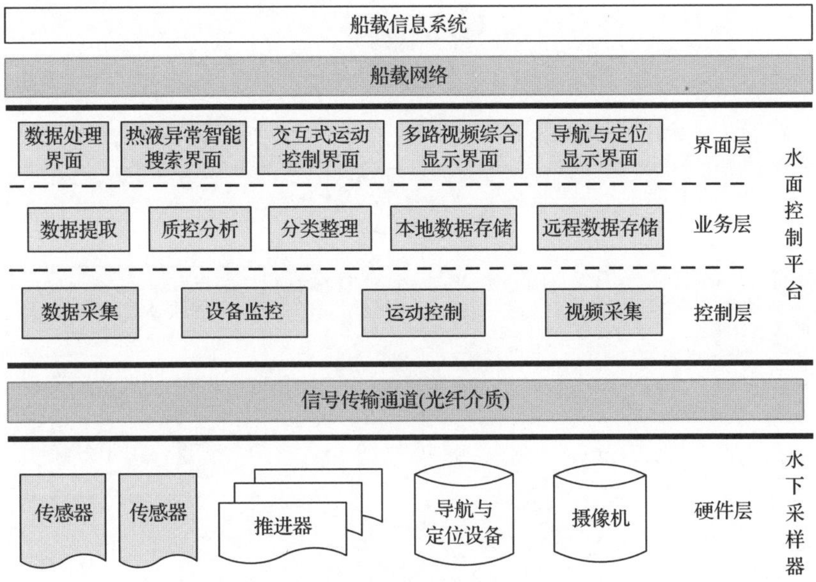

图 3.17　信息系统逻辑框架

3.4.2　综合监控系统软件

深海探测与采样机器人的综合监控系统软件总体组成如图 3.18 所示，总体构架如图 3.19 所示。深海探测与采样机器人的综合监控系统软件主要分为水面端和水下端，水面端的软件包括水面主监控软件、智能搜索与决策软件等，水下端软件包括水下主控软件和水下功能单元模块软件。

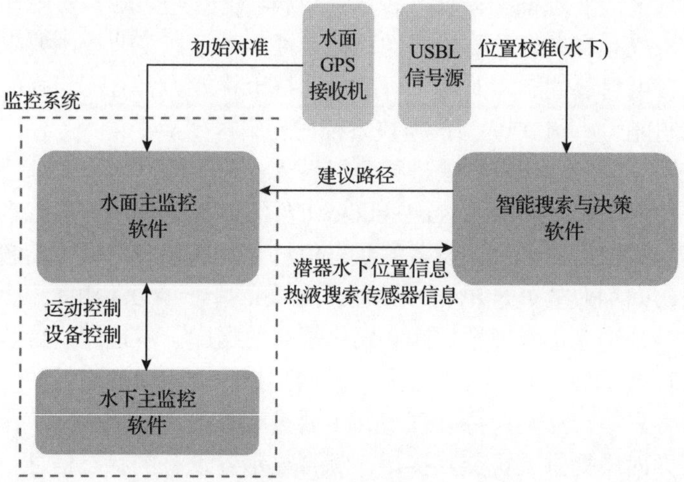

图 3.18　综合监控系统软件总体组成

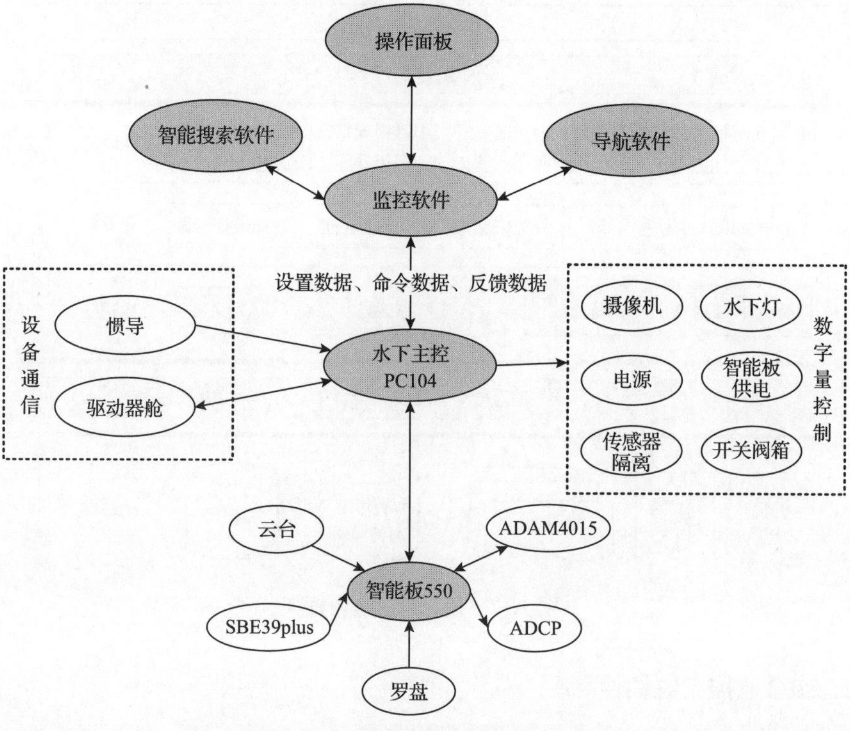

图 3.19　综合监控系统软件总体构架

水面主监控软件运行于 Windows 操作系统，使用基于 MFC 的 C++语言进行软件开发，主要功能包括处理水面-水下通信、接收与解析超短基线及 GPS 信号、记录系统运行数据以及提供与操作手的人机交互等。控制面板软件是基于嵌入式安卓系统的，该软件读取操作面板实体按钮和触摸屏虚拟按键的指令并上传给水面主监控软件，见图 3.20。

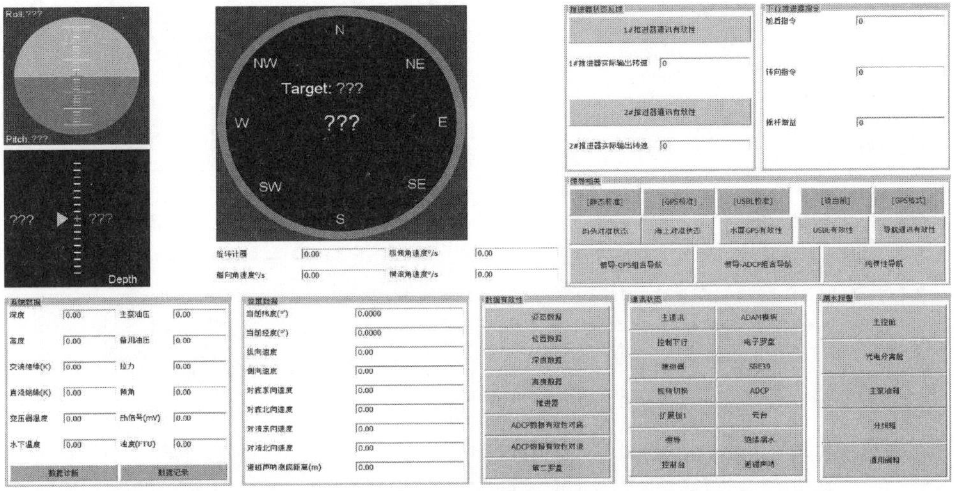

图 3.20　水面主监控软件

智能搜索与决策软件包括定位导航、热液智能搜索、任务规划 3 个核心控制模块。定位导航模块通过集成超短基线、组合导航、船载差分 GPS 等定位信息，实时显示母船和深海探测与采样机器人的位置、速度和姿态等信息；热液智能搜索模块主要功能是根据深海探测与采样机器人的位置和传感器信息，利用热液异常信息智能搜索方法，给出实时路径搜索建议；任务规划模块可以规划设定作业路径，并根据智能搜索模块给出的实时搜索信息，在线调整海底作业搜索路径。

水下监控软件运行于 PC/104 嵌入式工业控制计算机中，采用 C++语言，基于实时操作系统开发。此外水下功能单元模块软件运行在基于芯片型号 STM32 的智能控制模块中，通过串行接口进行通信，采用特定的通信协议和时序逻辑实现实时数据交互和指令控制。其中水面主监控软件与水下主监控软件之间为点对点通信，水下主监控软件与智能模块以主从式方式，实现一对多的广播式通信。

3.4.3　基于分层结构的交互式运动控制系统设计

深海探测与采样机器人具有手动遥控和自动控制两种工作模式。根据复合控制模式的技术特点，项目设计了控制系统的分层智能控制体系结构。深海探测与采样机器人控制系统分为五层，分别为人工干预层、自主感知层(self-perception layer)、自主决策层(self-decision layer)、自主控制层(self-control layer)和行为执行层，如图 3.21 所示。

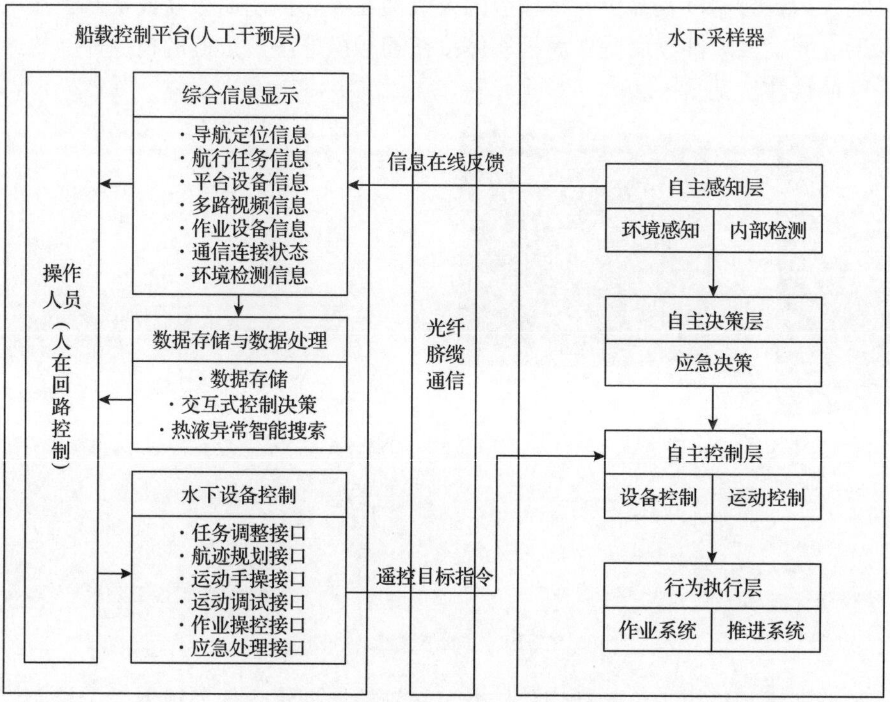

图 3.21　控制软件系统的概念架构设计

(1) 人工干预层：将人考虑在水面主监测系统回路中，基于深海探测与采样机器人水下作业实时反馈信息，通过人机交互界面进行人工干预的远程在线控制。深海探测与采样机器人通过光纤通信将系统状态信息、环境检测信息以及作业设备信息等综合信息发送至水面显控台。操作人员综合机器人深海作业信息，对机器人预设操控策略进行远程在线调整，并将遥控操作指令发送给机器人水下主控系统。

(2) 自主感知层：利用机器人获取的海底环境信息以及系统自身工作状态信息，包括机器人的工作状态、动力性能、水下位置、姿态信息、速度传感器、海流、近海底环境视频、图片等海底环境信息，感知层也具有对传感器数据处理和信息融合能力，将综合信息传递到自主决策层，机器人状态信息反馈给自主控制层。

(3) 自主决策层：对机器人感知层输出的工作状态信息、环境信息进行处理，向自主控制层发出应急控制指令。自主决策层在深海探测与采样机器人下潜阶段防止深海探测与采样机器人碰撞海底，在水下作业阶段进行实时监控、自动回避障碍、故障检查及应急事件处理。

(4) 自主控制层：根据水面控制平台设定的控制目标指令，结合感知层的内部状态和外部环境信息，借助智能控制算法计算得出机器人的综合推力和力矩，基于机器人几何布置的推力分配原理，得出各个推进器的驱动力及其更新策略。并将具体的推进控制指令发送至行为执行层，实现在线运动控策略，达到预期控制目标。在手动控制模式下，操作手利用操控杆直接操控机器人推进器输出，实现各自由度的手操运动控制。

(5) 行为执行层：将自主控制层的推力指令实际分配到各执行机构(推进器)上，驱动执行机构工作。执行过程需要考虑推进器的饱和、不作用区、迟滞、正反向推力不均衡等输出特性；当某个推进器出现过驱动或故障现象时，重构推力分配算法，给出推力重新分配优化方案。

第 4 章　深海探测与采样机器人作业模块

抓斗是深海探测与采样机器人完成精细化采样的核心工具，抓斗模块的设计与研制是深海探测与采样机器人的关键核心技术之一。本章围绕深海探测与采样机器人抓斗模块的研发过程，对深海探测与采样机器人抓斗作业模块进行需求分析，明确抓斗设计的关键技术指标和约束条件；进而从下层模块整体设计的角度开展抓斗的总体设计，包括抓斗模块设计、下层框架设计和上下两层框架连接处设计；初步完成总体设计后，采用多种定量分析方法对抓斗模块的结构进行优化和仿真，获得最佳实施方案；最后介绍了抓斗的制造工艺和实验测试方案。

4.1　作业模块需求分析

为深海探测与采样机器人设计抓斗作业模块，从实际出发，深入分析深海抓斗的工作环境，准确把握抓斗模块需要满足的关键技术指标，保证抓斗设计工作的科学合理性，以及海底作业的实用可靠性。

4.1.1　深海作业工况分析

深海探测与采样机器人的目标作业环境为 4000～6000m 的深海海底，海底的水动力条件较为缓慢，但也存在周期性流速大于 15cm/s 的海底风暴，持续时间在 1～6 周。海底表层沉积物分布较多，以硅质黏土、硅质软泥和深海黏土为主，处于氧化至弱氧化环境，具有强烈的腐蚀性。因此，深海探测与采样机器人的抓斗作业模块要面临低温、高压、强腐蚀性等恶劣环境，同时还可能承受周期性流速大于 15cm/s 的海底风暴，以及船体通过脐带缆拖动深海探测与采样机器人时所受到的海水冲刷等，其具体工作环境和工作状态如表 4.1 所示。

表 4.1　抓斗工作环境与工作状态

工作环境	压强/MPa	60
	温度/℃	0
	周期性海底洋流/(cm/s)	15
工作状态	在海水中被拖拉速度/节	0.5～1
	开合速度/s	6～10
	采样完成后的上拉速度/(m/min)	30～40

综上可知，在设计抓斗作业模块时，设计关键点如下。

(1) 抓斗各零部件应进行严格选材，对主要承力构件选用强度高、焊接性好的金属，同时做好防腐措施。

(2) 由于深海探测与采样机器人是通过脐带缆与船载控制平台相连接，因此在满足其他作业指标的前提下，应尽可能满足轻量化设计需求，以减少脐带缆承重，提高海底采样作业过程的整体安全性。

(3) 由于深海作业阻力大，不易操作，需要实现抓斗作业模块的自动化驱动，提高作业效率，降低作业能耗。

(4) 为提高抓斗采样作业操作安全性，应设计上下模块紧急脱离机构，在下层模块作业过程发生意外情况时，确保上层模块能够被安全回收。

4.1.2　关键技术指标分析

作为深海探测与采样机器人下层模块的主要组成部分，抓斗的设计需要结合下层模块的任务要求和参数约束。深海探测与采样机器人的下层模块主要由结构框架、抓斗、固定心轴、液压缸、摄像机、卤素灯、紧固零部件等组件组成，其主要通过液压机构对抓斗的采样作业过程的动作(包括开、合与抓挖动作)进行控制。结构框架确保抓斗作业过程中稳定、不倾倒，与上层模块通过销钉方式连接，并可通过液压机构释放。下层模块安装摄像头和卤素灯，保证抓斗在打开和闭合状态下，能观察到海底和抓斗作业实时采集过程。综合深海探测与采样机器人的结构与功能要求，明确抓斗的主要技术指标，如表 4.2 所示。

表 4.2　抓斗主要技术指标

指标项	参数
抓斗咬合力/t	≥2
下挖深度/m	≥0.3
抓挖面积/m^2	≥0.8
下层框架质量/kg	约 450
下层框架尺寸/(m×m×m)	1.55×1.75×1.05
抓斗最小半径/m	0.45
最大工作水深/m	6000

除考虑表 4.2 中的功能要求外，还需考虑摄像头、卤素灯的位置预留，液压缸最短安装距的预留，驱动力的有效传输效率等。深海探测与采样机器人下层模块的总体模型示意图及实物图如图 4.1 所示，下层模块总体尺寸约 1.2m×1.3m×0.56m，质量约 400kg。

图 4.1　下层模块总体模型示意图及实物图

4.2　抓斗总体设计

在需求分析的指导下可知，抓斗的总体设计不仅要考虑抓斗斗体的设计，还要全面考虑下层框架的设计以及抓斗和下层框架其他组件之间的协调配合问题。因此，本节将抓斗的总体设计分为三个方面：抓斗模块设计、下层框架设计、上下两层框架连接处设计。

4.2.1　抓斗模块设计

1. 抓斗几何结构设计

建立抓斗力学简化模型如图 4.2 所示。由于抓斗两边结构对称，仅选择左边进行分析。在抓斗力学简化模型中，A、B 点为液压缸两安装点，O_1 点为斗体旋转中心，E 点为斗体和物料的质心，C 点为抓斗抓挖阻力作用点，可将此处的力分解为水平方向分力 F_{cx} 和竖直方向分力 F_{cy}。已知抓斗咬合力指标 $F_{咬}$ 为 20000N，由力矩平衡，可通过式(4-1)计算出所需液压驱动力的大小，即

$$F_{驱}L\sin\alpha + G_0r_0 = F_{cx}R\cos\gamma - F_{cy}R\sin\gamma = F_{咬}R \tag{4-1}$$

其中，$F_{驱}$ 为液压缸驱动力；F_{cx} 为抓斗刃口所受水平方向上的分力；F_{cy} 为抓斗刃口所受垂直方向上的分力；L、R 为 O_1B、O_1C 长度；G_0 为抓斗与抓取物料重量；r_0 为 G_0 相对抓斗转轴的力臂，其中 G_0r_0 相对于 $F_{咬}$ 产生的转矩而言可忽略；γ 为抓斗开合角度。

在液压缸驱动力较小时为了满足咬合力指标，设计思路是压力角 $\pi/2-\alpha$ 应尽可能小，以提高液压驱动力的传输效率。

在抓斗几何结构设计中，以液压缸驱动力平均传输效率最高和轻量化为设计目标，主要约束如下。

(1)满足抓斗各项技术指标(下挖深度、抓挖面积、咬合力等)。

(2)下层框架尺寸。

(3)抓斗半径。

(4)根据经验预留出液压缸固定尺寸(不包括行程)。

在上述约束条件下，将抓斗的下挖深度设计为 0.3m，根据抓斗半径 0.45m 和下挖深度 0.3m 可得抓斗的最大开合角度为 77°，参考该角度并结合抓斗模块给出的尺寸约束可初步确定液压缸两安装点 A、B 两点的范围，再根据液压缸固定尺寸 273mm 的约束，给出 A、B 两点合理的坐标范围，并在这个平面范围内搜索 A、B 两点的位置以使抓斗从张角 77°到闭合过程中时液压缸的平均传输效率最优，此时抓斗的几何模型如图 4.3 所示，对应的抓斗最大张角 $\gamma = 77°$，下挖深度 $d = 0.3\text{m}$，侧刃半径 $R = 0.45\text{m}$，$L = 0.47\text{m}$。根据式(4-1)计算得出所需液压缸输出最大推力为 92kN，抓斗咬合力曲线如图 4.4 所示，平均咬合力达到 20000N，

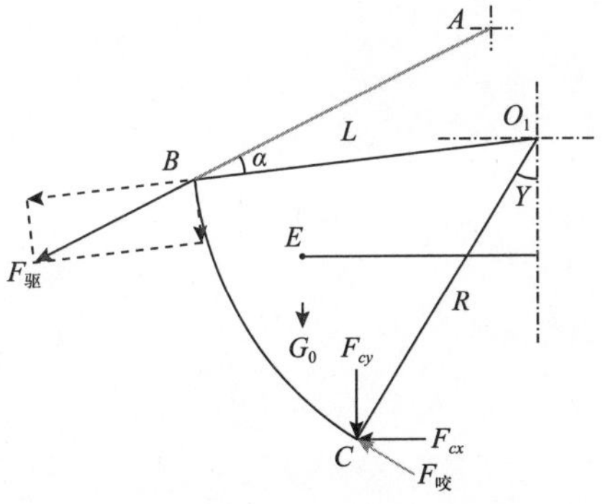

图 4.2　抓斗力学简化模型

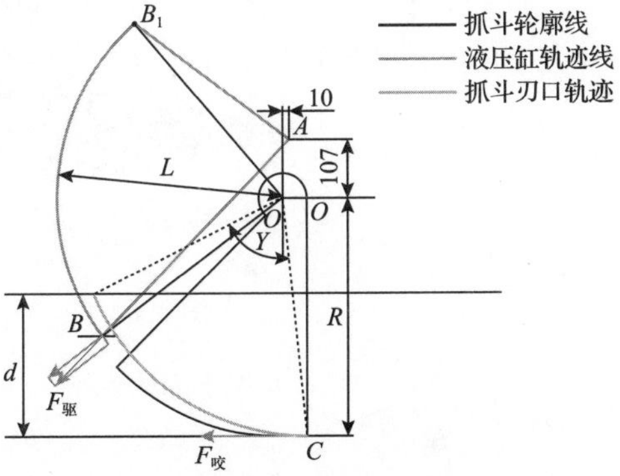

图 4.3　抓斗的几何模型(单位：mm)

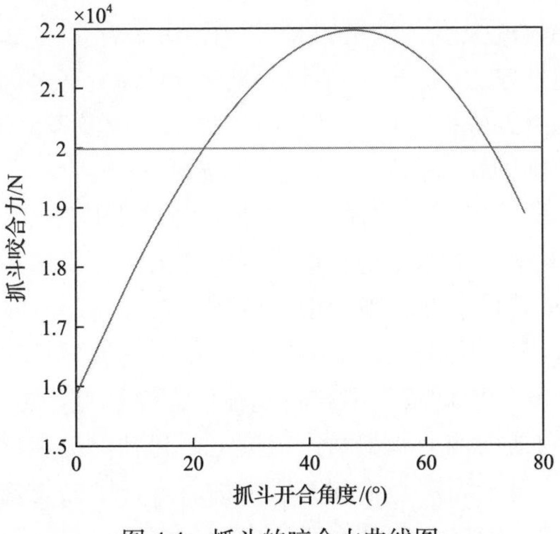

图 4.4　抓斗的咬合力曲线图

抓斗开合角度为 47°时咬合力达到最大值。液压杆安装点 *A* 点位置搜索过程中对应的液压驱动力传输效率如图 4.5 所示。根据图 4.4 与图 4.5，可得出液压缸两个安装点的位置，其中液压缸的行程为 133mm，最小安装距为 406mm。根据液压缸行程和最大驱动力，选择对应的液压缸型号，得到液压缸参数如下：①工作压力为 21MPa；②缸径为 115mm；③活塞杆径为 50mm；④液压缸所提供的最大推力为 92kN；⑤最大拉力为 51kN。

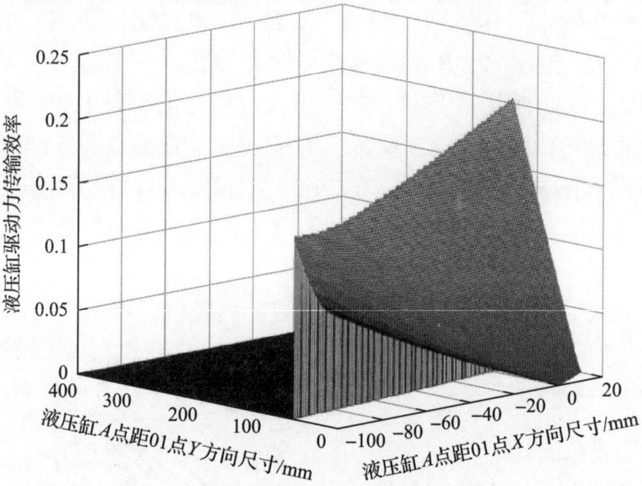

图 4.5　液压缸驱动效率最优解

2. 抓斗材料选型

根据 4.1 节的工况分析，抓斗应优先选用强度较高并且耐腐蚀的材料。常用材料为钢材，其强度高、易加工、成本低廉。在选择钢材时应满足下列基本准则。

(1) 充分考虑钢材的强度，满足屈服点和极限强度。

(2) 优先选用惰性较大的钢材，活性不锈钢>低合金钢>低碳钢。

(3) 充分考虑钢材的焊接性能，既要便于加工，也要考虑焊缝防锈处理。

(4) 钢材应有良好的缺口韧性，防止发生脆断。

(5) 在满足需求的前提下应选择低价钢材，以降低成本。

综合考虑常用钢材，将抓斗初步选用低碳结构钢，轴选用低合金结构钢。若进行受力分析后，不满足条件，则选用其他材料。

由于本设计目标是要在满足强度的要求下尽可能地减轻模型质量，而一般的钢的密度为 7850kg/m^3，因此首先以材料选择作为出发点，尽可能地选择高强度、焊接性好、韧性好的结构钢。非主承力结构主要起到保护和支撑作用，选择强度适中的不锈钢即可。对于固定心轴和液压销轴而言，则需要选择高强度、耐磨性好的合金钢。常见的几种材料的对比如表 4.3 所示。

表 4.3　材料性能对比

材料种类	屈服强度/MPa	伸长率/%	焊接性能	耐腐蚀性
Q345	⩾345	⩾21	较好	较优
Q460	⩾460	⩾17	一般	较优
304L	⩾177	⩾40	较优	较优
316L	⩾205	⩾40	较优	优
40Cr	⩾785	⩾9	差	较差

经对比分析可知Q460的屈服强度高于Q345，但伸长率和焊接性能均低于Q345，焊接 Q460 钢时需制定特殊的焊接工艺以提高焊缝质量，此处主要以强度作为首要考虑因素，因此选用 Q460 作为斗体和主承力框架材料。316L 不锈钢的屈服强度和耐腐蚀性均优于 304L 不锈钢，因此深海探测与采样机器人外部保护框架和支架均选用 316L 不锈钢。固定心轴和液压销轴选用常用的高强度、高耐磨性的 40Cr，不过其耐腐蚀性较差需要在机加工后进行表面处理，后面章节有详细介绍。

4.2.2　下层框架设计

上、下层框架采用两个吊点连接，吊点位置居于两侧，接近抓斗端部与固定心轴连接处以便于力的传递。下层框架结构主要分为主承力和非主承力结构。

1. 主承力结构设计

主承力结构主要连接固定心轴与液压缸活塞杆端部，主要承受液压缸反作用力、斗体重量、抓斗转动产生的扭矩。主承力结构尺寸约束包括：在中间放置的摄像机和照明灯；当抓斗张开到最大角度 77° 时，斗体最高点低于主承力结构最高点。为达到强度要求，中间采用箱形梁设计，连接处采用吊耳设计。材料选用高强度、焊接性能较好的 Q460 低合金钢。经过一系列优化设计，得到主承力结构如图 4.6 所示。主承力结构尺寸为 1.2m×0.3m×0.45m，材料选用 Q460 钢，质量为 120kg。

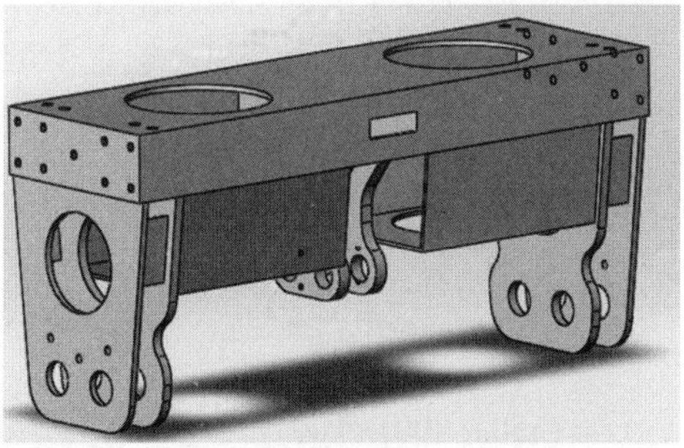

图 4.6　主承力结构图

2. 非主承力结构设计

非主承力结构主要包括两部分：一是保护抓斗作业模块的外围保护框架，确保抓斗在深海作业时不发生倾斜；二是当抓斗在闭合状态下能平稳放置的支架。该结构主要承受整个深海探测与采样机器人重量约 2.5t，材料选用 316L 不锈钢，则通过如下计算，即

$$[\sigma]=\frac{\sigma}{S}=\frac{205}{2}\approx 100\text{MPa}$$

$$\frac{G}{4\times\dfrac{\pi(D^2-d^2)}{4}}\leqslant[\sigma]$$

可见，当选用钢管规格外径 30mm，内径 25mm 时，所得应力远小于$[\sigma]$，即满足强度要求。非主承力结构模型如图 4.7 所示，两者质量总计约 50kg。

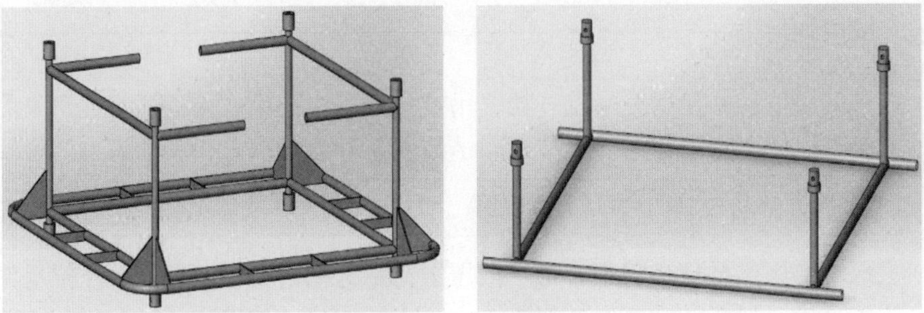

(a) 保护框架　　(b) 支架

图 4.7　非主承力结构模型

4.2.3　上下两层框架连接处设计

深海探测与采样机器人的上下两层框架采用两吊点连接，吊点位置居中，通过圆柱销固定，该圆柱销另一端通过开口销与拔销缸连接。当出现紧急情况时，拔销缸拉动圆柱销，实现上下层框架的脱离。圆柱销主要承受深海探测与采样机器人下层模块重力产生的剪切力。

由如下公式可计算出圆柱销直径，即

$$d_1\geqslant\sqrt{\frac{4G}{2\pi[\sigma]}}=6.6\text{mm}$$

其中，$[\sigma]=200\text{MPa}$；$G=(550+800)\times 100=13500\text{N}$。而拔销缸拉力为下层模块重量产生的摩擦力，即

$$F_{拉} = 0.2G / 2 \approx 1350\text{N}$$

拔销缸工作压力 P 为 21MPa，由此可计算出拔销缸杆径大小为

$$d_2 = \sqrt{\frac{4F}{\pi P}} = 9.05\text{mm}$$

取安全系数 2，则需要的液压缸活塞杆径为 20mm。

拔销缸采用恒立 HA250 系列液压缸，主要参数如下。

(1) 工作压力为 21MPa。

(2) 缸径为 40mm。

(3) 活塞杆径为 20mm。

(4) 液压缸所提供的最大推力为 26kN。

(5) 最大拉力为 6.6kN。

(6) 重量为 5.4kg。

其中拔销缸的最大推力、最大拉力为 2kN，该拉力直接作用在开口销上。

综上所述，吊点连接处选用直径为 50mm 圆柱销，20mm 开口销。上下层框架吊点连接机构如图 4.8 所示。

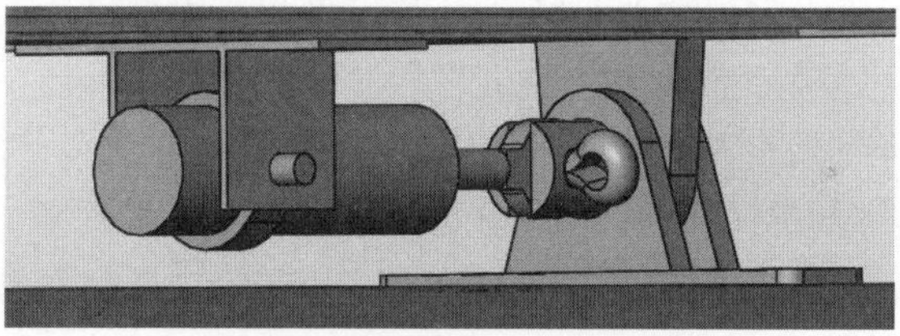

图 4.8　上下层框架吊点连接机构

经过实际测试验证，优化了上下模块之间的连接和应急拔销机构，将应急拔销机构布置在上模块上。上模块的两个吊耳简支下层模块的两个吊耳，连接更可靠，且在分离过程中不会导致液压缸的损坏，如图 4.9 所示。

图 4.9　应急拔销机构

4.3　抓斗结构优化与仿真

深海探测与采样机器人的工况条件和技术指标对抓斗的结构提出了较高要求，完成初步设计后，必须经过定量化的分析实验对抓斗的各项结构逐步进行优化。本节首先用定量化的方法对抓斗及主承力框架的结构设计进行了优化，然后对优化后的模型进行了仿真校验。

4.3.1　抓斗结构优化

本节主要从三个方面对抓斗及主承力框架进行优化。首先对抓斗挖掘状态进行受力分析，优化抓斗几何参数(主要是抓斗颚板与侧刃的夹角)，然后通过流固耦合分析优化抓斗形状和结构强度，继而通过有限元分析，优化主承力模块的拓扑结构。综合多方面优化，在保证抓斗强度和刚度的前提下，有效减轻模型的总质量，提升抓斗整体效能。

1. 基于受力分析的抓斗几何参数优化

抓斗抓挖过程所受阻力主要与抓斗的几何形状、物料性质有关，抓斗刃口的长度、厚度等主要局限于抓斗尺寸和重量的要求，物料的性质又属于客观因素，因此，本节主要研究抓斗颚板与侧刃的夹角如何设计。

对抓斗抓挖过程进行受力分析，建立抓斗的几何数学模型，分析抓斗颚板与侧刃的夹角对抓斗抓挖阻力矩、液压驱动力以及抓取物料容积的影响，如图 4.10 所示，得到如下结论。

(1)当抓斗抓取同一物料时，抓斗颚板与侧刃的夹角越小，受到的阻力矩越小，所需的液压驱动力越小，且在 70°左右时，阻力矩和液压驱动力曲线斜率变化明显。

(2)抓斗斗容也会随抓斗颚板与侧刃夹角减小而相应减小。

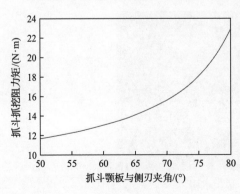

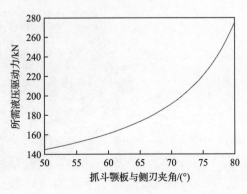

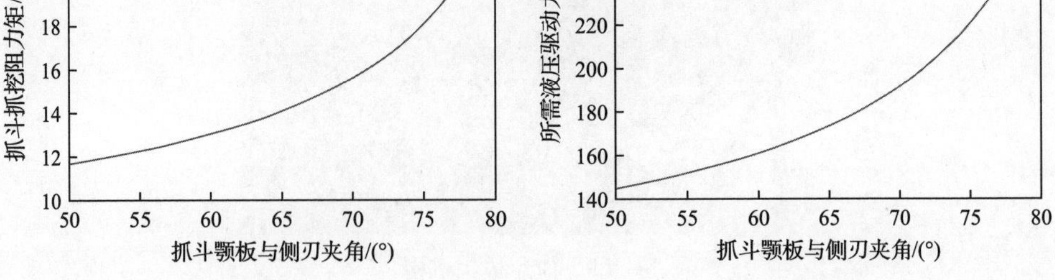

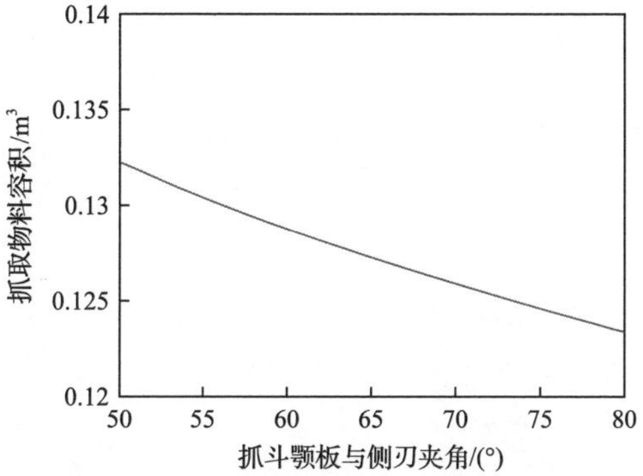

图 4.10　抓斗颚板与侧刃的夹角对抓斗抓挖阻力矩、液压驱动力以及抓取物料容积的影响

因此，当抓斗颚板与侧刃夹角设计为 70°时，抓斗抓挖时所受的阻力矩、所需的液压驱动力较小，并且此时抓斗的斗容和抓取的物料体积比例适中。

2. 基于流固耦合分析的抓斗形状和用料厚度优化

流固耦合分析是研究固体与流体交叉耦合时的分析方法，主要是研究可变形固体在流场中的各种行为以及固体变形反作用于流场的相互作用的分析方法，广泛用于解决实际工程问题。本节以抓斗在深海处抓挖时的工作状态为例，对抓斗进行仿真优化，建立单向流固耦合模型，如图 4.11 所示，其中长方体表示海水域，圆柱体表示旋转域(即抓斗旋转时对周围水域的扰动)；设置入口流速为 15cm/s，旋转域扰动速度为 0.23rad/s。边界条件设置完成后进行流体分析计算，并将该计算结果施加到固体计算中，即在结构分析中对抓斗进行静力学和瞬态动力学仿真。

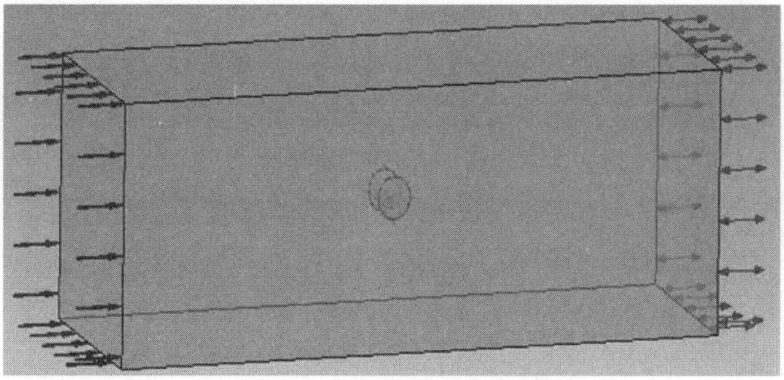

图 4.11　单向流固耦合模型

抓斗初始模型经由力学仿真后在以下几个方面进行了优化，具体待优化部位如图 4.12 所示。

(1)抓斗背板与颚板连接处为液压缸直接作用点，也是驱动力传递的关键部位，需在此设计一根轴加强强度，同时也方便焊接背板、颚板与液压缸体安装耳。

(2)尽量将构件中的凹面设计为凸面以减少应力集中。

(3)各板连接部位应尽可能地圆弧过渡以减少应力集中。

(4)抓斗固定心轴连接处应适当地加宽加厚以提高强度。

(5)抓斗侧刃和颚板刃口作为挖掘作业的主要切入部位处应适当加厚以提高强度。

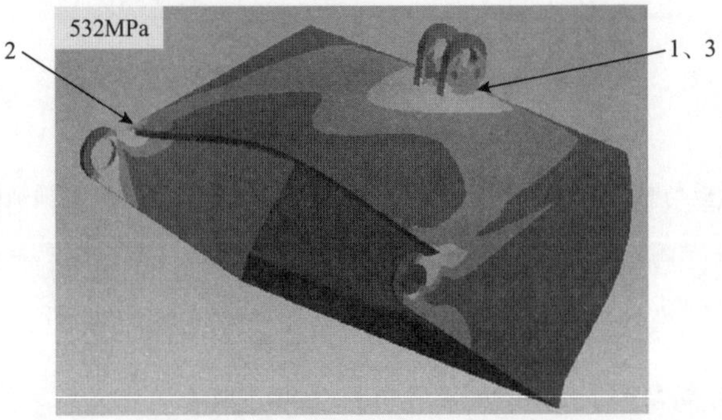

图 4.12　抓斗初始模型待优化部位

经过以上分析，将图 4.12 中的 2 处设计为凸面以减少应力集中，并将侧板适当加厚，经静力学仿真后得到最大应力集中点位于液压销轴连接处，数值从最初的 532MPa 减小为 411MPa，如图 4.13(a)所示。接着在抓斗 1、3 处设计一根加强轴，用于提高强度并达到圆弧过渡的目的，仿真后得到的最大应力集中点位于盖板与侧板连接处，数值从 411MPa 减小至 211MPa，满足安全系数设计指标，如图 4.13(b)所示。

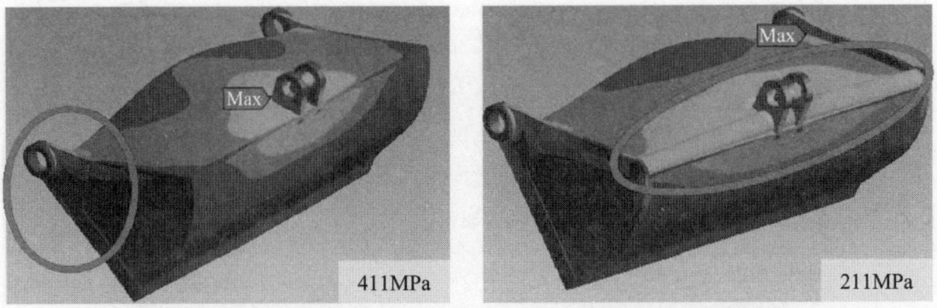

(a) 设计凸面并增加板厚　　(b) 设计加强轴

图 4.13　抓斗模型优化过程

在对抓斗结构强度进行仿真优化后，以轻量化为目标对抓斗进行目标驱动优化。具体方法是将抓斗各板厚进行参数化设置，将安全系数设置为 2，通过改变板厚计算得出最优结果，抓斗质量从 130kg 变为 110kg，减重 15%，优化前后抓斗模型如图 4.14 所示。

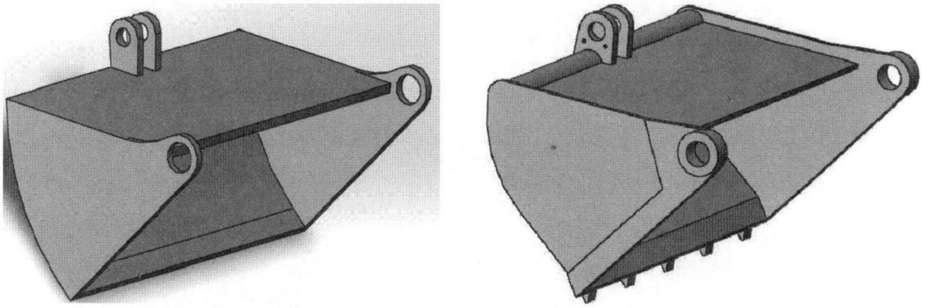

(a) 优化前　　(b) 优化后

图 4.14　优化前后的抓斗模型

3. 基于有限元分析的主承力模块拓扑结构优化

结构优化主要包括尺寸优化、形状优化、形貌优化和拓扑优化。拓扑优化作为根据给定的约束条件、性能指标，在给定区域内对材料分布进行优化的一种数学方法，相对于尺寸优化和形状优化来说具有更多的设计空间，是轻量化设计中常用的一种优化方法，也是结构优化中最具发展前景的一种方法。

研发团队采用大型通用有限元分析软件 ANSYS Workbench 中的 Shape Optimization 模块，给主承力模型划分网格并施加约束，设置去除体积量为 30%，经过求解后得到拓扑分析后的主承力框架模型，如图 4.15 所示，其中红色部分表示去除材料的部分，图 4.16 为去除部分材料后的框架模型。

按照拓扑分析后得到的主承力框架模型进行优化，去除部分多余材料，分别是两侧板、箱形梁两端以及箱形梁侧板中间部位，得到拓扑优化前后的模型，如图 4.17 所示。

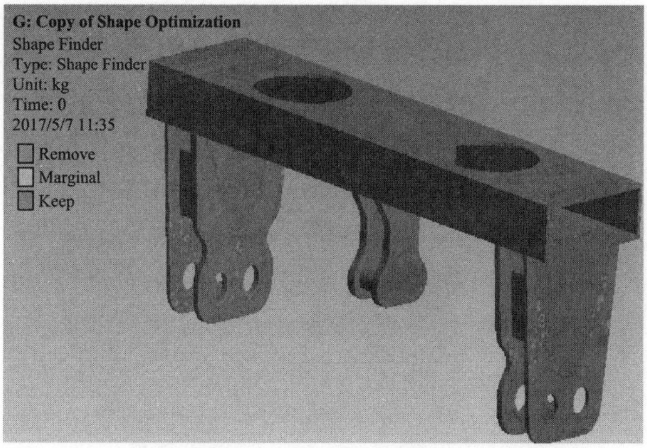

图 4.15　拓扑分析模型图

图 4.16 去除部分材料后的框架模型

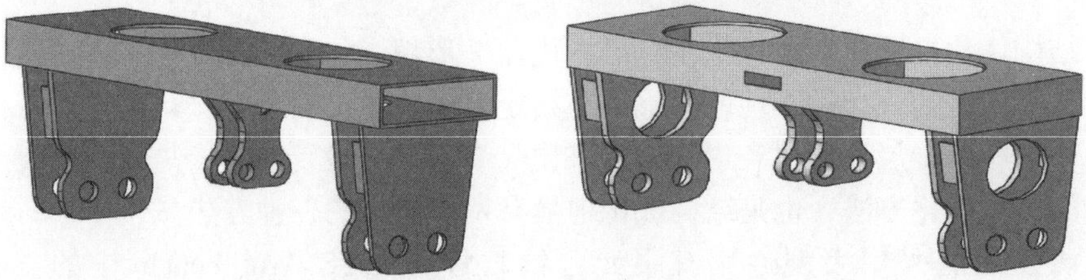

(a) 优化前　　(b) 优化后

图 4.17 优化前后的主承力结构模型

4.3.2 抓斗模型仿真校验

将优化后得到的抓斗模型和主承力框架模型进行仿真校验，其简化模型如图 4.18 所示。在该模型中省略了液压缸，直接在同一侧施加两反向作用力(该力为液压驱动力)于两液压油缸销轴上，在此基础上分别进行抓斗的静力学和瞬态动力学仿真校验。

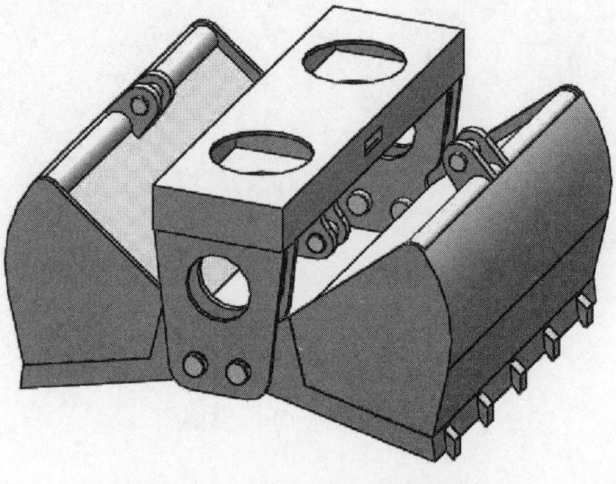

图 4.18 抓斗模块简化模型

1. 静力学仿真校验

建立如图 4.11 所示的单向流固耦合模型。该模型中长方体和旋转域中介质为水，压力位 60MPa 设置入口流速为 15cm/s，旋转域扰动速度为 0.23rad/s，然后进行流体分析计算，得到流场速度分布如图 4.19 所示。

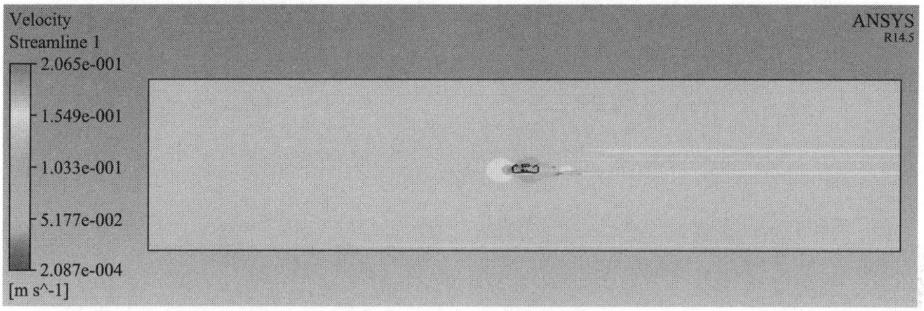

图 4.19　流场速度分布图

将流体计算结果施加到固体计算中，即在结构分析中对抓斗进行静力学仿真，将抓斗和主承力框架材料设置为 Q460 高强度钢，将液压销轴和固定心轴材料设置为 40Cr 合金钢，同时给固体模型施加约束如图 4.20 所示，经求解计算可得抓斗在闭合、最大开度为 77°下的应力分布云图和位移分布云图，如图 4.21 和图 4.22 所示。

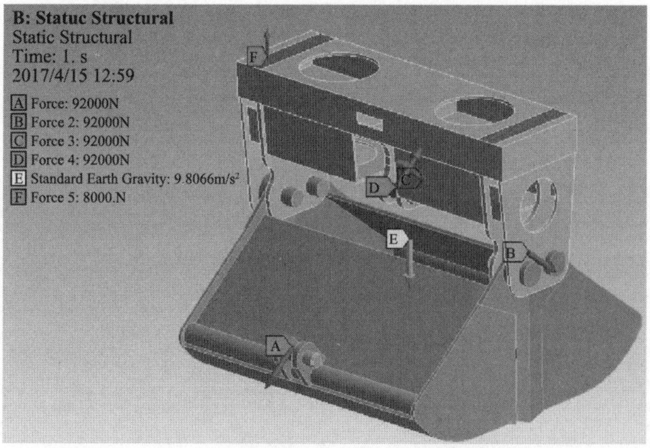

图 4.20　抓斗静力学仿真约束模型

由仿真图片可知抓斗与主承力框架模型的安全系数均⩾2，变形量⩽1.3mm，符合强度和刚度要求。

2. 瞬态动力学仿真校验

同静力学仿真校验一样，建立如图 4.11 所示的单向流固耦合模型并设置同样

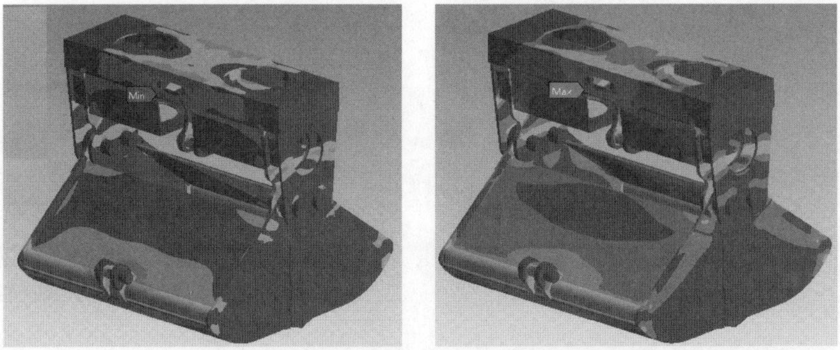

图 4.21　抓斗在闭合时的静力学仿真校验

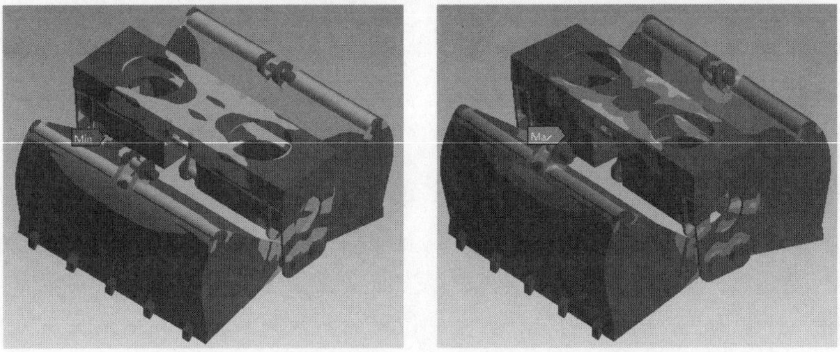

图 4.22　抓斗在最大张角 77°时的静力学仿真校验

的边界条件，将流体计算结果施加到固体计算中对抓斗进行瞬态动力学仿真，给模型施加约束，如图 4.23 所示。根据 4.2 节抓斗几何模型计算得到：当抓斗张角为 47°时，液压缸水平分力最大。经有限元求解计算可得抓斗在开度为 47°以及开度为 77°下的应力分布云图和位移分布云图，如图 4.24 和图 4.25 所示。

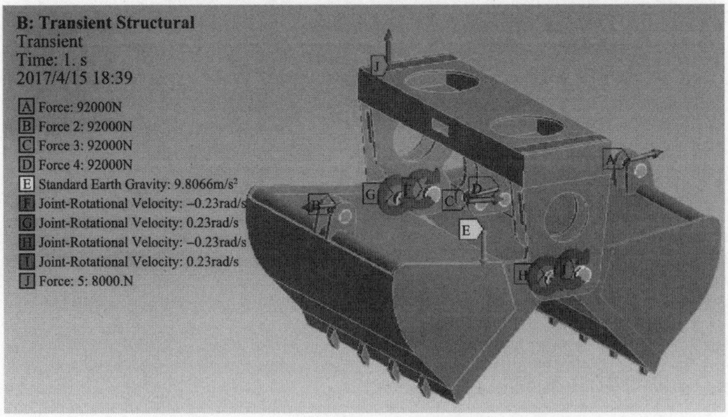

图 4.23　抓斗瞬态动力学仿真约束模型

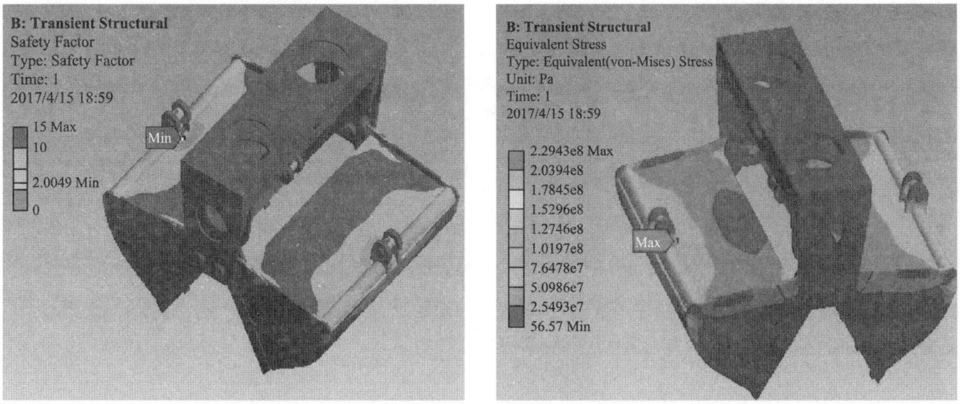

图 4.24　抓斗在开度为 47°时的瞬态动力学仿真校验

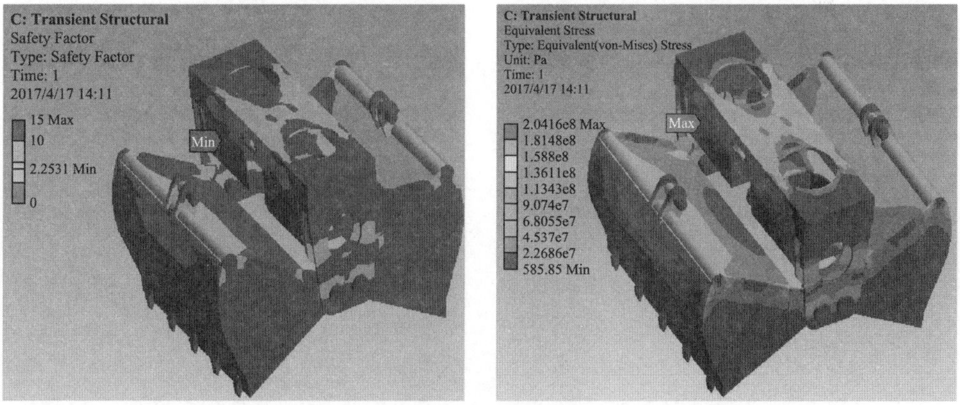

图 4.25　抓斗在开度为 77°时的瞬态动力学仿真校验

由仿真图片可知抓斗与主承力框架模型的安全系数均⩾2，变形量<1mm，符合强度和刚度要求。

4.4　抓斗制造工艺

在分析抓斗模块加工工艺时，应首先确定加工基准面，即以主承力框架箱形梁顶板为基准面。在箱形梁顶板焊接完成后，分别按配合工艺要求对主承力框架两端板和液压缸活塞杆连接处耳板进行机加工。对斗体加工时，以斗体侧板为基准面进行加工，待焊接完成后对抓斗心轴连接处进行机加工，并能与主承力框架配合上，然后再将液压油缸活塞杆连接处耳板与斗体中间处耳板进行配焊，最后再加工保护框架、支架和支座。

4.4.1 主要配合工艺

本次设计中主要有三处配合，首先，由于抓斗两端需要连接在主承力框架上并且需绕固定心轴转动作业，考虑到工况问题在此安装自润滑轴套，此处需要配合；其次，斗体与液压缸体需要进行配合；最后，液压缸活塞杆与主承力框架需要进行配合。具体配合尺寸如图 4.26、图 4.27 所示。

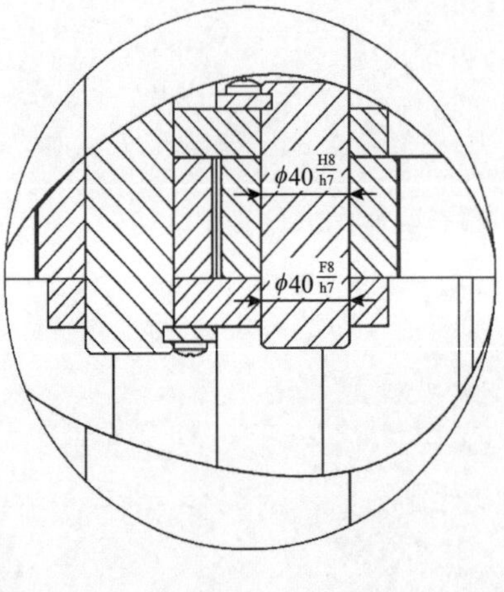

图 4.26　液压销轴处配合（单位：mm）

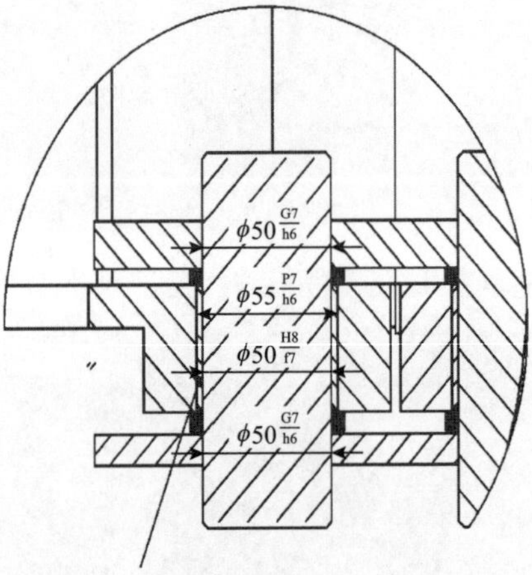

图 4.27　固定心轴处配合（单位：mm）

4.4.2 焊接工艺设计

深海探测与采样机器人抓斗的斗体与主承力框架均选用低合金高强度的 Q460 钢，且均为焊接件。为了保证焊接后抓斗与主承力框架仍然具有优良的综合力学性能，需要在焊前对坡口进行清理，去除氧化皮、锈斑、水等，对焊材进行烘干存储，并对焊接区域进行适当预热。由于 Q460 钢碳当量较高，因此对应的焊接性能相对较差，容易产生冷裂纹。可借鉴国家体育场中 Q460E 的焊接方法，采用 CO_2 气体保护焊焊接 Q460 钢板，且根据等强原则，对应的药芯焊丝选用 ER60-G，焊接前对待焊区域进行预热，温度 100～150℃，对厚度较厚且角焊缝的区域应采用多层焊的方式进行焊接，以降低焊缝热影响区的硬度值。

焊接结束后将焊缝加热至 150～250℃，保温半小时以上。待完全冷却后进行去应力退火处理以消除焊后应力，提高焊缝质量。对焊缝进行超声波探伤，抽检比例应不小于 20%，如图 4.28 所示。若抽检的焊缝质量完全合格则焊接件符合要求，若发现缺陷则需探伤所有焊缝，必要时进行返修。

图 4.28　实验用抓斗模块实物图

4.4.3　表面处理工艺分析

对抓斗模块进行喷丸处理，去除表面氧化皮，除油烘干后刷底漆，待底漆风干后刷面漆，油漆应选用船舶用的环氧漆，颜色选用与液压缸颜色一致的 RAL 1032 交通黄。对于材料为 40Cr 合金钢的液压销轴和固定心轴，应进行调制处理，并在机加工后进行表面镀铬以起到抗腐蚀作用。

4.5　抓斗模块实验测试

本节主要介绍对抓斗咬合力和应力应变测试的过程与结果。首先做好实验准备，将抓斗与液压缸装配上并通过定制的液压泵来驱动液压缸带动抓斗实现开合，购买并安装好各类测量用传感器，搭建测试平台。检测抓斗咬合力并进行应力应变测试，比较与理论值的区别，分析并给出结论。

4.5.1　抓斗咬合力测试

作为关键设计指标，抓斗咬合力指标是实验的主要测试对象之一。该实验设计思路是在抓斗的不同开度下利用称重传感器测量抓斗刃口处水平方向的咬合力，测量示意图如图 4.29 所示。

用实验所测得的咬合力数据，拟合出油压和抓斗咬合力的线性关系，进而可得出油压在 21MPa 时抓斗在各开度下的咬合力，如表 4.4 所示。

图 4.30 展示了理论计算所得与实验测得的咬合力曲线的对比情况。在抓斗各个开度下，实验所得的水平方向咬合力数值均小于理论计算值，且随着开合角度的增大，咬合力理论值与实验值相差越大，经计算系统最大误差为 13%。

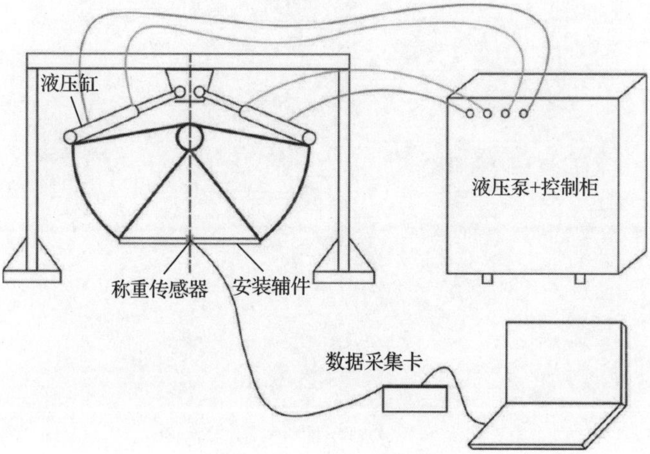

图 4.29　咬合力测量示意图

表 4.4　油压在 21MPa 时抓斗在各开度下的咬合力

开度/mm	实际咬合力/kN	理论咬合力/kN	误差/%
250	18.43	19.88	7
350	21.00	21.85	4
450	23.01	24.21	5
550	25.28	27.16	7
650	29.21	31.14	6
750	33.87	37.28	9
850	43.13	49.47	13

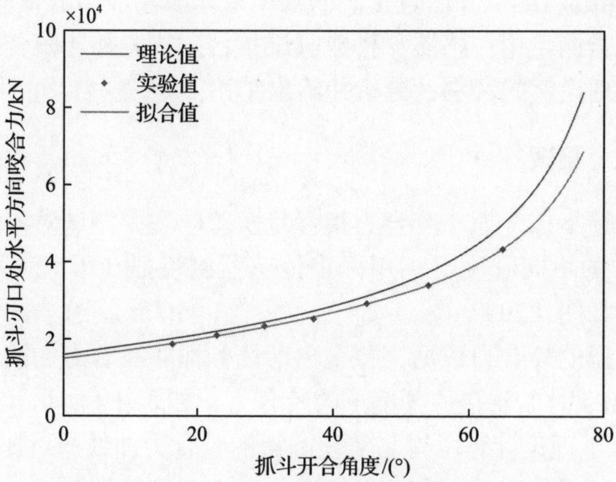

图 4.30　抓斗咬合力理论值与实验值对比曲线

4.5.2　抓斗最大应力应变测量

根据 4.3 节的仿真结果可知，在抓斗与液压缸连接处、抓斗盖板与侧板连接处以及主承力框架顶部两侧都可能存在应力集中的问题。在此基础上对抓斗和主承力框架上的这几处进行贴片测量应力应变，得到最大应力应变值以及对应的位置，并与仿真结果进行对比。本次实验主要测量当抓斗接近最大开度 77° 时的应力应变，并与仿真所得到的抓斗应力分布进行对比，如图 4.31 所示，此时应力最为集中的部位是主承力框架的上端边缘处，即红圈标记的部位。

测试实验主要采用应变片，将机械信号转化为电信号输出，搭建的测试平台如图 4.32 所示。经多次实验得到：当抓斗空载时，驱动液压缸使抓斗从最大张角到闭合，整个过程中三个测点的等效应力均小于 1MPa，这表明液压驱动力的大小是根据负载决定的，此时抓斗基本只受到重力作用。当在抓斗开度接近最大张角 77°，也就是两刃口距离为 850mm 时，以 2MPa 为一个刻度，将液压泵的油压从 10MPa 调至最大油压处，得到三个测点（A、B、C）在每个刻度下的等效应力，实验数据如表 4.5 所示。

图 4.31　抓斗应力分布图

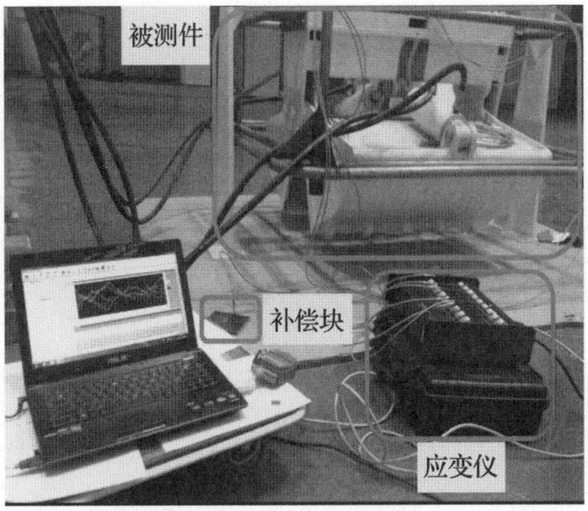

图 4.32　应力测试平台

表 4.5　在不同油压下的应力应变测量数据

油压/MPa	测点 A	测点 B	测点 C
10	90.2	26.3	67.3
12	105.6	31.4	80.1
14	121.2	37.1	94.3
16	135.0	42.6	109.6
18	147.6	48.1	124.4

分析上表中的数据，可知当在抓斗开度接近最大张角 77° 时应力最为集中的部位在主承力框架上端的边缘处(测点 A)，与仿真所得结果一致。而通过对上述表格中的 3 组数据进行线性拟合可计算得到当液压泵油压为 21MPa 时的测点 A 的应力值为 174.8MPa，小于仿真得到最大应力值 203.3MPa，误差约为 14%。

4.5.3　实验误差分析及验证

1. 咬合力实验误差分析

将实验所得的咬合力数据与理论数据进行对比分析，得到导致误差产生的可能原因主要有以下几点。

(1) 由于视差关系，手动调节的液压系统压力表的示数与实际输出的油压不一致，导致实验测得的咬合力数值与理论值存在偏差。

(2) 抓斗加工存在误差，导致理论设计的几何尺寸与实际加工出来的几何尺寸不符，从而导致对应的几何关系有所差别。

(3) 当抓斗开度越大时，由于重力作用和安装稳定性因素的影响，称重传感器安装位置可能存在偏心，与抓斗两刃口不在同一水平线上，导致测得的数值只是实际咬合力的部分分力。

由于整个咬合力的测试过程均是在静止状态下的测量，不可能存在系统的油压损失。对推测的原因(1)进行验证，购买了 4 台量程为 32MPa 的压力变送器，如图 4.33 所示。将该变送器安装在液压系统的测压头处，将抓斗张开到 850mm 的开度下，调节油压使得传感器示数，以 2MPa 为单位从 2MPa 升到能拧到的最大值，并记录下对应的称重传感器示数，如表 4.6 所示，将该测量值与最初 850mm

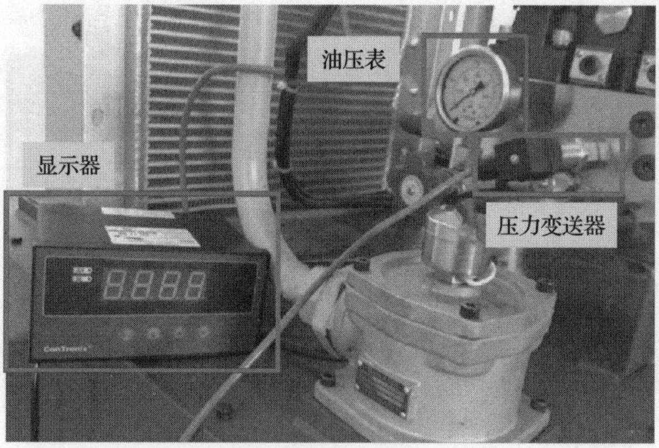

图 4.33　压力变送器和显示器

表 4.6　油压在 21MPa 时抓斗在各开度下的咬合力

油压/MPa	咬合力/kN
保持压力	3.12
2	7.06
4	10.58
6	14.63
8	18.37
10	22.28
12	26.58
14	29.97

开度下的测量值对比，发现数值基本吻合，计算得出油压为 21MPa 时的咬合力为 43.65kN，较理论值的误差为 12%。

接着对原因(2)进行验证，即当抓斗闭合时用测量工具(卷尺、游标卡尺)来测量抓斗的关键尺寸，主要包括斗体两边液压销轴之间的距离、液压销轴与固定心轴的距离、斗体刃口到固定心轴的距离。经过测量发现前两者的距离均存在±5mm 的偏差，而这些几何尺寸直接决定了压力角 α 的大小，由于式(4-1)中存在与 α 和转角有关的正余弦关系，因此 α 的微小变化会使得最终的咬合力数值变化明显，从而产生误差。

现在测得的抓斗的实际咬合力平均值没有达到咬合力技术指标 20kN，这可能会导致抓斗在实际挖掘物料的过程中并不能下挖到 0.3m 的深度，从而使得抓取的物料容积有所减少。经分析，可以从抓斗结构设计出发，给每个模块设计足够的余量，包括增大液压缸行程、增大在满足抓斗咬合力指标时所需的最小驱动力数值，以此来抵消由加工误差、动态挖掘过程中的压力损失等引起的咬合力不够的问题。

2. 应力应变实验误差分析

分析应力应变实验误差产生的原因，仿真得到的抓斗应力分布图只是一个大致的轮廓，无具体的物理尺寸参考，因此在贴片时可能并未贴在最大应力集中点上，只是处于其附近；而且，同咬合力实验误差原因(2)一样，抓斗加工问题可能导致实物尺寸与理论不一致，从而产生误差。由于实验测得的抓斗应力应变值小于仿真校验所得的数值，因此实际安全系数大于理论值。这表明满足抓斗在实际作业过程中是安全的。

4.6　机械手系统

机械手是潜水器作业系统的重要组成部分，是集机械、电气、液压的一体化系统，如图 4.34 所示。作为一种特殊的搭载模块，深海探测与采样机器人搭载了一套五功能的液压机械手，扩展了其水下精细取样能力，可完成更为复杂的水下作业任务。

图 4.34　深海探测与采样机器人模块上的机械手搭载

4.6.1　机械手组成

深海探测与采样机器人的水下机械手主要包括机械手结构和液压阀控系统，采用液压驱动机械手各关节运动，与抓斗模块共用液压动力源。

按照灵活性来分类，机械手主要按照功能数及自由度数量进行分类。目前比较常见的机械手有 3+1 功能、4+1 功能、6+1 功能，其中数字“1”代表末端执行器的执行动作功能。通常，末端执行器可以是手爪或其他类型的执行机构。

深海探测与采样机器人搭载了上海交通大学研制的 JSX05 型五功能机械手，即 4+1 自由度机械手，如图 4.35 所示。该型机械手主要包括基座、摆动油缸、俯仰油缸、伸缩油缸、夹持油缸、旋转驱动马达、大臂、小臂及手爪等部分组成。基座提供机械手的固定支撑；大臂分别通过摆动油缸和俯仰油缸实现左右摆动和上下俯仰运动，同时大臂内部结构还为小臂提供了伸缩的直线导轨；小臂通过伸缩油缸实现相对大臂的伸缩，小臂内部通过齿轮传动实现手爪转动；手爪开合功能通过夹持油缸实现，并通过旋转驱动马达实现手爪的旋转。

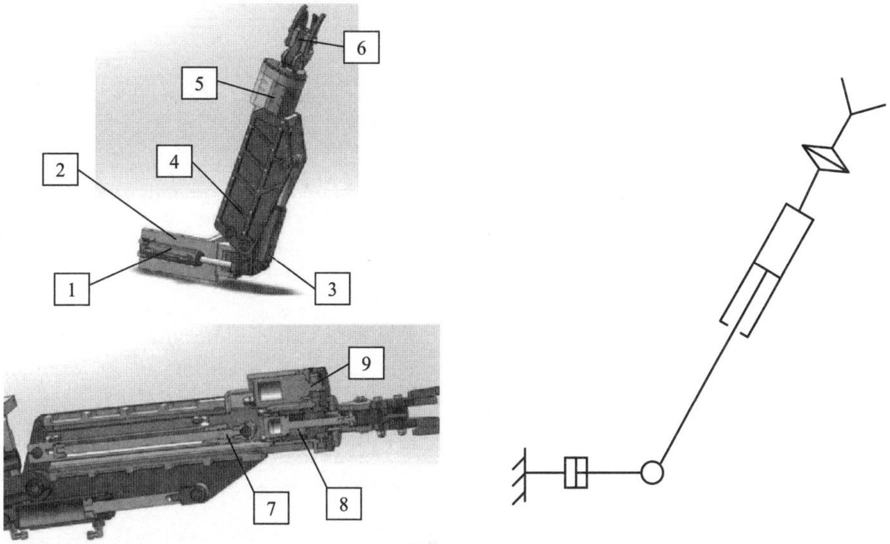

1.摆动油缸；2.基座；3.俯仰油缸；4.大臂；5.小臂；6.手爪；7.伸缩油缸；8.夹持油缸；9.旋转驱动马达

图 4.35　JSX05 型五功能机械手结构

4.6.2　机械手指标

五功能机械手的主要技术指标如下。

(1)最大工作深度：11000m(适用全海深)。

(2)全缩举升力：210kgf。

(3)全伸举升力：150kgf。

(4)空气中重量：55kg。

(5)海水中重量：38kg。

(6)钳口开距：250mm。

(7)钳口夹紧力：250kgf，指尖处。

(8)手腕扭矩：额定 120N·m，短时间可达 160N·m。

(9)手腕回转能力：360°全回转。

(10)手腕转速：0～60rpm。

(11)大臂俯仰：–35°～75°。

(12)大臂摆动：外 20°～内 90°。

4.6.3　机械手作用空间

机械手包含五个自由度，从基座到手爪末端，五个自由度分别为绕基座左右转动、大臂俯仰、小臂伸缩、手腕旋转和手爪开合。机械手具有上述五种动作，能够实现对 ROV 前部区域内目标物体取样动作，实现机械手前端特定位置的夹持与释放、旋转、直线伸缩等作业。

五自由度机械手运动模型如下。除手爪开合自由度外，其他四个自由度对应的变量分别包含了 3 个旋转角度 $\theta_1,\theta_2,\theta_3$ 和 1 个线位移 x ，如图 4.36 所示。其中，θ_1 表示绕基座左右转动，右转为正向；θ_2 表示绕基座俯仰运动，以上仰为正向；θ_3 表示手腕旋转，以顺时针为正向；x 表示小臂伸缩，以伸出为正向。

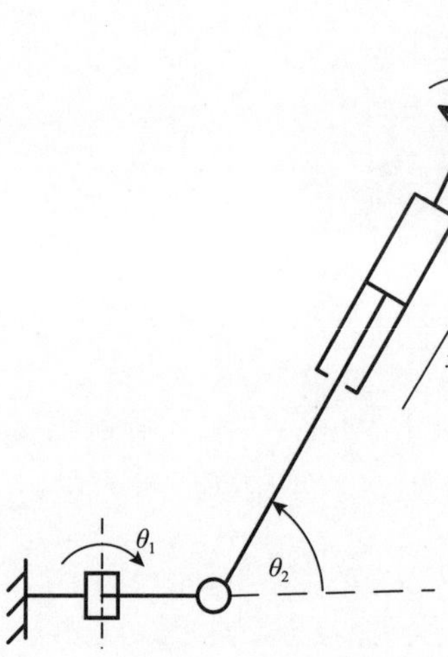

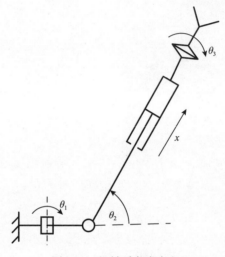

图 4.36　机械手角度定义

根据五手的技术指标，上述四个参数对应的范围分别为：$\theta_1 \in [-20,90]\text{deg}$ ，$\theta_2 \in [-35,75]\text{deg}$ ，$\theta_3 \in (-\infty,+\infty)\text{deg}$ ，$x \in [0,305]\text{mm}$ 。

机械手的第一和第二关节连接基座和大臂，实现绕基座的左右旋转和上下摆动，拓展了机械手末端的可达空间。机械手的左摆角可达到 20°，右摆角可达到 90°，适合安装于左手位置，能够较好地覆盖机械手的前侧、右侧和潜器左外侧区域的取样，又方便样品回放至潜器右侧的取样篮内；机械手上下俯仰时，下俯角度可达到 35°，上仰角度可达到 75°，可对前方大部及前下方一定区域内的物体进行取样，如图 4.37 所示。

第三个关节为伸缩关节，关节两端分别连接机械手的大臂和小臂，通过伸缩油缸实现小臂相对大臂的伸出和缩回动作，伸缩行程可达 305mm。小臂与机械手末端的手腕和手爪机构连接，通过伸缩动作调节机械手末端执行机构的作用形程，如图 4.38 所示。

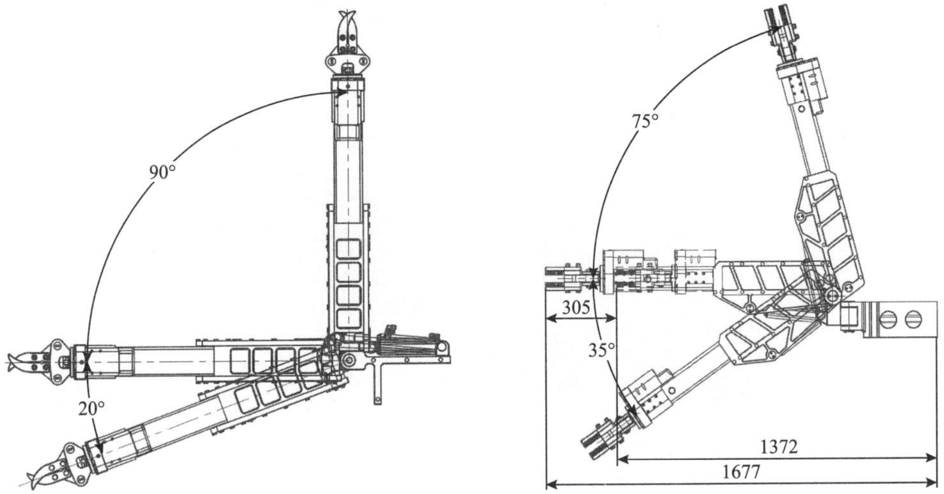

(a) 左右摆动　(b) 俯仰

图 4.37　左右和俯仰作用空间(单位：mm)

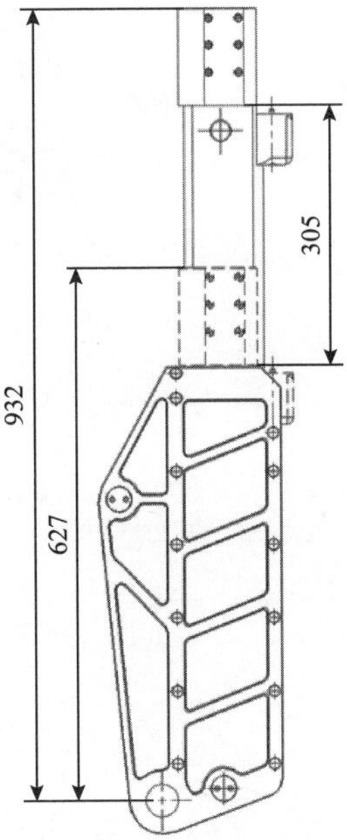

图 4.38　小臂伸缩示意图(单位：mm)

第四关节为手腕关节，具备 360°连续旋转功能，可以实现手爪相对小臂的旋转，实现开合抓取方向的调整、端部构件旋转拧固或拆卸等动作，如图 4.39 所示。

第五关节为手爪关节，是机械手的末端执行器。手爪的样式平口、四爪或三爪、钳口等多种样式，用于执行夹持样品、作业工具携带或其他特殊的作业任务。

图 4.40 是某型水下机械手的典型手爪样式。

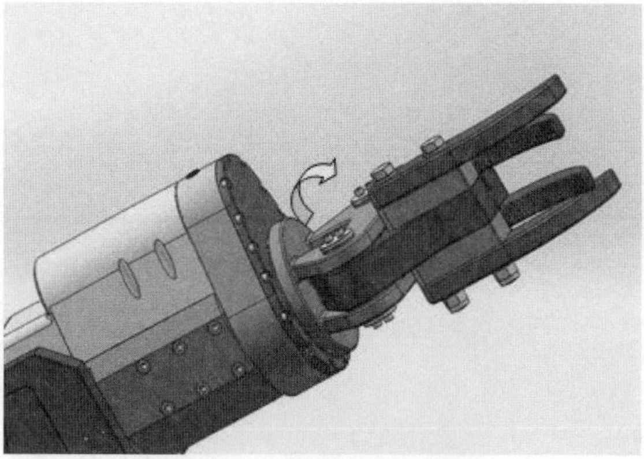

图 4.39　手抓旋转示意图

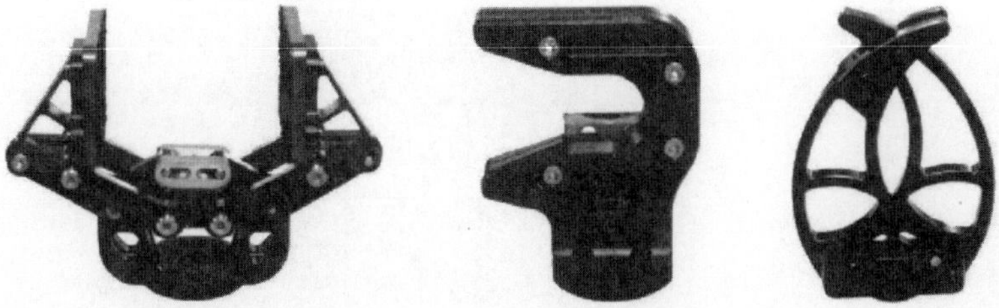

图 4.40　机械手典型手爪样式

本项目采用四爪式夹持机构，主要用于样品或作业工具的夹持操作。手爪机构样式如图 4.41 所示，钳口最大开距 250mm，满足深海探测与采样机器人水下常规取样作业的基本要求。

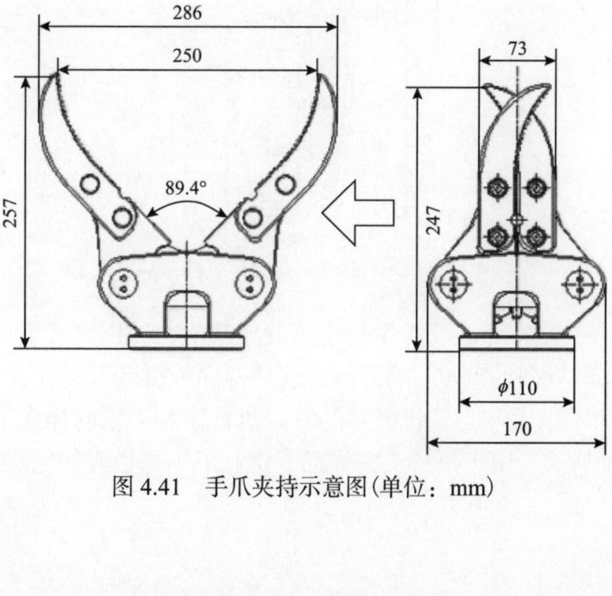

图 4.41　手爪夹持示意图(单位：mm)

4.6.4　液压参数及接口

液压参数及接口指标如表 4.7 所示。

表 4.7　液压参数及接口指标

指标项	参数值
钳口液压缸最大压力/MPa	21
手腕回转马达最大压力/MPa	15
小臂伸缩液压缸最大压力/MPa	21
大臂俯仰液压缸最大压力/MPa	21
大臂摆动液压缸最大压力/MPa	21
补偿压力/bar	0～1
补偿容积/L	⩾0.2

4.6.5　阀控系统

深海探测与采样机器人配备了专用的液压阀箱，流量 15L/min，额定工作压力 21MPa，提供 8 路开关控制功能，组成包括 8 对共 16 只电磁开关阀，其中 1 对为大流量开关阀，可驱动抓斗和虹吸取样器等大功率液压机构的动作。阀箱箱体内安置了充油驱动模块，采用 24V 直流供电，Rs422 通信接口和开放协议，支持用户二次开发。

阀箱接口分配如表 4.8 所示。

表 4.8　阀箱接口分配

阀路通道	功能定义	备注
1～5	五功能机械手	五自由度
6	脱销机构	上下模块分离
7	备用	保留，可扩展其他
8	抓斗开合	大流量接口

深海探测与采样机器人阀箱主要由 8 对开关阀组成，其主要原理是通过控制每条回路中开关阀开合来控制执行机构动作，每条回路均带有进口节流功能，用户可根据需求，单独设置每条回路的流量，同时 1#到 7#回路均带有平衡阀，具有液压锁定和防止执行机构失稳定等功能，8#回路为大流量回路，最大流量可达 15L/min，用于控制抓斗油缸开合。阀箱的液压原理如图 4.42 所示。

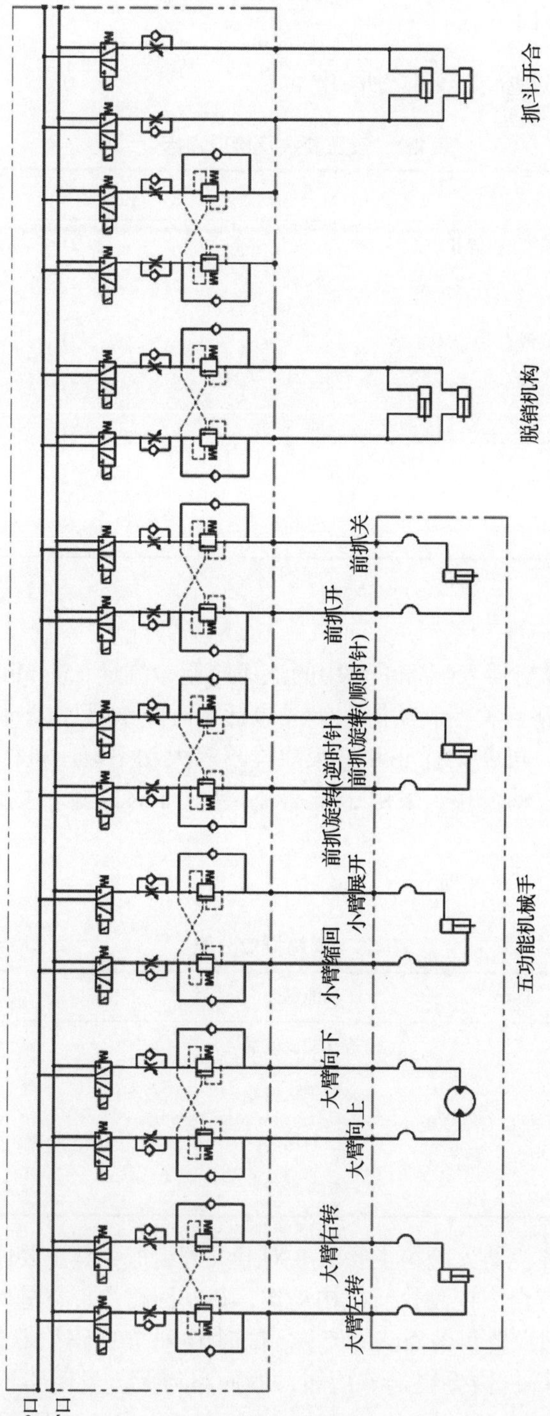

图 4.42　阀箱的液压原理图

深海探测与采样机器人阀箱的主要技术指标如下。

(1)最大工作深度：6000m。

(2)最大工作压力：21MPa。

(3)最大工作流量：15L/min。

(4)空气中重量：20kg。

(5)海水中重量：12kg。

(6)8 路开关控制回路，其中 1 路大流量控制回路。

(7)阀箱采用充油补偿器结构形式，其中电路板和电磁阀均放置于充油箱体中。

(8)阀箱材质：6061-T6 铝合金材质，表面硬质阳极氧化处理。

(9)内置压力传感器：电流范围 4～20mA，测压范围 0～40MPa。

(10)内置漏水报警功能。

阀箱外形结构如图 4.43 所示。

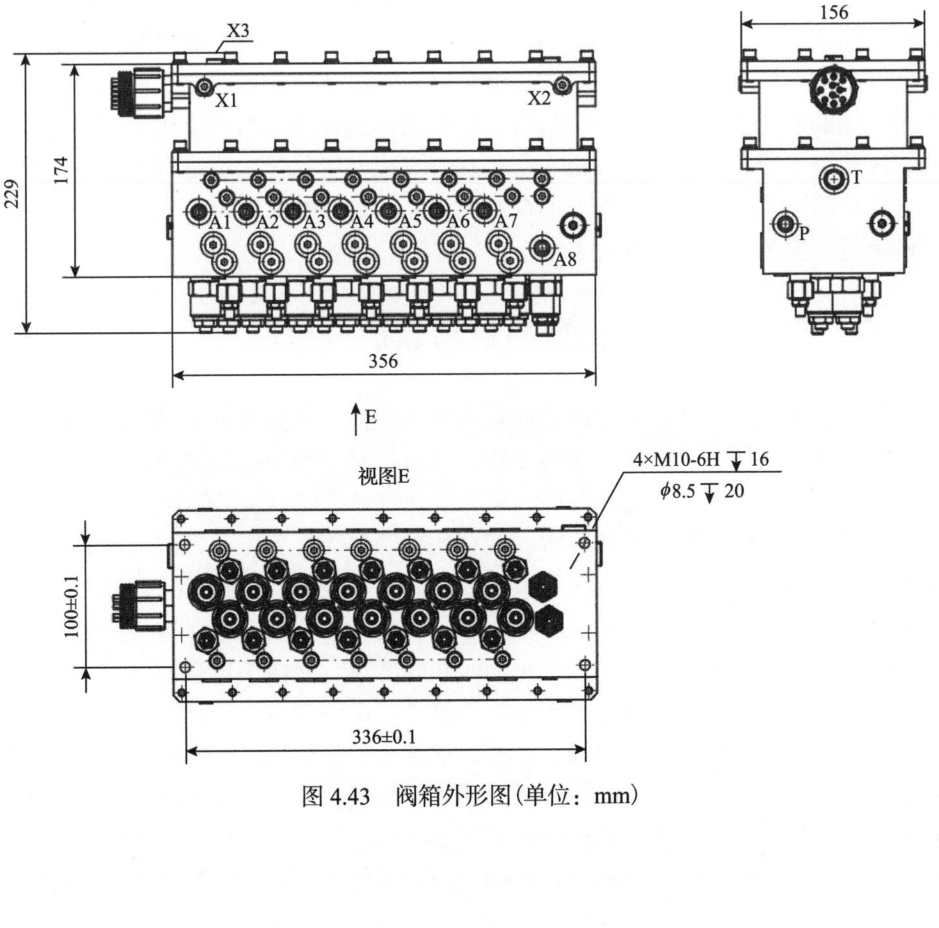

图 4.43　阀箱外形图(单位：mm)

第 5 章　深海机器人海底目标智能搜索方法

在深海机器人执行海底硫化物矿区探测任务时，海洋地质学家在对海底硫化物矿成矿机理的长期工作积累和调查经验的基础上，首先给出硫化物矿区分布区域的粗略判断，然后结合深海机器人在海底检测到的物理和化学异常信息，如温度、浊度、硫化氢(H_2S)浓度、氧化还原电位(Eh)、酸碱度(pH)等，形成对热液区喷口或硫化物矿区位置的实时精确判断。目前，海底热液异常信息搜索过程主要根据机器人搜索到的微弱异常信息，依靠海洋地质学家的经验进行人工离线判断。而机器人在海底搜索作业的特点是：范围广、耗时长，环境反馈信息稀疏，因此长时间无法获取有用信息，这导致了搜索效率的低下和调查资源的浪费。

本章结合深海机器人在热液调查工作中的实际应用需求，提出智能搜索方法，使其能够在不过多依赖人工操作的前提下独立自主地完成热液喷口的搜索任务，有效节省调查的时间和资源，显著提升深海热液调查的作业效率。根据深海机器人探测到的海底物理或化学异常信息，具体阐述追踪热液羽状流或寻找海底硫化物矿区的三类智能搜索方法：第一类是基于场强在线估计和路径点跟踪的智能搜索方法；第二类是基于强化学习的深海热液羽状流跟踪方法；第三类是基于周期扰动极值搜索的三维场源搜索方法。

5.1　海底目标搜索研究概况

深海机器人的一项重要应用是搜索水下某种信号场的源位置(简称场源)。根据具体任务的不同，场源往往多种多样。在对自然资源的探索和调查任务中，场源可能是某种海底矿床，比如海底金矿、天然气水合物(可燃冰)聚集区、海底热液喷口等。在一些打捞搜救任务中，搜索的场源可能是沉船、失事飞机的残骸或黑匣子。若出现某些环境污染突发事件(比如海底输油管道的泄漏)，常常需要深海机器人搜索污染源。在一些军事应用中，有时还需要搜寻未爆炸的鱼雷等危险物。虽然搜索目标多种多样，但是它们的共同特点是能够产生某种信号，在水下形成一定的分布场。这些信号可能是电磁信号、声学信号、某种化学物浓度、温度、浊度等，相应地形成电磁场、声场、浓度场、温度场、浊度场等。这些场的分布形式多种多样，但是一般认为场源的位置是场的最大值点或最小值点。根据具体的场类型，深海机器人将配备相应的传感器来测量信号场的信号特征，比如场强分布等。一般假定场源的位置是场强的最大值点，距离场源越远的位置场强越弱。因此，直观的思路是沿着场的梯度方向进行搜索。

传统的场源搜索技术路径是使深海机器人沿着等距平行的路线往复运动，收集整个场的测量数据，然后判断场源位置进行搜索。实际应用中则采用多个深海机器人组成传感器网络对场强进行分布式测量，能够方便地估计局部的场强梯度。因此，采用多个深海机器人的场源联合搜索得到了广泛研究。

在海底热液活动区搜索方法中，一个公认且可靠的手段是追踪热液羽状流。热液从喷口喷出进入海洋水体后，在热浮力作用下迅速上升，并与周围海水混合，热液组分浓度迅速稀释至原有的 $10^{-5}\sim10^{-4}$。混合后的流体在达到中性浮力层之前能够上升数百米，同时发生侧向扩散，其扩散范围在空间尺度上可达数千公里，形成热液羽状流，如图 5.1 所示。而热液羽状流的物理特性和化学特性与周围海水存在明显区别，通过探测大洋水体的热流值、颗粒物浓度、光学系数或特征化学元素含量的异常信息及其分布，可以探测到热液羽状流。

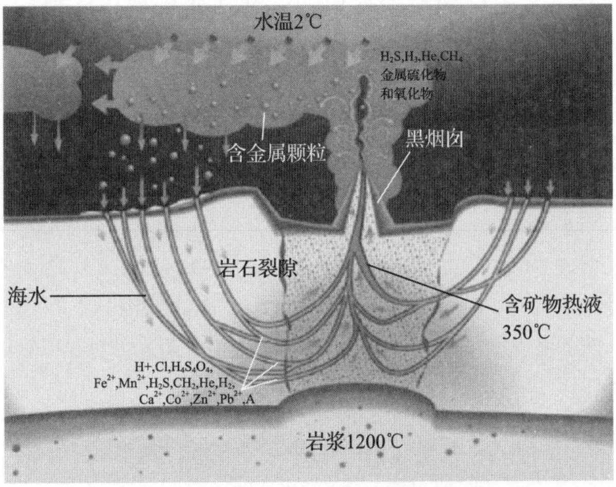

图 5.1　海底热液喷口与羽状流形成示意

热液喷口的大小、结构、喷射强度以及所处环境等不同因素决定了所形成热液羽状流的高度、大小、物理和化学异常信号强弱不同。由于热液场源分布未知，复杂时变的海底洋流信息、热液区海底地形环境复杂，异常信息微弱，如何根据海底热液区物理或化学异常信息，追踪并寻找海底热液活动喷口或硫化物矿区，是深海热液调查领域一项极具挑战的工作。目前，深海机器人的智能作业水平不高，仍然高度依赖于人工离线和操控海面科考调查船。传统的热液调查方法是利用装有 CTD 传感器以及其他传感器的船载热液探测拖体，靠近海底进行大范围测量，以探测、追踪热液羽状流，进而逐次判断并定位液喷口。由于拖体的运动缺乏可控性，对探测数据不能够做到实时在线分析判断，这会导致搜索效率低下。

因此，采用更为机动灵活的深海机器人协助搜索作业是深海热液调查的主流发展趋势。

根据海洋调查中目标信号及其传播方式的不同，将海底目标搜索分为两大类。一是基于物理异常信息的海底目标搜索，其搜索任务主要是根据深海机器人直接捕获到的海水物理参数变化，如温度、浊度、声呐、图像数据等，智能地规划深海机器人搜索策略，快速到达海底目标位置。二是基于化学异常信息的海底目标搜索，其搜索任务主要是根据采集到的海水化学参数变化，如硫化氢浓度、氧化还原电位、酸碱度等信号追踪信号源，智能地规划搜索策略，并最终确认海底信号源位置。

路径规划是深海机器人执行海底目标搜索任务的核心技术，体现了深海机器人智能化程度。路径规划就是在含有障碍物的水域环境内，按照一定的路径设计规则，为深海机器人寻找一条从起始状态到达目标状态的无碰撞路径。从规划的目标范围来看，可以分为全局路径规划和局部路径规划；从规划环境看，可以分为静态路径规划和动态路径规划。相比于陆地上的移动机器人，深海机器人作业环境特点是在水下三维空间完成大范围、长时间地探测与搜索任务。考虑到水下环境的复杂性，机器人位置、能耗、自身姿态和运动等约束条件，深海机器人在执行水下搜索作业过程中，环境反馈信息稀疏，经常长时间无法获取有用信息，这增加了路径规划的难度。

全局路径规划方法主要包括：A*算法、D*算法、遗传算法、粒子群算法、蚁群算法等，这类算法需要全局寻优，能够充分利用已知的环境信息，搜索出满足需求的最优或者接近最优的路径。局部路径规划也可称为局部避障方法，利用水下机器人实时更新的局部环境信息，进行小范围内的反应式避障。局部环境信息包括声呐图像信息、激光测距信息等。主要的局部避障方法包括：动态窗口法、速度障碍法、人工势场法及模糊逻辑法等。

利用深海机器人进行信号源搜索的方法大致可分为以下五种：①基于梯度场的信号源极值搜索方法，侧重于利用经典的非线性规划方法(如梯度下降法、随机梯度法、牛顿梯度法等)对深海机器人搜索方式进行梯度方向的规划；②基于搜索行为的信号源搜索方法，侧重于设计某种特定的行为或范式使深海机器人自主地到达信号源位置；③基于模型逼近的信号源搜索方法，建立环境估计模型实现对未知搜索环境的感知，模拟深海机器人的搜索过程；④基于多模态传感器的信号源搜索方法，利用声呐或摄像头感知深海机器人的周围环境，获取到视觉图像、声波等多模态的数据样本，利用目标检测、目标识别、波纹分析等手段搜索目标；⑤面向信号源搜索的深度强化学习方法，将机器人搜索过程建模为马尔可夫决策规划模型，利用机器人搜索到的信号定义系统状态输入，通过深度强化学习进行端到端的网络训练，得到机器人对信号源搜索的路径规划与行为策略。

5.1.1　基于梯度场的信号源极值搜索方法

基于梯度场的信号源极值搜索方法将信号源搜索问题建模为非线性规划数学模型，表示为 $y=f(x)$，其中，x 表示深海机器人的位置，y 表示深海机器人在该位置测得的信号强度，通过信号强度的分布函数 $f(\cdot)$ 的优化模拟确定机器人的检测信号强度，典型的方法就是梯度下降法、共轭梯度法等非线性优化方法。Burian 等提出了基于梯度的环形搜索方法[21]，用固定环形方式进行搜索过程目标函数梯度的计算与更新，并与可行向量法、模拟退火法进行对比，通过流场仿真实验验证了其有效性。Song 等提出了基于场强在线估计的深海机器人场源搜方法，建立了单隐含层神经网络模型，设计了基于序贯极限学习算法进行场强在线估计，采用最速上升方法与牛顿法结合设计迭代路径点，可保证其收敛到场源极大值点，并规划出场源搜索路径[22]。Mayhew 等提出了舍弃梯度信息的共轭方向法来优化机器人的信号源搜索目标，并在机器人质点模型、非完整机器人模型上分别进行了实验验证[23]。Azuma 等基于同步扰动随机逼近方法提出了非线性优化算法[24]，在具有高度随机性的流场环境中执行非完整机器人的信号源搜索任务，建立了收敛性理论，利用仿真实验验证其结果有效性。Matveev 等提出以角度导航方式研究机器人信号源搜索任务的滑模控制方法[25]，并与传统控制方法进行了对比。Krstic 等将梯度场的信号源搜索问题等同于极值搜索问题，提出不完整梯度场中的极值搜索算法，将其应用在机器人信号源搜索的质点模型和非完整机器人模型上[26-28]。Lin 等在 Krstic 提出的极值搜索法基础上，用随机极值搜索方法实现对非完整机器人的多维度搜索动作控制，包括速度和艏向等[29]。Frihauf 等根据 Lin 等提出的随机极值搜索方法，设计了更加泛用的机器人控制器，用于多种深海机器人的信号源搜索任务中[30]。

尽管基于梯度场的信号源极值搜索方法往往具有高精确性的优点，但是其受环境的限制条件也较为严格。如果真实环境难以提供完整连续的信号场信息，那么基于梯度场的信号源极值搜索方法也就无法获得较好的效果。

5.1.2　基于搜索行为的信号源搜索方法

在陆地上，追踪的化学信号往往是气体形式存在，因此陆地上的化学目标搜索任务主要是气味源定位问题。在陆地上搜索气味源的传统方法主要有两种：一种是基于无线传感器网络的方法[31,32]，在目标区域构筑固定传感器网络，分析所有传感器节点采集到的信号浓度数据，进而对气味源的位置进行判断；另一种是生物探测法，是指由专业人员或者经过专业训练的动物，如嗅探犬、嗅探猪[33]等到现场查找气味源。陆地上搜索气味源的传统方法都存在一定缺陷：①一般需要假定气味信号的分布模型已知，然而在有风情况下，受到湍流的影响很难建立气味源的精确分布模型；②使用该方法的前提条件是气味源在传感器网络节点附近或在传感器网络节点之内，而在现实中这种假设往往无法保证；③方法要求传感器网络的每一个节点的位置已知或可计算等较为苛刻条件。这些缺陷导致陆地上的无线传感网络法以及生物探测法都很难在深海环境中实现。

自从 20 世纪末开始，许多研究者从许多生物习性中总结了信号搜索的规律，尝试利用机器人像生物活动一样进行化学目标的搜索。这种利用检测到的信号确定信号源的定位方法，也被称为主动嗅觉问题[34]。机器人装配有各种传感器且有一定的自由运动能力，能够根据多传感器信息进行综合分析，智能地判断每一步的行动方案，最终达到定位化学信号源的目的。机动灵活的移动机器人能够克服传感器网络搜索范围小的局限性。同时，机器人能够长时间高效率地作业，且对危险环境的适应性强，比起人和动物更适合高强度、高危险性的源定位作业任务。20 世纪 90 年代，Rozas 等首先利用单个机器人作为搜索载体，进行信号源的定位实验[35]。Genovese 等在 Rozas 等的实验思路基础上，利用多机器人构成的编队进行了信号源定位任务的仿真实验[36]。在这些早期利用机器人进行搜索行为的研究工作中，研究者们并未充分考虑到化学信号在流体（空气或水）环境中的传播机理，往往假定化学信号的分布模型是稳定且平滑的，机器人利用化学信号的浓度规划出特定的轨迹进行搜索。随着对化学信号源搜索的研究得到不断深入和完善，搜索环境从简单的地面环境到复杂的水下环境[37,38]，搜索方式也更加多样化[39,40]，但是大都仍是利用单个化学信号的浓度场梯度信息进行羽状流跟踪。

受生物搜索信号源的方式启发，很多研究者尝试让机器人也像动物一样按照习惯或特殊行为进行信号源的定位。Hayes 等采用一个二维固定区域界定机器人信号源搜索任务的边界，将整个信号源搜索过程定义为区域内的马尔可夫随机过程，并提出了在二维固定区域内以外螺旋线为搜索路径的螺旋形的遍历方法，机器人从起始位置开始，沿着特定向外展开的螺旋线轨迹逐渐对整个二维区域进行搜索任务[41]。Russell 等提出一种让机器人模仿雄蚕蛾和雌蚕蛾互相发现信息素的过程[42]，这是一种无源探测方式，机器人从信号源搜索任务启动时就维持静止姿态，在获取到检测数据异常时根据环境流场信息的分析继续行动。此外，Russell 从生物界中的大部分动物的习性中受到启发，提出一种根据风向规划搜索行为的方法，即机器人始终以沿着流场流速固定夹角的方式进行搜索[43]。Li 等从蜣螂觅食行为中受到启发，提出一种机器人进行信号源搜索的 Z 字形遍历算法[44]，机器人沿着流场的流速方向，按 Z 字形快速地对整个流场范围进行搜索，以尽快获得信号源位置信息。

5.1.3 基于模型逼近的信号源搜索方法

基于模型逼近的信号源搜索方法通常用各种形式构成的逼近器，以对真实的信号场进行虚拟仿真或估计，然后在估计的信号场中应用各种极值搜索方法解决信号源搜索任务。真实信号场逼近器能够根据流场模拟或仿真来设计，或者通过数值分析等手段对移动机器人在任务中的检测数据进行建模或近似。基于模型逼近的信号源搜索方法通常不要求机器人到达信号源位置，因而更加适用于客观条件无法实现机器人到达源点的任务场景，如爆炸源点确认等。

Lilienthal 等首次提出通过对信号场进行测绘的方式构建逼近模型，利用多重高斯函数的强拟合性对机器人搜索区域的信号场进行测绘和模拟[45,46]，并在理论上给出了利用模拟信号浓度场进行机器人信号源搜索的误差分析，此外使用模拟区域信号浓度场训练 DM+V 核函数模型，从而得到二维信号分布统计模型并估计出信号浓度分布图。基于模拟信号场的多重高斯模型与可训练的 DM+V 核函数模型。Monroy 等利用仿生机器人仿真平台，在不同类型的信号场中进行了模拟实验，验证了该模型逼近算法在不同场景下的可行性和有效性[47-49]。Pang 等提出了基于贝叶斯推理的信号源搜索方法[50]，他们将整个信号源搜索过程建模为隐马尔可夫过程，并利用流体运动学的相关理论描述该隐马尔可夫过程，使用历史流速和流向数据、历史检测数据应用贝叶斯推理对信号源位置进行远程估计和定位，仿真实验证明，该信号源搜索方法能够有效地对水下信号源进行远程定位。李吉功等提出基于粒子滤波的信号源搜索方法[51]，他们用粒子代表信号源的可能位置，并用粒子权重代表可能性大小，利用不断获取的流场信息更新粒子权重，在室内通风环境下对算法进行了有效性验证。Cao 等在粒子滤波算法的基础上，提出一种利用仿生神经动力学模型的方法，研究多个深海机器人在水下 3D 环境中搜索目标[52]。

5.1.4　基于多模态传感器的信号源搜索方法

在当前海洋调查相关领域，主要使用化学传感器和电信号传感器进行信号源释放物的探测，同时用流体流速传感器进行流场分析，而声呐、摄像头等传感器的加入能够辅助机器人完成更为复杂的任务。

Loutfi 等使用电子鼻和摄像头等传感器产生嗅觉和视觉检测信号，对室内环境的信号源进行定位研究[53]，通过摄像头捕捉到的室内实时图像寻找疑似信号释放源，并根据气味信号判断是否为真实信号源。Ishida 等提出一种基于规则的包容结构，同时处理搭载于机器人上的所有传感器检测信号，利用协同优化方法对不同类型的信号进行归一化处理和分析[54]，用于追踪信号源位置。机器人在信号源搜索过程中率先利用视觉传感器中的颜色异常寻找疑似信号源，然后根据气味传感器和风速/风向传感器进行逆风向追踪。该方法虽然流程简单，但是由于不同模态传感器的扰动影响，误判率较高，因此应用范围有限。Kowadlo 等通过分析信号源类型，重点研究气体信号在空气中的视觉表现，并利用图像处理手段辅助信号源搜索[55]。蒋萍等提出了利用注意力机制的视觉模型处理不同任务下的信号源搜索问题[56]。Li 等在海岸线附近的水域进行信号源搜索研究，对估计到的信号源位置进行视觉判断[57,58]。在靠近海岸线的水域，由于光在水下被大量吸收，深海机器人获取到的观测信号极为模糊，因此 Li 等针对水下成像设计了基于模糊的颜色分割器，对拍摄的信号源模糊图像进行大量分割和处理，根据分割后的特征图进行人工辨认与识别，在近海岸海域信号源搜索仿真实验中取得了较好的效果。

5.1.5　面向信号源搜索的深度强化学习方法

作为一种智能决策的方法，深度强化学习在利用机器人对信号源搜索任务中得到了发展和应用。由于整个信号源搜索过程是具有高随机性的马尔可夫过程，使用传统的基于模型或规则行为的方法，往往面临建模误差大、先验知识需求大、泛化性差的弊端，而通过深度强化学习进行端到端的网络训练，更灵活地获得了信号源搜索策略。

Liu 等提出将基于深度强化学习的探测算法用于异常辐射源的搜索[59]。由于背景辐射的复杂性，机器人在城市环境的辐射源的探测中需要在短时间内高精度定位震源，以寻找异常辐射源。Liu 等采用双 Q 学习的强化学习算法，提出用固定测量路径扫描区域、采用新获取的测量动态更新测量路径的数据驱动方法，在无人干预的模拟辐射环境进行了辐射探测任务仿真实验，效果超过传统的均匀搜索法和梯度搜索法。Zhang 等将深度强化学习和自监督模型相结合，应用于室内复杂环境的声源搜索任务[60]。移动机器人在室内环境的人体声源定位过程中，从模型自动编码器获得的隐式声学特征，并与地图中的几何特征一起进行强化学习策略的训练，并在任务中积累训练数据，不断提高预测模型的性能。Xu 等用深度强化学习算法解决辅助行走机器人中的搜索和控制任务相关问题[61]，通过对机器人动力学模型构造控制器，采用强化学习算法给出在行走和目标搜索任务中的控制策略。该算法还考虑了不同环境和人的行为习惯下强化学习策略的偏差，在仿真环境下进行了辅助行走实验。Chen 等构建了有障碍环境下的机器人信号源搜索任务模型[62]，提出了一种气味撞击分布模型以模拟室内环境中的气味浓度分布，考虑了气流的扩散、气味分子的随机游走和障碍物。深度 Q 学习网络将叠加的历史测量数据作为输入，并将机器人动作的预期累积未来奖励作为输出，在四种不同的环境设置下对深度 Q 网络方法进行了评估，并比较了两种广泛使用的气味源定位算法。Hayes 等研究了利用多机器人系统完成信号搜索任务，提出基于强化学习算法的机器人的集群控制和协同工作[63]。

5.2　基于场强在线估计的深海机器人智能搜索方法

本节阐述利用深海机器人搜索水下信号场源的问题，提出基于场强在线估计和路径点跟踪的智能搜索方法。建立了单隐含层神经网络模型，基于序贯极限学习机算法得到场梯度估计；考虑到先验信息误导性及传感器测量误差，建立了场估计误差的收敛性定理。利用最速上升方法与牛顿法结合设计迭代路径点，保证其收敛到场极大值点，进而规划了场源搜索路径。通过视线导航策略和非线性模型预测控制(line of sight and nonlinear model predictive control, LOS-NMPC)算法实现深海机器人规划路径的跟踪控制，最后设计了仿真实验模拟 REMUS 型号深海机器人搜索热液羽状流化学参数场源的过程，实验结果验证了搜索策略的有效性。通过与“圆形局部路径”方法的实验进行对比，进一步验证了本节提出的搜索策略能够更高效地实现场源搜索。本节内容取材于作者已发表论文[22]。

5.2.1　基于极限学习机的场强在线估计

高斯过程是对空间分布场进行建模和估计的一种常用模型[64]。地理学中常用的克里格方法[65]、时空卡尔曼滤波器[66]、分布式插值方法[67]都是基于高斯过程或其变形的模型。高斯过程由两个特征量决定，一个是均值函数，另一个是协方差函数。用高斯函数的线性组合刻画场强的均值函数，这等同于一个采用了高斯核函数的单隐含层前馈神经网络(single layer feedforward neural network, SLFN)。基于 Huang 等的工作[68]提出了一种简单而高效的极限学习机(extreme learning machine, ELM)算法，通过对隐含节点的参数进行随机选择，然后通过梯度优化计算输出权重。极限学习算法的学习速度比传统的误差反向传播(back propagation, BP)算法具有更高的计算效率和更好的泛化性能，而极限学习算法的逼近性能也同样得到证明[69]。本小节中将利用在线序贯极限学习算法[70]实现场强在线学习。

1. 基于单隐含层前馈神经网络的场强近似模型

受海流等因素的影响，深海探测环境场源产生的信号是时刻变化的。但是信号场在与环境相互作用过程中，在经过一定时间后会达到一种平衡状态。例如，在海底热液活动中，从热液喷口喷出的流体在上升过程中与冷海水相互作用，在升到一定的高度后，热液流体与周围的海水达到浮力平衡状态。在这一高度的水平面上，会形成热液羽状流。在热液羽状流内部，一些物理、化学特性参数，比如温度、浊度、氧化还原电位、酸碱度等，会达到一个稳定的分布。

在本小节中，我们考虑分布在二维水平面上的一个静态场。假定深海机器人有一套独立的深度控制系统能够使其保持在该水平面上，我们只关注在这一水平面上的场源搜索路径规划问题。而且这里给出的方法可以直接拓展至三维空间中的场源搜索问题。

定义目标场函数为 $z(\boldsymbol{p}){:}\mathcal{A}\to\left[z_{\min},z_{\max}\right]$，其中 $\boldsymbol{p}=(x,y)^{\mathrm{T}}$ 是搜索区域 $\mathcal{A}$ 内的

一个点，区域$\mathcal{A}\subset\mathbb{R}^2$是二维空间中的一个紧凸子集，$[z_{\min},z_{\max}]\subset\mathbb{R}$是场强的范围。场函数$z(\boldsymbol{p})$被定义为一个连续的非线性函数。如前所述，$z(\boldsymbol{p})$可以用高斯过程的均值函数来逼近[71]。该均值函数是一个隐含层节点为高斯核函数的SLFN，即

$$g(\boldsymbol{p})=\sum_{j=1}^{m}\phi_j(\boldsymbol{p})\theta_j=\boldsymbol{\Phi}^{\mathrm{T}}(\boldsymbol{p})\boldsymbol{\Theta} \tag{5-1}$$

其中，$\boldsymbol{\Phi}^{\mathrm{T}}(\boldsymbol{p})=[\phi_1(\boldsymbol{p}),\phi_2(\boldsymbol{p}),\cdots,\phi_m(\boldsymbol{p})]$是$m$个隐含节点中的核函数；$\boldsymbol{\Theta}=[\theta_1,\theta_2,\cdots,\theta_m]^{\mathrm{T}}\in\mathbb{R}^m$是它们对应的输出权重。作为最常见的一种径向基函数(radial basis function, RBF)，高斯基函数定义为

$$\phi_j(\boldsymbol{p})=\exp\left[\frac{-\left(\boldsymbol{p}-\boldsymbol{c}_j\right)^2}{2\sigma_j^2}\right],\quad j=1,\cdots,m \tag{5-2}$$

其中，$\boldsymbol{c}_j\in\mathbb{R}^2$是高斯基函数的中心位置；$\sigma_j\in\mathbb{R}_+$是高斯基函数的影响范围(标准差)。

为了保证SLFN模型的逼近能力，隐含层节点个数m应该取得足够大，以充分描述场在区域$\mathcal{A}$内的变化趋势。通常会根据历史信息或相关场的分布情况预先估计场函数的轮廓，然后确定m值。对于一个类似式(5-1)定义的SLFN模型，文献[68]证明了如果基函数是无穷阶可微的，那么节点中的所有基函数式(5-2)可以随机选取，而仍然能够充分小的数据拟合误差。因此，我们从区域$\mathcal{A}$上的均匀分布中随机选取高斯核的中心位置$\{\boldsymbol{c}_j\}_{j=1}^{m}$，从一个合适的区间均匀分布中随机选取$\{\sigma_j\}_{j=1}^{m}$；基函数$\boldsymbol{\Phi}(\cdot)$选定后，$\boldsymbol{\Theta}$就是场更新过程中唯一需要调整的参数。

2. 基于线序贯极限学习机的场源搜索方法

在场源搜索的过程中，深海机器人在它的航行路径上以一个固定的频率采集场强测量数据。假设深海机器人已经采集了N个位置的场强测量值$\{s(\boldsymbol{p}_i),i=1,2,\cdots,N\}$，其中$\{\boldsymbol{p}_i,i=1,2,\cdots,N\}$是测量位置，$i$是采样序号。在实际搜索过程中，场强测量值中往往包含传感器的测量误差$w(\boldsymbol{p}_i)$，即

$$s(\boldsymbol{p}_i)=z(\boldsymbol{p}_i)+w(\boldsymbol{p}_i),\quad i=1,2,\cdots,N \tag{5-3}$$

其中，测量误差$w(\boldsymbol{p}_i)$是幅度较小的白噪声。对于这N个采样位置，可以定义其隐含层输出矩阵，即

$$\boldsymbol{H}=\begin{bmatrix}\phi_1(\boldsymbol{p}_1) & \cdots & \phi_m(\boldsymbol{p}_1)\\ \vdots & & \vdots\\ \phi_1(\boldsymbol{p}_N) & \cdots & \phi_m(\boldsymbol{p}_N)\end{bmatrix}_{N\times m}$$

其中，第 i 行表示第 i 个采样位置处，隐含层各个节点的输出值。把这些测量值组成的向量记为 $\boldsymbol{s}=\left[s(\boldsymbol{p}_1),\cdots,s(\boldsymbol{p}_N)\right]^{\mathrm{T}}$。我们进行场函数估计的目标是最小化 $\sum_{i=1}^{N}\left(g(\boldsymbol{p}_i)-s(\boldsymbol{p}_i)\right)^2$，等价于找到最优的 $\boldsymbol{\Theta}$ 使得最小二乘训练误差最小，即

$$\|\boldsymbol{H}\hat{\boldsymbol{\Theta}}-\boldsymbol{s}\|=\min_{\boldsymbol{\Theta}}\|\boldsymbol{H}\boldsymbol{\Theta}-\boldsymbol{s}\| \tag{5-4}$$

根据 ELM 算法的主要结论，使式(5-4)范数取最小值的最优解为

$$\hat{\boldsymbol{\Theta}}=\boldsymbol{H}^{\dagger}\boldsymbol{s} \tag{5-5}$$

其中，$\boldsymbol{H}^{\dagger}$ 是矩阵 $\boldsymbol{H}$ 的 Moore-Penrose 广义逆，如果 $\boldsymbol{H}^{\mathrm{T}}\boldsymbol{H}$ 是非奇异的，也就是说 $N\geqslant m$ 且 $\mathrm{Rank}(\boldsymbol{H})=m$，那么 $\boldsymbol{H}^{\dagger}$ 可以用 $\boldsymbol{H}^{\dagger}=\left(\boldsymbol{H}^{\mathrm{T}}\boldsymbol{H}\right)^{-1}\boldsymbol{H}^{\mathrm{T}}$ 计算。如果 $\boldsymbol{H}^{\mathrm{T}}\boldsymbol{H}$ 是奇异的，则可以用奇异值分解(singular value decomposition, SVD)方法计算 $\boldsymbol{H}^{\dagger}$。SVD 方法的适用范围更广，因此常常作为 ELM 的标准方法。基于广义逆的结论式(5-5)，ELM 算法体现出比传统的神经网络学习算法更快的学习速度，而且具有更强的泛化能力。

上述 ELM 算法是假设所有的训练数据都可以得到，一次即可完成学习过程。然而，在场源搜索过程中，深海机器人是一段接一段地航行。在按照计划完成一段航行后，深海机器人将基于这一段新采集的测量数据对场模型进行学习更新，然后再规划下一个路径点，进行下一段航行，如此迭代下去。而且，由于每一段规划的路径长度不同，航行时间不同，每一段采集的数据量也不同。因此，在这种情况下，我们提出的场学习算法需要在线序贯式地执行，而且能够对不同大小的数据块进行接续学习。由文献[70]可知，在一定的假设条件情况下，可以实现在线序贯极限学习机(online sequential extreme learning machine, OS-ELM)算法，并以迭代方式计算 $\hat{\boldsymbol{\Theta}}=\left(\boldsymbol{H}^{\mathrm{T}}\boldsymbol{H}\right)^{-1}\boldsymbol{H}^{\mathrm{T}}\boldsymbol{s}$。OS-ELM 算法执行的第一个条件针对的是初始训练数据。在算法执行之前，因为深海机器人没有实际采集场强测量数据，因此无法确定梯度方向。然而，在实际应用中，在释放机器人下水之前，假设已对目标区域的场函数分布信息有一个初步的认识。从目标场函数历史数据或者当前该区域测得的相关数据，初步推断场强的范围为 $[z_{\min},z_{\max}]$，场的极大值点可

能的位置为 $\hat{\boldsymbol{p}}_{\max}$；例如，在释放深海机器人下水之前，地质学家事先利用多波束测得的海底地形数据推断可能的热液喷口位置。由此构建先验场函数的大致形状和幅值，从而给出上述 SLFN 模型的先验参数 $\hat{\boldsymbol{\Theta}}^{(0)}$。先验权重中，中心位置接近 $\hat{\boldsymbol{p}}_{\max}$ 的基函数输出权重较大，距离较远的权重较小，输出的函数值满足

$$g^{(0)}(\boldsymbol{p})=\boldsymbol{\Phi}^{\mathrm{T}}(\boldsymbol{p})\hat{\boldsymbol{\Theta}}^{(0)}\in\left[z_{\min},z_{\max}\right],\quad\forall\boldsymbol{p}\in\mathcal{A}$$

有了先验场强 $g^{(0)}(\boldsymbol{p})=\boldsymbol{\Phi}^{\mathrm{T}}(\boldsymbol{p})\hat{\boldsymbol{\Theta}}^{(0)}$，就可以生成一组虚拟的初始测量数据 $D_0=\left\{\left(\boldsymbol{p}_i,s'\left(\boldsymbol{p}_i\right)\right)\right\}_{i=1}^{N_0}$。虚拟的场强测量数据表示为

$$\boldsymbol{s}_0'=\boldsymbol{H}_0\hat{\boldsymbol{\Theta}}^{(0)}$$

其中，$\boldsymbol{s}_0'=\left[s'(\boldsymbol{p}_1),\cdots,s'\left(\boldsymbol{p}_{N_0}\right)\right]^{\mathrm{T}}$；而且能够得到对应的隐含层输出矩阵 $\boldsymbol{H}_0$，即

$$\boldsymbol{H}_0=\begin{bmatrix}\phi_1(\boldsymbol{p}_1) & \cdots & \phi_m(\boldsymbol{p}_1)\\ \vdots & & \vdots\\ \phi_1\left(\boldsymbol{p}_{N_0}\right) & \cdots & \phi_m\left(\boldsymbol{p}_{N_0}\right)\end{bmatrix}_{N_0\times m}$$

虚拟的采样点 $\{p_i\}_{i=1}^{N_0}$ 是从区域 $\mathcal{A}$ 内均匀随机选取的。采样点个数 $N_0>m$ 且满足 $\mathrm{Rank}\left(\boldsymbol{H}_0\right)=m$。只有这样选取虚拟采样点，才能从这组初始数据集按照公式 $\hat{\boldsymbol{\Theta}}(0)=\left(\boldsymbol{H}_0^{\mathrm{T}}\boldsymbol{H}_0\right)^{-1}\boldsymbol{H}_0^{\mathrm{T}}\boldsymbol{s}_0'$ 反推出输出权重。定义一个中间计算矩阵 $\boldsymbol{P}_0=\left(\boldsymbol{H}_0^{\mathrm{T}}\boldsymbol{H}_0\right)^{-1}$ 在下面的 OS-ELM 学习算法中使用。

算法 5.1　基于 OS-ELM 的场强在线学习算法

初始化：

STEP 1：从 $\boldsymbol{\mathcal{A}}$ 上的均匀分布随机产生 $\left\{\boldsymbol{c}_j\right\}_{j=1}^{m}$，从 $\left[\boldsymbol{\sigma}_{\min},\boldsymbol{\sigma}_{\max}\right]$ 上的均匀分布随机产生 $\left\{\boldsymbol{\sigma}_j\right\}_{j=1}^{m}$.

STEP 2：根据推测的场强函数形状、取值范围、最大值点的位置，给出 SLFN 模型的初始权重 $\hat{\boldsymbol{\Theta}}^{(0)}$.

STEP 3：从 $\boldsymbol{\mathcal{A}}$ 上的均匀分布随机产生 $\left\{\boldsymbol{p}_i\right\}_{i=1}^{N_0}$，计算其对应的隐含层输出矩阵 $\boldsymbol{H}_0$，令 $\boldsymbol{P}_0=\left(\boldsymbol{H}_0^{\mathrm{T}}\boldsymbol{H}_0\right)^{-1}$.

STEP 4：令 $k=0$.

序贯式学习：

设深海机器人在第 $k+1$ 段路径上采集的测量数据为 $D_{k+1}=\left\{\left(\boldsymbol{p}_i,s\left(\boldsymbol{p}_i\right)\right)\right\}_{i=\left(\sum_{j=0}^{k}N_j\right)+1}^{\sum_{j=0}^{k+1}N_j}$.

STEP 5：计算隐含层输出矩阵：

$$\boldsymbol{H}_{k+1}=\begin{bmatrix}\phi_1\left(\boldsymbol{p}_{\left(\sum_{j=0}^{k}N_j\right)+1}\right) & \cdots & \phi_m\left(\boldsymbol{p}_{\left(\sum_{j=0}^{k}N_j\right)+1}\right)\\ \vdots & & \vdots\\ \phi_1\left(\boldsymbol{p}_{\sum_{j=0}^{k+1}N_j}\right) & \cdots & \phi_m\left(\boldsymbol{p}_{\sum_{j=0}^{k+1}N_j}\right)\end{bmatrix}_{N_{k+1}\times m}$$

STEP 6：更新输出权重：

$$\boldsymbol{P}_{k+1}=\boldsymbol{P}_k-\boldsymbol{P}_k\boldsymbol{H}_{k+1}^{\mathrm{T}}\left(\boldsymbol{I}+\boldsymbol{H}_{k+1}\boldsymbol{P}_k\boldsymbol{H}_{k+1}^{\mathrm{T}}\right)^{-1}\boldsymbol{H}_{k+1}\boldsymbol{P}_k \tag{5-6}$$

$$\hat{\boldsymbol{\Theta}}^{(k+1)}=\hat{\boldsymbol{\Theta}}^{(k)}+\boldsymbol{P}_{k+1}\boldsymbol{H}_{k+1}^{\mathrm{T}}\left(\boldsymbol{s}_{k+1}-\boldsymbol{H}_{k+1}\hat{\boldsymbol{\Theta}}^{(k)}\right) \tag{5-7}$$

STEP 7：更新场强函数 $\hat{g}^{(k+1)}(\boldsymbol{p})=\boldsymbol{\Phi}^{\mathrm{T}}(\boldsymbol{p})\hat{\boldsymbol{\Theta}}^{(k+1)}$.

STEP 8：判断是否结束场学习过程。如果结束，则算法终止；如果没有结束，令 $k=k+1$，转到 STEP 5.

注释 5.2.1　先验场信息能够协助深海机器人开始搜索过程，因为开始搜索时没有实际的场强测量数据，更无法估计场梯度。但是，由于先验场和真实场之间的偏差，使用先验数据也会具有一定的误导性。因此，上述初始化的过程可以理解成一个用误导性初始数据 $D_0=\left\{\left(\boldsymbol{p}_i,s'\left(\boldsymbol{p}_i\right)\right)\right\}_{i=1}^{N_0}$ 进行预先学习的结果。

在上述初始化操作之后，深海机器人将在目标区域的某一位置展开海底搜索过程，并采集海底场强测量数据。假设深海机器人在连续的几段路径上采集到的数据个数分别为 $\{N_1,N_2,\cdots,N_k,\cdots\}$。其中第 k 段数据集可描述为

$$D_k=\left\{\left(\boldsymbol{p}_i,s\left(\boldsymbol{p}_i\right)\right)\right\}_{i=\left(\sum_{j=0}^{k-1}N_j\right)+1}^{\sum_{j=0}^{k}N_j}$$

而对应的隐含层输出矩阵记为 $\boldsymbol{H}_k$；OS-ELM 算法可以在线地处理这些接续到来的训练数据集，从而更精确地估计场强函数及其梯度。

3. 场强估计误差分析

如果所有的训练数据都是真实的场强数据，即 $s'\left(\boldsymbol{p}_i\right)=z(\boldsymbol{p}_i)$ 且 $s\left(\boldsymbol{p}_i\right)=z\left(\boldsymbol{p}_i\right)$，$\forall i=1,2,\cdots,N$，那么场强估计误差就是 SLFN 模型 $g(\boldsymbol{p})$ 和真实场强函数 $z(\boldsymbol{p})$ 之间

的模型逼近误差。利用文献[69]，通过增量式构造方法，即增加隐含层节点个数的方法，随机选取隐含层节点参数的 SLFN 模型是一个万能逼近器。在如上所述的 SLFN 模型中,我们可将隐含层节点个数 m 选取得足够大。因此我们作如下假设。

假设 5.2.1 在近似场函数的 SLFN 模型式(5-1)中,选取参数的隐含层节点核函数形式(5-2)，均值函数与真实场函数之间的模型逼近误差为零，即

$$z(\boldsymbol{p}) = g(\boldsymbol{p})$$

从上一小节中的场强估计学习算法，可知训练数据并非与真实的场强数据相同。假设深海机器人已经完成了对数据集 $\{D_1 \cup \cdots \cup D_k\}$ 的学习,那么场强估计的误差来自两方面：一是虚拟的初始数据集 $\{D_0\}$ 中的测量数据偏差，二是实际测量数据集 $\{D_1 \cup \cdots \cup D_k\}$ 中的传感器测量噪声。

真实测量数据 $s(\boldsymbol{p}_i)$ 中的传感器测量噪声 $w(\boldsymbol{p}_i)$ 一般被认为是高斯白噪声，因此我们对其做如下假设。

假设 5.2.2 传感器测量噪声变量 $w(\boldsymbol{p}_i)$ 服从高斯分布，其均值为零，方差为 $V>0$。即有

$$E\left[w(\boldsymbol{p}_i)\right] = 0, \quad E\left[w(\boldsymbol{p}_i)w(\boldsymbol{p}_l)\right] = \begin{cases} V, & 若 i = l \\ 0, & 若 i \neq l \end{cases} \tag{5-8}$$

对于从先验场中得到的虚拟初始测量数据，可以表示为 $s'(\boldsymbol{p}_i) = z(\boldsymbol{p}_i) + w'(\boldsymbol{p}_i)$，其中 $w'(\boldsymbol{p}_i) = \hat{z}^{(0)}(\boldsymbol{p}_i) - z(\boldsymbol{p}_i)$ 表示在 $\boldsymbol{p}_i$ 点处先验场强和真实场强之间的偏差。在先验信息充足的情况下，先验场强的大致形状和幅值范围 $[z_{\min}, z_{\max}]$ 可以认为跟真实场相近，但推断的最大值点位置很可能存在偏差。在这种情况下，先验场强可以视为真实场强从最大值点 $p_{\max}$ 到推断的最大值点 $\hat{p}_{\max}$ 的平移。因为虚拟采样位置 $\{\boldsymbol{p}_i\}_{i=1}^{N_0}$ 是从 $\mathcal{A}$ 内均匀随机选取的，这些点处的先验场强和真实场强之间的偏差变量可以被视为随机变量，即为具有一定幅值的高斯白噪声。进而我们做如下假设。

假设 5.2.3 虚拟的初始测量误差 $\{w'(\boldsymbol{p}_i)\}_{i=1}^{N_0}$ 服从高斯分布，其均值为零，方差为 $V'>0$。即有

$$E\left[w'(\boldsymbol{p}_i)\right] = 0, \quad E\left[w'(\boldsymbol{p}_i)w'(\boldsymbol{p}_l)\right] = \begin{cases} V', & 若 i = l \\ 0, & 若 i \neq l \end{cases} \tag{5-9}$$

其中，V' 表示了先验场强和真实场强在 $\{\boldsymbol{p}_i\}_{i=1}^{N_0}$ 处的偏差量的方差。

记 $N=\sum_{j=0}^{k}N_j$ 为测量数据的总个数(包括虚拟的初始测量数据)，并将这些数据学习后得到的 SLFN 模型输出权重记为 $\hat{\boldsymbol{\Theta}}(N)$，场函数估计为 $\hat{g}(N,\boldsymbol{p})=\boldsymbol{\Phi}^{\mathrm{T}}(\boldsymbol{p})\cdot\hat{\boldsymbol{\Theta}}(N)$。对于任意一点 $\boldsymbol{p}\in\mathcal{A}$，场函数的估计误差为

$$\tilde{z}(N,\boldsymbol{p})=\hat{g}(N,\boldsymbol{p})-z(\boldsymbol{p}) \tag{5-10}$$

对于场估计误差，则有如下结论。

定理 5.2.1　设训练数据集为 $\{D_0\cup\cdots\cup D_k\}$，$N=\sum_{j=0}^{k}N_j$ 为数据的总个数。在假设 5.2.1～5.2.3 成立条件下，基于该数据集的场强在线学习算法在点 $\boldsymbol{p}\in\mathcal{A}$ 处的场强估计误差 $\tilde{z}(N,\boldsymbol{p})$ 服从高斯分布，其均值 $E\left[\tilde{z}(N,\boldsymbol{p})\right]=0$，方差为

$$\mathrm{Var}\left[\tilde{z}(N,\boldsymbol{p})\right]=\frac{\max\{V,V'\}}{N}\boldsymbol{\Phi}^{\mathrm{T}}(\boldsymbol{p})R_N^{-1}\boldsymbol{\Phi}(\boldsymbol{p}) \tag{5-11}$$

其中，$R_N=\frac{1}{N}\boldsymbol{H}_N^{\mathrm{T}}\boldsymbol{H}_N=\frac{1}{N}\sum_{i=1}^{N}\boldsymbol{\Phi}(p_i)\boldsymbol{\Phi}^{\mathrm{T}}(\boldsymbol{p}_i)$。

证明：根据假设 5.2.1，设 $z(\boldsymbol{p})=g(\boldsymbol{p})=\boldsymbol{\Phi}^{\mathrm{T}}(\boldsymbol{p})\boldsymbol{\Theta}$，其中 $\boldsymbol{\Theta}$ 为真实场强对应的输出权重。则输出权重的估计误差为 $\tilde{\boldsymbol{\Theta}}(N):=\hat{\boldsymbol{\Theta}}(N)-\boldsymbol{\Theta}$；对于任意一点 $\boldsymbol{p}\in\mathcal{A}$，场强函数的估计误差为

$$\tilde{z}(N,\boldsymbol{p})=\hat{g}(N,\boldsymbol{p})-z(\boldsymbol{p})=\boldsymbol{\Phi}^{\mathrm{T}}(\boldsymbol{p})\tilde{\boldsymbol{\Theta}}(N) \tag{5-12}$$

因为初始数据集中的虚拟采样点 $\{\boldsymbol{p}_i\}_{i=1}^{N_0}$ 个数 $N_0>m$ 且满足 $\mathrm{Rank}(\boldsymbol{H}_0)=m$，包含这些采样点的全部采样点 $\{\boldsymbol{p}_i\}_{i=1}^{N}$ 一定能保证隐含层输出矩阵 $\boldsymbol{H}_N$ 对应的 $\mathrm{Rank}(\boldsymbol{H}_N)=m$ 且 $\boldsymbol{H}_N^{\mathrm{T}}\boldsymbol{H}_N$ 为非奇异。因此，可以推出

$$\begin{aligned}
\tilde{z}(N,\boldsymbol{p})&=\boldsymbol{\Phi}^{\mathrm{T}}(\boldsymbol{p})\left[\hat{\boldsymbol{\Theta}}(N)-\boldsymbol{\Theta}\right]\\
&=\boldsymbol{\Phi}^{\mathrm{T}}(\boldsymbol{p})\left[\left(\boldsymbol{H}_N^{\mathrm{T}}\boldsymbol{H}_N\right)^{-1}\boldsymbol{H}_N^{\mathrm{T}}\boldsymbol{s}_N-\boldsymbol{\Theta}\right]\\
&=\boldsymbol{\Phi}^{\mathrm{T}}(\boldsymbol{p})\left[\left(\boldsymbol{H}_N^{\mathrm{T}}\boldsymbol{H}_N\right)^{-1}\boldsymbol{H}_N^{\mathrm{T}}(\boldsymbol{z}_N+\boldsymbol{w}_N)-\boldsymbol{\Theta}\right]\\
&=\boldsymbol{\Phi}^{\mathrm{T}}(\boldsymbol{p})\left[\left(\boldsymbol{H}_N^{\mathrm{T}}\boldsymbol{H}_N\right)^{-1}\boldsymbol{H}_N^{\mathrm{T}}(\boldsymbol{H}_N\boldsymbol{\Theta}+\boldsymbol{w}_N)-\boldsymbol{\Theta}\right]\\
&=\boldsymbol{\Phi}^{\mathrm{T}}(\boldsymbol{p})\left(\boldsymbol{H}_N^{\mathrm{T}}\boldsymbol{H}_N\right)^{-1}\boldsymbol{H}_N^{\mathrm{T}}\boldsymbol{w}_N
\end{aligned}$$

其中，$\boldsymbol{s}_N=\left[s'(\boldsymbol{p}_1),\cdots,s'\left(\boldsymbol{p}_{N_0}\right),s\left(\boldsymbol{p}_{N_0+1}\right),\cdots,s\left(\boldsymbol{p}_N\right)\right]^{\mathrm{T}}$；$\boldsymbol{z}_N=\left[z(\boldsymbol{p}_1),\cdots,z(\boldsymbol{p}_N)\right]^{\mathrm{T}}$；$\boldsymbol{w}_N=\left[w'(\boldsymbol{p}_1),\cdots,w'\left(\boldsymbol{p}_{N_0}\right),w\left(\boldsymbol{p}_{N_0+1}\right),\cdots,w(\boldsymbol{p}_N)\right]^{\mathrm{T}}$。根据假设 5.2.2 和假设 5.2.3，测量数据误差变量 $w'(\boldsymbol{p}_i)$ 和 $w(\boldsymbol{p}_i)$ 均服从高斯分布，因此我们可以由上式推出 $\tilde{z}(N,\boldsymbol{p})$ 也服从高斯分布。而且，由式(5-8)和式(5-9)，可以推出

$$E\left[\tilde{z}(N,\boldsymbol{p})\right]=0 \tag{5-13}$$

可见，我们的估计方法是无偏的。进而可以估计误差 $\tilde{z}(N,\boldsymbol{p})$ 的方差为

$$\begin{aligned}\operatorname{Var}\left[\tilde{z}(N,\boldsymbol{p})\right]&=E\left[\tilde{z}(N,\boldsymbol{p})\tilde{z}^{\mathrm{T}}(N,\boldsymbol{p})\right]\\&=E\left[\boldsymbol{\Phi}^{\mathrm{T}}(\boldsymbol{p})\left(\boldsymbol{H}_N^{\mathrm{T}}\boldsymbol{H}_N\right)^{-1}\boldsymbol{H}_N^{\mathrm{T}}\boldsymbol{w}_N\boldsymbol{w}_N^{\mathrm{T}}\boldsymbol{H}_N\left(\boldsymbol{H}_N^{\mathrm{T}}\boldsymbol{H}_N\right)^{-1}\boldsymbol{\Phi}(\boldsymbol{p})\right]\\&<\boldsymbol{\Phi}^{\mathrm{T}}(\boldsymbol{p})\left(\boldsymbol{H}_N^{\mathrm{T}}\boldsymbol{H}_N\right)^{-1}\max\{V,V'\}\boldsymbol{\Phi}(\boldsymbol{p})\\&=\frac{\max\{V,V'\}}{N}\boldsymbol{\Phi}^{\mathrm{T}}(\boldsymbol{p})R_N^{-1}\boldsymbol{\Phi}(\boldsymbol{p})\end{aligned} \tag{5-14}$$

其中，$R_N=\dfrac{1}{N}\boldsymbol{H}_N^{\mathrm{T}}\boldsymbol{H}_N=\dfrac{1}{N}\sum_{i=1}^{N}\boldsymbol{\Phi}(\boldsymbol{p}_i)\boldsymbol{\Phi}^{\mathrm{T}}(\boldsymbol{p}_i)$。

注释 5.2.2 从式(5-14)可以看出，场强估计误差的方差正比于 $\max\{V,V'\}$，与 N 和 R_N 成反比。首先，传感器测量误差的平均幅度越大，先验场强与真实场强的偏差的平均幅值越大，场强估计的误差就可能越大。其次，采样点个数越多，估计误差就可能越小。最后，R_N 表示的是基函数在这 N 个采样点处输出值的平均外积，$\boldsymbol{\Phi}^{\mathrm{T}}(\boldsymbol{p})R_N^{-1}\boldsymbol{\Phi}(\boldsymbol{p})$ 表明如果点 $\boldsymbol{p}$ 与这 N 个采样点越接近，估计误差的方差则越小。即在深海机器人采样点更接近的区域，估计误差可能就越小。上述定理说明，在局部区域，随着采样点的增加，场强在线学习算法得到的场强估计模型将收敛到真实场强函数。

在 $\boldsymbol{p}$ 点学习算法得到的场强梯度估计为 $\nabla\hat{z}(N,\boldsymbol{p})=\nabla\boldsymbol{\Phi}^{\mathrm{T}}(p)\hat{\boldsymbol{\Theta}}(N)$；对于场梯度估计误差，我们可以得到类似于定理 5.2.1 的结论，即

$$E\left[\nabla\tilde{z}(N,\boldsymbol{p})\right]=0 \tag{5-15}$$

$$\operatorname{Var}\left[\nabla\tilde{z}(N,\boldsymbol{p})\right]<\frac{\max\{V,V'\}}{N}\nabla\boldsymbol{\Phi}^{\mathrm{T}}(\boldsymbol{p})R_N^{-1}\nabla\boldsymbol{\Phi}(\boldsymbol{p}) \tag{5-16}$$

5.2.2　场源搜索路径规划

在本小节方法中，对深海机器人在线进行场强函数的估计，一般采用梯度方法能够得到局部场强梯度的估计。我们假设搜索区域内只有一个场源，即场强函数有唯一的局部极大值点。如果有多个局部极大值点，我们仍然通过局部梯度方法进行搜索，因为每一个局部极大值点都可能对应着一个场源。

如上文所述，深海机器人的规划路径是由一系列在线规划出的路径点构成。假设深海机器人完成第 k 段规划路径的航行后，到达路径点 $\boldsymbol{p}^k$，采用新采集到的场强测量数据 D_k 更新场模型的系数 $\hat{\boldsymbol{\Theta}}^{(k)}$，估计当前位置 $\boldsymbol{p}^k$ 处的场强梯度，即

$$\nabla\hat{z}\left(p^k\right)=\sum_{j=1}^{m}\nabla\phi_j\left(\boldsymbol{p}^k\right)\hat{\theta}_j^{(k)}=\nabla\boldsymbol{\Phi}^{\mathrm{T}}\left(\boldsymbol{p}^k\right)\hat{\boldsymbol{\Theta}}^{(k)} \tag{5-17}$$

进而可以得到该点处的 Hessian 矩阵，即

$$\nabla^2\hat{z}\left(\boldsymbol{p}^k\right)=\sum_{j=1}^{m}\nabla^2\phi_j\left(\boldsymbol{p}^k\right)\hat{\theta}_j^{(k)} \tag{5-18}$$

搜索开始阶段，深海机器人的位置可能离极大值点位置较远，因此采用最速上升方向来生成下一路径点，即

$$\boldsymbol{p}^{k+1}=\boldsymbol{p}^k+\alpha^k\nabla\hat{z}\left(\boldsymbol{p}^k\right) \tag{5-19}$$

其中，$\alpha^k>0$ 是迭代步长。选择步长的规则有很多，比如最小化规则、Amijio 规则、Goldstein 规则、定常步长规则等。综合考虑收敛速度和计算复杂度，采用步长逐次缩减的 Amijio 规则，我们预先选定初始步长 $d>0$、缩减因子 β 以及参数 σ，分别满足 $0<\beta<1$，$0<\alpha<1$。具体的步长由以下公式给出，即

$$\alpha^k=\beta^{l_k}d \tag{5-20}$$

其中，l_k 是满足下述不等式成立的最小的正整数 l。

$$\hat{z}\left(\boldsymbol{p}^k+\beta^l d\nabla\hat{z}\left(\boldsymbol{p}^k\right)\right)-\hat{z}\left(\boldsymbol{p}^k\right)\geqslant\sigma\beta^l d\nabla\hat{z}^{\mathrm{T}}\left(\boldsymbol{p}^k\right)\nabla\hat{z}\left(\boldsymbol{p}^k\right) \tag{5-21}$$

Amijio 规则的目标是保证找到的下一路径点的函数值比当前点有足够的幅值增大，而且步长既不能太大也不能太小。从式(5-21)可知，步长 $\{\beta^l d, l=0,1,\cdots\}$ 依次被检验，直到不等式被满足，得到对应的 $l=l_k$。

生成的路径长度越来越短，意味着深海机器人已经接近极大值点。这时继续

使用最速上升法会导致收敛速度变慢，在接近极大值点时使用牛顿法会提高算法的收敛速度，设计更好的搜索路径。根据目标场的具体分布形态，设定当最速上升法规划的路径长度小于 d_s 时，转为采用牛顿方法，并按照以下迭代公式确定下一个路径点，即

$$\boldsymbol{p}^{k+1}=\boldsymbol{p}^{k}+\left(\nabla^{2}\hat{z}\left(\boldsymbol{p}^{k}\right)\right)^{-1}\nabla\hat{z}\left(\boldsymbol{p}^{k}\right) \tag{5-22}$$

按照 Amijio 规则选取步长的最速上升迭代公式(5-19)和牛顿方法都能收敛到场函数的局部极大值点。当深海机器人运动到某个路径点 $\boldsymbol{p}^k$ 处，估计的场强函数梯度 $\|\nabla\hat{z}(\boldsymbol{p}^k)\|$ 变得足够小，对应的规划路径长度

$$\left\|\boldsymbol{p}^{k+1}-\boldsymbol{p}^{k}\right\|=\left\|\left(\nabla^{2}\hat{z}\left(\boldsymbol{p}^{k}\right)\right)^{-1}\nabla\hat{z}(\boldsymbol{p}^{k})\right\|$$

也变得很小。深海机器人将最终停止在估计场强函数的一个驻点处。如果此时场强估计误差为零，则该驻点就是真实场强函数的驻点，即唯一的极大值点。但是，场强估计误差存在，该驻点很可能不是真实场强的驻点。为了避免深海机器人陷入这一“伪驻点”，我们采取一种策略强迫深海机器人再移动一段更长的距离，采集更多的测量数据，继续进行场强更新和路径规划。可以通过设定规划路径的最小长度实现该策略，即规定规划的路径长度不得小于 $d_{\min}$ $(d_{\min}<d_s)$，则最终牛顿方法迭代公式(6-22)被修改为

$$\boldsymbol{p}^{k+1}=\boldsymbol{p}^{k}+\max\left\{1,\frac{d_{\min}}{\left\|\left(\nabla^{2}\hat{z}\left(\boldsymbol{p}^{k}\right)\right)^{-1}\nabla\hat{z}\left(\boldsymbol{p}^{k}\right)\right\|}\right\}\left(\nabla^{2}\hat{z}\left(\boldsymbol{p}^{k}\right)\right)^{-1}\nabla\hat{z}\left(\boldsymbol{p}^{k}\right) \tag{5-23}$$

注释 5.2.3 利用迭代公式(5-23)，如果当前位置是一个“伪驻点”，那么深海机器人将不会停止，而是跳出该点，继续估计梯度更新场强函数，搜索真实的极大值点。如果当前位置是真实场的驻点(局部极大值点)，深海机器人将在该点附近往复运动，从而在局部区域采集更多的测量数据。根据注释 5.2.2，在该局部区域场强估计误差将变小，从而更准确地找到真实场强的极大值点。最终深海机器人将在真实的极大值点左右以 $d_{\min}$ 为半径震荡，达到平衡状态。

5.2.3 路径点跟踪控制及完整的场源搜索算法

在第 6 章中，我们将提出基于模型预测控制的路径点跟踪控制(LOS-NMPC)算法，该算法基于改进的视线导航策略，以深海机器人的非线性模型作为预测模

型，能够直接处理控制输入的约束条件，具有很好的鲁棒性，可应用于场源搜索路径点的跟踪控制问题。将场强在线学习、场源搜索路径规划和路径点跟踪控制三部分内容结合起来，构成了深海机器人场源搜索与跟踪控制的完整算法如下。

算法 5.2　完整的深海机器人场源搜索算法

初始化：

STEP 1：根据场强在线学习算法的初始化部分，从先验场 $\hat{g}^{(0)}(\boldsymbol{p})=\boldsymbol{\Phi}^{\mathrm{T}}(\boldsymbol{p})\hat{\boldsymbol{\Theta}}^{(0)}$ 计算初始位置 $\boldsymbol{p}^0$ 处的场梯度 $\nabla\hat{z}\left(\boldsymbol{p}^0\right)$ 和 Hessian 矩阵 $\nabla^2\hat{z}(\boldsymbol{p}^0)$.

STEP 2：令 $k=0$.

场源搜索路径规划：

STEP 3：根据当前位置 $\boldsymbol{p}^k$ 处的场梯度和 Hessian 矩阵，判断采取何种路径点规划公式，若梯度的范数大于等于阈值 S_{gradient}，则下一路径点 $\boldsymbol{p}^{k+1}=\boldsymbol{p}^k+\alpha^k\nabla\hat{z}(\boldsymbol{p}^k)$。跳到 STEP 5.

STEP 4：梯度的范数小于阈值 $\boldsymbol{S}_{\text{gradient}}$，下一路径点规划为

$$\boldsymbol{p}^{k+1}=\boldsymbol{p}^k+\max\left\{1,\frac{\boldsymbol{d}_{\min}}{\left\|\left(\nabla^2\hat{z}\left(\boldsymbol{p}^k\right)\right)^{-1}\nabla\hat{z}\left(\boldsymbol{p}^k\right)\right\|}\right\}\left(\nabla^2\hat{z}\left(\boldsymbol{p}^k\right)\right)^{-1}\nabla\hat{z}\left(\boldsymbol{p}^k\right).$$

路径跟踪控制：

STEP 5：以 $\boldsymbol{p}^{k+1}$ 为目标路径点，采用第 6 章的 LOS-NMPC 算法，控制深海机器人运动到 $\boldsymbol{p}^{k+1}$ 位置(小半径圆区域).

场强在线学习：

STEP 6：设深海机器人在第$(k+1)$段路径上采集的测量数据为 $\boldsymbol{D}_{k+1}=\left\{\left(\boldsymbol{p}_i,s\left(\boldsymbol{p}_i\right)\right)\right\}_{i=\left(\sum_{j=0}^{k}N_j\right)+1}^{\sum_{j=0}^{k+1}N_j}$，采用基于 OS-ELM 的场强在线学习算法中序贯式学习方法，得到更新的场函数 $\hat{g}^{(k+1)}(\boldsymbol{p})=\boldsymbol{\Phi}^{\mathrm{T}}(\boldsymbol{p})\hat{\boldsymbol{\Theta}}^{(k+1)}$.

STEP 7：判断的变化是否小于一个接近零的 $\hat{\boldsymbol{\Theta}}^{(k+1)}$。如果是，则算法终止，深海机器人已经到达场源位置. 否则，跳到 STEP 3.

5.2.4　实验结果及分析

为了验证深海机器人场源搜索策略，本小节仿真模拟了 REMUS 型号深海机器人搜索热液喷口的过程。在热液羽状流集中分布区域，选取水平面$[0\text{m},1000\text{m}]^2$内化学物质 H_2S 的浓度分布场作为搜索信号场。采用 20 个高斯隐含层节点的 SLFN 表示真实场函数，其唯一的极大值点位于(350m, 650m)处，对应于场源位

置。该真实场强函数如图 5.2(a)所示。同时我们假设地质学家推测的场源位置位于(550m, 650m)处，对应于先验 SLFN，其参数为 $\hat{\boldsymbol{\Theta}}^{(0)}$ 。先验场强函数的分布如图 5.2(b)所示。

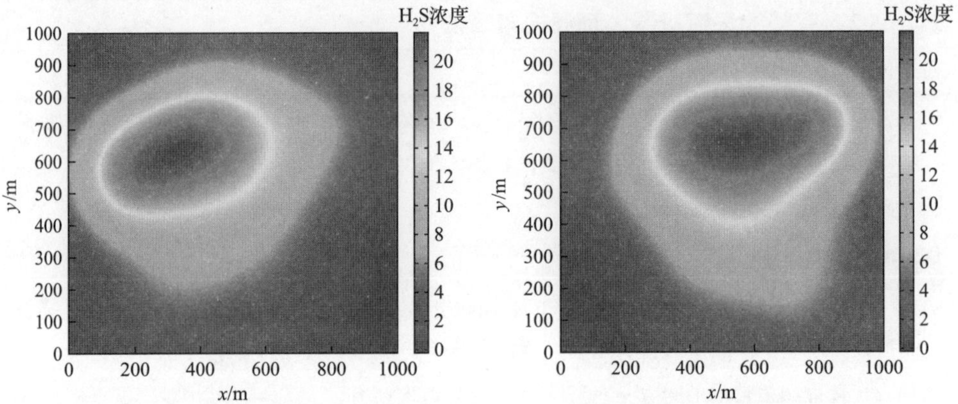

(a) 真实场　　(b) 先验场

图 5.2　真实场与先验场

1. 场源搜索结果

在初始位置(100m, 100m)处，深海机器人根据先验场强梯度规划路径点 p^1；在 LOS-NMPC 算法的控制下，深海机器人运动到 p^1，同时在运动过程中每隔 0.5s 采集一个真实场强的测量数据。当到达 p^1 处(半径 $r_p = 3\text{m}$ 的邻域)，深海机器人将更新场强估计，并规划下一个路径点。反复进行这一过程，深海机器人在第 1、4、7、10、13、16 步迭代过程中的实际运动轨迹，如图 5.3 所示。这些图的背景显示了在每一次迭代时所估计的场强函数分布。可以看出，在开始阶段深海机器

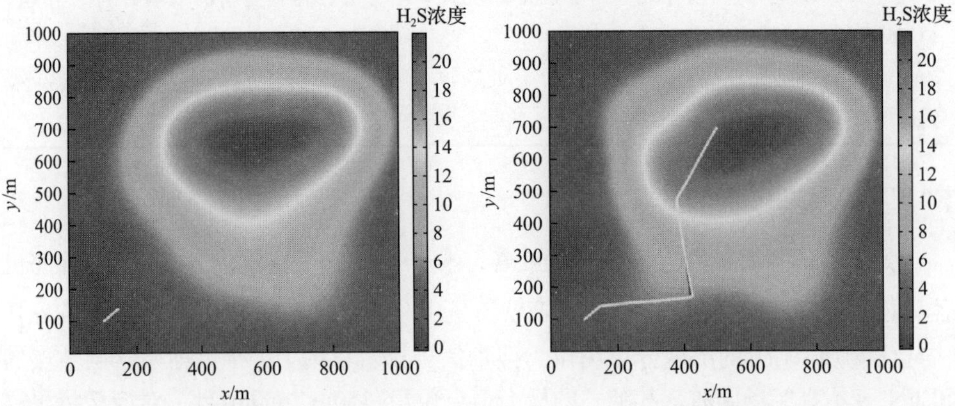

(a) 第1步　　(b) 第2步

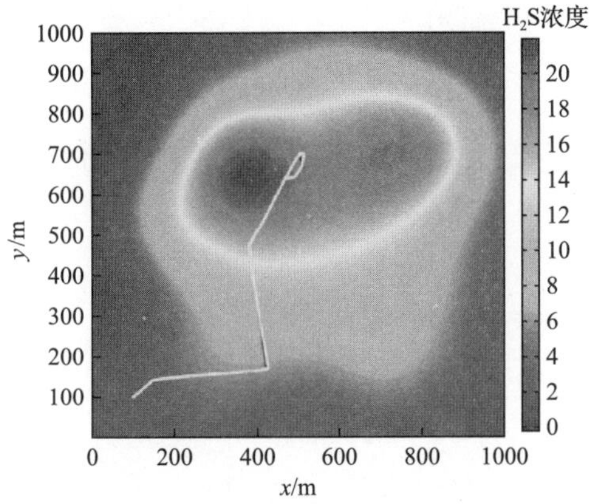

(c) 第3步

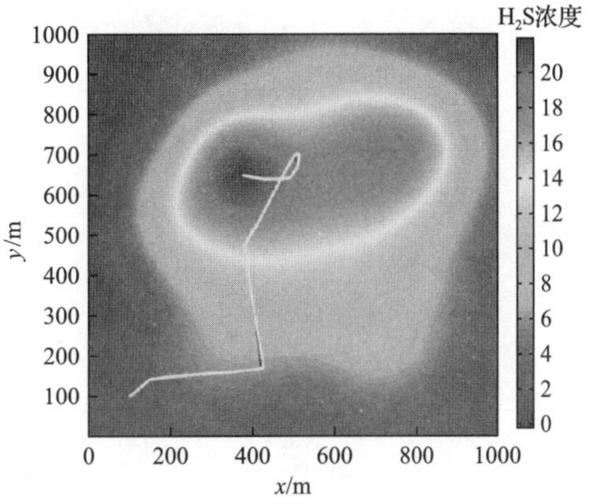

(d) 第4步

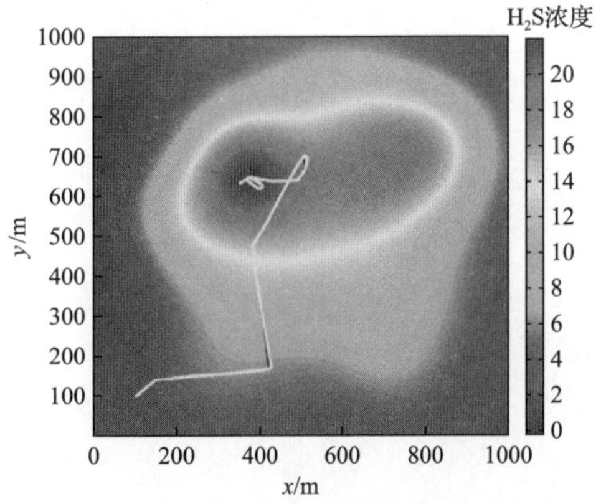

(e) 第5步

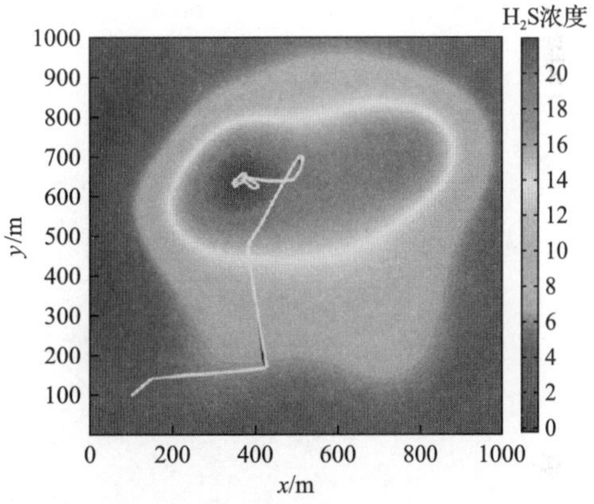

(f) 第6步

图 5.3　深海机器人在第 1、4、7、10、13、16 步迭代过程的实际运动轨迹

人朝向先验的场源位置运动，在几次迭代之后，估计的场强函数逐渐趋向于真实场，深海机器人朝向真正的场强极大值位置运动，最终到达了场源位置。

在场源搜索过程中，估计场强随着迭代逐步变化。在场源附近区域 $\mathcal{A}_s=[300\text{m},400\text{m}]\times[600\text{m},700\text{m}]$ 内，场强函数的空间平均估计误差用均方根误差表示，如图 5.4 所示。可见该区域的场估计误差从第 4 步迭代开始逐渐递减，直到第 16 步迭代趋向于零，此时深海机器人已经在真实场源位置附近往复运动。这一结果验证了注释 5.2.2 中关于局部区域场强估计误差收敛的结论。

2. 基于模型预测控制的路径点跟踪控制算法仿真实验

仿真实验采用 REMUS 型号深海机器人作为实际深海机器人，其模型参数及控制算法参数可参见第 6 章。如图 5.5 所示，观察该算法对于路径点跟踪的效果，黑色线段表示规划路径点的连线，黄色曲线表示深海机器人的实际运动轨迹。可见，LOS-NMPC 算法能够对各个路径点实现轨迹跟踪。

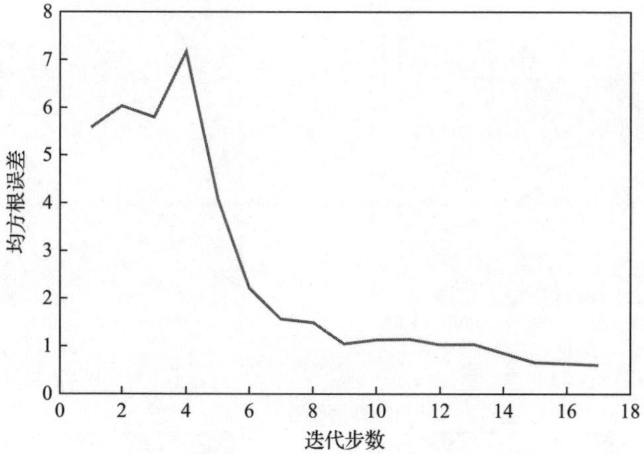

图 5.4　场强函数的空间平均估计误差随迭代步骤变化曲线

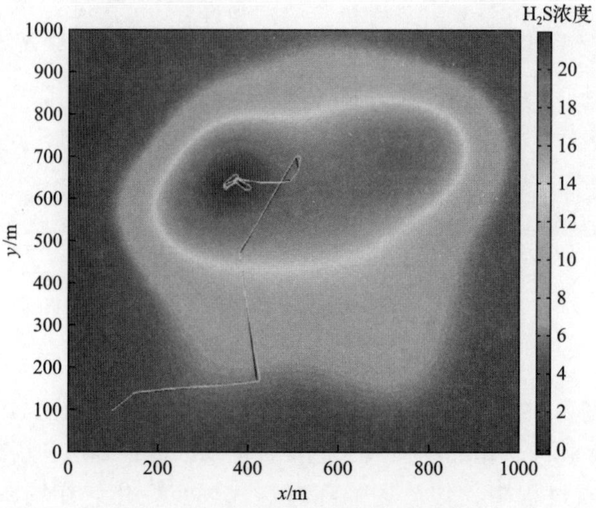

图 5.5　规划路径与实际轨迹跟踪结果

在每一个在采样时间间隔内，统计在线优化计算最优控制量的 CPU 时间 t_c。仿真用的 PC 参数为：2.80GHz, Intel Core2 E7400 CPU；3.25G RAM。在上述实验中，平均的在线优化计算时间为 0.0035s。由此可见，LOS-NMPC 算法的每个离散时间区间内，在线优化计算的时间 $t_c \ll \Delta t = 0.5\text{s}$。说明本小节提出的 LOS-NMPC 算法适用于深海机器人执行在线跟踪策略的实际需求。

3. 其他场源搜索路径的对比实验

本小节同时设计了“局部圆形路径”梯度估计及路径规划方法[21]的仿真实验。

在同一个真实场(图 5.2(a))，画出该方法规划的路径，如图 5.6，并假设深海机器人能够以零误差跟踪这条路径。从图 5.6 中可以看出，局部圆形路径用来估计场强梯度，直线路径是沿着梯度上升方向直至场强函数不再增大，这两个过程不断重复。圆形路径的半径随着梯度的减小而减小。

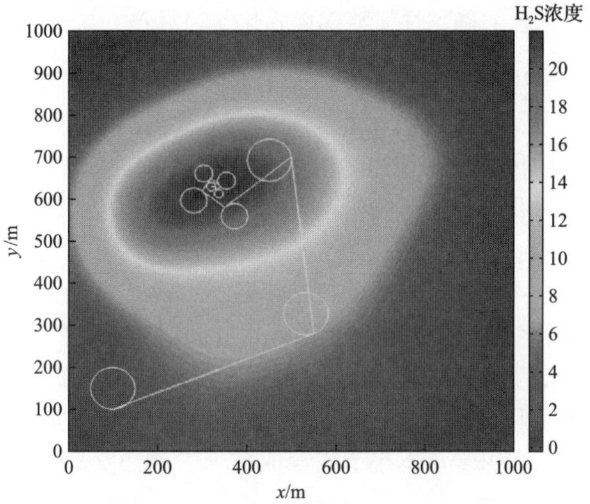

图 5.6　局部圆形路径搜索方法的路径

上述实验中，路径的总长度为 2339m，而本小节提出的场源搜索方中深海机器人的实际运动轨迹路程为 1286m。可见，我们提出的方法相比“局部圆形路径”搜索方法，不需要额外的局部圆形路径，能够节省寻优路程，搜索效率更高。

5.3　基于强化学习的深海热液羽状流跟踪方法

随着人工智能的快速发展，基于强化学习的路径规划方法成为当前工作的热点，强化学习基于试错机制与环境进行交互，深海机器人通过最大化累积奖励值以网络交叉迭代方式学习最优策略，从而弱化了模型和环境的约束。基于强化学习的路径规划算法可以实现实时快速的局部路径规划，且对于不同环境具有更高的适应性，但在训练时存在收敛速度慢、稳定性差、学习效率低下等问题。强化学习利用深海机器人产生训练数，通过不断与环境交互方式学习到最优策略，可由以下过程描述：智能体观测到环境的某一状态，通过强化学习算法产生的策略选取针对该状态的动作 A 并作用于环境中，环境在该动作影响下产生后继状态，同时伴随着奖励函数的生成。通过这种不断交互的数据生成方式，智能体能够动态地训练自身策略和对策略的评估，从而改进在环境中完成特定任务的水平。经过一定数量的训练步长，智能体最终能够收敛得到最优的决策策略。为了提升强化学习算法的收敛速度，我们分别引入了递归神经网络机制、内部回报机制、自注意力机制等。当随机过程不具备马尔可夫性质时，本节同样阐述了基于深海机器人部分状态可观的马尔可夫决策规划模型的强化学习方法。本节内容分为四个小节分别进行详细阐述。

5.3.1　羽状流追踪问题的确定性策略梯度强化学习算法

本小节阐述基于连续状态行为域强化学习的热液羽状流追踪策略，在深海热液羽状流跟踪过程中，将深海机器人视为运动质点，我们只需给出深海机器人艏向的控制方案。利用传感器采集到的流场和热液物质信息，将深海机器人搜索热液喷口的过程建模为状态行为域连续的马尔可夫决策过程，设计状态变量、行为变量和奖励函数，由此得到深海机器人艏向的控制方案。利用函数拟合的时间差分方法求解连续状态-行为对$(\boldsymbol{s}, \boldsymbol{a})$的价值函数，利用确定性策略梯度的方法提升现有策略，分别使用两个网络来拟合价值函数和策略函数。在训练网络的过程中，采用监督初始化、改进探索机制、奖励函数转换等方法加速优化羽状流跟踪策略。通过仿真实验验证了利用强化学习的羽状流跟踪技术能够适应深海复杂环境，缩短跟踪路径，降低丢失风险。本小节内容取材于作者已发表论文[72]。

1. 问题建模

热液喷口会源源不断地向外喷出热液物质，这些热液物质根据海流作用和布朗运动的作用而移动，这些物质整体上像羽毛一样，被称为热液羽状流。羽状流由不断释放的羽状细丝构成，单个细丝在水下环境中的运动方程为

$$\dot{\boldsymbol{X}}(t) = \boldsymbol{U}\left(\boldsymbol{X}, t\right) + \boldsymbol{N}(t)$$

其中，$\boldsymbol{U}\left(\boldsymbol{X}, t\right)$表示的是$t$时刻位置在$\boldsymbol{X}$处的流场速度；$\boldsymbol{N}(t)$表示的是在$t$时刻的随机运动速度。如果将$\boldsymbol{N}(t)$看作高斯白噪声，则单个羽状细丝的整个运动过程即为随机过程。整体的热液羽状流形状可以看作以流场方向为中心线，宽度与整体的随机过程方差有关。根据羽状流的形态特征，传统的深海机器人寻找热液喷口的过程大致可以分为两个步骤。

1) 如果能检测到羽状细丝，说明深海机器人身处羽状流中，此时依据羽状流中心线的大致方向与流场平行，选择逆流方向作为艏向方向。

2) 如果未检测到信号，说明羽状细丝丢失，则会进入找回步骤，通过执行一定的搜索路径，找回丢失的羽状细丝。

羽状流搜索过程是一个序列决策问题，深海机器人每运行一段时间，都要重新决策艏向方向。寻找合适的状态，将该过程建模为马尔可夫决策过程。马尔可夫决策过程是一个四元组$\left\langle S, A, p, R\right\rangle$：$S$表示状态，代表着深海机器人与羽状流的

关系，为了满足深海的各种复杂情况，这里的状态是高维连续的；A 表示行为，代表着深海机器人的艏向与逆流方向的偏角；p 表示状态转移映射，即 $p:S\times A\times S\to[0,1]$，$p(\boldsymbol{s}'|\boldsymbol{s},\boldsymbol{a})$ 表示在当前状态为 $\boldsymbol{s}$，做出了行为 $\boldsymbol{a}$，状态转变为 $\boldsymbol{s}'$的概率。由于深海环境复杂，这个概率是未知的，即整个模型是未知的；R 是一个即刻的奖励函数，$S\times A\to R$，有助于决策好坏的评判。除四元组外，策略函数 $\pi:S\to A$ 是状态到行为的映射，值函数

$$Q_\pi(\boldsymbol{s},\boldsymbol{a})=E_\pi\left[\sum_{k=0}^{T-k-1}\gamma^k R_{t+k}\middle|\boldsymbol{s}_t=\boldsymbol{s},\boldsymbol{a}_t=\boldsymbol{a}\right]$$

表示的是当前状态为 $\boldsymbol{s}$ 并采取行为 $\boldsymbol{a}$，按照策略 π 累积奖励的期望值，是评价当前策略执行效果的重要指标。针对该问题变量具体定义如下。

(1) 状态变量：传统的方法将是否检测到浓度作为判断行为的状态，但仅利用当前的流速信息与浓度信息无法完全表示深海机器人在羽状流的位置。如图 5.7 所示，相同的观测有可能代表着处于羽状流的不同位置，深海机器人的艏向也会随之不同。这是由于当前的传感器得到的观测信息并不是完全的状态，不能确定正确的行为。但若将刚开始搜索的历史信息都作为当前的状态，大量冗余的数据会干扰正确的策略学习。本节方法取深海机器人最近一次检测到浓度时的信息作为历史信息，最终状态设定为：$\boldsymbol{s}=(\boldsymbol{\phi}_{\text{flow}},\nabla_{\text{time}},\boldsymbol{\theta}_{\text{last}},\boldsymbol{a}_{\text{last}})$，其中，$\boldsymbol{\phi}_{\text{flow}}$ 表示当前流场的信息，∇_{time} 表示为检测到浓度的总时间，$\boldsymbol{\theta}_{\text{last}}$ 表示最近一次检测到浓度时流场的情况，$\boldsymbol{a}_{\text{last}}$ 表示当时的行为。

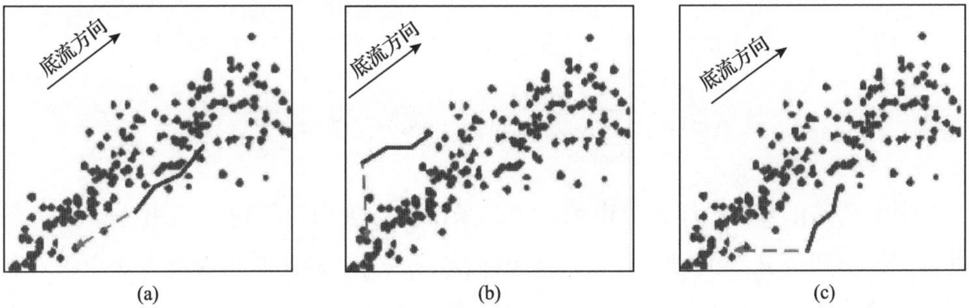

图 5.7　相同观测对应不同羽状流位置

(2) 行为变量：假设深海机器人能精确控制其速度与艏向，并保持速度恒定，艏向可变，并以逆流方向为基准方向，则深海机器人的可选行为即为逆流方向的偏置角 $\varphi\in\left[-\frac{\pi}{3},\frac{\pi}{3}\right]$。

(3) 奖励函数：奖励函数是依照环境的反馈，人为设定的评价函数。好的奖励

函数不仅能正确反映最终的目标，也能加快值函数的学习速度。在本问题中最终设定的奖励函数为

$$\text{reward}=\begin{cases}100, & \text{找到喷口}\\-100, & \text{丢失热液}\\1, & \text{检测到浓度}\\0, & \text{未检测到浓度}\end{cases}$$

这里丢失热液的意思为 70 步之内未检测到热液浓度。

(4) 值函数和策略估计函数：用神经网络作为值函数与策略函数的估计函数。利用评价网络 $Q^{\boldsymbol{\omega}}(\boldsymbol{s},\boldsymbol{a})$ 估计值函数，其中，$\boldsymbol{\omega}$ 是网络中的参数；用策略网络 $\boldsymbol{\mu}_{\boldsymbol{\theta}}(\boldsymbol{s})$ 来估计策略函数，网络参数为 $\boldsymbol{\theta}$。在评价网络中，输入为状态 $\boldsymbol{s}$ 和行为 $\boldsymbol{a}$，输出为该 $(\boldsymbol{s}, \boldsymbol{a})$ 对的值函数；在策略网络中，输入为状态 $\boldsymbol{s}$，输出为行为 $\boldsymbol{a}$。

2. 算法流程

利用状态-行为域连续的强化学习解决上述马尔可夫决策过程，首先对于当前的策略 π，需要对每个状态-行为对 $(\boldsymbol{s}, \boldsymbol{a})$ 的价值函数进行估计，值函数的意义是使用当前策略 π, 在 t 时刻时，状态 $\boldsymbol{s}_t$ 为输入 $\boldsymbol{s}$，行为 $\boldsymbol{a}_t$ 为输入 $\boldsymbol{a}$，自此直到结束时刻 T 的所有奖励的累加和的期望值，即

$$Q_\pi(\boldsymbol{s},\boldsymbol{a})=E_\pi\left[\sum_{k=0}^{T-k-1}\gamma^k R_{t+k}\,|\,\boldsymbol{s}_t=\boldsymbol{s},\boldsymbol{a}_t=\boldsymbol{a}\right]$$

评价网络需要对上式进行估计，采用最小二乘误差作为估计误差，即

$$e(\boldsymbol{\omega})=\sum_{s\in S\ \boldsymbol{a}\in A}\rho(\boldsymbol{s},\boldsymbol{a})\left(Q_\pi(\boldsymbol{s},\boldsymbol{a})-\hat{Q}^{\boldsymbol{\omega}}(\boldsymbol{s},\boldsymbol{a})\right)^2$$

由于真实的 $Q_\pi(\boldsymbol{s},\boldsymbol{a})$ 无法得到，于是采用动态规划的思想，利用下一步状态进行估计得到，$R_{t+1}+\gamma\hat{Q}^{\boldsymbol{\omega}}(\boldsymbol{s}_{t+1},\boldsymbol{a}_{t+1})$ 代替 $Q_\pi(\boldsymbol{s}_t,\boldsymbol{a}_t)$，使用随机梯度方法更新 $\boldsymbol{\omega}$，则更新公式为

$$\boldsymbol{\omega}_{t+1}=\boldsymbol{\omega}_t-\frac{1}{2}\nabla_{\boldsymbol{\omega}}e(\boldsymbol{\omega})=\boldsymbol{\omega}_t+\alpha\delta_t\nabla_{\boldsymbol{\omega}}\hat{Q}^{\boldsymbol{\omega}}(\boldsymbol{s}_t,\boldsymbol{a}_t)$$

其中，δ_t 是时间差分 $\delta_t=R_{t+1}+\gamma\hat{Q}^{\boldsymbol{\omega}}(\boldsymbol{s}_{t+1},\boldsymbol{a}_{t+1})-\hat{Q}^{\boldsymbol{\omega}}(\boldsymbol{s}_t,\boldsymbol{a}_t)$。

评价网络通过训练，得到较为准确的对策略的评价，通过当前的策略评价来提升策略，可获得更优策略。传统的方法是直接选择值函数最大的行为作为新策

略要选择的行为，即 $\boldsymbol{\mu}_{\boldsymbol{\theta}}(\boldsymbol{s})=\arg\max_{\boldsymbol{a}} Q^{\boldsymbol{\omega}}(\boldsymbol{s},\boldsymbol{a})$；但在连续行为域，求解最大值的方法容易引起策略函数的较大振荡，从而导致发散，于是这里使用了确定性策略梯度方法。

在确定性策略梯度方法中，策略函数的目标是使奖励函数的期望最大，即目标函数为

$$\max_{\boldsymbol{\theta}} J(\boldsymbol{\mu}_{\boldsymbol{\theta}})=\max_{\boldsymbol{\theta}} E_{\boldsymbol{s}}\left[r(\boldsymbol{s},\boldsymbol{\mu}_{\boldsymbol{\theta}}(\boldsymbol{s}))\right]=\max_{\boldsymbol{\theta}} E_{\boldsymbol{s}}\left[Q(\boldsymbol{s},\boldsymbol{\mu}_{\boldsymbol{\theta}}(\boldsymbol{s}))\right]$$

利用梯度下降的方法求最大值时的 $\boldsymbol{\theta}$ ，求 $J(\boldsymbol{\mu}_{\boldsymbol{\theta}})$ 的梯度为

$$\nabla J_{\boldsymbol{\theta}}(\boldsymbol{\mu}_{\boldsymbol{\theta}})=E_{\boldsymbol{s}}\left[\nabla_{\boldsymbol{\theta}} Q(\boldsymbol{s},\boldsymbol{\mu}_{\boldsymbol{\theta}}(\boldsymbol{s}))\right]=E_{\boldsymbol{s}}\left[\nabla_{\boldsymbol{\theta}}\boldsymbol{\mu}_{\boldsymbol{\theta}}\nabla_{\boldsymbol{a}} Q(\boldsymbol{s},\boldsymbol{a})\Big|_{\boldsymbol{a}=\boldsymbol{\mu}_{\boldsymbol{\theta}}(\boldsymbol{s})}\right]$$

对于每个样本，用上面评价网络求得的 $\nabla_{\boldsymbol{a}_i}\hat{Q}^{\boldsymbol{\omega}}(\boldsymbol{s}_i,\boldsymbol{a}_i)$ 代替 $\nabla_{\boldsymbol{a}} Q(\boldsymbol{s},\boldsymbol{a})|_{\boldsymbol{a}=\boldsymbol{\mu}_{\boldsymbol{\theta}}(\boldsymbol{s})}$ ，利用随机梯度方法，得到参数 $\boldsymbol{\theta}$ 的更新式为

$$\boldsymbol{\theta}\leftarrow\boldsymbol{\theta}+\beta\frac{1}{N}\sum_{i=1}^{N}\nabla_{\boldsymbol{\theta}}\boldsymbol{\mu}_{\boldsymbol{\theta}}(\boldsymbol{s}_i)\nabla_{\boldsymbol{a}_i}\hat{Q}^{\boldsymbol{\omega}}(\boldsymbol{s}_i,\boldsymbol{a}_i)$$

注意到，单纯利用深海机器人与环境的交互以实现羽状流追踪策略学习问题中，刚开始深海机器人的无策略行动将会导致到达热液喷口的概率很低，从而使网络的学习效率较低。考虑可以通过历史数据监督学习的方法，初始化网络参数，增加初始学习时到达喷口的概率，加快学习速度。

在训练海域，与传统的追踪算法对比，两者的追踪路径如图 5.8 所示。传统方法只考虑深海机器人羽状流搜索中的逆流运动，导致深海机器人很容易走出羽状流分布区域，例如从 A 到 B，此时，做固定的找回路径，例如从 A 到 C，所需步长较长，花费较高。而强化学习学到的行走策略，可以让深海机器人完全在羽

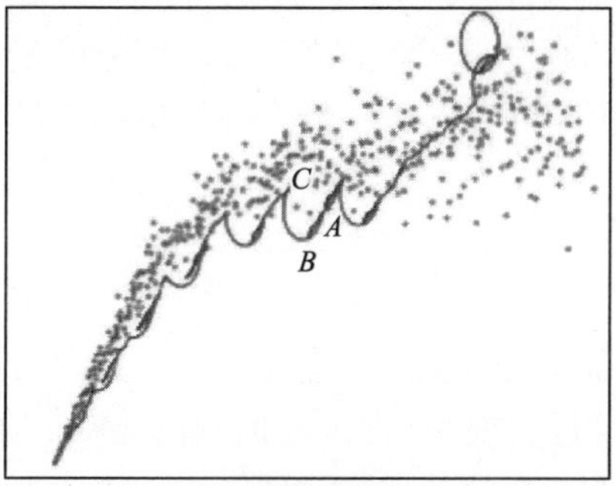

(a) 传统追踪算法

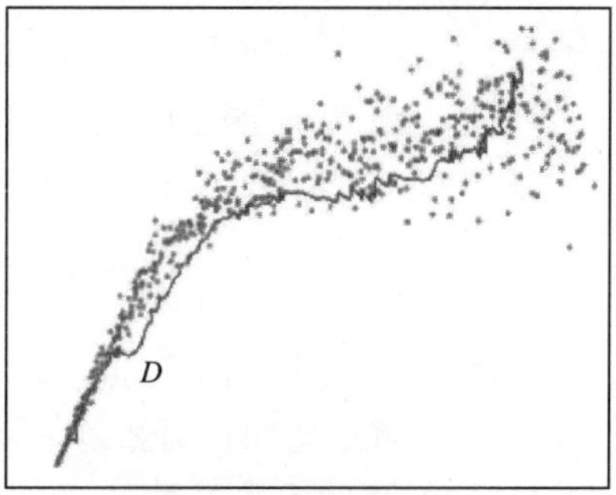

(b) 羽状流追踪算法

图 5.8　传统追踪算法与基于强化学习的羽状流追踪算法对比

状流内部运动，即使稍微走出羽状流，也能立即找回热液，例如点 D。

在搜索成本上，图 5.9 表示四个习得的策略($r_{11}, r_{12}, r_{13}, r_{14}$)与传统策略(hc)的 100 次成功搜索中，搜索步数分布。由此可见，由于深海机器人行为选择更灵活，找寻热液喷口时花费的成本更小。

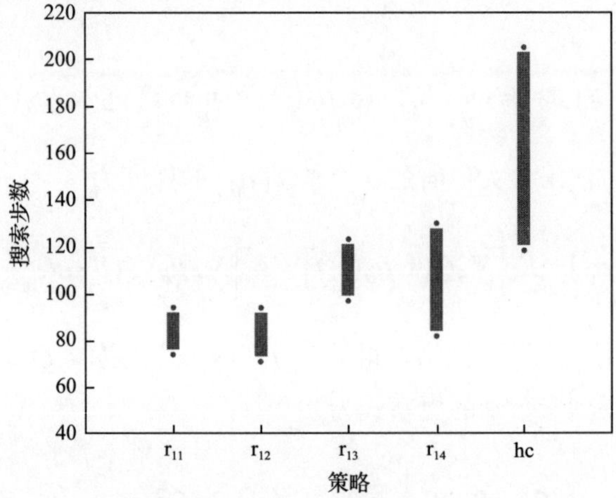

图 5.9　对比实验

5.3.2　羽状流追踪问题的递归神经网络强化学习算法

本小节阐述了基于递归网络的深海机器人对羽状流化学信号追踪的强化学习算法。在假定系统模型和水动力环境未知的情况下，将信号羽状流追踪问题建模成一个部分可观的马尔可夫决策过程(partially observable Markov decision process，POMDP)，根据羽状流信号浓度检测情况以及深海机器人运动状态设定观测状态空间和即时回报函数。根据羽状流追踪过程中深海机器人的运动模式设计动作空间。利用强化学习算法最终学习出一个最优的策略。根据部分可观马尔可夫决策过程的特点，基于具有递归机制的长短期记忆网络(long short-term memory，LSTM)构建评价网络和策略网络，通过与环境的交互获取部分可观的状态与动作数据，利用确定性策略梯度算法更新网络参数，最终训练出一个最优的羽状流追踪策略。本小节内容取材于作者已发表论文[73]。

1. 问题建模

由于深海机器人平时由缆绳拖拽，实际作业是在基于缆绳中心位置和长度的某个平面上，因此这里将深海机器人运动过程建模为在 x-y 平面内的运动。在 2D 平面内描述羽状流的运动过程，羽状流由不断释放的羽状细丝构成，单个细丝在水下环境中的运动过程为

$$\boldsymbol{X}\left(t_k\right)=\boldsymbol{X}\left(t_s\right)+\int_{t_s}^{t_k}\boldsymbol{U}\left(\boldsymbol{X}(\tau),\tau\right)\mathrm{d}\tau+\int_{t_s}^{t_k}\boldsymbol{N}(\tau)\mathrm{d}\tau$$

其中，$\boldsymbol{N}(\tau)=\left(n_x,n_y\right)$是零均值方差为$\left(\sigma_x^2,\sigma_y^2\right)$的高斯白噪声；$\boldsymbol{X}(t)$表示在时刻$t$单个羽状细丝的中心位置；$\boldsymbol{U}$表示羽状细丝的平均运动速度。由此可知单个羽流细丝的位置$\boldsymbol{X}\left(t_k\right)$满足均值为$\bar{\boldsymbol{X}}\left(t_k\right)=\boldsymbol{X}\left(t_s\right)+\int_{t_s}^{t_k}\boldsymbol{U}\left(\boldsymbol{X}(\tau),\tau\right)\mathrm{d}\tau$，方差为$\left(t_k-t_s\right)\left(\sigma_x^2,\sigma_y^2\right)$的高斯分布。整个羽状流中羽状细丝的位置为

$$\boldsymbol{P}\left(t_s,t_k\right)=\left[\boldsymbol{X}\left(t_s\right),\boldsymbol{X}\left(t_s+\frac{\mathrm{d}\tau}{N}\right),\cdots,\boldsymbol{X}\left(t_s+\mathrm{d}\tau\right),\cdots,\boldsymbol{X}\left(t_k\right)\right]$$

其中，N表示单位时间释放的羽状细丝数目，它们的运动中心线位置为

$$\bar{\boldsymbol{P}}\left(t_s,t_k\right)=\left[\bar{\boldsymbol{X}}\left(t_s\right),\bar{\boldsymbol{X}}\left(t_s+\frac{\mathrm{d}\tau}{N}\right),\cdots,\bar{\boldsymbol{X}}\left(t_s+\mathrm{d}\tau\right),\cdots,\bar{\boldsymbol{X}}\left(t_k\right)\right]$$

高斯噪声为

$$\boldsymbol{W}\left(t_s,t_k\right)=\left[\boldsymbol{W}\left(t_s\right),\boldsymbol{W}\left(t_s+\frac{\mathrm{d}\tau}{N}\right),\cdots,\boldsymbol{W}\left(t_s+\mathrm{d}\tau\right),\cdots,\boldsymbol{W}\left(t_k\right)\right]$$

下面对羽状流追踪问题建立马尔可夫决策过程模型。首先定义深海机器人的经典 MDP 框架，其主要结构包含一个四元组$\langle S,A,p,R\rangle$，其中，S是一个包含深海机器人运动和观测状态的无限连续集合，A是一个包含深海机器人运动动作的连续集合，R是一个满足$S\times A\to\mathcal{R}$映射的单步回报函数，p是未知的满足马尔可夫性的状态转移概率$p\left(\boldsymbol{s}_{t+1}|\boldsymbol{s}_1,\boldsymbol{a}_1,\cdots,\boldsymbol{s}_t,\boldsymbol{a}_t\right)=p\left(\boldsymbol{s}_{t+1}|\boldsymbol{s}_t,\boldsymbol{a}_t\right)$，其中，$\boldsymbol{s}_1,\boldsymbol{a}_1,\cdots,\boldsymbol{s}_t,\boldsymbol{a}_t$是状态和动作轨迹。马尔可夫决策过程中和环境的交互过程如图 5.10 所示。

在水下实际作业环境中，由于传感器和噪声的限制，深海机器人无法获得完全的环境信息和精确的运动状态数据，为此利用 POMDP 对问题进行建模。与 MDP 相比，完全的深海机器人运动和观测状态作为隐藏状态，而实际运动和观测状态为无限连续状态空间O，同时引入部分可观的状态和动作历史轨迹

$$\boldsymbol{h}_{t-1}=\left(\boldsymbol{o}_i,\boldsymbol{a}_i\right)_{i=0:t-1}$$

来预测隐藏状态$\boldsymbol{s}_t$，在 POMDP 中，策略π是从观测状态空间O和历史轨迹空间H到连续动作空间A的映射：$\pi(O,H)\times A\to[0,1]$；强化学习的最终目标是学习出一个最优的策略π，使得系统的累积回报达到最大，即

$$\max_{\pi \in \mathcal{P}} J\left(\pi_{\boldsymbol{\theta}}\right) = \max_{\pi \in \mathcal{P}} E\left[\sum_{k=1}^{K} \gamma^{k-1} r_k \mid \pi\right]$$

其中，$\mathcal{P}$ 是策略空间；K 表示整个 POMDP 的长度；r_k 为回报函数(参见 5.3.3 节引入的回报函数形式)；γ 是未来回报的折扣因子。

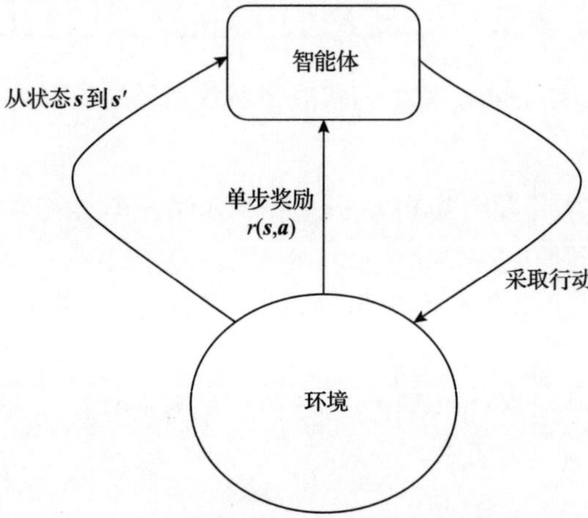

图 5.10　MDP 基本结构

2. 算法流程

强化学习算法中常用价值函数 $V^{\pi}\left(\boldsymbol{o},\boldsymbol{h}\right)$ 和动作价值函数 $Q^{\pi}\left(\boldsymbol{o},\boldsymbol{h},\boldsymbol{a}\right)$ 来估计一个策略，其定义分别为

$$V^{\pi}\left(\boldsymbol{o},\boldsymbol{h}\right) = E_{\boldsymbol{a}_1,\boldsymbol{s}_2,\cdots}\left[\sum_{k=1}^{K} \gamma^{k-1} r_k | \boldsymbol{o}_1 = \boldsymbol{o},\boldsymbol{h},\pi\right]$$

$$Q^{\pi}\left(\boldsymbol{o},\boldsymbol{h},\boldsymbol{a}\right) = E_{\boldsymbol{s}_2,\boldsymbol{a}_2,\cdots}\left[\sum_{k=1}^{K} \gamma^{k-1} r_k | \boldsymbol{o}_1 = \boldsymbol{o},\boldsymbol{h},\boldsymbol{a}_1 = \boldsymbol{a},\pi\right]$$

评价-执行结构(actor-critic)是一种基于策略梯度的强化学习框架，由评价网络(critic)和策略网络(actor)构成，策略网络调整策略 $\pi_{\boldsymbol{\theta}}$ 的参数，而评价网络更新动作价值函数 Q^{π}。在本算法中，由于 POMDP 前后状态的依赖性，用一种递归神经网络 LSTM 来构建评价网络和策略网络，两个网络的具体结构如图 5-11 所示。

根据评价网络和策略网络的结构组成，用策略梯度算法更新策略网络的参数，利用时序差分(temporal difference, TD)学习算法来逼近并更新评价网络的参数，即

$$\begin{cases}\delta_t = \int_S P_v\left(\boldsymbol{s}_t \mid \boldsymbol{o}_t, \boldsymbol{h}_t\right) r_t\left(\boldsymbol{s}_t, \boldsymbol{a}_t\right) \mathrm{d}\boldsymbol{s}_t + \gamma Q^{\boldsymbol{w}}\left(\boldsymbol{o}_{t+1}, \boldsymbol{h}_{t+1}, \boldsymbol{\mu}_{\boldsymbol{\theta}}\left(\boldsymbol{o}_{t+1}, \boldsymbol{h}_{t+1}\right)\right) - Q^{\boldsymbol{w}}\left(\boldsymbol{o}_t, \boldsymbol{h}_t, \boldsymbol{a}_t\right) \\ \boldsymbol{w}_{t+1} = \boldsymbol{w}_t + \alpha_{\boldsymbol{w}} \delta_t \nabla_{\boldsymbol{w}} Q^{\boldsymbol{w}}\left(\boldsymbol{o}_t, \boldsymbol{h}_t, \boldsymbol{a}_t\right) \\ \boldsymbol{\theta}_{t+1} = \boldsymbol{\theta}_t + \alpha_{\boldsymbol{\theta}} \nabla_{\boldsymbol{\theta}} \boldsymbol{\mu}_{\boldsymbol{\theta}}\left(\boldsymbol{o}_t, \boldsymbol{h}_t\right) \nabla_{\boldsymbol{a}} Q^{\boldsymbol{w}}\left(\boldsymbol{o}_t, \boldsymbol{h}_t, \boldsymbol{a}_t\right)\Big|_{\boldsymbol{a}=\boldsymbol{\mu}_{\boldsymbol{\theta}}\left(\boldsymbol{o}_t, \boldsymbol{h}_t\right)}\end{cases}$$

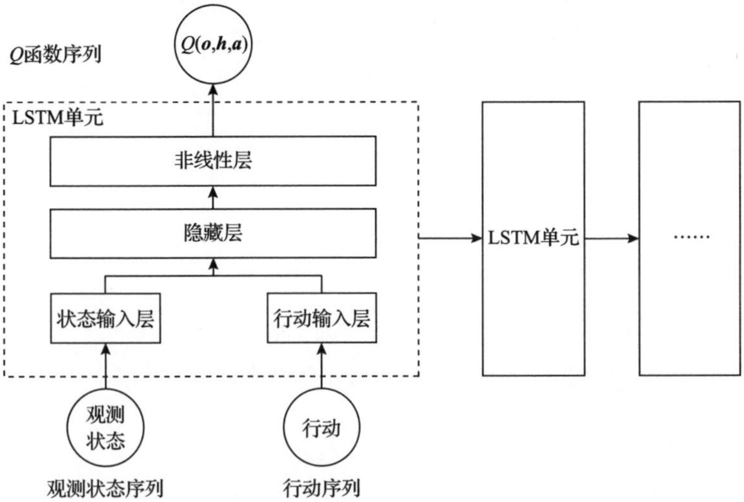

(a) 评价网络结构

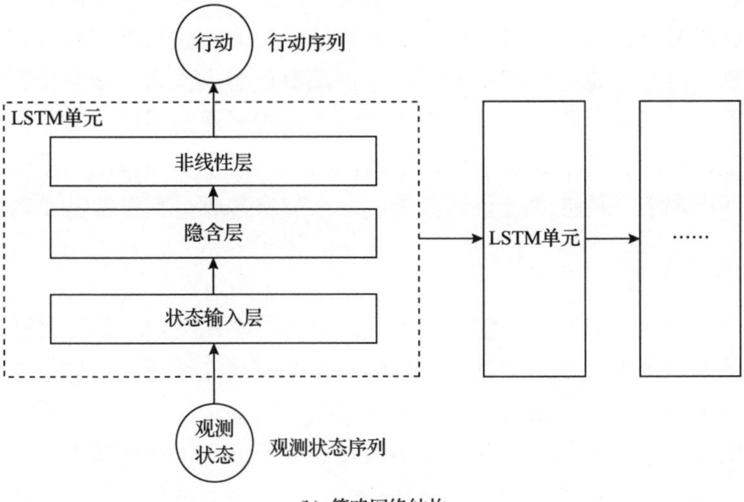

(b) 策略网络结构

图 5.11　评价网络和策略网络的具体结构

本算法分别为评价网络和策略网络引入一个目标网络，目标网络用于获得目标策略和目标动作值函数，反馈给实际网络进行参数更新，并将网络参数共享目标网络，这将提升策略梯度算法的性能，完整的算法结构如图 5.12 所示。

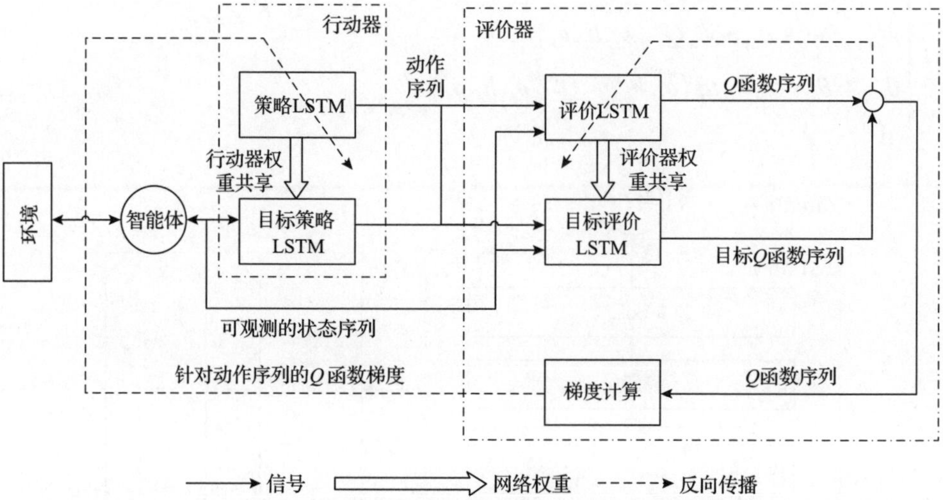

图 5.12 基于递归神经网络的策略梯度算法结构

5.3.3 稀疏环境反馈下基于自注意力机制的强化学习算法

针对深海热液搜索获取羽状流反馈信息稀疏，传统强化学习算法训练效率低等实际问题，在本小节，通过引入基于好奇心的强化学习探索机制，使得深海机器人在羽状流搜索的同时充分地探索深海环境，获取充足数据以更好训练强化学习搜索策略。由于好奇心探索机制过度保护深海机器人探索未知领域，可能出现错失有效搜索的必要动作或路径。为此，引入基于时序自适应注意力的好奇心探索机制，使得深海机器人在羽状流搜索的同时产生对水下环境的自适应感知，提升在稀疏回报环境下的搜索效率和性能。本小节内容取材于作者已发表论文[74]。

1. 问题描述

在水下热液搜索问题中，深海机器人获取到的羽状流热液信息是稀疏的，因而深海机器人在水下环境中须具备较好的探索能力，能够获取足够信息以更好训练强化学习策略。在强化学习领域，基于好奇心的探索策略是解决稀疏回报问题较为有效的方法。具体而言，深海机器人在获取环境数据进行策略训练的同时，将根据自身对于周围环境的感知产生好奇心，以此作为内部回报附加在稀疏外部回报上，再利用经典的强化学习算法(如 trust region policy optimization, proximal policy optimization 等)训练策略，使得深海机器人能够在稀疏回报环境下进行有效地探索和策略学习。

单纯地利用深海机器人对环境的好奇心作为内部回报进行探索会遇到过度保

护的困境：深海机器人将过度回避缺乏好奇心的状态，从而错失必要的探索路径。在经典的 MDP 模型中，将稀疏的外部回报表示为 r_t^e，将基于自身好奇心的内部回报表示为 r_t^i（由持续好奇心和瞬时好奇心组成）。因此修正后的回报为

$$\hat{r}_t = r_t^e + r_t^i = r_t^e + E\left(i_t^P, i_t^T\right)$$

其中，E 为持续好奇心 i_t^P 和瞬时好奇心 i_t^T 的加权求和。为了融合经典强化学习算法，将外部和内部回报作为两个回报流同时训练评价网络获取各自对应的值函数。

2. 基于序列的自注意力机制的瞬时好奇心生成模型

瞬时好奇心生成是根据特定时间段内机器人序贯环境状态特征的信息增量得到的，具体的数学表示为

$$i_t^T = \sum_{n=1}^{l-1} \boldsymbol{w}_n \left\| \boldsymbol{g}_t^n - \boldsymbol{g}_t^{n+1} \right\|^2 = \sum_{n=1}^{l-1} \boldsymbol{w}_n \left\| G_n\left(\boldsymbol{o}_{t-n}\right) - G_{n+1}\left(\boldsymbol{o}_{t-n-1}\right) \right\|^2$$

其中，$\boldsymbol{g}_t^n$ 为 t 时刻环境状态特征；G_n 为相应特征提取神经网络；$\boldsymbol{w}_n$ 为不同时刻信息增量在内部瞬时好奇心中的权重。

如果仅将环境状态编码特征作为瞬时好奇心生成模型的输入，可能导致引入大量与深海机器人探索环境无关的无效信息，影响稀疏环境下探索效率。本小节提出基于序列自注意力机制的瞬时好奇心生成模型，如图 5.13 所示。

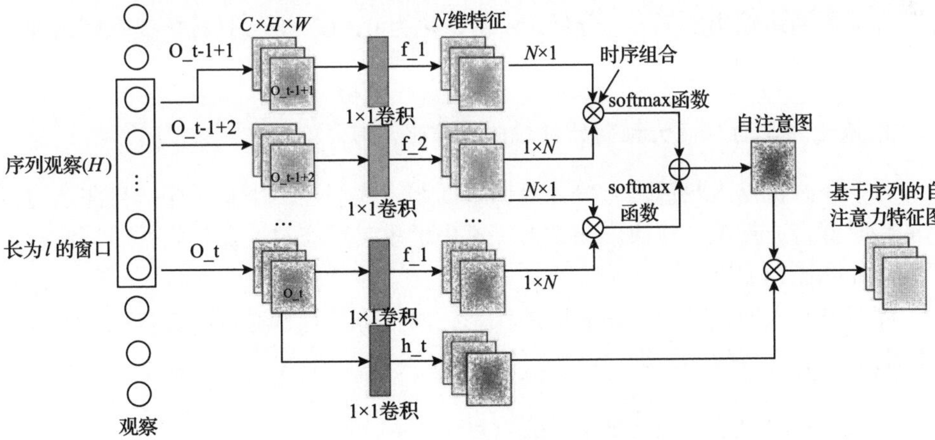

图 5.13　基于序列的自注意力机制

从环境中获取的长度为 l 的时间窗口的时序状态观测 $\boldsymbol{o}_{t-l+1:t} \in \mathbb{R}^{C\times H\times W}$ 首先被特征提取卷积网络编码为对应 l 个维度为 N 的特征向量 $\boldsymbol{f}_n$，即

$$\boldsymbol{f}_n=\boldsymbol{G}_n(\boldsymbol{o}_{t-l+n}),n=1,2,\cdots,l$$

那么由时序的特征向量可以得出相邻时刻的特征协方差矩阵为

$$\alpha_j^{pq}=\boldsymbol{f}_j^{(p)}\left(\boldsymbol{o}_{t-l+j}\right)\boldsymbol{f}_{j+1}^{(q)}\left(\boldsymbol{o}_{t-l+j+1}\right),\ j=1,2,\cdots,l-1;\ p,q=1,2,\cdots,N$$

其中，α_j^{pq} 表示时刻 j 的特征相对于时刻 $j+1$ 第 p 个和第 q 个特征分量之间的相关性，以此邻接注意力特征表示矩阵经过 softmax 函数作用可得自注意力矩阵，其中状态各分量的权重为

$$\beta_t^{pq}=\sum_{j=1}^{l-1}c_j\frac{\exp\left(\alpha_j^{pq}\right)}{\sum_{q=1}^{N}\exp\left(\alpha_j^{pq}\right)}$$

其中，$c_j\in\mathbb{R}$ 为各个时序的权重，满足 $\sum_{j=1}^{l-1}c_j=1$。时序自注意力机制输出 N 个行为特征的向量 $\boldsymbol{A}_t(\boldsymbol{H}_t)=\left[a_t^I(\boldsymbol{H}_t),\cdots,a_t^N(\boldsymbol{H}_t)\right]$ 为

$$a_t^p\left(\boldsymbol{H}_t\right)=\sum_{q=1}^{N}\eta\,\beta_t^{pq}\,\boldsymbol{h}_l^{(q)}(\boldsymbol{G}_l(\boldsymbol{o}_t))+\boldsymbol{G}_l^{(p)}(\boldsymbol{o}_t),\ p=1,2,\cdots,N$$

其中，$\boldsymbol{H}_t=\{\boldsymbol{h}_t\}=\{(\boldsymbol{o}_i,\boldsymbol{a}_i)_{i=0:t-1}\}$，时序自注意力分布施加在特征 $\boldsymbol{h}_t$ 上，$\boldsymbol{h}_t^{(q)}(\boldsymbol{G}_l(\boldsymbol{o}_t))$ 是特征编码网络输出的第 q 个分量，η 初始化为 0，$\boldsymbol{G}_l^{(p)}(\boldsymbol{o}_t)$ 是特征提取网络输出的第 p 个分量。

3. 基于序贯自注意力机制的稀疏回报强化学习

对于深海机器人热液搜索等稀疏回报问题，我们提出了基于序贯自注意力机制的瞬时好奇心模型，解决强化学习探索中的重复状态过度保护问题。算法的主要框架如图 5.14 所示。

深海机器人通过环境反馈获取的状态、回报等信息，通过序贯自注意力机制的瞬时好奇心生成模型，即

$$\begin{cases}\tilde{\boldsymbol{g}}_t^n=\boldsymbol{A}_t^n\left(\boldsymbol{H}_t\right)=\left[a_n^1\left(\boldsymbol{H}_t\right),\cdots,a_n^N\left(\boldsymbol{H}_t\right)\right]\\ \alpha_n^p\left(\boldsymbol{H}_t\right)=\sum_{q=1}^{N}\eta\beta_n^{pq}\boldsymbol{h}_n^{(q)}\left(\boldsymbol{G}_{j+1}(\boldsymbol{o}_{t-l+j+1})\right)+\boldsymbol{G}_{j+1}^{(p)}(\boldsymbol{o}_{t-l+j+1}),n=1,2,\cdots,l-1\end{cases}$$

与传统的持续好奇心生成模型组合构造连续的内部回报，即

$$\begin{cases} L_I\left(\boldsymbol{H}_t\right)=\alpha_P L_P\left(\boldsymbol{o}_t\right)+\alpha_T L_T\left(\boldsymbol{H}_t\right) \\ L_P\left(\boldsymbol{o}_t\right)=\left\|f\left(\boldsymbol{o}_t\right)-\hat{f}\left(\boldsymbol{o}_t\right)\right\|^2 \\ L_T\left(\boldsymbol{H}_t\right)=\sum_{n=1}^{l-1}\boldsymbol{w}_n\left\|\tilde{\boldsymbol{g}}_t^n-\tilde{\boldsymbol{g}}_t^{n+1}\right\|^2 \end{cases}$$

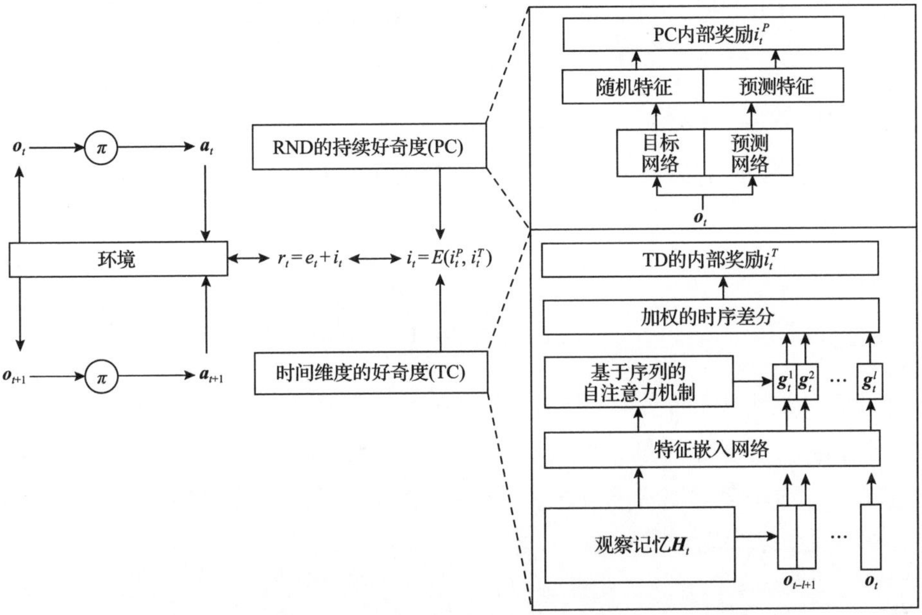

图 5.14　基于序贯自注意力机制的稀疏回报强化学习算法

在原有的强化学习优化目标中加入瞬时好奇心模型的部分损失函数，最终得到的强化学习优化目标函数可以表示为

$$\min_{\boldsymbol{\theta}_P,\boldsymbol{\Theta}}\left\{-\lambda E_{\pi(\boldsymbol{o}_t;\boldsymbol{\theta}_P)}\left[\sum_t(e_t+E(i_t^P,i_t^T))\right]+\alpha_I L_I\right\}$$

其中，模型参数$\boldsymbol{\theta}_P$表示算法中强化学习的策略网络和评价网络的参数，参数集合$\boldsymbol{\Theta}$表示好奇心驱使的内在激励模型参数，$\boldsymbol{\Theta}=\boldsymbol{\theta}_R,\boldsymbol{\theta}_A,\boldsymbol{\theta}_G$，其中$\boldsymbol{\theta}_A$和$\boldsymbol{\theta}_G$分别表示短期好奇心驱使内在激励生成模块中基于序列自注意力机制的网络参数和特征提取网络参数。

5.3.4　基于部分可观测马尔可夫决策过程的强化学习算法

与陆上的信号源搜索问题相比，深海机器人的信号源搜索问题更为复杂，需要考虑更多的因素，如水下复杂流体环境对传播信号的影响、水下信号获取间断不完整、深海机器人的通信、导航及三维控制技术瓶颈等。在本小节，我们建立部分可观的马尔可夫决策规划模型，提出解决海底搜索任务难题的一种新途径。信号源搜索任务按信号种类具有各自不同的特点，相应的数学模型具有各自的复杂性和解决方法。一般化学信号的数据维度较小，数据结构较为简单，但所包含信息也较少；图像信息或声波信息数据维度较大，包含的信息量较大。我们阐述基于羽状流历史数据的强化学习算法，制定深海机器人搜索信号源的轨迹规划策略。本小节内容取材于作者已发表论文[73]。

1. 问题描述与建模

Farrell 等[75]已有研究工作表明，热液源形成的羽状流在湍流中的时间平均浓度沿着传播方向上服从如下高斯分布，即

$$\frac{\bar{C}}{C_m}=\exp\left(\frac{-y^2}{2\sigma_y^2(x,F)}\right)$$

其中，平均流向用方向向量 x 表示； y 表示与平均流向中心线的垂直距离；羽状流平均宽度 σ_y^2 是关于流场 F 和羽状流方向向量 x 的函数；$\bar{C}$ 表示时间平均化学信号浓度；C_m 表示局部羽状流中心线的浓度。该浓度计算模型适用于较为长期的情况，羽状流中心线流向用 x 表示，垂直方向用 y 表示。

对于更为短期的情况，羽状流以化学物质细丝随机游走的形式移动。在这种情况下，化学物质细丝的位置可以表示为

$$\dot{\boldsymbol{X}}(t)=\boldsymbol{U}\left(\boldsymbol{X}(t),t\right)+\boldsymbol{N}(t)$$

其中，$\boldsymbol{X}(t)=(x,y)$ 表示在时刻 t 化学物质细丝的位置；$\boldsymbol{U}=(u_x,u_y)$ 表示化学物质细丝的平均速度；$\boldsymbol{N}(n_x,n_y)$ 表示和位置无关的零均值和方差为 (σ_x^2,σ_y^2) 的白噪声。当热液源在时刻 $t=t_s$，位置 $\boldsymbol{X}(t_s)$ 释放出化学物质细丝，那么在时刻 t_k 化学物质细丝的位置为

$$\boldsymbol{X}(t_k)=\boldsymbol{X}(t_k)+\int_{t_s}^{t_k}\boldsymbol{U}\left(\boldsymbol{X}(\tau),\tau\right)\mathrm{d}\tau+\int_{t_s}^{t_k}\boldsymbol{N}(\tau)\mathrm{d}\tau$$

由于 $\boldsymbol{N}(\cdot)=(n_x,n_y)$ 是零均值、方差为 (σ_x^2,σ_y^2) 的高斯噪声，那么 $\int_{t_s}^{t_k}\boldsymbol{U}\left(\boldsymbol{X}(\tau),\tau\right)\mathrm{d}\tau$ 是满足零均值，方差为 $(t_k-t_s)(\sigma_x^2,\sigma_y^2)$ 的高斯分布。因此，单个的化学物质细丝是满足均值为 $\bar{\boldsymbol{X}}(t_k)=\boldsymbol{X}(t_s)+\int_{t_s}^{t_k}\boldsymbol{U}\left(\boldsymbol{X}(\tau),\tau\right)\mathrm{d}\tau$，方差为 $(t_k-t_s)(\sigma_x^2,\sigma_y^2)$ 的高斯分

布。而在实际的水下环境中，一个热液源释放化学物质细丝构成羽状流的时间平均速率是相对稳定的[50]。在本小节中，我们定义在单位时间 $\mathrm{d}\tau$ 内热液源释放数量为 N 的化学物质细丝。那么在时间段 $[t_s,t_k]$ 内，$N(t_k-t_s)$ 个被释放的物质细丝的位置可以表示为

$$\boldsymbol{P}\left(t_s,t_k\right)=\left[\boldsymbol{X}\left(t_s\right),\boldsymbol{X}\left(t_s+\frac{\mathrm{d}\tau}{N}\right),\boldsymbol{X}\left(t_s+\frac{2\mathrm{d}\tau}{N}\right),\cdots,\boldsymbol{X}\left(t_s+\mathrm{d}\tau\right),\cdots,\boldsymbol{X}(t_k)\right]$$

通过单个细丝的流通模型，我们能得到 $\boldsymbol{P}\left(t_s,t_k\right)=\bar{\boldsymbol{P}}\left(t_s,t_k\right)+\boldsymbol{W}\left(t_s,t_k\right)$，其中 $\bar{\boldsymbol{P}}\left(t_s,t_k\right)=\left[\bar{\boldsymbol{X}}\left(t_s\right),\bar{\boldsymbol{X}}\left(t_s+\frac{\mathrm{d}\tau}{N}\right),\bar{\boldsymbol{X}}\left(t_s+\frac{2\mathrm{d}\tau}{N}\right),\cdots,\bar{\boldsymbol{X}}\left(t_s+\mathrm{d}\tau\right),\cdots,\bar{\boldsymbol{X}}(t_k)\right]$ 是羽状流中心线位置，由高斯噪声导致的偏差

$$\boldsymbol{W}\left(t_s,t_k\right)=\left[\boldsymbol{W}\left(t_s\right),\boldsymbol{W}\left(t_s+\frac{\mathrm{d}\tau}{N}\right),\boldsymbol{W}\left(t_s+\frac{2\mathrm{d}\tau}{N}\right),\cdots,\boldsymbol{W}\left(t_s+\mathrm{d}\tau\right),\cdots,\boldsymbol{W}\left(t_k\right)\right]$$

为羽状流的宽度。

深海机器人根据羽状流化学信号追踪热液源搜索是要通过利用搭载在机器人本体上的化学物质传感器，根据局部的化学物质浓度变化以制定深海机器人运动轨迹规划策略，决定深海机器人的运动轨迹，最终完成追踪羽状流到达目标源的任务，如图 5.15 所示。该任务具有以下几个特点。

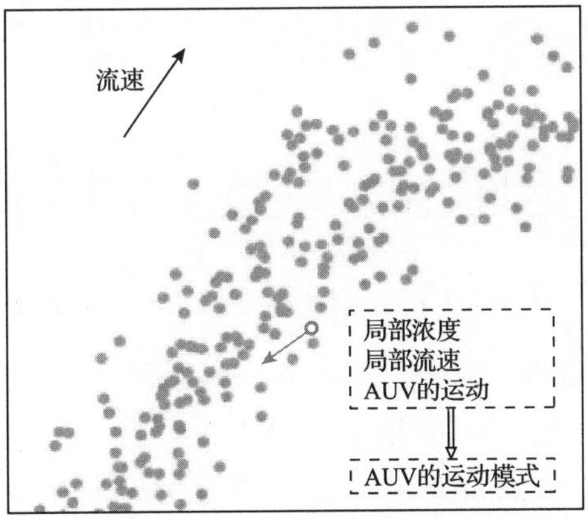

图 5.15　深海机器人进行热液信号源搜索示意

1) 湍流环境下流场时空变化快、检测数据具有一定的噪声，因而无法进行流场建模。

2) 信号源以相对稳定的速率向外不断释放信号，在湍流环境下形成形状不规

则且具有一定间隙的羽状流。

3）深海机器人获取到的仅为局部位置和信号浓度信息，且数据量、数据维度都很小，信息不完整。

下面我们对深海机器人的化学信号搜索任务建立 MDP 模型。如若单纯将深海机器人寻找热液喷口的过程建模为马尔可夫决策过程，将机器人检测到的局部环境信息作为观测状态，将机器人的控制输出作为行为，我们发现此时的状态和行为不存在对应关系。在如图 5.16 所示实验数据分析中，羽状流以丝团的形式存在于湍流环境中，绿色点表示丝团单位，红色圈表示深海机器人位置，黑色箭头表示深海机器人运动方向。在图 5.16(a)中，尽管深海机器人位于羽状流内部，但是其位置恰好处于丝团间隙，因而检测到的化学物质浓度极小，图中运动方向能保证继续跟随羽状流；在图 5.16(b)中，深海机器人处于羽状流边界处，也只能检测到较小的化学浓度，但是图中运动方向将远离羽状流；在图 5.16(c)中，尽管深海机器人处于羽状流边界处，仅能检测到较低化学度，但按图中运动方向依然能跟踪羽状流。观察这几类情况，可见深海机器人的观测和运动行为并不存在一一对应关系，因而将此类搜索任务简单建模为 MDP 是不尽合理的。因此，我们引入历史观测数据，将该问题建模为部分可观的马尔可夫决策过程，协助深海机器人对运动行为进行更为合理有效的决策。

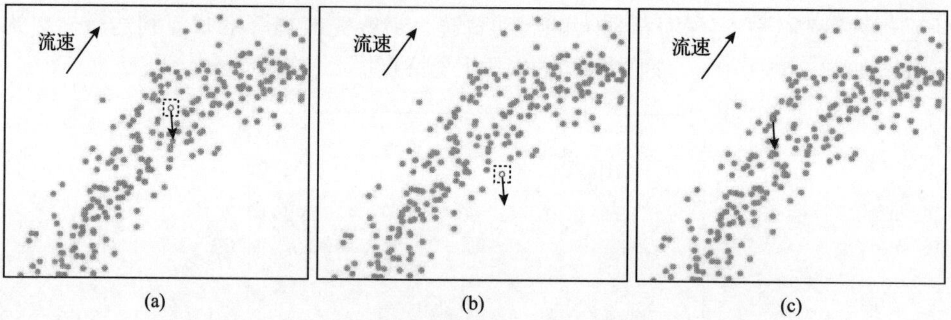

图 5.16　深海机器人在湍流环境中进行热液源搜索的几种情况

为了更加准确地描述深海机器人通过局部检测信息追踪羽状流的任务，将问题建模为 POMDP。与普通 MDP 相比，POMDP 不再由五元组$\langle S,A,R,T,\gamma\rangle$构成，而是引入深海机器人的局部观测状态 O 以及历史观测状态行为信息 H，且 $\boldsymbol{h}_{t-1}=(\boldsymbol{o}_i,\boldsymbol{a}_i)_{i=0:t-1}$，即用$\langle S,O,A,H,R,T,\gamma\rangle$来表示，而其中 S 表示不可观测的隐状态变量。与 MDP 不同，POMDP 中符合马尔可夫性质的状态为隐藏状态而非观测状态，如图 5.17 所示。POMDP 中的策略 π 的定义也从传统 MDP 的状态到动作空间的映射变为观测状态和历史信息到动作空间的映射 π。根据深海机器人在水下湍流环境中进行热液源搜索的任务，POMDP 各个元素定义如下。

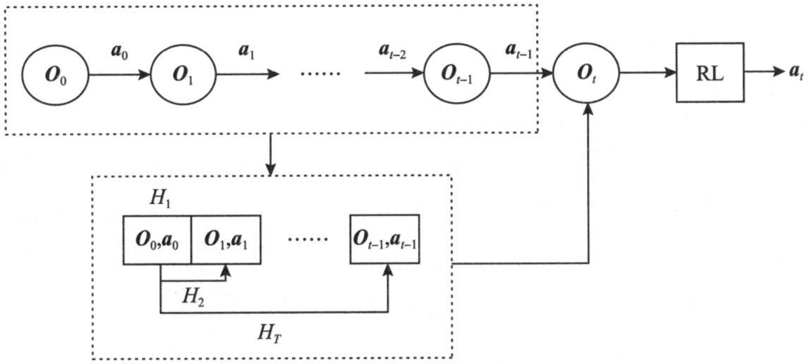

图 5.17　基于历史观测状态行为信息的 POMDP 示意

(1) 观测状态空间 O：由搭载于深海机器人上的传感器检测到的环境信息组成的高维向量组成，$\boldsymbol{o}=\{v,x,c\}$，其中 v 表示深海机器人当前位置处局部流场的流速和流向等信息，x 表示深海机器人当前时刻的运动状态(包括航向和航速)，c 表示深海机器人当前时刻检测到的化学物质(硫化物浓度，浊度，氧化还原物浓度)浓度信息、温度异常信息等。

(2) 隐藏状态空间 S：隐藏状态包含深海机器人与化学信号源的位置关系，全局的环境流场信息和全局的羽状流分布信息，由于以上信息均不可知但符合马尔可夫性质，因此作为隐藏状态。

(3) 动作空间 A：任务过程中深海机器人的宏观控制量，在简化的二维搜索任务中，深海机器人控制量为其运动速度和艏向角度，在运动过程中，尽可能保持其运动速度不变。

(4) 环境模型 T：任务过程中水下环境的状态转移模型相关信息，包含全局环境流场和羽状流分布的状态转移概率，由于流场和羽状流分布建模困难，并且具有一定随机性，模型 T 一般不可得到。

(5) 奖励函数 R：在信号搜索的过程中，环境给予的反馈回报，在本问题中人为定义为

$$r_t\left(\boldsymbol{s}_t,\boldsymbol{a}_t\right)=\begin{cases}0, & \text{深海机器人当前位置处未检测到化学信号}\\ 1, & \text{深海机器人当前位置处检测到化学信号}\\ -10, & \text{一段时间未追踪到化学信号}\\ 100, & \text{深海机器人搜索到热液源位置}\end{cases}$$

(6) 历史观测状态行为信息 H：H 由历史观测状态行为对构成，$\boldsymbol{H}_t=\{\boldsymbol{h}_t\}=\left\{\left(\boldsymbol{o}_i,\boldsymbol{a}_i\right)_{i=0:t-1}\right\}$，因而有递推关系 $\boldsymbol{h}_{t+1}=\{\boldsymbol{h}_t,\boldsymbol{o}_t,\boldsymbol{a}_t\}$，历史观测状态行为信息为原始的观测数据补充了大量隐藏状态信息。

2. 基于历史信息的部分可观马尔可夫决策过程的强化学习算法

根据包含历史数据 POMDP 元素构成，我们设计基于历史信息的强化学习算法为深海机器人的信号源搜索任务制定路径规划策略。在 POMDP 问题中，强化学习框架下相关变量可以由 MDP 问题衍生得到。如值函数、状态-动作值函数等，计算方式类似于传统的 MDP 问题，进而得到基于历史信息的 POMDP 模型的策略梯度算法。在 POMDP 框架下，基于历史信息的值函数由观测状态和历史观测状态行为共同决定，在策略 π 下，值函数作为对于当前观测状态与历史信息的长期累计期望，可以通过以下方式计算，即

$$\begin{aligned}V^{\pi}(\boldsymbol{o},\boldsymbol{h}) &= E_{\boldsymbol{a}_1,\boldsymbol{s}_2,\cdots}\left[\sum_{k=1}^{K}\gamma^{k-1}r_k \mid \boldsymbol{o}_1=\boldsymbol{o},\boldsymbol{h},\pi\right] \\ &= \int_s E_{\tau}\left[\sum_{k=1}^{K}\gamma^{k-1}r_k \mid \boldsymbol{o}_1=\boldsymbol{o},\boldsymbol{h},\boldsymbol{s}_1=\boldsymbol{s},\pi\right]\mathrm{d}\boldsymbol{s} \\ &= \int_s E_{\tau}\left[\sum_{k=1}^{K}\gamma^{k-1}r_k \mid \boldsymbol{s}_1=\boldsymbol{s},\pi\right]\times P(\boldsymbol{s}_1=\boldsymbol{s}|\boldsymbol{o}_1=\boldsymbol{o},\boldsymbol{h})\mathrm{d}\boldsymbol{s} \\ &= \int_s V^{\pi}(\boldsymbol{s})P_{\sigma}(\boldsymbol{s}|\ \boldsymbol{o},h)\mathrm{d}\boldsymbol{s}\end{aligned}$$

其中，σ 隐藏状态编码网络关于观测状态和历史观测状态行为信息的参数。相应地，状态-动作值函数(Q 函数)可以类似计算

$$\begin{aligned}Q^{\pi}(\boldsymbol{o},\boldsymbol{h},\boldsymbol{a}) &= \int_{\boldsymbol{s}} Q^{\pi}(\boldsymbol{s},\boldsymbol{a})P_{\sigma}(\boldsymbol{s}|\ \boldsymbol{o},\boldsymbol{h})\mathrm{d}\boldsymbol{s} \\ &= \int_s E_{\boldsymbol{s}_2,\boldsymbol{a}_2,\cdots}\left[\sum_{k=1}^{K}\gamma^{k-1}r_k \mid \boldsymbol{s}_1=\boldsymbol{s},\boldsymbol{a}_1=\boldsymbol{a}\right]\mathrm{d}\boldsymbol{s}\end{aligned}$$

根据强化学习的目标函数，我们得到基于历史信息的 POMDP 模型关于策略在状态分布下的累积期望，即 POMDP 模型的目标函数

$$J(\pi_{\boldsymbol{\theta}}) = \int_s p_1(\boldsymbol{s})V^{\pi}(\boldsymbol{s})\mathrm{d}\boldsymbol{s} = E_{\boldsymbol{o},\boldsymbol{h}}V^{\pi}(\boldsymbol{o},\boldsymbol{h})$$

其中，$p_1(\boldsymbol{s})$ 表示初始状态分布，我们假定其为常数。那么优化目标 $J(\pi_{\boldsymbol{\theta}})$ 就相当于优化策略 π，使得关于状态的值函数在状态分布下达到最大化。为此我们得到了基于历史信息的 Bellman 优化方程

$$V^{*}(\boldsymbol{s}) = \max_{\pi\in P}\int_A \pi_{\boldsymbol{\theta}}(\boldsymbol{a}|\boldsymbol{s})\left[r(\boldsymbol{s},\boldsymbol{a}) + \int_{\boldsymbol{s}'} p(\boldsymbol{s}'|\boldsymbol{s},\boldsymbol{a})\gamma V^{\pi}(\boldsymbol{s}')\mathrm{d}\boldsymbol{s}'\right]\mathrm{d}\boldsymbol{a}$$

算法 5.3　动态规划的信号源搜索

STEP 1：根据先验知识初始化信号源位置分布概率.

STEP 2：根据 $\boldsymbol{\pi}$ 和流场转移矩阵 $\boldsymbol{A}(t_0)$ 初始化某区域可检测到化学信号概率，信号源分布向量和流场累积转移矩阵 $\overline{\boldsymbol{a}}(t_0,t_0),\boldsymbol{\beta}_k(t_n,t_0),\boldsymbol{\Phi}(t_0,t_0),\boldsymbol{\psi}(t_0,t_0)$.

STEP 3：FOR $t_i=t_1,\cdots,t_n$ DO

STEP 4：获取深海机器人的位置 $\boldsymbol{p}(t_i)$ ，流场局部流速信息并且计算 $\boldsymbol{A}(t_{i-1})$

STEP 5：递归地更新 $\boldsymbol{\Phi}(t_i,t_0)$ ，$\boldsymbol{\psi}(t_i,t_0)$

$$\boldsymbol{\Phi}(t_i,t_0)=\boldsymbol{\Phi}(t_{i-1},t_0)\boldsymbol{A}(t_{i-1})$$

$$\boldsymbol{\psi}(t_i,t_0)=\frac{1}{i+1}[\boldsymbol{I}+i\boldsymbol{\psi}(t_{i-1},t_0)\boldsymbol{A}(t_{i-1})]$$

STEP 6：获取检测到的化学浓度信息并推导点对点的信号源分布 $\overline{\boldsymbol{\beta}}_{st}(t_i,t_i)$

STEP 7：更新 t_i 时刻当前区域包含导致当时检测到的化学浓度的信号源概率

$$\begin{aligned}\boldsymbol{\beta}_k(t_i,t_0)&=\frac{1}{i+1}\left(\sum_{j=0}^{i}\boldsymbol{\Phi}(t_j,t_j)\right)\overline{\boldsymbol{\beta}}_k(t_i,t_i)\\&=\boldsymbol{\psi}(t_i,t_0)\overline{\boldsymbol{\beta}}_k(t_i,t_i)\end{aligned}$$

STEP 8：根据新的信息更新信号源分布概率的估计

STEP 9：通过递归公式计算任何区域含有可检测化学信号的概率

$$\boldsymbol{a}(t_i,t_0)=\frac{1}{i+1}\left[\pi\boldsymbol{I}+i\boldsymbol{\alpha}(t_{i-1},t_0)\boldsymbol{A}(t_{i-1})\right]$$

STEP 10：根据 $\boldsymbol{\alpha}(t_i,t_0)$ 的最大值，获得下一阶段的目标位置

$$\boldsymbol{p}_v^{\text{Target}}(t_{i+1})=\text{argmax}_s\boldsymbol{\alpha}_s(t_i,t_0)$$

基于历史信息的 Bellman 优化方程为强化学习策略的优化提供策略评估(policy evaluation)和策略提升(policy improvement)的通用思路。策略评估通过在 Bellman 优化方程中用策略迭代的方式更新 Q 函数和值函数

$$V_{\text{new}}^{\pi}(\boldsymbol{o},\boldsymbol{h})=\int_{\boldsymbol{s}}V_{\text{new}}^{\pi}(\boldsymbol{s})P_{\sigma}(\boldsymbol{s}|\boldsymbol{o},\boldsymbol{h})\text{d}\boldsymbol{s}$$

而策略提升则通过最大化当前的 Q 函数或值函数确定新的迭代策略

$$\begin{aligned}\pi_{\text{new}}(\boldsymbol{s})&=\underset{\boldsymbol{a}\in A}{\text{argmax}}\left[r(\boldsymbol{s},\boldsymbol{a})+\int_{\boldsymbol{s}'}p(\boldsymbol{s}'|\boldsymbol{s},\boldsymbol{a})\gamma V^{\pi_{\text{old}}}(\boldsymbol{s}')\text{d}\boldsymbol{s}'\right]\\&=\underset{\boldsymbol{a}\in A}{\text{argmax}}\,Q^{\pi_{\text{old}}}(\boldsymbol{s},\boldsymbol{a})\end{aligned}$$

$$\pi_{\text{new}}(\boldsymbol{o},\boldsymbol{h}) = \underset{\boldsymbol{a}\in A}{\operatorname{argmax}}\, Q^{\pi_{\text{old}}}(\boldsymbol{o},\boldsymbol{h},\boldsymbol{a})$$

在实际训练中，通过策略评估和策略提升的交替迭代方法将最终收敛到最优策略。而在深海机器人进行热液源搜索的任务中，深海机器人的控制变量是连续的，因此我们使用确定性策略梯度(deterministic policy gradient, DPG)算法以优化基于历史信息的强化学习策略。我们定义隐藏状态 $\boldsymbol{s}$ 的转移概率为 $p(\boldsymbol{s}',t,\boldsymbol{a}|\boldsymbol{s})$，我们定义隐藏状态的累计折扣分布为

$$\rho^{\pi}(\boldsymbol{s}') = \int_S \sum_{t=1}^{\infty} \gamma^{t-1} p_1(\boldsymbol{s}) p(\boldsymbol{s}',t,\pi|\boldsymbol{s}) \mathrm{d}\boldsymbol{s}$$

从而我们能够分别得到MDP和POMDP模型的强化学习策略梯度方法的目标函数为

$$\begin{aligned} J_{\text{MDP}}(\pi_{\boldsymbol{\theta}}) &= \int_S \rho^{\pi}(\boldsymbol{s}) \int_A \pi_{\boldsymbol{\theta}}(\boldsymbol{s},\boldsymbol{a}) r(\boldsymbol{s},\boldsymbol{a}) \mathrm{d}\boldsymbol{a}\mathrm{d}\boldsymbol{s} \\ &= E_{\boldsymbol{s}\sim\rho^{\pi},\, \boldsymbol{a}\sim\pi_{\boldsymbol{\theta}}}\left[r(\boldsymbol{s},\boldsymbol{a})\right], \end{aligned}$$

$$J_{\text{POMDP}}(\pi_{\boldsymbol{\theta}}) = E_{(\boldsymbol{o},\boldsymbol{h})\sim\rho^{\pi}_{\boldsymbol{o},\boldsymbol{h}},\boldsymbol{a}\sim\pi_{\boldsymbol{\theta}}}\left[P_{\sigma}(\boldsymbol{s}|\boldsymbol{o},\boldsymbol{h}) r(\boldsymbol{s},\boldsymbol{a})\right]$$

在基于历史信息的 POMDP 问题中，我们将确定性策略表示为

$$\boldsymbol{\mu}_{\boldsymbol{\theta}}(\boldsymbol{o},\boldsymbol{h}) : (O,H) \to A$$

策略参数为 $\boldsymbol{\theta}\in\mathbb{R}^n$ 。那么根据确定性策略梯度计算方式，假定 $\nabla_{\boldsymbol{\theta}}\boldsymbol{\mu}_{\boldsymbol{\theta}}(\boldsymbol{o},\boldsymbol{h})$ 和 $\nabla_{\boldsymbol{a}}Q^{\boldsymbol{\mu}}(\boldsymbol{o},\boldsymbol{h},\boldsymbol{a})$ 均存在，则基于历史信息的 POMDP 模型确定性策略梯度为

$$\nabla_{\boldsymbol{\theta}} J_{\text{POMDP}}(\boldsymbol{\mu}_{\boldsymbol{\theta}}) = E_{(\boldsymbol{o},\boldsymbol{h})\sim\rho^{\mu}_{\boldsymbol{o}},\boldsymbol{a}\sim\pi_{\boldsymbol{\theta}}}\left[\nabla_{\boldsymbol{\theta}}\boldsymbol{\mu}_{\boldsymbol{\theta}}(\boldsymbol{o},\boldsymbol{h}) \nabla_{\boldsymbol{a}} Q^{\boldsymbol{\mu}}(\boldsymbol{o},\boldsymbol{h},\boldsymbol{a})\Big|_{\boldsymbol{a}=\boldsymbol{\mu}_{\boldsymbol{\theta}}(\boldsymbol{o},\boldsymbol{h})}\right]$$

我们用深度确定性策略梯度(deep deterministic policy gradient, DDPG)算法进行 POMDP 的训练，即用评价-策略网络的强化学习算法框架(actor-critic)进行策略梯度计算和网络更新。如图 5.18 所示，其中评价网络用一个可微的动作-状态值函数 $Q^{\pi}(\boldsymbol{o},\boldsymbol{h},\boldsymbol{a})$ 来表示真实的 Q 值函数 $Q^{\pi}(\boldsymbol{o},\boldsymbol{h},\boldsymbol{a})$，策略网络通过评价网络和链式法则计算策略梯度，从而更新优化训练策略 $\boldsymbol{\mu}_{\boldsymbol{\theta}}(\boldsymbol{o},\boldsymbol{h})$ 。策略和评价网络的参数更新公式为

$$\delta_t = \int_S P_v\left(\boldsymbol{s}_t \middle| \boldsymbol{o}_t, \boldsymbol{h}_t\right) r_t\left(\boldsymbol{s}_t, \boldsymbol{a}_t\right) \mathrm{d}\boldsymbol{s}_t$$
$$+ \gamma Q^{\boldsymbol{w}}\left(\boldsymbol{o}_{t+1}, \boldsymbol{h}_{t+1}, \boldsymbol{\mu}_{\theta}\left(\boldsymbol{o}_{t+1}, \boldsymbol{h}_{t+1}\right)\right) - Q^{\boldsymbol{w}}\left(\boldsymbol{o}_t, \boldsymbol{h}_t, \boldsymbol{a}_t\right)$$
$$\boldsymbol{w}_{t+1} = \boldsymbol{w}_t + \alpha_{\boldsymbol{w}} \delta_t \nabla_{\boldsymbol{w}} Q^{\boldsymbol{w}}\left(\boldsymbol{o}_t, \boldsymbol{h}_t, \boldsymbol{a}_t\right)$$
$$\boldsymbol{\theta}_{t+1} = \boldsymbol{\theta}_t + \alpha_{\theta} \nabla_{\theta} \boldsymbol{\mu}_{\theta}\left(\boldsymbol{o}_t, \boldsymbol{h}_t\right) \nabla_{\boldsymbol{a}} Q^{\boldsymbol{w}}\left(\boldsymbol{o}_t, \boldsymbol{h}_t, \boldsymbol{a}_t\right)\Big|_{\boldsymbol{a}=\boldsymbol{\mu}_{\theta}\left(\boldsymbol{o}_t, \boldsymbol{h}_t\right)}$$

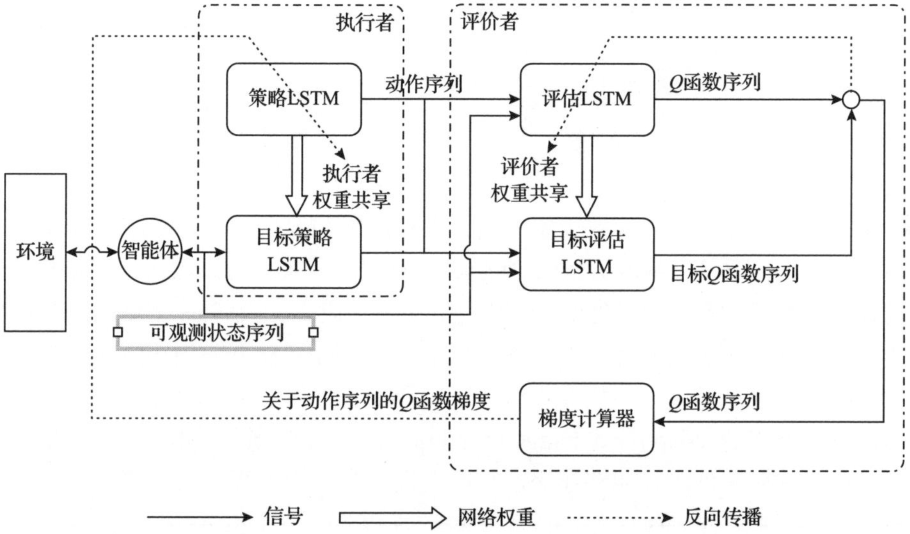

图 5.18　基于历史信息的 DDPG 算法框架示意

3. 深海机器人热液搜索仿真实验与分析

这部分将主要阐述深度强化学习算法在深海机器人热液搜索任务上的仿真实验，包括实验环境的搭建、对比实验以及实验结果分析。

1) 实验环境搭建

为了验证前面工作中提出的深度强化学习算法在深海机器人热液羽状流源搜索任务中的效果，我们建立了深海机器人在湍流中的热液源智能搜索仿真环境。基于本小节提出的 POMDP 学习方法，我们假定搜索任务区域为一个 2D 方形区域，热液源位置 (x_0, y_0) 为区域内随机位置，并以固定速率散发化学物质细丝形成羽状流，如图 5.19 所示。在一定时间内流场的流速影响下，深海机器人作为智能体要根据本小节提出的 POMDP 建模方法，利用基于历史信息的深度强化学习算法进行热液源的搜索。由于仿真环境构建过程中，热液源位置是随机的，流场流速是随机生成的，因而整个搜索任务具备较强的随机性，这对于验证强化学习算法的泛化性和有效性更具实际意义。

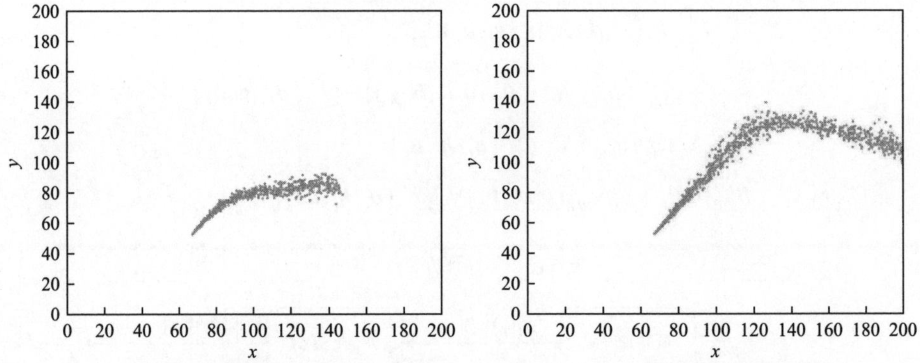

(a) 热液羽状流形成早期　　　　(b) 热液羽状流形成中期

图 5.19　深海机器人热液搜索仿真环境

在算法的网络结构和参数设置方面，策略网络和评价网络均采用双层 LSTM 递归神经网络，隐状态维度为128，其余状态空间的定义、动作空间定义和奖励函数设置在 POMDP 模型中已经明确，其中折扣因子设为$\gamma = 0.95$。策略网络和评价网络的学习率分别选为$\mathrm{lr}_{\mathrm{actor}} = 0.00001$，$\mathrm{lr}_{\mathrm{critic}} = 0.0001$。在算法的实际应用中，递归网络的训练速度较慢，因而在训练初期采用监督训练提升训练速度。利用传统的自适应动态规划(adaptive dynamic programming，ADP)算法(算法 5.4)结果作为对信号追踪的初步训练，能够在一定程度上提升强化学习算法的效率。

算法 5.4　基于历史信息的自适应动态规划算法

STEP 1：构建评价者 LSTM 网络和评价者目标 LSTM 网络 $\mathrm{critic}_{\mathrm{lstm}}, \widehat{\mathrm{critic}}_{\mathrm{lstm}}$，执行者 LSTM 网络和执行者目标 LSTM 网络 $\mathrm{actor}_{\mathrm{lstm}}$ 和 $\widehat{\mathrm{actor}}_{\mathrm{lstm}}$.

STEP 2：初始化奖励折扣因子γ，评价者 LSTM 网络的学习率$\mathrm{lr}_{\mathrm{critic}}$，执行者 LSTM 网络的学习率$\mathrm{lr}_{\mathrm{actor}}$和环境运行最长步数$M$.

STEP 3：初始化环境交互采样数据缓冲池 MEMO.

STEP 4：FOR idx = 1, 2, ⋯, Episodes DO

STEP 5：随机地选取深海机器人搜索任务的起始位置$\boldsymbol{p}_v^{\mathrm{idx}}(t_0)$并且重置深海机器人的初始观测状态$\boldsymbol{o}_0^{\mathrm{idx}}$.

STEP 6：通过和环境的交互产生生成动作序列$\boldsymbol{a}_{0:M}^{\mathrm{idx}}$、观测状态序列$\boldsymbol{o}_{0:M}^{\mathrm{idx}}$、历史轨迹$\boldsymbol{h}^{\mathrm{idx}} = \left\{\boldsymbol{o}^{\mathrm{idx}}, \boldsymbol{a}^{\mathrm{idx}}\right\}_{0:M}$以及环境回报序列$r_{0:M}^{\mathrm{idx}}\left(\boldsymbol{o}^{\mathrm{idx}}, \boldsymbol{h}^{\mathrm{idx}}, \boldsymbol{a}^{\mathrm{idx}}\right)$.

STEP 7：在缓冲池 MEMO 中存放$\left\{\boldsymbol{o}_t^{\mathrm{idx}}, \boldsymbol{a}_t^{\mathrm{idx}}, r_t^{\mathrm{idx}}\right\}_{0:M}$.

STEP 8：在缓冲池 MEMO 中采样大小为N的历史轨迹作为批训练样本$\left\{\boldsymbol{o}_1^j, \boldsymbol{a}_1^j, r_1^j, \cdots, \boldsymbol{o}_M^j, \boldsymbol{a}_M^j, r_M^j\right\}_{j=1,2,\cdots,N}$.

STEP 9：FOR　batch $=1,2,\cdots,N$　DO

STEP 10：将批训练样本中的动作序列 $\boldsymbol{a}_{0:M}^{j}$ 和观测状态序列 $\boldsymbol{o}_{0:\mathrm{Max}}^{j}$ 作为评价者目标 LSTM 网络的输入计算目标 Q 函数序列 $\hat{Q}_{0:M}^{j}(\boldsymbol{o},\boldsymbol{h},\boldsymbol{a})$

$$\tilde{Q}_i^j\left(\boldsymbol{o}_i^j,\boldsymbol{h}_{i-1}^j,\boldsymbol{a}_i^j\right)=r\left(\boldsymbol{o}_i^j,\boldsymbol{h}_{i-1}^j,\boldsymbol{\mu}_{\boldsymbol{\theta}}\left(\boldsymbol{o}_i^j,\boldsymbol{h}_{i-1}^j\right)\right)+\gamma\widehat{Q_i^j}\left(\boldsymbol{o}_{i+1}^j,\boldsymbol{h}_i^j,\boldsymbol{\mu}_{\boldsymbol{\theta}}\left(\boldsymbol{o}_{i+1}^j,\boldsymbol{h}_i^j\right)\right)$$

STEP 11：通过目标 Q 函数序列训练评价者 LSTM 网络

$$\boldsymbol{w}\leftarrow\boldsymbol{w}+\frac{\mathrm{lr}_{\mathrm{critic}}}{NM}\sum_{j=1}^{N}\sum_{i=1}^{M}\left(\tilde{Q}_i^j-Q_i^j\right)\nabla_{\boldsymbol{w}}Q_i^j\left(\boldsymbol{o}_i^j,\boldsymbol{h}_{i-1}^j,\boldsymbol{a}_i^j\right)$$

STEP 12：通过权值共享更新评价者目标 LSTM 网络的参数

$$\hat{\boldsymbol{w}}\leftarrow\tau_{\mathrm{critic}}\hat{\boldsymbol{w}}+(1-\tau_{\mathrm{critic}})\boldsymbol{w}$$

STEP 13：根据 Q 函数序列计算算法目标相对动作序列的策略梯度并且更新执行者 LSTM 网络参数

$$\boldsymbol{\theta}\leftarrow\boldsymbol{\theta}+\frac{\mathrm{lr}_{\mathrm{actor}}}{NM}\sum_{\boldsymbol{j}=1}^{N}\sum_{\boldsymbol{i}=1}^{M}\nabla_{\boldsymbol{\theta}}\boldsymbol{\mu}_{\boldsymbol{\theta}}\left(\boldsymbol{o}_i^j,\boldsymbol{h}_{i-1}^j\right)\nabla_{\boldsymbol{a}_i^j}Q_i^j\left(\boldsymbol{o}_i^j,\boldsymbol{h}_{i-1}^j,\boldsymbol{a}_i^j\right)$$

STEP 14：通过权值共享更新执行者目标 LSTM 网络的参数

$$\hat{\boldsymbol{\theta}}\leftarrow\tau_{\mathrm{actor}}\hat{\boldsymbol{\theta}}+(1-\tau_{\mathrm{actor}})\boldsymbol{\theta}$$

2) 基于历史信息的自适应动态规划算法实验结果

首先我们在深海机器人热液搜索仿真环境中进行了自适应动态规划算法的实验，结果如图 5.20 所示。自适应动态规划算法能够对海底湍流环境中的羽状流进行热液源位置估计，从而规划深海机器人的搜索路径。下图展示了两种不同羽状流仿真环境下的实验结果，环境 1 的热液源位置为(67.5, 52.5)，环境 2 的热液源位置为(27.5, 32.5)，搜索起始点在图中用蓝色空心圈表示，搜索终止点用橙色空心圈表示。由于深海机器人只能获得局部的流场流速和化学物质浓度，因而利用转移矩阵和优化迭代进行热液源位置向量的估计会有较大的偏差。从图中的实验结果可以看出，虽然源位置的估计能够确定大致方位，但是其准确度仍然不够理想。除了算法搜索的精确性，稳定度是自适应动态规划算法面临的另一个挑战。动态规划方法是基于流场流速信息构建场源分布估计向量，其每次迭代对于流速极为敏感。而湍流环境中流场流速的多变性更加放大了动态规划算法本身的不利因素影响。

图 5.21 给出了深度强化学习算法在热液源搜索仿真环境下的深海机器人运动轨迹，其中图 5.21(a)是执行 DDPG 算法的实验结果，图 5.21(b)是基于历史信息的深度强化学习算法的实验结果。从中可以看出，引入历史信息的搜索策略更加

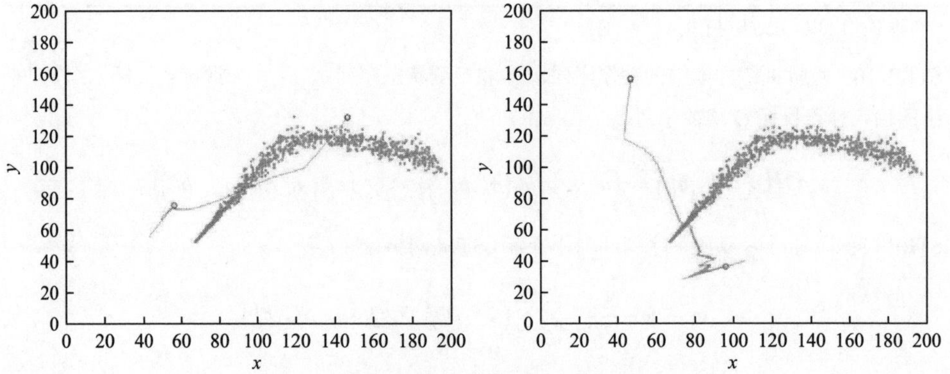

(a) 自适应动态规划算法在热液羽状流1中的搜索轨迹

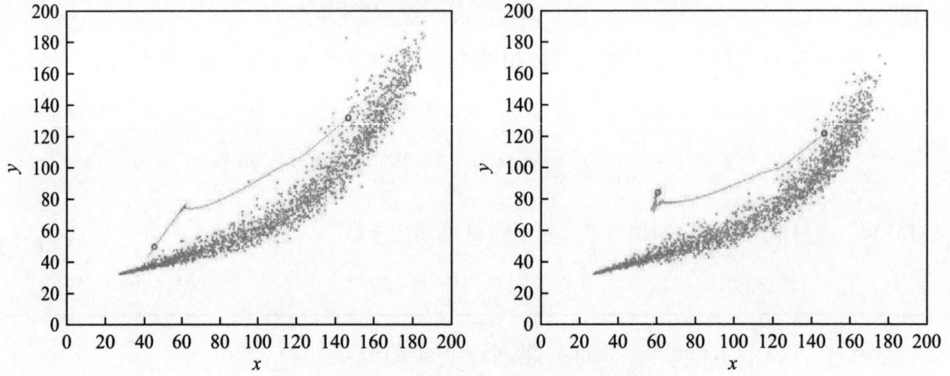

(b) 自适应动态规划算法在热液羽状流2中的搜索轨迹

图 5.20　自适应动态规划算法在两种羽状流仿真环境下的搜索路径

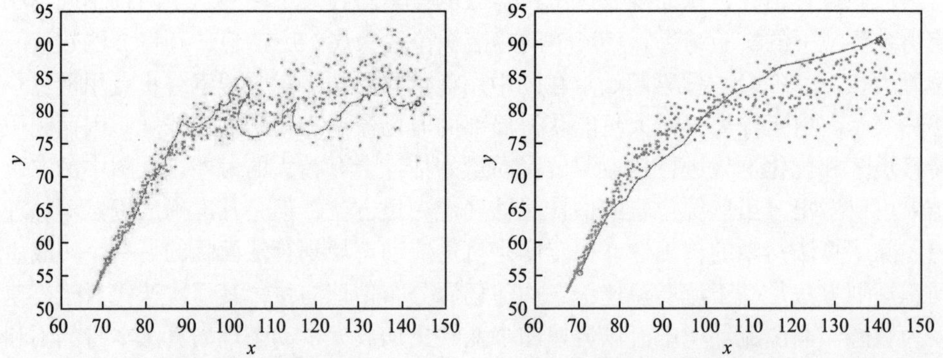

(a) DDPG算法的搜索轨迹　　(b) 基于历史信息的深度强化学习算法的搜索轨迹

图 5.21　深度强化学习算法在两种不同数据集上的搜索轨迹

平滑，而相比于自适应动态规划算法，使用深度确定性策略梯度算法的深海机器人能够更加精确地分布在热液羽状流中，获取更多的探测数据进行网络训练。

为了加速基于历史信息的深度强化学习算法的收敛速率，我们将自适应动态规划获得的粗略搜索策略作为智能体策略网络的监督信号，在训练初始阶段进行策略的初始化。实验结果及累计回报统计数据如表 5.1 所示，其中 Un.LSTM based DPG 表示采用历史信息的非监督深度强化学习算法，S.LSTM-based DPG 表示先采用自适应动态规划策略进行初始化，然后采用基于历史信息的深度强化学习算法。

表 5.1　基于历史信息的深度强化学习算法在深海机器人热液源搜索的实验

算法	最小奖励	最大奖励	平均奖励	平均步数	每步奖励	收敛幕数	成功率/%
ADP	146	270	176	246	0.7154	—	13.10
DDPG	103	122	114	103	1.1068	413	97.24
Un. LSTM-based DPG	101	135	117	78	1.7463	483	98.03
S. LSTM-based DPG	101	131	112	77	1.4545	330	98.81

5.4　基于周期扰动极值搜索的三维场源搜索方法

本节阐述三维非完整机器人在位置信息未知的环境中的场源搜索方法。在本节中，提出的控制策略与已有的研究工作不同，采用周期扰动极值搜索（periodically perturbed extremum seeking, PPES）控制方法提出的控制策略克服了机器人位置信息未知的限制条件。我们将同时对机器人的前进速度和两个角速度进行控制，以克服已有研究工作在接近场源的时候出现的轨迹“超调”问题。在这种控制策略下，机器人在接近场源时将降低前进速度，并最终“停”在场源附近。此外，控制器的结构也变得更简洁。利用平均理论证明了本节提出的控制方法对于未知球形分布场的局部指数稳定性，并结合仿真实验进行了验证。本节内容取材于作者已发表论文[76]。

5.4.1　问题描述

本小节考虑三维非完整机器人在位置信息未知的环境中的场源搜索方法。考虑的机器人模型是一阶三维非完整机器人，即机器人的运动学方程为

$$\dot{\boldsymbol{r}}_c = v\boldsymbol{n}(\alpha,\theta) \tag{5-24}$$

$$\dot{\alpha} = \psi_\alpha \tag{5-25}$$

$$\dot{\theta} = \psi_\theta \tag{5-26}$$

$$\boldsymbol{r}_s = \boldsymbol{r}_c + R\boldsymbol{n}(\alpha,\theta) \tag{5-27}$$

其中，$\boldsymbol{r}_c$ 和 $\boldsymbol{r}_s$ 分别是机器人中心位置和传感器位置，二者距离为 R；α 和 θ 分别

是机器人的俯仰角和偏航角，对应的角速度为ψ_α和ψ_θ；v是机器人的前进速度；$\boldsymbol{n}(\alpha,\theta)$为

$$\boldsymbol{n}(\alpha,n)=\begin{bmatrix}\cos\alpha\cos\theta\\ \cos\alpha\sin\theta\\ \sin\alpha\end{bmatrix}$$

注释 5.4.1　在已有相关研究工作中，研究位置信息未知的三维场源搜索问题的文献相对较少，如文献[77]、[78]、[79]。由于在三维空间中机器人有更多的姿态变量及控制量，二维空间中的方法并不能直接在三维空间中使用。但现实作业中机器人面临的搜索空间往往是三维的(比如水下、空中)，因此研究三维场源搜索问题更具有实用价值。

机器人所要搜索的未知场源有如下特点：场源是静态的，也就是说，场源不会移动；场源向外发射场信号，形成信号场，离场源越远，信号强度越弱；在搜索区域中只有一个场源，也就是说，整个信号场只有场源一个极大值点；信号场是时不变的。记在位置$\boldsymbol{r}$的信号强度为$J=f(\boldsymbol{r})$，场源位置为$\boldsymbol{r}^*$，在场源处取得信号强度的最大值$f^*=f(\boldsymbol{r}^*)$。由于位置信息未知，此时大部分传统的场源搜索方法将失效。考虑到这个限制条件，本小节应用周期扰动极值搜索控制来设计机器人的控制方案。

为证明提出控制方法有效性，对于信号场分布$f(\boldsymbol{r})$，我们作如下假设。

假设 5.4.1　$f(\boldsymbol{r})$二次连续可微，且在场源附近为凹函数，即

$$\nabla f\left(\boldsymbol{r}^*\right)=0,\quad \nabla^2 f\left(\boldsymbol{r}^*\right)\text{负定}$$

其中，$\nabla f(\boldsymbol{r}^*)$是$f$在场源处的梯度；$\nabla^2 f(\boldsymbol{r}^*)$是$f$在场源处的 Hessian 矩阵。

假设 5.4.2　$J=f(\boldsymbol{r})$只与位置$\boldsymbol{r}$到场源$\boldsymbol{r}^*$的距离有关，即信号强度J具有表达形式$J=f'(|\boldsymbol{r}-\boldsymbol{r}^*|)$。

假设 5.4.2 是一个较强的假设，但现实中有很多信号场符合这种类型，比如热场、声波场、电磁场等。基于假设 5.4.1 和假设 5.4.2，考虑系统在场源附近的稳定性时，可以用球形分布去近似信号场分布。把信号场分布f在场源$\boldsymbol{r}^*$点进行泰勒展开，并忽略高阶项，得到二次表达式为

$$J=f\left(\boldsymbol{r}_s\right)=f^*-q_r\,|\,\boldsymbol{r}_s-\boldsymbol{r}^*\,|^2 \tag{5-28}$$

其中，q_r是未知的正常数。在 5.4.4 节的稳定性分析中，我们将采用式(5-28)作为信号场分布的近似。虽然 5.4.4 节的理论推导只证明了控制策略对于球形分布场的有效性，但仿真实验表明，该策略也同样适用于其他类型的未知分布场。

值得一提的是，Cochran 等已经在文献[78]中探究 PPES 在三维场源搜索中的应用。他们提出保持机器人的前进速度不变，采用 PPES 控制机器人的角速度，并引入阻尼项来保证稳定性。使用该方法，机器人通过不断地摇摆朝向来估计梯度，并沿着梯度方向前进，最终能找到场源并绕着场源进行旋转，其仿真实验结果如图 5.22 所示。但值得注意的是，由于机器人的前进速度不变，在靠近场源的时候，沿着梯度方向前进的策略会导致机器人笔直穿过场源，造成其行进轨迹的“超调”。机器人穿过场源后，需要重新调整方向，掉头向场源前进，如此反复多次“超调”，机器人最终才能稳定下来围绕场源旋转。

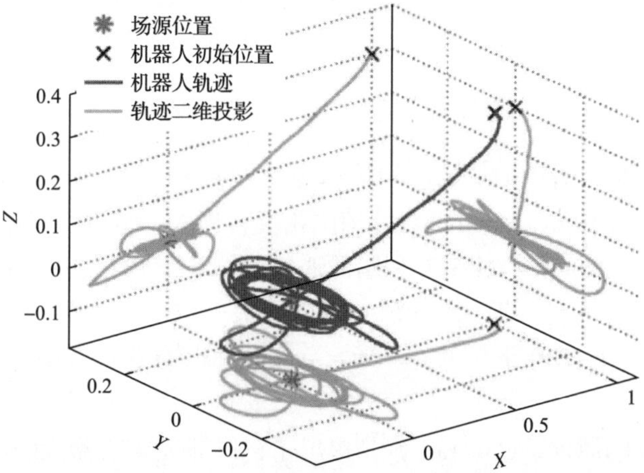

图 5.22　PPES 控制算法在经典强化学习探索环境中的行为表现

为克服恒定的前进速度引起的超调问题，本小节考虑采用 PPES 同时对机器人的前进速度和角速度控制，以期达到预期效果，即在机器人朝向场源时，提高前进速度；在机器人背离场源时，降低前进速度；在机器人接近场源时，降低前进速度以更好地接近场源，避免“超调”。此外，在这种控制策略下，两个角速度的控制器能够得到简化，无需再增加阻尼项。我们在 5.4.3 节阐述提出的控制器，并在 5.4.4 节证明其稳定性，在 5.4.5 节给出仿真验证结果。

5.4.2　周期扰动极值搜索方法

本小节将阐述周期扰动极值搜索方法的原理，其控制器如图 5.23 所示[79]。

考虑单输入单输出系统 $y = F(u)$， $F(u)$的具体形式未知，但已知输出 y 存在一个稳态极值点 y^*。为方便说明 PPES 的原理，假定 $F(u)$是静态的且有一个极小值点 y^*，如图 5.23(b)所示。极值搜索的目标就是找到 u 的最优输入 u^*，使得输出 y 取得最小值 y^*。为了达到这个目标，需要估计 y 对应 u 的梯度。记最优输入为 u^* 的估计值为 Δu，对 Δu 施加一个微小的周期扰动 $a\sin(\omega t)$，输出 y 也会产生一

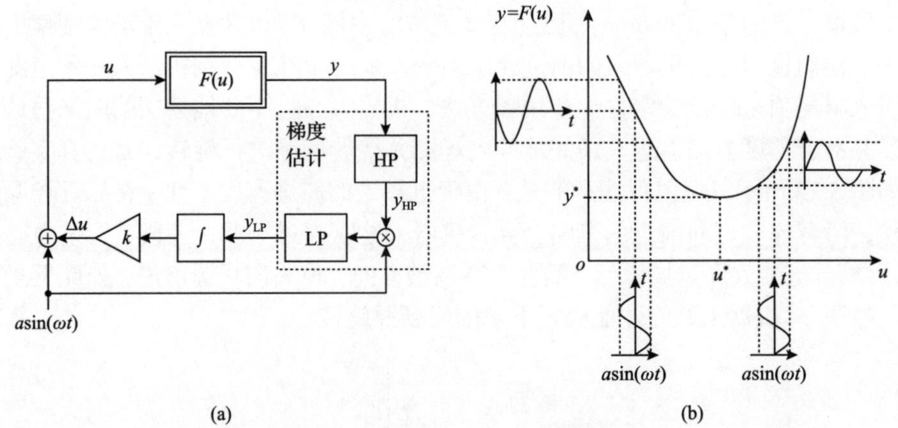

图 5.23　周期扰动极值搜索原理

个微小的周期响应。利用高通滤波器 HP 提取 y 的周期响应，记为 y_{HP}。如图 5.23(b)所示，当 $\Delta u < u^*$ 时，y_{HP} 与 $a\sin(\omega t)$ 相位相反；当 $\Delta u > u^*$ 时，y_{HP} 与 $a\sin(\omega t)$ 相位相同。把 y_{HP} 与 $a\sin(\omega t)$ 相乘并利用低通滤波器 LP 进行滤波，记低通滤波器的输出为 y_{LP}。显然，y_{LP} 的正负与 $F'(\Delta u)$ 的正负一致。实际上，根据文献[80]的理论计算，y_{LP} 与 $F'(\Delta u)$ 正相关。令 $\Delta u = ky_{\mathrm{LP}}$，当 k 为负时，根据梯度下降法，Δu 将最终收敛到 u^*。

基于 PPES 的原理，Cochran 等[78]提出了三维非完整机器人的场源搜索策略，其控制器如图 5.24 所示。他们令机器人的前进速度保持不变，只用 PPES 控制机

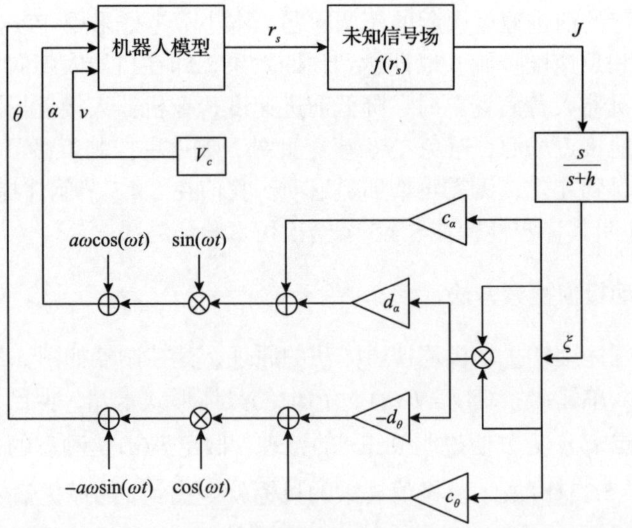

图 5.24　三维场源搜索 PPES 算法在恒定速度下的角速度控制器

器人的角速度，这样的策略将引起轨迹“超调”问题。

5.4.3　控制策略

本小节把周期扰动极值搜索控制用在三维非完整机器人的场源搜索问题中，所采用的控制器如图 5.25 所示。控制律为

$$v = V_c + b\xi \tag{5-29}$$

$$\psi_\alpha = a\omega\cos(\omega t) + c_\alpha\xi\sin(\omega t) \tag{5-30}$$

$$\psi_\theta = -a\omega\sin(\omega t) + c_\theta\xi\cos(\omega t) \tag{5-31}$$

$$\xi = \frac{s}{s+h}[J] \tag{5-32}$$

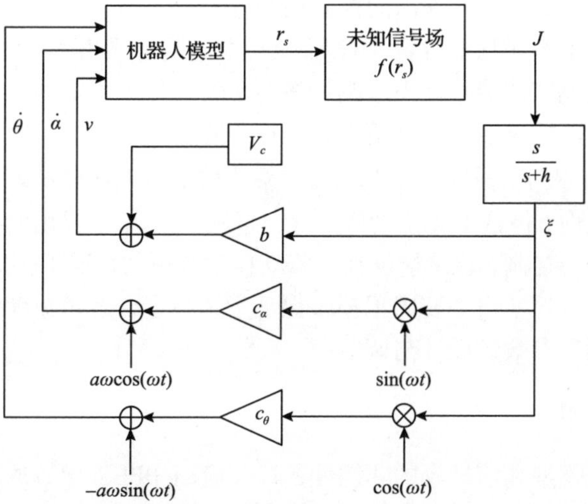

图 5.25　三维场源搜索 PPES 算法的速度和角速度控制器

其中，a 和 ω 是扰动周期信号的幅值和频率；c_α、c_θ 和 b 都是放大系数；V_c 是偏差前进速度；J 是传感器测量的信号强度值；ξ 是高通滤波器 $\frac{s}{s+h}[J]$ 的输出。在该控制方案中，俯仰角速度 ψ_α 和偏航角速度 ψ_θ 的控制思路基本与 5.4.2 节阐述的 PPES 一致。分别对这两个角速度时间施加扰动项 $a\omega\cos(\omega t)$ 和 $-a\omega\cos(\omega t)$，这样非完整机器人的俯仰角和偏航角也将持续受到扰动项 $a\sin(\omega t)$ 和 $a\cos(\omega t)$ 的干扰，即机器人的朝向角将会不断摇摆。这样测量信号 J 也将会有一个对应的周期响应，我们用高通滤波器 $\frac{s}{s+h}[\cdot]$ 提取这个高频响应，记为 ξ。然后把 ξ 分别与

$\sin(\omega t)$ 和 $\cos(\omega t)$ 相乘，即可得到估计的梯度 $\xi\sin(\omega t)$ 和 $\xi\cos(\omega t)$。进而把这两个估计得到的梯度分量分别乘以各自的放大系数 c_α 和 c_θ，再分别叠加到对应的角速度上面，即可完成对角速度的控制。

考虑高通滤波器的输出 ξ 的特性：当机器人朝向场源前进的时候，J 整体上表现为增大，ξ 为正值；当机器人远离场源的时候，J 整体上表现为减小，ξ 为负值；当机器人在场源附近时，J 接近其极大值且变化较为平稳，ξ 接近零。为此，我们设计令机器人的前进速度 v 与 ξ 正相关，即 $v = V_c + b\xi$，其中 V_c 为偏移前进速度，是为了保证系统稳定性设置的偏移量。这样当机器人朝向场源前进的时候，前进速度增大；当机器人远离场源的时候，前进速度减小；当机器人在场源附近时，如果 V_c 取值较小，前进速度将接近零，能够避免文献[78]给出的轨迹“超调”现象，并且吸引区更加接近场源。

对比图 5.24 及图 5.25 可以看出，本小节所提出的控制器与 Cochran 等提出的控制器不相同。Cochran 等提出的控制策略令机器人的前进速度保持不变，即便机器人到达场源也不能马上稳定下来，而是会穿过场源引发其行进轨迹的“超调”，机器人需要反复调整才能稳定下来围绕场源旋转。如果令机器人的前进速度为一个很小的值，可能能够改善这种情况，但这将降低机器人的搜索效率。为了减弱“超调”，他们引入了阻尼项 $d_\alpha\xi^2$ 及 $d_\theta\xi^2$ 来改善机器人在场源附近的表现并保证闭环系统的稳定性，但依旧无法彻底消除“超调”。本小节提出的控制器对机器人的前进速度也进行控制，这将能够在不降低搜索效率的情况下消除“超调”现象。此外，由于该控制器不再需要阻尼项来保证系统稳定，对角速度的控制将更为简洁，有利于控制器参数的设计与调节。

5.4.4 稳定性证明

由于机器人模型和信号场的非线性，以及应用 PPES 导致的时间尺度变化，要分析闭环系统式(5-24)～式(5-32)的动态并不容易。此外，三维模型所涉及的系统变量也将比二维情况更多，变量间的耦合也加剧了分析的难度。本小节将证明闭环系统在场源附近的局部收敛性，在本小节的分析过程中，我们将采用球形分布场式(5-28)作为信号场分布的近似。

为了更好地表达 ξ，定义

$$e = \frac{h}{s+h}[J] - f^* \tag{5-33}$$

此时有

$$\xi = \frac{s}{s+h}[J] = J - \frac{h}{s+h}[J] = J - f^* - e$$

并且 $\dot{e}=h\xi$ 。把控制律式(5-29)～式(5-32)代入系统式(5-24)和式(5-25)，可以得到如下的闭环系统，即

$$\dot{\boldsymbol{r}}_c = V_c\boldsymbol{n}\left(\alpha,\theta\right) \tag{5-34}$$

$$\dot{\alpha} = a\omega\cos(\omega t)+c_\alpha\xi\sin(\omega t) \tag{5-35}$$

$$\dot{\theta} = -a\omega\sin(\omega t)+c_\theta\xi\cos(\omega t) \tag{5-36}$$

$$\dot{e} = h\xi \tag{5-37}$$

$$\xi = -q_r\left|\boldsymbol{r}_s-\boldsymbol{r}^*\right|^2-e \tag{5-38}$$

$$\boldsymbol{r}_s = \boldsymbol{r}_c + R\boldsymbol{n}\left(\alpha,\theta\right) \tag{5-39}$$

由于闭环系统包含有六个变量，很难对系统进行直接分析。本小节对系统进行变量代换和时间尺度变换，并引入球坐标系，降低系统维度。然后计算平均系统及其平衡点。进而给出平衡点的指数稳定条件，并结合平均理论证明原系统的稳定性。

1. 平均系统

首先定义平移变量

$$\widehat{\boldsymbol{r}_c} = \boldsymbol{r}_c - \boldsymbol{r}^*$$

$$\hat{\alpha} = \alpha - a\sin(\omega t)$$

$$\hat{\theta} = \theta - a\cos(\omega t)$$

$$\hat{e} = e + q_r R^2$$

并对时间尺度进行放缩 $\tau=\omega t$ 。

平移和时间放缩后的系统的表达式为

$$\begin{aligned}
\frac{\mathrm{d}\widehat{\boldsymbol{r}_c}}{\mathrm{d}\tau} &= \frac{V_c+b\xi}{\omega}\boldsymbol{n}\left(\hat{\alpha}+a\sin\tau,\hat{\theta}+a\cos\tau\right)\\
\frac{\mathrm{d}\hat{\alpha}}{\mathrm{d}\tau} &= \frac{c_\alpha\xi}{\omega}\sin\tau\\
\frac{\mathrm{d}\hat{\theta}}{\mathrm{d}\tau} &= \frac{c_\theta\xi}{\omega}\cos\tau\\
\frac{\mathrm{d}\hat{e}}{\mathrm{d}\tau} &= \frac{h\xi}{\omega}
\end{aligned}$$

由于信号强度仅与距离有关，引入以 $\boldsymbol{r}_c$ 为坐标原点的球坐标系来表示向量 $\hat{\boldsymbol{r}}_c$ ，如图 5.26 所示。在球坐标系中，用变量 $\tilde{r}_c$ 、α^* 、θ^* 表示三维向量 $\hat{\boldsymbol{r}}_c$ ，关系式为

$$
\begin{aligned}
&\tilde{r}_c = \left|\hat{\boldsymbol{r}}_c\right| = \sqrt{\hat{x}_c^2 + \hat{y}_c^2 + \hat{z}_c^2} \\
&-\widehat{\boldsymbol{r}_c} = \tilde{r}_c \boldsymbol{n}\left(\alpha^*, \theta^*\right) \\
&\tan\alpha^* = -\frac{\hat{z}_c}{\sqrt{\hat{x}_c^2 + \hat{y}_c^2}} \\
&\tan\theta^* = \frac{\hat{y}_c}{\hat{x}_c},
\end{aligned}
$$

其中，$\tilde{r}_c$ 是机器人中心 $\boldsymbol{r}_c$ 到场源 $\boldsymbol{r}^*$ 的距离；α^* 和 θ^* 是在从 $\boldsymbol{r}_c$ 朝向 $\boldsymbol{r}^*$ 的俯仰角和偏航角。显然，α^* 和 θ^* 是机器人在位置 $\boldsymbol{r}_c$ 的最优朝向角。

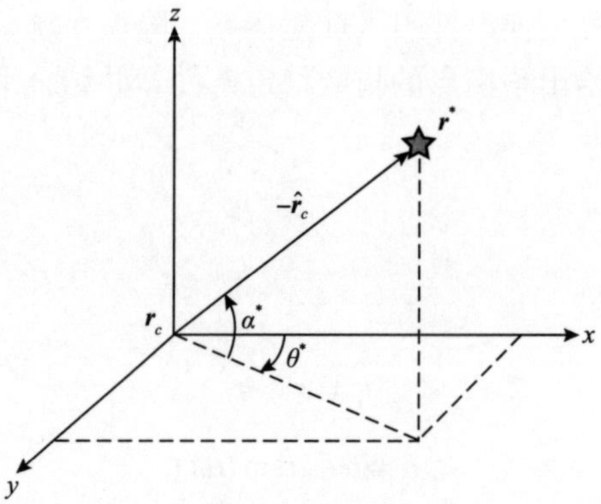

图 5.26　球坐标系

由这些定义，ξ 可以重新表达为

$$
\xi = -q_r\left(\tilde{r}_c^2 + R^2 - 2\tilde{r}_c R \xi_c\right) - e
$$

$$
\xi_c = \cos\left(\hat{\alpha} + a\sin\tau\right)\cos\alpha^* \cos\left(\hat{\theta} - \theta^* + a\cos\tau\right) + \sin\left(\hat{\alpha} + a\sin\tau\right)\sin\alpha^*
$$

给出系统在新坐标系的表达式为

$$
\begin{aligned}
\frac{\mathrm{d}\tilde{r}_c}{\mathrm{d}\tau} &= \frac{\dfrac{\mathrm{d}\hat{x}_c}{\mathrm{d}\tau}\hat{x}_c + \dfrac{\mathrm{d}\hat{y}_c}{\mathrm{d}\tau}\hat{y}_c + \dfrac{\mathrm{d}\hat{z}_c}{\mathrm{d}\tau}\hat{z}_c}{\tilde{r}_c} \\
&= \frac{\left(V_c + b\xi\right)\xi_c}{\omega}
\end{aligned}
$$

$$\frac{\mathrm{d}\alpha^*}{\mathrm{d}\tau}=\frac{\hat{z}_c\left(\frac{\mathrm{d}}{\mathrm{d}\tau}\sqrt{\hat{x}_c^2+\hat{y}_c^2}\right)-\frac{\mathrm{d}\hat{z}_c}{\mathrm{d}\tau}\sqrt{\hat{x}_c^2+\hat{y}_c^2}}{\tilde{r}_c^2}$$
$$=\frac{V_c+b\xi}{\omega\tilde{r}_c}\left[\sin(\hat{\alpha}+a\sin\tau)\cos\alpha^*-\cos(\hat{\alpha}+a\sin\tau)\sin\alpha^*\cos\left(\hat{\theta}-\theta^*+a\cos\tau\right)\right]$$

$$\frac{\mathrm{d}\theta^*}{\mathrm{d}\tau}=\frac{\frac{\mathrm{d}\hat{y}_c}{\mathrm{d}\tau}\hat{x}_c-\hat{y}_c\frac{\mathrm{d}\hat{x}_c}{\mathrm{d}\tau}}{\hat{y}_c^2+\hat{x}_c^2}$$
$$=-\frac{V_c+b\xi}{\omega\tilde{r}_c\cos\alpha^*}\left[\cos(\hat{\alpha}+a\sin\tau)\sin\left(\hat{\theta}-\theta^*+a\cos\tau\right)\right]$$

注意到上述几个表达式均含有 $\hat{\theta}-\theta^*$，我们定义变量 $\tilde{\theta}=\hat{\theta}-\theta^*$ 来降低系统维度。$\tilde{\theta}$ 代表着机器人的偏航角 $\hat{\theta}$ 与最优偏航角 θ^* 之间的夹角。降维后的系统为

$$\frac{\mathrm{d}\tilde{r}_c}{\mathrm{d}\tau}=-\frac{(V_c+b\xi)\xi_c}{\omega} \tag{5-40}$$

$$\frac{\mathrm{d}\alpha^*}{\mathrm{d}\tau}=-\frac{V_c+b\xi}{\omega\tilde{r}_c}\left[\sin(\hat{\alpha}+a\sin\tau)\cos\alpha^*-\cos(\hat{\alpha}+a\sin\tau)\sin\alpha^*\cos\left(\tilde{\theta}+a\cos\tau\right)\right] \tag{5-41}$$

$$\frac{\mathrm{d}\hat{\alpha}}{\mathrm{d}\tau}=\frac{c_\alpha\xi}{\omega}\sin\tau \tag{5-42}$$

$$\frac{\mathrm{d}\tilde{\theta}}{\mathrm{d}\tau}=\frac{c_\theta\xi}{\omega}\cos\tau+\frac{V_c+b\xi}{\omega\tilde{r}_c\cos\alpha^*}\left[\cos(\hat{\alpha}+a\sin\tau)\sin\left(\tilde{\theta}+a\cos\tau\right)\right] \tag{5-43}$$

$$\frac{\mathrm{d}\hat{e}}{\mathrm{d}\tau}=\frac{h}{\omega}\xi \tag{5-44}$$

其中

$$\xi=-q_r\tilde{r}_c^2+2q_rR\tilde{r}_c\xi_c-\hat{e}$$

$$\xi_c=\cos(\hat{\alpha}+a\sin\tau)\cos\alpha^*\cos\left(\tilde{\theta}+a\cos\tau\right)+\sin(\hat{\alpha}+a\sin\tau)\sin\alpha^*$$

系统式(5-40)～式(5-44)是一个高维非线性非自治系统，要直接对该系统分析仍然并不容易。为对该系统进行近似，我们引入以下引理[81]

引理 5.4.1 考虑形如

$$\dot{\boldsymbol{x}} = \epsilon \boldsymbol{f}\left(t, \boldsymbol{x}, \epsilon\right) \tag{5-45}$$

的非自治系统，假设 $f(t, \boldsymbol{x}, \epsilon)$ 连续有界，而且对于每个紧密 $D_0 \subset D(D \subset \mathbb{R}^n$ 是定义域)，$(t, \boldsymbol{x}, \epsilon) \in [0, \infty) \times D_0 \times [0, \epsilon_0)$，$f(t, \boldsymbol{x}, \epsilon)$ 对于 $(\boldsymbol{x}, \epsilon)$ 的一阶及二阶偏导数是连续且有界的。假设 f 是对于 t 以 T 为周期的函数，$T > 0$，ϵ 是一个正参数。令 $\boldsymbol{x}(t, \epsilon)$ 为式(5-45)的解，且 $\boldsymbol{x}_{\text{av}}(\epsilon t)$ 为平均系统

$$\dot{\boldsymbol{x}} = \epsilon f_{\text{av}}(\boldsymbol{x}), f_{\text{av}}(\boldsymbol{x}) = \frac{1}{T}\int_0^T f\left(\tau, \boldsymbol{x}, 0\right) \mathrm{d}\tau \tag{5-46}$$

的解，那么：

(1) 如果原点 $\boldsymbol{x} = 0 \in D$ 是平均系统式(5-46)的一个指数稳定平衡点，$\Omega \subset D$ 是其吸引区的一个紧子集，$\boldsymbol{x}_{\text{av}}(0) \in \Omega$，且 $\boldsymbol{x}\left(0, \epsilon\right) - \boldsymbol{x}_{\text{av}}(0) = O(\epsilon)$，则存在 $\epsilon^* > 0$，使得对于所有的 $0 < \epsilon < \epsilon^*$，$\boldsymbol{x}\left(t, \epsilon\right)$ 有定义，且对于所有的 $t \in \left[0, \infty\right)$，有

$$\boldsymbol{x}\left(t, \epsilon\right) - \boldsymbol{x}_{\text{av}}(\epsilon t) = O(\epsilon)$$

(2) 如果原点 $\boldsymbol{x} = 0 \in D$ 是平均系统式(5-46)的一个指数稳定平衡点，则存在 $\epsilon^* > 0$ 和 $k > 0$，使得对于所有的 $0 < \epsilon < \epsilon^*$，原系统式(5-45)有唯一的指数稳定并以 T 为周期的解 $\overline{\boldsymbol{x}}(t, \epsilon)$，且 $\| \overline{\boldsymbol{x}}\left(t, \epsilon\right) \| < k\epsilon$。

注释 5.4.2 由引理 5.4.1，可知在特定假设条件下，可以采用平均系统式(5-46)的平衡点去近似原系统式(5-45)的解。因此，非自治系统式(5-45)可以利用自治系统式(5-46)进行近似求解。

注意到系统的动态方程中 f 对于 t 是以 2π 为周期的周期函数，按照引理 5.4.1，可以用其平均系统对系统式(5-40)～式(5-44)进行近似。根据式(5-46)，可以计算得到如下的平均系统，即

$$\frac{\mathrm{d}\tilde{r}_c^{\text{av}}}{\mathrm{d}\tau} = \frac{\left(bq_r\left(\tilde{r}_c^{\text{av}}\right)^2 + b\hat{e}^{\text{av}} - V_c\right)}{\omega}\xi_c^{\text{av}} - \frac{2bq_rR\tilde{r}_c^{\text{av}}}{\omega}\xi_c^{2,\text{av}} \tag{5-47}$$

$$\frac{\mathrm{d}\alpha^{*\text{av}}}{\mathrm{d}\tau} = \frac{\left(bq_r\left(\tilde{r}_c^{\text{av}}\right)^2 + b\hat{e}^{\text{av}} - V_c\right)}{\omega\tilde{r}_c^{\text{av}}}\xi_c^{r,\text{av}} - \frac{2bq_rR}{\omega}\xi_c^{\alpha,\text{av}} \tag{5-48}$$

$$\frac{\mathrm{d}\hat{\alpha}^{\text{av}}}{\mathrm{d}\tau} = \frac{2c_aq_rR\tilde{r}_c^{\text{av}}}{\omega}\xi_c^{\sin,\text{av}} \tag{5-49}$$

$$\frac{\mathrm{d}\tilde{\theta}^{\mathrm{av}}}{\mathrm{d}\tau}=\frac{2c_{\theta}q_r R\tilde{r}_c^{\mathrm{av}}}{\omega}\xi_c^{\cos,\mathrm{av}}+\frac{2bq_r R}{\omega\cos\left(\alpha^{*\mathrm{av}}\right)}\xi_c^{\theta,\mathrm{av}}+\frac{\left(V_c-bq_r\left(\tilde{r}_c^{\mathrm{av}}\right)^2-b\hat{e}^{\mathrm{av}}\right)}{\omega\tilde{r}_c^{\mathrm{av}}\cos\left(\alpha^{*\mathrm{av}}\right)}\xi_c^{\theta,\mathrm{av}} \tag{5-50}$$

$$\frac{\mathrm{d}\hat{e}^{\mathrm{av}}}{\mathrm{d}\tau}=-\frac{hq_r}{\omega}\left(\tilde{r}_c^{\mathrm{av}}\right)^2-\frac{h}{\omega}\hat{e}^{\mathrm{av}}+\frac{2hq_r R}{\omega}\tilde{r}_c^{\mathrm{av}}\xi_c^{\mathrm{av}} \tag{5-51}$$

其中，$\mathrm{J}_0(\cdot)$和$\mathrm{J}_1(\cdot)$是第一类贝塞尔函数，且

$$\xi_c^{\mathrm{av}}=\mathrm{J}_0\left(\sqrt{2}a\right)\cos\left(\alpha^{*\mathrm{av}}\right)\cos\left(\hat{\alpha}^{\mathrm{av}}\right)\cos\left(\tilde{\theta}^{\mathrm{av}}\right)+\mathrm{J}_0(a)\sin\left(\alpha^{*\mathrm{av}}\right)\sin\left(\hat{\alpha}^{\mathrm{av}}\right)$$

$$\begin{aligned}\xi_c^{2,\mathrm{av}}=&\frac{\cos^2\left(\alpha^{*\mathrm{av}}\right)}{4}\left\{\mathrm{J}_0\left(2\sqrt{2}a\right)\cos\left(2\hat{\alpha}^{\mathrm{av}}\right)\cos\left(2\tilde{\theta}^{\mathrm{av}}\right)+\mathrm{J}_0(2a)\left(\cos\left(2\hat{\alpha}^{\mathrm{av}}\right)+\cos\left(2\tilde{\theta}^{\mathrm{av}}\right)\right)+1\right\}\\&+\frac{\sin^2\left(\alpha^{*\mathrm{av}}\right)}{2}\left[1-\mathrm{J}_0(2a)\cos\left(2\hat{\alpha}^{\mathrm{av}}\right)\right]+\frac{\mathrm{J}_0\left(\sqrt{5}a\right)}{2}\sin\left(2\alpha^{*\mathrm{av}}\right)\sin\left(2\hat{\alpha}^{\mathrm{av}}\right)\cos\left(\tilde{\theta}^{\mathrm{av}}\right)\end{aligned}$$

$$\xi_c^{\alpha,\mathrm{av}}=\mathrm{J}_0(a)\cos\left(\alpha^{*\mathrm{av}}\right)\sin\left(\hat{\alpha}^{\mathrm{av}}\right)-\mathrm{J}_0\left(\sqrt{2}a\right)\sin\left(\alpha^{*\mathrm{av}}\right)\cos\left(\hat{\alpha}^{\mathrm{av}}\right)\cos(\tilde{\theta}^{\mathrm{av}})$$

$$\begin{aligned}\xi_c^{\alpha,\mathrm{av}}=&\frac{\mathrm{J}_0\left(\sqrt{5}a\right)}{2}\cos\left(2\alpha^{*\mathrm{av}}\right)\sin\left(2\hat{\alpha}^{\mathrm{av}}\right)\cos\left(\tilde{\theta}^{\mathrm{av}}\right)\\&-\frac{\sin\left(2\alpha^{*\mathrm{av}}\right)}{8}\left[\mathrm{J}_0\left(2\sqrt{2}a\right)\cos\left(2\hat{\alpha}^{\mathrm{av}}\right)\cos\left(2\tilde{\theta}^{\mathrm{av}}\right)+3\mathrm{J}_0\left(2a\right)\cos\left(2\hat{\alpha}^{\mathrm{av}}\right)\right.\\&\left.+\mathrm{J}_0\left(2a\right)\cos\left(2\tilde{\theta}^{\mathrm{av}}\right)-1\right]\end{aligned}$$

$$\xi_c^{\sin,\mathrm{av}}=-\frac{\mathrm{J}_1\left(\sqrt{2}a\right)}{\sqrt{2}}\cos\left(\alpha^{*\mathrm{av}}\right)\sin\left(\hat{\alpha}^{\mathrm{av}}\right)\cos\left(\tilde{\theta}^{\mathrm{av}}\right)+\mathrm{J}_1(a)\sin\left(\alpha^{*\mathrm{av}}\right)\cos\left(\hat{\alpha}^{\mathrm{av}}\right)$$

$$\xi_c^{\cos,\mathrm{av}}=-\frac{\mathrm{J}_1\left(\sqrt{2}a\right)}{\sqrt{2}}\cos\left(\alpha^{*\mathrm{av}}\right)\cos\left(\hat{\alpha}^{\mathrm{av}}\right)\sin\left(\tilde{\theta}^{\mathrm{av}}\right)$$

$$\begin{aligned}\xi_c^{\theta,\mathrm{av}}=&\frac{\mathrm{J}_0\left(2\sqrt{2}a\right)}{4}\cos\left(\alpha^{*\mathrm{av}}\right)\cos\left(2\hat{\alpha}^{\mathrm{av}}\right)\sin\left(2\tilde{\theta}^{\mathrm{av}}\right)+\frac{\mathrm{J}_0(2a)}{4}\cos\left(\alpha^{*\mathrm{av}}\right)\sin\left(2\hat{\theta}^{\mathrm{av}}\right)\\&+\frac{\mathrm{J}_0\left(\sqrt{5}a\right)}{2}\sin\left(\alpha^{*\mathrm{av}}\right)\sin\left(2\hat{\alpha}^{\mathrm{av}}\right)\sin\left(\tilde{\theta}^{\mathrm{av}}\right)\end{aligned}$$

$$\xi_c^{\theta,\mathrm{av}}=\mathrm{J}_0\left(\sqrt{2}a\right)\cos\left(\hat{\alpha}^{\mathrm{av}}\right)\sin\left(\tilde{\theta}^{\mathrm{av}}\right)$$

令平均系统式(5-47)～式(5-51)的等式右边为零，可以计算得到其平衡点为①

$$\left[\tilde{r}_c^{\mathrm{av}^{\mathrm{eq1}}},\alpha^{*\mathrm{av}^{\mathrm{eq1}}},\hat{\alpha}^{\mathrm{av}^{\mathrm{eq1}}},\tilde{\theta}^{\mathrm{av}^{\mathrm{eq1}}},\hat{e}^{\mathrm{av}^{\mathrm{eq1}}}\right]=\left[\gamma_1,0,0,0,e_1\right] \tag{5-52}$$

$$\left[\tilde{r}_c^{\mathrm{av}^{\mathrm{eq2}}},\alpha^{*\mathrm{av}^{\mathrm{eq2}}},\hat{\alpha}^{\mathrm{av}^{\mathrm{eq2}}},\tilde{\theta}^{\mathrm{av}^{\mathrm{eq2}}},\hat{e}^{\mathrm{av}^{\mathrm{eq2}}}\right]=\left[-\gamma_1,0,0,\pi,e_1\right] \tag{5-53}$$

$$\left[\tilde{r}_c^{\mathrm{av}^{\mathrm{eq3}}},\alpha^{*\mathrm{av}^{\mathrm{eq3}}},\hat{\alpha}^{\mathrm{av}^{\mathrm{eq3}}},\tilde{\theta}^{\mathrm{av}^{\mathrm{eq3}}},\hat{e}^{\mathrm{av}^{\mathrm{eq3}}}\right]=\left[\rho_2\sqrt{2\gamma_3},0,0,\mu_0,e_2\right] \tag{5-54}$$

$$\left[\tilde{r}_c^{\mathrm{av}^{\mathrm{eq4}}},\alpha^{*\mathrm{av}^{\mathrm{eq4}}},\hat{\alpha}^{\mathrm{av}^{\mathrm{eq4}}},\tilde{\theta}^{\mathrm{av}^{\mathrm{eq4}}},\hat{e}^{\mathrm{av}^{\mathrm{eq4}}}\right]=\left[\rho_2\sqrt{2\gamma_3},0,0,-\mu_0,e_2\right] \tag{5-55}$$

其中

$$\gamma_1=\frac{V_c\mathrm{J}_0\left(\sqrt{2}a\right)}{bq_rR\rho_1}$$

$$\gamma_2=2\mathrm{J}_0^2\left(\sqrt{2}a\right)+\frac{V_c\mathrm{J}_0\left(\sqrt{2}a\right)}{bq_rR\rho_2}$$

$$\gamma_3=\frac{\mathrm{J}_0\left(2\sqrt{2}a\right)+\mathrm{J}_0(2a)-\gamma_2}{\mathrm{J}_0\left(2\sqrt{2}a\right)-1}$$

$$\rho_1=2\mathrm{J}_0^2\left(\sqrt{2}a\right)-\frac{1}{2}\left[\mathrm{J}_0\left(2\sqrt{2}a\right)+\mathrm{J}_0(2a)+1\right]$$

$$\rho_2=\frac{\sqrt{2}b\left[1-\mathrm{J}_0\left(2\sqrt{2}a\right)\right]}{4c_\theta\mathrm{J}_1\left(\sqrt{2}a\right)}$$

$$\mu_0=\arccos\left(-\sqrt{\frac{1}{2\gamma_3}}\right)$$

$$e_1=-\frac{V_c^2\mathrm{J}_0^2\left(\sqrt{2}a\right)}{q_rb^2R^2\rho_1^2}+2\frac{V_c\mathrm{J}_0^2\left(\sqrt{2}a\right)}{b\rho_1}$$

$$e_2=-2q_r\gamma_3\rho_2^2-2q_rR\rho_2J_0\left(\sqrt{2}a\right)$$

① 考虑到系统的物理意义，这里假定 $\alpha^{*\mathrm{av}}\in[-\pi/2,\pi/2]$ ， $\hat{\alpha}^{\mathrm{av}}\in[-\pi/2,\pi/2]$ ， $\tilde{\theta}^{\mathrm{av}}\in(-\pi,\pi]$ 以排除冗余。

在适当选取参数和初始条件下，平均系统式(5-47)～式(5-51)将收敛到平衡点式(5-52)～式(5-55)中的一点。每一个平衡点对应着场源附近的一个圆环状吸引区。平衡点式(5-52)和式(5-53)表示机器人收敛到以场源为中心的圆环上的一点，且其平均朝向直接指向或者背离场源。平衡点式(5-54)和式(5-55)代表机器人在圆环内围绕着场源顺时针或者逆时针旋转，其平均朝向指向圆环外部。注意 $\tilde{r}_c^{\mathrm{av}}$ 应该是正实数，因为它代表着机器人中心到场源的距离。平均系统的所有平衡点的 $\alpha^{*\mathrm{av}}$ 及 $\hat{\alpha}^{\mathrm{av}}$ 均为零，这意味着机器人将最终在场源所在的水平面运动。不同平衡点的 $\tilde{\theta}^{\mathrm{av}}$ 也不同，这将导致在吸引区内的运动也不一样。

2. 前两个平衡点的稳定性结果

考虑平均系统式(5-47)～式(5-51)在平衡点式(5-52)和式(5-53)的Jacobian矩阵 J^{eq1} 和 J^{eq2}，其结构形式为

$$J^{\mathrm{eq1}}=\frac{1}{\omega}\begin{bmatrix} m_{11} & 0 & 0 & 0 & m_{15} \\ 0 & m_{22} & m_{23} & 0 & 0 \\ 0 & m_{32} & m_{33} & 0 & 0 \\ 0 & 0 & 0 & m_{44} & 0 \\ m_{51} & 0 & 0 & 0 & -h \end{bmatrix}$$

$$J^{\mathrm{eq2}}=\frac{1}{\omega}\begin{bmatrix} m_{11} & 0 & 0 & 0 & -m_{15} \\ 0 & m_{22} & -m_{23} & 0 & 0 \\ 0 & -m_{32} & m_{33} & 0 & 0 \\ 0 & 0 & 0 & m_{44} & 0 \\ -m_{51} & 0 & 0 & 0 & -h \end{bmatrix}$$

其中

$$m_{11}=\frac{2V_c\mathrm{J}_0^2\left(\sqrt{2}a\right)}{R\rho_1}-\frac{1}{2}bq_rR\left[\mathrm{J}_0\left(2\sqrt{2}a\right)+2\mathrm{J}_0(2a)+1\right]$$

$$m_{15}=b\mathrm{J}_0\left(\sqrt{2}a\right)$$

$$m_{22}=\frac{1}{2}bq_rR\left[3\mathrm{J}_0(2a)-2\right]$$

$$m_{23}=bq_rR\frac{\mathrm{J}_0(a)}{2\mathrm{J}_0\left(\sqrt{2}a\right)}\left[\mathrm{J}_0\left(2\sqrt{2}a\right)+\mathrm{J}_0(2a)+1\right]-2bq_rR\mathrm{J}_0\left(\sqrt{5}a\right)$$

$$m_{32}=2c_\alpha\frac{V_c\mathrm{J}_0\left(\sqrt{2}a\right)}{b\rho_1}\mathrm{J}_1(a)$$

$$m_{33}=-\sqrt{2}c_\alpha\frac{V_c\mathrm{J}_0\left(\sqrt{2}a\right)}{b\rho_1}\mathrm{J}_1\left(\sqrt{2}a\right)$$

$$m_{44}=-\sqrt{2}c_\theta\frac{V_c\mathrm{J}_0\left(\sqrt{2}a\right)}{b\rho_1}\mathrm{J}_1\left(\sqrt{2}a\right)+\frac{1}{2}bq_rR\left[\mathrm{J}_0\left(2\sqrt{2}a\right)+\mathrm{J}_0(2a)-1\right]$$

$$m_{51}=-2h\frac{V_c\mathrm{J}_0\left(\sqrt{2}a\right)}{bR\rho_1}+2hq_rR\mathrm{J}_0\left(\sqrt{2}a\right)$$

由行列式的性质，可知 J^{eq1} 的特征方程为

$$\frac{1}{\omega}\cdot\mathrm{diag}\left\{\begin{bmatrix}m_{22}&m_{23}\\m_{32}&m_{33}\end{bmatrix},[m_{44}],\begin{bmatrix}m_{11}&m_{15}\\m_{51}&-h\end{bmatrix}\right\}$$

这样可以算出 J^{eq1} 的特征方程为

$$\begin{aligned}0=&\left[(\omega s)^2-(m_{22}+m_{33})\omega s+m_{22}m_{33}-m_{23}m_{32}\right]\times(\omega s-m_{44})\\&\times\left[(\omega s)^2+(h-m_{11})\omega s-m_{11}h-m_{15}m_{51}\right]\end{aligned}\tag{5-56}$$

通过计算，可知 J^{eq2} 的特征方程其实也与式(5-56)一样，故平衡点式(5-52)和式(5-53)的稳定条件相同。

按照劳斯判据[82]，特征方程式(5-56)的所有根均有负实部的成立条件为

$$m_{22}+m_{33}<0\tag{5-57}$$

$$m_{22}m_{33}-m_{23}m_{32}>0\tag{5-58}$$

$$m_{44}<0\tag{5-59}$$

$$h-m_{11}>0\tag{5-60}$$

$$-m_{11}h-m_{15}m_{51}>0\tag{5-61}$$

把 $m_{11},m_{21},\cdots,m_{51}$ 代入上述不等式，可得到稳定条件为

$$b^2q_rR\phi_1<2\sqrt{2}c_\alpha V_c\frac{\mathrm{J}_0\left(\sqrt{2}a\right)}{\rho_1}\mathrm{J}_1\left(\sqrt{2}a\right)\tag{5-62}$$

$$b^2q_rR\phi_2<2\sqrt{2}c_\theta V_c\frac{\mathrm{J}_0\left(\sqrt{2}a\right)}{\rho_1}\mathrm{J}_1\left(\sqrt{2}a\right)\tag{5-63}$$

$$2V_c \frac{J_0^2\left(\sqrt{2}a\right)}{\rho_1} < hR + \frac{1}{2}bq_r R^2 \phi_4 \tag{5-64}$$

$$\frac{J_0\left(\sqrt{2}a\right)}{\rho_1}\left[\frac{\sqrt{2}}{2}\phi_1 J_1\left(\sqrt{2}a\right) + \phi_3 J_1(a)\right] < 0 \tag{5-65}$$

$$4J_0^2\left(\sqrt{2}a\right) - \phi_4 < 0 \tag{5-66}$$

其中

$$\begin{aligned}
\phi_1 &= 3J_0(2a) - 2 \\
\phi_2 &= J_0\left(2\sqrt{2}a\right) + J_0(2a) - 1 \\
\phi_3 &= \frac{J_0(a)}{J_0\left(\sqrt{2}a\right)}(\phi_2 + 2) - 4J_0\left(\sqrt{5}a\right) \\
\phi_4 &= J_0\left(2\sqrt{2}a\right) + 2J_0(2a) + 1
\end{aligned}$$

当条件式(5-62)～式(5-66)成立时，J^{eq1} 和 J^{eq2} 的所有特征根的实部均为负值，此时 J^{eq1} 和 J^{eq2} 为 Hurwitz 矩阵。

为证明平均系统式(5-47)～式(5-51)在平衡点式(5-52)和式(5-53)指数稳定，我们引入如下引理及推论[81]。

引理 5.4.2　对于线性时不变系统 $\dot{\boldsymbol{x}} = A\boldsymbol{x}$，当仅当 A 为 Hurwitz 矩阵时，平衡点 $\boldsymbol{x} = \boldsymbol{0}$ 是(全局)渐近稳定的。

引理 5.4.3　假设原点 $\boldsymbol{x} = \boldsymbol{0}$ 是非线性系统 $\boldsymbol{x} = \boldsymbol{f}(\boldsymbol{x},t)$ 的平衡点，其中 $f:[0,\infty)\times D \to \mathbb{R}^n$ 连续可微，定义域 $D = \{\boldsymbol{x} \in \mathbb{R}^n \mid \|\boldsymbol{x}\|_2 < r\}$，Jacobian 矩阵 $[\partial f/\partial x]$ 在 D 上满足 Lipschitz 条件，且对 t 一致成立。定义其在原点的 Jacobian 矩阵 A 为

$$A(t) = \frac{\partial \boldsymbol{f}}{\partial \boldsymbol{x}}(t,\boldsymbol{x})\bigg|_{\boldsymbol{x}=\boldsymbol{0}}$$

那么，$\boldsymbol{x} = \boldsymbol{0}$ 是线性系统 $\dot{\boldsymbol{x}} = A(t)\boldsymbol{x}$ 的指数稳定平衡点，当且仅当 $\boldsymbol{x} = \boldsymbol{0}$ 是非线性系统 $\dot{\boldsymbol{x}} = \boldsymbol{f}(\boldsymbol{x},t)$ 的指数稳定平衡点。

推论 5.4.1　假设原点 $\boldsymbol{x} = \boldsymbol{0}$ 是非线性系统 $\dot{\boldsymbol{x}} = \boldsymbol{f}(\boldsymbol{x})$ 的平衡点，其中 $\boldsymbol{f}(\boldsymbol{x})$ 在原点的某个邻域连续可微，定义其在原点的 Jacobian 矩阵 A 为

$$A = \frac{\partial \boldsymbol{f}}{\partial \boldsymbol{x}}(\boldsymbol{x})\bigg|_{\boldsymbol{x}=\boldsymbol{0}}$$

那么，A 为 Hurwitz 矩阵，当且仅当原点 $\boldsymbol{x}=\boldsymbol{0}$ 是非线性系统 $\dot{\boldsymbol{x}}=\boldsymbol{f}(\boldsymbol{x})$ 的指数稳定平衡点。

注释 5.4.3 推论 5.4.1 给出了判定非线性自治系统的平衡点指数稳定的依据：通过在平衡点线性化，判断其线性化系统在平衡点是否指数稳定，即可推断原系统在平衡点是否指数稳定。

根据推论 5.4.1，平均系统式(5-47)～式(5-51)在平衡点式(5-52)和式(5-53)指数稳定。利用引理 5.4.3，原系统式(5-34)～式(5-39)也将收敛到该平衡点附近 $O(1/\omega)$ 内的邻域。因此，我们有如下定理。

定理 5.4.1 考虑系统式(5-34)～式(5-39)，控制器参数 a、c_α、c_θ、b、h 和 V_c 均为正常数。假设控制器参数满足条件式(5-62)～式(5-66)。对于足够大但有限的 ω，如果初始状态 $\boldsymbol{r}_c(0)$、$\theta(0)$、$\alpha(0)$、$e(0)$ 能够保证 $\left\|\left|\boldsymbol{r}_c(0)-\boldsymbol{r}^*\right|-|\gamma_1|\right\|$，$|\alpha(0)|,\left|e(0)-q_rR^2-e_1\right|,\left|\theta(0)-\arctan\left(\dfrac{y_c-y^*}{x_c-x^*}\right)-\dfrac{\pi}{2}+\operatorname{sgn}(\gamma_1)\times\dfrac{\pi}{2}\right|$ 都足够小，其中 $\operatorname{sgn}(\cdot)$ 为标准符号函数，那么机器人的轨迹 $\boldsymbol{r}_c(t)$ 将指数收敛到以场源为中心的一个圆环内，该圆环的表达式为 $|\alpha|\leqslant O(1/\omega)$，$|\gamma_1|-O(1/\omega)\leqslant\left|\boldsymbol{r}_c-\boldsymbol{r}^*\right|\leqslant|\gamma_1|+O(1/\omega)$。

我们将进一步选取控制器参数。注意到不等式(5-65)和不等式(5-66)成立与否仅取决于参数 a。把参数 a 的取值范围限定在区间 $S_a^1=[1.25,1.65]$ 或区间 $S_a^2=[1.75,2.5]$，即可保证不等式(5-65)和不等式(5-66)成立。在这个限制下，有 $\phi_1<0,\phi_2<0,\rho_1<0,J_1\left(\sqrt{2}a\right)>0$，以及

$$
\begin{cases}
\mathrm{J}_0\left(\sqrt{2}a\right)>0, & 若 a\in S_a^1\\
\mathrm{J}_0\left(\sqrt{2}a\right)<0, & 若 a\in S_a^2
\end{cases}
$$

现在考虑不等式(5-62)～不等式(5-64)。注意到 $\phi_4>0,\forall a>0$ 和 $\rho_1<0,\forall a\in S_a^1\cup S_a^2$，可知不等式(5-64)的右侧始终为正，其左侧始终为负，故当 $a\in S_a^1\cup S_a^2$ 时不等式(5-64)成立。当 $a\in S_a^2$ 时，不等式(5-62)和不等式(5-63)也始终成立，因此其左侧为负，右侧为正。当 $a\in S_a^1$ 时，为使不等式(5-62)和不等式(5-63)成立，需要满足

$$
V_c<\frac{\sqrt{2}b^2q_rR\phi_1\rho_1}{4c_\alpha\mathrm{J}_0\left(\sqrt{2}a\right)\mathrm{J}_1\left(\sqrt{2}a\right)} \tag{5-67}
$$

$$V_c < \frac{\sqrt{2}b^2 q_r R\phi_2\rho_1}{4c_\theta \mathrm{J}_0\left(\sqrt{2}a\right)\mathrm{J}_1\left(\sqrt{2}a\right)} \tag{5-68}$$

因此，可以通过选择合适的控制器参数 a 和 V_c 来保证系统在平衡点式(5-62)和式(5-63)的指数稳定性。总结上述分析推导，可以得到如下两个推论。

推论 5.4.2　考虑系统式(5-34)～式(5-39)，控制器参数 a、c_α、c_θ、b、h 和 V_c 均为正常数，并且 $a\in[1.75,2.5]$。对于足够大但有限的 ω，如果初始状态 $\boldsymbol{r}_c(0),\theta(0)$，$\alpha(0),e(0)$ 能够保证 $\left\|\boldsymbol{r}_c(0)-\boldsymbol{r}^*\right|-\gamma_1\right|$，$|\alpha(0)|,\left|e(0)-q_rR^2-e_1\right|$ 及 $\left|\theta(0)-\arctan\dfrac{y_c-y^*}{x_c-x^*}\right|$ 都足够小，那么机器人中心的轨迹 $\boldsymbol{r}_c(t)$ 将指数收敛到以场源为中心的一个圆环内，该圆环的表达式为 $|\alpha|\leqslant O(1/\omega)$，$\gamma_1-O(1/\omega)\leqslant\left|\boldsymbol{r}_c-\boldsymbol{r}^*\right|\leqslant\gamma_1+O(1/\omega)$。

推论 5.4.3　考虑系统式(5-34)～式(5-39)，控制器参数 a、c_α、c_θ、b、h 和 V_c 均为正常数，并且 $a\in[1.25,1.65]$。参数 V_c 满足 $V_c<\overline{V_c}$，其中

$$\overline{V_c} \triangleq \frac{\sqrt{2}b^2 q_r R}{4\mathrm{J}_0\left(\sqrt{2}a\right)\mathrm{J}_1\left(\sqrt{2}a\right)}\times\min\left\{\frac{\phi_1\rho_1}{c_\alpha},\frac{\phi_2\rho_1}{c_\theta}\right\} \tag{5-69}$$

对于足够大但有限的 ω，如果初始状态 $\boldsymbol{r}_c(0),\theta(0),\alpha(0),e(0)$ 能够保证 $\left\|\boldsymbol{r}_c(0)-\boldsymbol{r}^*\right|+\gamma_1\right|$，$|\alpha(0)|,\left|e(0)-q_rR^2-e_1\right|$ 及 $\left|\theta(0)-\arctan\dfrac{y_c-y^*}{x_c-x^*}\right|$ 都足够小，那么机器人中心的轨迹 $\boldsymbol{r}_c(t)$ 将指数收敛到以场源为中心的一个圆环内，该圆环表达式为 $|\alpha|\leqslant O(1/\omega)$，$-\gamma_1-O(1/\omega)\leqslant\left|\boldsymbol{r}_c-\boldsymbol{r}^*\right|\leqslant-\gamma_1+O(1/\omega)$。

在上述两个推论中，机器人分别局部指数收敛至平衡点式(5-52)和式(5-53)所表示的圆环状吸引区。在推论 5.4.2 中，机器人的平均朝向角将直接指向场源，对应 $\tilde{\theta}^{\mathrm{av}^{\mathrm{eq1}}}=0$；在推论 5.4.3 中，机器人的平均朝向角将直接背离场源，对应 $\tilde{\theta}^{\mathrm{av}^{\mathrm{eq2}}}=\pi$。注意，推论中的条件比定理 5.4.1 中的条件更为严格。从 5.4.5 节的仿真实验结果来看，机器人将收敛到圆环上的一小块区域内，就像“停”在圆环上的一点一样而不会出现类似文献[78]的超调现象。

3. 后两个平衡点的稳定性结果

考虑平均系统式(5-47)～式(5-51)在平衡点式(5-54)和式(5-55)的 Jacobian 矩阵 J^{eq3} 和 J^{eq4}，其结构形式为

$$J^{\mathrm{eq}3}=\frac{1}{\omega}\begin{bmatrix} l_{11} & 0 & 0 & l_{14} & l_{15} \\ 0 & l_{22} & l_{23} & 0 & 0 \\ 0 & l_{32} & l_{33} & 0 & 0 \\ l_{41} & 0 & 0 & l_{44} & l_{45} \\ l_{51} & 0 & 0 & l_{54} & -h \end{bmatrix}$$

$$J^{\mathrm{eq}4}=\frac{1}{\omega}\begin{bmatrix} l_{11} & 0 & 0 & -l_{14} & l_{15} \\ 0 & l_{22} & l_{23} & 0 & 0 \\ 0 & l_{32} & l_{33} & 0 & 0 \\ -l_{41} & 0 & 0 & l_{44} & -l_{45} \\ l_{51} & 0 & 0 & -l_{54} & -h \end{bmatrix}$$

其中，l_{ij} 是系统式(5-47)～式(5-51)在平衡点式(5-54)的 Jacobian 矩阵的元素①。

$J^{\mathrm{eq}3}$ 和 $J^{\mathrm{eq}4}$ 拥有相同的特征方程，即

$$0=\left[s^2-\left(l_{22}+l_{33}\right)s+l_{22}l_{33}-l_{23}l_{32}\right]\times\left(s^3+k_1s^2+k_2s+k_3\right) \tag{5-70}$$

其中

$$\begin{aligned} k_1&=h-l_{11}-l_{44} \\ k_2&=l_{11}l_{44}-l_{11}h-l_{44}h-l_{45}l_{54}-l_{14}l_{41}-l_{15}l_{51} \\ k_3&=l_{11}l_{44}h-l_{14}l_{41}h+l_{11}l_{45}l_{54}+l_{15}l_{44}l_{51}-l_{14}l_{45}l_{51}-l_{15}l_{41}l_{54} \end{aligned}$$

根据劳斯判据[82]，为保证特征方程式(5-70)的所有根均有负实部，必须满足下列条件，即

$$l_{22}+l_{33}<0 \tag{5-71}$$

$$l_{22}l_{33}-l_{23}l_{32}>0 \tag{5-72}$$

$$k_1>0 \tag{5-73}$$

$$k_2>0 \tag{5-74}$$

$$k_3>0 \tag{5-75}$$

$$k_1k_2-k_3>0 \tag{5-76}$$

当条件式(5-71)～式(5-76)成立时，根据推论 5.4.1，平均系统式(5-47)～式

① 由于 l_{ij} 的表达式过于冗长而且计算 l_{ij} 较为直接简单，这里省略 l_{ij} 的具体表达式。

(5-51)在平均点式(5-54)～式(5-55)指数稳定。利用引理 5.4.1，有如下定理。

定理 5.4.2　考虑系统式(5-34)～式(5-39)，控制器参数a、c_α、c_θ、b、h和V_c均为正常数。假设控制器参数满足条件式(5-71)～式(5-76)。对于足够大但有限的ω，如果初始状态$\boldsymbol{r}_c(0)$、$\theta(0)$、$\alpha(0)$、$e(0)$能够保证$\left|\left\|\boldsymbol{r}_c(0)-\boldsymbol{r}^*\right\|-\rho_2\sqrt{2\gamma_3}\right|$，$|\alpha(0)|$，$\left|e(0)-q_r R^2-e_2\right|$及$\left|\theta(0)-\arctan\left(\dfrac{y_c-y^*}{x_c-x^*}\right)-\mu_0\right|$都足够小，其中$\operatorname{sgn}(\cdot)$为标准符号函数，那么机器人中心的轨迹$\boldsymbol{r}_c(t)$将指数收敛到以场源为中心的圆环，圆环表达式为$|\alpha|\leqslant O(1/\omega)$，$\rho_2\sqrt{2\gamma_3}-O(1/\omega)\leqslant|\boldsymbol{r}_c-\boldsymbol{r}^*|\leqslant\rho_2\sqrt{2\gamma_3}+O(1/\omega)$。

在上述定理中，机器人局部指数收敛至平衡点式(5-54)～式(5-55)所表示的圆环内。由于$\tilde{\theta}^{\mathrm{av}^{\mathrm{eq}3}}$及$\tilde{\theta}^{\mathrm{av}^{\mathrm{eq}4}}$均为钝角，机器人的平均偏航角将指向圆环外部。从 5.4.5 节的仿真实验结果，可见机器人将在圆环内不断绕着场源旋转。

5.4.5　仿真实验

本小节通过仿真实验给出了 5.4.4 节的理论推导结果，验证了所提出算法在未知球形分布场的指数稳定性。并考虑了机器人在椭球形分布及非二次分布的信号场中的表现情况。

1. 二次分布信号场

图 5.27 展示了推论 5.4.2 结论描述的行为。信号场分布的参数为$f^*=1$，$\boldsymbol{r}^*=[0,0,0]^{\mathrm{T}}$及$q_r=1$，机器人的初始状态为$\boldsymbol{r}_c(0)=[1,1,1]^{\mathrm{T}}$，$\alpha(0)=-\dfrac{\pi}{2}$及$\theta(0)=-\dfrac{\pi}{2}$。控制器参数被设为$\omega=40$，$a=2$，$c_\alpha=100$，$c_\theta=100$，$b=5$，$h=10$及$V_c=0.001$。图 5.27(a)显示，机器人中心的轨迹收敛到一个距离场源非常近的圆环中。与文献[78]的结果不同，机器人并不会绕着场源旋转，而是“停”在圆环内部的一个吸引区。吸引区与场源在同一水平面，且机器人的平均俯仰角也为零，这与$\alpha^{*\mathrm{av}^{\mathrm{eq}1}}=0$及$\hat{\alpha}^{\mathrm{av}^{\mathrm{eq}1}}=0$一致。图 5.27(b)描述了机器人中心的轨迹在水平面的投影。在图 5.27(b)中，机器人的平均朝向角最终直接指向场源，这与$\tilde{\theta}^{\mathrm{av}^{\mathrm{eq}1}}=0$相符。图 5.28 描述了机器人在吸引区内的前进速度和角速度。

图 5.29 展示了推论 5.4.3 结论描述的行为。在该仿真实验中，信号场的参数、机器人的初始状态、控制器参数设定如图 5.27(a)，唯一不同的参数是$a=1.5$。与图 5.27(a)的仿真实验类似，机器人收敛到以场源为中心的圆环内部一个吸引区。机器人达到场源后穿过场源，并“停”在圆环内的一点。机器人的平均朝向角为

反向背离场源，这与计算的 $\tilde{\theta}^{\mathrm{av}^{\mathrm{eq}1}}=\pi$ 相符合。

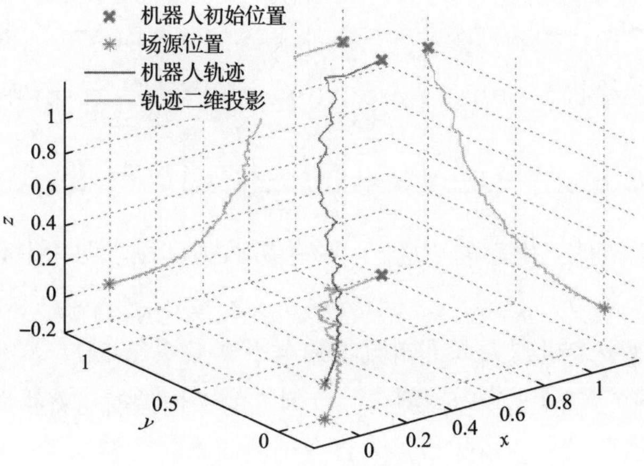

(a) 机器人在未知球形分布场的轨迹

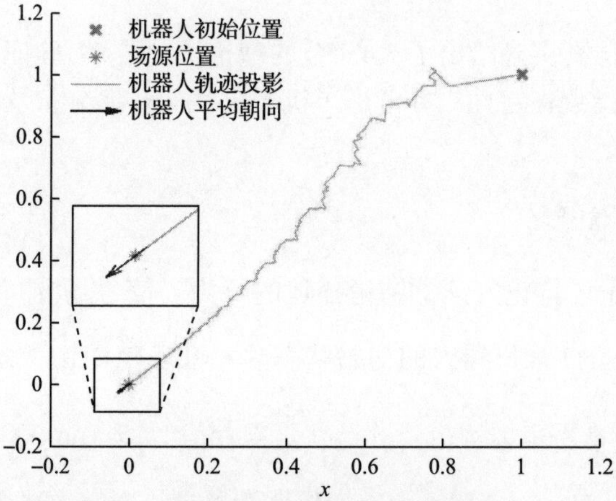

(b) 机器人轨迹在水平面的投影

图 5.27　推论 5.4.2 的仿真实验结果

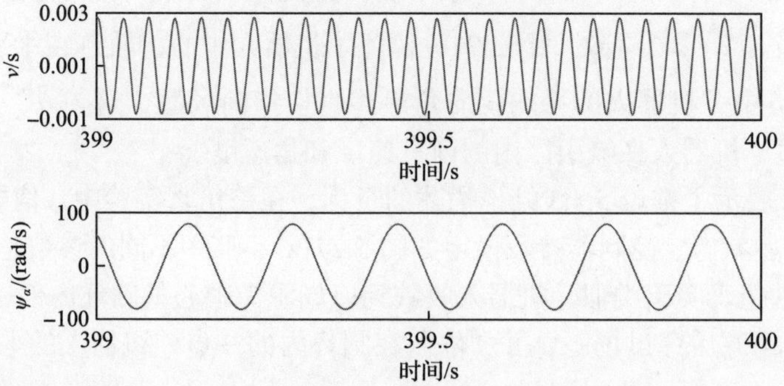

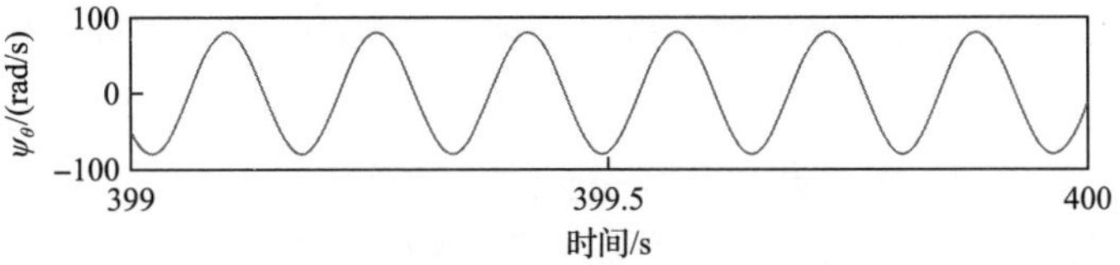

图 5.28　机器人在吸引区内的前进速度及角速度

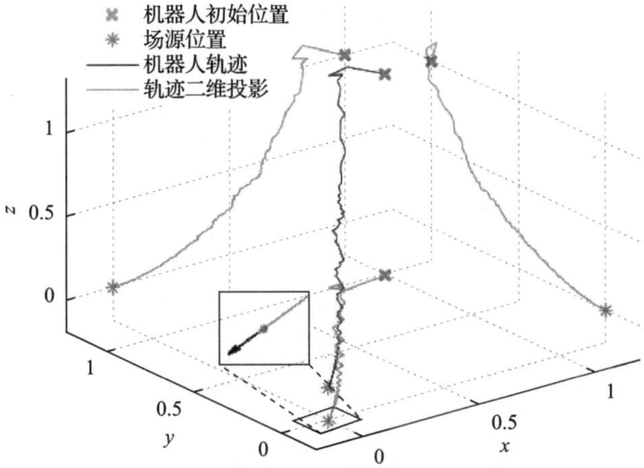

图 5.29　推论 5.4.3 的仿真实验结果

从图 5.27(a)及图 5.29 的仿真实验结果可见，机器人并没有真正停下来。从图 5.28 可见，进入吸引区后，机器人的前进速度以 V_c 为中心进行周期振荡，两个角速度以零为中心进行周期振荡。机器人在吸引区的一个更小的区域内不停地前后移动，“停”在圆环内的一点。

图 5.30 展示了定理 5.4.2 结论描述的行为。本次仿真实验中，信号场分布的

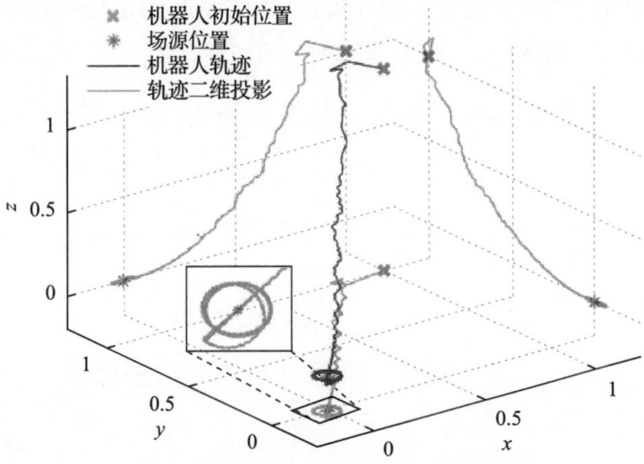

图 5.30　定理 5.4.5 的仿真实验结果

参数、机器人的初始状态、控制器参数均与图 5.29 相同，唯一不同是这里 $V_c = 0.1$。机器人穿过场源并最终在圆环状吸引区内围绕着场源旋转，此时机器人的行为与文献[78]的结果类似，但是圆环状吸引区的半径更小。

本小节所提出的方法也能控制机器人在未知的椭球形分布场中找到场源，如图 5.31 所示。在该仿真实验中，信号场分布为 $f(\boldsymbol{r}_s)=1-2x_s^2-0.5y_s^2-z_s^2$，机器人的初始条件及控制器参数均与图 5.27(a)相同。机器人最终收敛到场源附近，其平均朝向直接指向场源，该实验结果与图 5.27(a)类似。

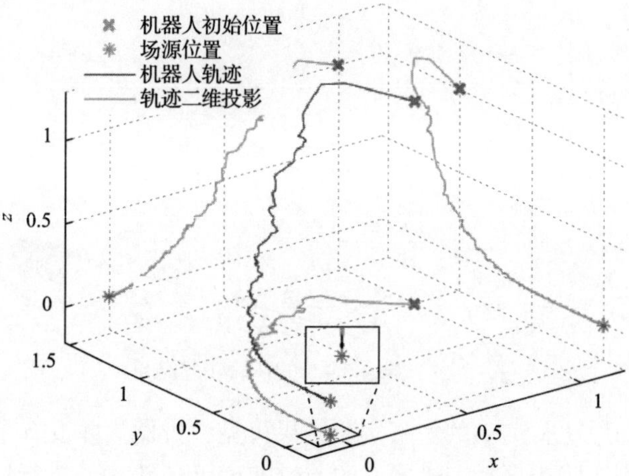

图 5.31　系统在椭球形分布场的仿真实验结果

2. 非二次分布信号场

仿真实验表明，本小节所提出的方法也适用于非二次分布的信号场的场源搜索，如图 5.32 及图 5.33 所示。在图 5.32 中，考虑声学场源，其分布场形式为 $J = f(\boldsymbol{r}_s)=\dfrac{1}{4\pi|\boldsymbol{r}_s|^2}$。由于该函数在场源处的信号强度过大，这里把 J 替换为 $J' = -\exp(-J)=-\exp\left(-\dfrac{1}{4\pi|\boldsymbol{r}_s|^2}\right)$。在图 5.33 中，假定信号场分布 Rosenbrock 函数，即 $J=-x_s^2-\left(y_s-x_s^2\right)^2-y_s^2-\left(z_s-y_s^2\right)^2$。在这两个实验中，机器人的初始条件及控制参数均与图 5.27(a)相同。仿真实验结果表明，在这些信号场中机器人同样能够搜索到场源。

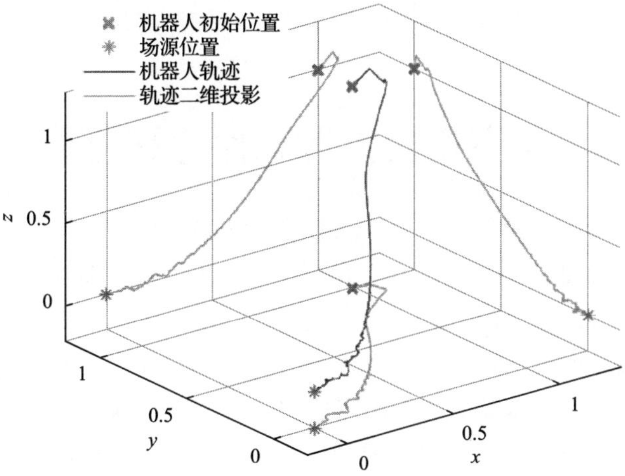

图 5.32　系统在声学场的仿真实验结果

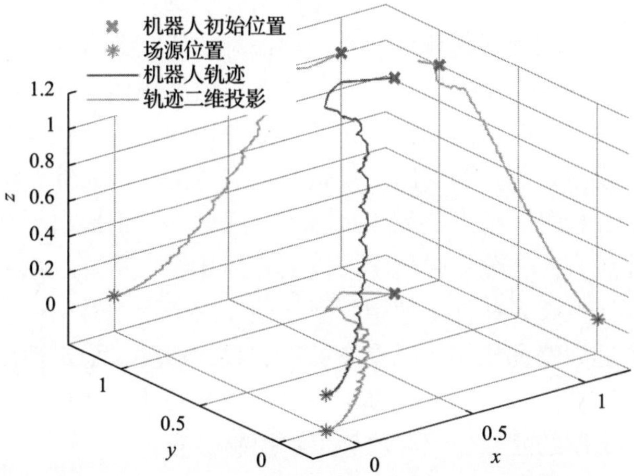

图 5.33　系统在 Rosenbrock 型分布场的仿真实验结果

第 6 章　深海机器人海底作业智能控制方法

深海机器人海底作业过程受到复杂海洋环境影响，主要包括海底地形、温度、洋流、水下生物等时变扰动；同时深海机器人本体外形不规则且结构各异，给机器人作业过程的实时控制问题造成了极大挑战，体现出非线性、强耦合、欠驱动、执行器饱和等典型特性。由于水动力学参数时变性存在较大测定偏差，深海机器人的动力学模型难以准确建立。深海机器人实时控制技术主要是 PID 控制及改进方法、滑模控制、反步控制方法、模型预测控制方法等，然而这些方法依赖系统模型的准确性，未考虑深海机器人与水下环境实时交互的信息。

本章主要阐述深海机器人的多种智能控制方法及其在海底探测与采样作业环境中的具体应用。首先阐述深海机器人运动控制的研究背景与现状；然后结合深海机器人的动力学和运动学特性建立完整的六自由度刚体运动模型和水平面移动和艏向转动的三自由度刚体运动模型；针对深海机器人的路径点跟踪问题，提出一种基于非线性模型预测控制的路径点跟踪控制方法；进而针对深海机器人控制问题的深度控制、长时间跨度路径点跟踪控制问题，分别提出了状态完全可观的强化学习深度控制方法、分层强化学习以及元强化学习轨迹跟踪控制方法，基于强化学习控制算法框架，从样本使用效率、神经网络近似器结构、探索效率等层面给出了多种改进策略和机制，以提高算法的收敛速度、稳定性以及学习策略的控制性能；最后针对深海机器人在真实海底环境具备的时变动力学特性，提出一种基于自注意力机制的元强化学习轨迹跟踪控制方法。

6.1　海底作业智能控制研究概况

不同于陆地或者空中的机器人，深海机器人的运动控制受水下环境的诸多限制，无论在控制精度还是鲁棒性上都有着更大的难度与挑战。深海机器人的运动控制问题主要存在以下几个难点。

1）深海环境时变性与复杂性。深海机器人需要在深海、湖泊等水下环境中完成作业任务，由于受海底地形、温度、洋流、生物等水下环境因素干扰，一般存在着时变流场扰动[83]，外界环境影响了控制算法的精准性与稳定性。

2）深海机器人的欠驱动性和约束饱和性。深海机器人作为一个六自由度运动的刚体，其系统呈现高度的非线性，各个自由度的变量存在着强耦合[84]；由于水下环境条件的限制，深海机器人通常配备有限的动力装置，从而导致控制输入个数少于自由度个数的欠驱动问题[85]；由于动力装置的功率、舵角等限制，深海机器人的控制量输入也受到饱和性约束[86]。

3) 深海机器人的动力学精准建模难题。根据作业任务不同，深海机器人具有不同的形状结构。对于形状不规则的机器人，比如开放式结构的机器人，研究人员难以构建其水下动力学模型[87]；对于规则形状的机器人，比如流线型的 AUV，即使能够建立动力学模型，模型中的各项水动力学系数也需要大量的实验测定，而流场等扰动也会导致测定的系数与真实系数之间存在偏差[88]。

4) 水下定位难度大与成本高问题。水下定位是深海机器人的核心技术之一，也是控制算法设计的依赖条件。由于水介质对电磁信号的散射作用，基于电磁信号的定位系统在水下应用受到限制。水下定位通常采用基线定位、声学定位以及惯导系统测定等技术手段[89]，但这些技术手段也存在设备成本过高或者精度不足等问题。

5) 局部感知信号与系统控制的融合问题。场源搜索、水下挖掘等部分水下作业任务，需要机器人根据传感设备采集的信号调整控制输入，由于深海机器人可搭载设备的限制，传感设备如摄像头、声呐等往往只能提供局部的感知信息，如何将局部感知信号与控制相融合是实现这类作业任务的难点。

主流的深海机器人控制研究主要集中在基于模型的控制方法，包括基于模型的比例积分微分(proportional integral derivative, PID)控制、逐步反推(backstepping)控制、滑模控制(slide mode control, SMC)、模型预测控制(model predictive control, MPC)等。这些方法通过构建控制对象运动规律的精确动力学模型，并在此基础上给出控制器设计。基于模型的控制方法有几方面的优点：可靠的理论依据，在模型准确的前提下，此方法通常具备收敛性、鲁棒性与控制误差上界的理论保证[90]；数据使用效率高，针对不同的控制任务，基于模型的方法只需要一套数据辨识系统模型，辨识出的模型可以在不同的任务中使用。但这一类方法过于依赖系统模型的准确程度，模型偏差是限制其控制系统性能的重要因素之一。如前所述，深海机器人的控制难点之一就是难以建立准确的动力学模型，因此在深海机器人的控制领域，不依赖模型的控制方法具有较好的应用前景，这也是 PID 控制在深海机器人实际作业中得到广泛应用的原因。PID 控制的参数调节可以不依赖被控对象的系统模型，而是通过不断地人工调整达到一定程度的控制效果。但这种方式过于依赖工程经验，对于深海机器人这一类非线性复杂系统，在理论与实践中都无法保证 PID 控制的稳定性。

强化学习(reinforcement learning, RL)被广泛地应用于各种类型的机器人自动控制中，如自动驾驶[91-93]、无人机[94-96]、双足机器人[97,98]等。如前所述，深海机器人的运动控制问题中存在着诸多难点与挑战，而强化学习方法的技术特点可以较好地解决这些问题。因此，近年来强化学习方法已经很好地应用于深海机器人的控制领域，我们将这些应用按照基于值函数与基于策略两种思路进行分类。

基于值函数的强化学习通常将深海机器人的控制目标与控制量离散化，通过最大化动作-值函数得到离散的控制策略。Lin 等将在线 Q 学习应用于一种仿生鱼机器人，学习控制机器人仿生波动鳍频率的策略，并通过一个辅助 PID 控制器收集交互样本，实现了机器人的朝向控制[99,100]。Frost 等研究了一种螺旋传动深海机器人的路径点跟踪问题，将连续空间离散化为网格形式，通过简单的查找表 Q 学习实现了仿真与真实环境的控制[101]。Walters 等采用基于模型的自适应动态规划实现了在时变无旋流扰动下海洋艇的状态定量控制，并结合 Lyapunov 稳定性理论分析了最优策略的收敛性[102]。总体而言，由于大多数深海机器人的控制输入都是连续变量，离散化的方式限制了策略空间的规模，影响了强化学习搜索策略最优解的训练过程。

相比而言，基于策略的强化学习在深海机器人控制中的应用更加广泛，该方法通常假设从机器人状态到连续控制量的参数化函数映射或条件分布，根据控制目标构建最大化累计回报的优化问题，并通过基于梯度的优化算法搜索最优策略。Leonetti 等进行了一系列的研究与实验，将基于模型的策略搜索方法应用到 AUV 的路径点跟踪与多目标控制[103-105]，但这些方法需要 AUV 的准确模型与水动力学参数，因此在实际应用中受到限制。Meger 等研究了一种水下行走机器人的步态控制问题，采用一种策略搜索方法——PILCO (probabilistic inference for learning control)，利用概率推断学习出机器人的概率动力学模型与随机策略，实现了真实环境下的水下行走任务，该文献通过实验验证：不准确的动力学模型会大幅降低控制算法的性能[106]。Zhang 等将经典的策略梯度算法——REINFORCE 应用到一种蛇形仿生机器人的控制中，取得了比较满意的控制效果[107]。Fernandez-Gauna 等提出了一种 CACLA (continuous actor-critic learning automation) 算法框架，仅在值函数为正的条件下更新策略函数，采用 PID 控制器收集训练的初始样本以加速学习，并将其应用于 AUV 的速度控制[108]。Cui 等针对 AUV 的跟踪问题提出了基于 actor-critic 架构的局部可观自适应控制器，用 actor 网络补偿 AUV 动力学模型的不确定性，Critic 网络评价跟踪的性能[109]，并进一步在模型中加入了控制输入的非线性约束如执行器死区、饱和等[110]。Guo 等研究了连续时间以及动力学模型完全未知条件下的 Actor-Critic 自适应控制器，成功消除了深海机器人控制量在稳态下的抖动问题，并取得了与基于模型的控制相当的控制效果。作为目前最主流的策略梯度算法之一，确定性策略梯度 (deterministic policy gradient，DPG) 算法在深海机器人的诸多控制问题中也取得了不错的控制效果。Song 等提出伪 Q 学习，将多个 Critic 网络的平均值作为 Critic 的目标值，提高了 DPG 算法的稳定性，并在 AUV 的追踪控制实验中进行了验证[111,112]。Carlucho 等研究了真实环境下六自由度 AUV 的速度控制与路径跟踪控制，采用 DDPG (deep DPG) 算法训练控制策略，并通过目标导向的控制架构与逐步缩小的跟踪半径提升跟踪效果[113,114]。

在本节最后，我们总结出目前强化学习应用于水下机器人控制问题存在的如下几个难点与挑战。

(1) 马尔可夫决策过程建模。强化学习算法的效果在很大程度上取决于马尔可夫决策过程的定义，也就是状态、动作以及奖励函数的定义。状态的定义需要满足水下机器人运动的合理性与完全可观性；动作的定义需要考虑水下机器人控制量的非线性约束如执行器饱和等；奖励函数反映了水下机器人控制问题的目标，二者的转换存在着一个数学建模的过程，合理的奖励函数定义会使强化学习算法的优化过程事半功倍，当控制问题具备多个控制目标时，奖励函数还需要考虑多目标的融合。因此，水下机器人控制问题的建模是强化学习控制的重要基础。

(2) 样本使用效率。强化学习训练策略的过程需要大量被控系统与真实环境的交互样本。由于真实水下机器人的控制实验成本较高，且水下实验存在着设备损坏风险，长时间地控制水下机器人获取交互样本并不现实。基于模型的强化学习方法虽然有望降低样本量，但其控制表现容易受到模型偏差的影响。因此，样本使用效率(sample efficiency)是无模型强化学习在水下机器人应用的一大瓶颈。

(3) 局部可观性。强化学习算法默认了环境完全可观的假设(马尔可夫决策过程的马尔可夫性)。但由于水下全局定位的高难度与高成本，水下机器人的作业往往只能依赖于自身搭载的传感设备，如声呐、摄像头等。一方面，这些传感设备只能获得局部的观测信息，另一方面，由于水环境的散射作用、能见度以及流场扰动等因素，传感设备的观测也存在着噪声与偏差。因此，环境的局部可观性也成为强化学习在水下机器人控制应用中的一大障碍。

(4) 探索效率。探索(exploration)与利用(exploitation)的平衡一直是强化学习研究中的重要问题，前者保证了交互过程能够收集到高回报的样本，后者利用样本训练控制策略，使其能够生成高回报的动作。对于长时间跨度或者奖励信号稀疏的水下机器人控制任务，探索的效率直接影响了策略的表现，不充分的探索容易使算法陷入局部最优。

6.2　动力学与运动学建模

本小节阐述深海机器人的运动学与动力学机理模型。作为被控制对象，深海机器人通常被视为一个在三维空间中运动的刚体，由六个自由度的位移与旋转进行描述。其控制与运动由一个二阶非线性方程描述：运动学为模型的一阶部分，描述了深海机器人位置方向与速度的关系；动力学为模型的二阶部分，描述了深海机器人加速度与施加外力的关系。深海机器人除了受到重力、浮力以及自身动力作用之外，还会受到流体阻力、科氏力等外力影响，这些外力的作用效果由水动力学参数决定。深海机器人的形状以及流场环境都会影响水动力学参数的具体数值。本小节将详细描述深海机器人运动的坐标系统及运动变量，阐述其六自由度的运动学与动力学模型，并根据本小节涉及的控制问题阐述有限自由度的深海机器人动力学模型。本节内容取材于作者的研究成果论文[115]。

6.2.1　深海机器人的六自由度运动学与动力学模型

本小节先阐述用于描述一般深海机器人运动学的两种坐标系，再阐述基于该坐标系的六自由度运动学与动力学方程。

1. 坐标系

深海机器人的运动学通常由两个坐标系描述，如图 6.1 所示。其一是惯性坐标系，以空间中的某个绝对位置为原点，设定三个相互正交的方向为坐标轴 x,y,z 方向，定义了深海机器人的位置与方向信息，我们分别用 $\boldsymbol{\eta}_p=[x,y,z]^{\mathrm{T}}$ 与 $\boldsymbol{\eta}_o=[\phi,\theta,\psi]^{\mathrm{T}}$ 表示位置与方向向量；其二是自身坐标系，以深海机器人的重心或者浮心为原点，机器人的纵轴、横轴和垂轴为三个正交坐标轴，定义了深海机器人的速度与角速度信息，分别用 $\boldsymbol{\upsilon}_p=[u,v,w]^{\mathrm{T}}$ 与 $\boldsymbol{\upsilon}_o=[p,q,r]^{\mathrm{T}}$ 表示沿坐标轴的速度与绕坐标轴旋转的角速度。深海机器人的速度和角速度均有特定的名称，u,v,w 命名为纵荡(surge)、横荡(sway)、垂荡(heave)，命名 p,q,r 为横摇(roll)、纵摇(pitch)、艏摇(yaw)。

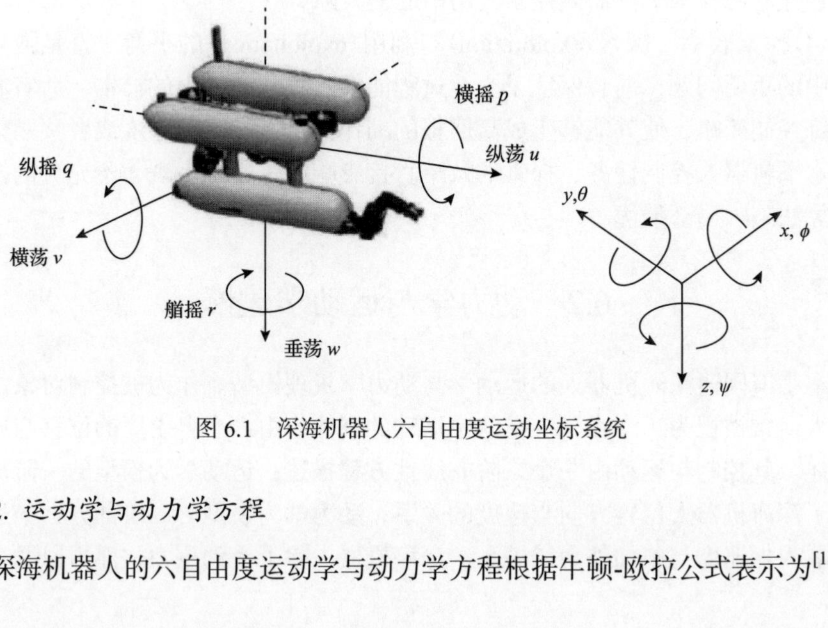

图 6.1　深海机器人六自由度运动坐标系统

2. 运动学与动力学方程

深海机器人的六自由度运动学与动力学方程根据牛顿-欧拉公式表示为[116]

$$\dot{\boldsymbol{\eta}} = \boldsymbol{J}(\boldsymbol{\eta})\boldsymbol{v} \tag{6-1}$$

$$\boldsymbol{M}\dot{\boldsymbol{v}} + \boldsymbol{C}(\boldsymbol{v})\boldsymbol{v} + \boldsymbol{D}(\boldsymbol{v})\boldsymbol{v} + \boldsymbol{g}(\boldsymbol{\eta}) = \boldsymbol{\tau} \tag{6-2}$$

其中，$\boldsymbol{\eta} = \left[\boldsymbol{\eta}_p, \boldsymbol{\eta}_o\right]^{\mathrm{T}}$ 为六自由度位置与方向向量；$\boldsymbol{v} = \left[\boldsymbol{v}_p, \boldsymbol{v}_o\right]^{\mathrm{T}}$ 为六自由度速度与角速度向量，方程中每一项系数矩阵的含义如下[88]。

(1) 坐标变换矩阵 $\boldsymbol{J}$。深海机器人速度、角速度到其位置、方向的转换存在着自身坐标系与惯性坐标系之间的变换，矩阵 $\boldsymbol{J}(\boldsymbol{\eta})$ 描述了这一变换关系，其具体形式为

$$\boldsymbol{J}(\boldsymbol{\eta}) = \begin{bmatrix} \boldsymbol{J}_1(\boldsymbol{\eta}) & \boldsymbol{0} \\ \boldsymbol{0} & \boldsymbol{J}_2(\boldsymbol{\eta}) \end{bmatrix} \tag{6-3}$$

其中，$\boldsymbol{J}_1$ 和 $\boldsymbol{J}_2$ 分别表示速度和角速度的坐标变换矩阵，即

$$\boldsymbol{J}_1(\boldsymbol{\eta}) = \begin{bmatrix} \cos\psi\cos\theta & -\sin\psi\cos\phi + \cos\psi\sin\theta\sin\phi & \sin\psi\sin\phi + \cos\psi\sin\theta\cos\phi \\ \sin\psi\cos\theta & \cos\psi\cos\phi + \sin\psi\sin\theta\sin\phi & -\cos\psi\sin\phi + \sin\psi\sin\theta\cos\phi \\ -\sin\theta & \cos\theta\sin\phi & \cos\theta\cos\phi \end{bmatrix} \tag{6-4}$$

$$\boldsymbol{J}_2(\boldsymbol{\eta}) = \begin{bmatrix} 1 & \sin\phi\tan\theta & \cos\phi\tan\theta \\ 0 & \cos\phi & -\sin\phi \\ 0 & \sin\phi / \cos\theta & \cos\phi / \cos\theta \end{bmatrix} \tag{6-5}$$

(2) 质量及惯性矩阵 $\boldsymbol{M}$。刚体在水中运动时，除了自身的质量及惯性 $\boldsymbol{M}_{RB}$，还要考虑周围水动力附加在刚体上的质量 $\boldsymbol{M}_A$，因此其总质量与惯性矩阵表示为 $\boldsymbol{M} = \boldsymbol{M}_{RB} + \boldsymbol{M}_A$，矩阵 $\boldsymbol{M}_{RB}$ 与 $\boldsymbol{M}_A$ 的具体形式为

$$\boldsymbol{M}_{RB} = \begin{bmatrix} m & 0 & 0 & 0 & mz_g & -my_g \\ 0 & m & 0 & -mz_g & 0 & mx_g \\ 0 & 0 & m & my_g & -mx_g & 0 \\ 0 & -mz_g & my_g & I_x & -I_{xy} & -I_{xz} \\ mz_g & 0 & -mx_g & -I_{yx} & I_y & -I_{yz} \\ -my_g & mx_g & 0 & -I_{zx} & -I_{zy} & I_z \end{bmatrix} \tag{6-6}$$

$$
\boldsymbol{M}_A = -\begin{bmatrix} X_{\dot{u}} & X_{\dot{v}} & X_{\dot{w}} & X_{\dot{p}} & X_{\dot{q}} & X_{\dot{r}} \\ Y_{\dot{u}} & Y_{\dot{v}} & Y_{\dot{w}} & Y_{\dot{p}} & Y_{\dot{q}} & Y_{\dot{r}} \\ Z_{\dot{u}} & Z_{\dot{v}} & Z_{\dot{w}} & Z_{\dot{p}} & Z_{\dot{q}} & Z_{\dot{r}} \\ K_{\dot{u}} & K_{\dot{v}} & K_{\dot{w}} & K_{\dot{p}} & K_{\dot{q}} & K_{\dot{r}} \\ M_{\dot{u}} & M_{\dot{v}} & M_{\dot{w}} & M_{\dot{p}} & M_{\dot{q}} & M_{\dot{r}} \\ N_{\dot{u}} & N_{\dot{v}} & N_{\dot{w}} & N_{\dot{p}} & N_{\dot{q}} & N_{\dot{r}} \end{bmatrix} \tag{6-7}
$$

其中，m 表示深海机器人在空气中的质量；$\boldsymbol{r}=[x,y,z]^{\mathrm{T}}$ 表示深海机器人的重心在自身坐标系下的坐标；$\boldsymbol{I}$ 表示深海机器人的惯性分量；矩阵 $\boldsymbol{M}_A$ 中的各种参数是由深海机器人的形状决定。

(3) 科氏力及其向心力矩阵 $\boldsymbol{C}$ 。深海机器人受到的科氏力或向心力矩阵用 $\boldsymbol{C}(\boldsymbol{v})$ 表示，由深海机器人的质量及惯性矩阵 $\boldsymbol{M}$ 与速度角速度向量 $\boldsymbol{v}$ 决定，即

$$
\boldsymbol{C}(\boldsymbol{v}) = \begin{bmatrix} \boldsymbol{0} & -\boldsymbol{S}(\lambda)\left(\boldsymbol{M}_{11}\boldsymbol{v}_p + \boldsymbol{M}_{12}\boldsymbol{v}_o\right) \\ -\boldsymbol{S}(\lambda)\left(\boldsymbol{M}_{11}\boldsymbol{v}_p + \boldsymbol{M}_{12}\boldsymbol{v}_o\right) & -\boldsymbol{S}(\lambda)\left(\boldsymbol{M}_{21}\boldsymbol{v}_p + \boldsymbol{M}_{22}\boldsymbol{v}_o\right) \end{bmatrix} \tag{6-8}
$$

其中

$$
\boldsymbol{M} = \begin{bmatrix} \boldsymbol{M}_{11} & \boldsymbol{M}_{12} \\ \boldsymbol{M}_{21} & \boldsymbol{M}_{22} \end{bmatrix} \tag{6-9}
$$

为质量及惯性矩阵的分量形式；这里

$$
\boldsymbol{S}(\lambda) = \begin{bmatrix} 0 & -\lambda_3 & \lambda_2 \\ \lambda_3 & 0 & -\lambda_1 \\ -\lambda_2 & \lambda_1 & 0 \end{bmatrix} \tag{6-10}
$$

表示外积矩阵，这里两个向量 $\boldsymbol{a}$ 与 $\boldsymbol{b}$ 的外积可以表示为 $\boldsymbol{a}\times\boldsymbol{b}=\boldsymbol{S}(\boldsymbol{a})\boldsymbol{b}$ 。

(4) 流体阻力矩阵 $\boldsymbol{D}$ 。深海机器人在水中运动时会受到周边水黏滞造成的拖拽阻力，表示为流体阻力矩阵，即

$$
\boldsymbol{D}(v) = \begin{bmatrix} X_u + X_{u|u|}|u| & 0 & 0 & 0 & 0 & 0 \\ 0 & Y_v + Y_{v|v|}|v| & 0 & 0 & 0 & 0 \\ 0 & 0 & Z_w + Z_{w|w|}|w| & 0 & 0 & 0 \\ 0 & 0 & 0 & K_p + K_{p|p|}|p| & 0 & 0 \\ 0 & 0 & 0 & 0 & M_q + M_{q|q|}|q| & 0 \\ 0 & 0 & 0 & 0 & 0 & N_r + N_{r|r|}|r| \end{bmatrix} \tag{6-11}
$$

矩阵中的各项系数由深海机器人的形状决定。

(5) 重力与浮力向量 $\boldsymbol{g}$。深海机器人的重力与浮力在六个自由度上的分力和分力矩由向量 $\boldsymbol{g}(\boldsymbol{\eta})$ 表示，即

$$
\boldsymbol{g}(\boldsymbol{\eta})=\begin{bmatrix}(W-B)\sin\theta\\ -(W-B)\cos\theta\sin\phi\\ -(W-B)\cos\theta\cos\phi\\ -\left(y_gW-y_bB\right)\cos\theta\cos\phi+\left(z_gW-z_bB\right)\cos\theta\sin\phi\\ \left(z_gW-z_bB\right)\sin\theta+\left(x_gW-x_bB\right)\cos\theta\cos\phi\\ -\left(x_gW-x_bB\right)\cos\theta\sin\phi-\left(y_gW-y_bB\right)\sin\theta\end{bmatrix} \tag{6-12}
$$

其中，W 和 B 表示深海机器人的重力与浮力，两种力的作用点分别是重心和浮心，二者不重合会产生使机器人旋转的力矩。

(6) 外力与外力矩 τ。我们将作用于深海机器人六个自由度上的外力以及外力矩表示为向量 $\boldsymbol{\tau}=\left[X_{\text{ext}},Y_{\text{ext}},Z_{\text{ext}},K_{\text{ext}},M_{\text{ext}},N_{\text{ext}}\right]^{\text{T}}$，其形式取决于深海机器人的具体控制方式。

6.2.2 深海机器人水平面运动模型

1. 水平面运动学与动力学方程

深海机器人的顶部由一条光电复合缆拉拽，其位置与深海机器人的重心及浮心在同一条垂线上；深海机器人的后部平面安装有两个推进器，左右各分布一个，可以分别控制推进器的转速。考虑以下两个因素。

(1) 深海机器人垂直方向的运动（上升、下降）由缆绳的收放动作进行控制。深海机器人工作在 3000～6000m 深海，而深海机器人运动半径为缆绳长度的 5%左右。因此，在放出缆绳长度固定的情况下，深海机器人在推进器作用下的运动近似为水平面运动，垂直方向保持受力平衡。

(2) 吊点以及推进器位置布置合理，使得深海机器人横摇和纵摇的力矩很小，横摇和纵摇两个自由度的运动可以忽略。

综上所述，我们只研究水平面移动和艏向（绕运动坐标系的轴）转动，忽略剩余 3 个自由度的运动，得到水平面运动的运动学与动力学方程[117]，即

$$
\dot{\boldsymbol{\eta}}=\boldsymbol{J}(\boldsymbol{\eta})\boldsymbol{v} \tag{6-13}
$$

$$
\boldsymbol{M}\dot{\boldsymbol{v}}+\boldsymbol{C}(\boldsymbol{v})\boldsymbol{v}+\boldsymbol{D}(\boldsymbol{v})\boldsymbol{v}=\boldsymbol{\tau} \tag{6-14}
$$

其中，$\boldsymbol{\eta}=[x,y,\psi]^{\mathrm{T}}$ 是惯性坐标系中的姿态向量(位置和航向角)；$\boldsymbol{v}=[u,v,r]^{\mathrm{T}}$ 是体固定速度向量(前进速度、侧向速度和偏航速率)。对于 REMUS 型号 AUV，矩阵 $\boldsymbol{J},\boldsymbol{M},\boldsymbol{C},\boldsymbol{D}$ 的定义如下：

$$\boldsymbol{J}(\boldsymbol{\eta})=\begin{bmatrix}\cos\psi & -\sin\psi & 0\\ \sin\psi & \cos\psi & 0\\ 0 & 0 & 1\end{bmatrix},\quad \boldsymbol{M}=\begin{bmatrix}m_1 & 0 & 0\\ 0 & m_2 & m_3\\ 0 & m_4 & m_5\end{bmatrix}$$

$$\boldsymbol{C}(\boldsymbol{v})=\begin{bmatrix}0 & 0 & c_1(v,r)\\ 0 & 0 & c_2(u)\\ -c_1(v,r) & -c_2(u) & 0\end{bmatrix}$$

$$\boldsymbol{D}(\boldsymbol{v})=\begin{bmatrix}d_1(u) & 0 & 0\\ 0 & d_2(u,v) & d_3(u,r)\\ 0 & d_4(u,v) & d_5(u,r)\end{bmatrix}$$

其中，$m_1=m-X_{\dot{u}},m_2=m-Y_{\dot{v}},m_3=-Y_{\dot{r}}\ ,m_4=-N_{\dot{v}},m_5=I_{zz}-N_{\dot{r}}$；$c_1(v,r)=-mv+Y_{\dot{v}}v+Y_{\dot{r}}r,c_2(u)=mu-X_{\dot{u}}u$；$d_1(u)=X_u-X_{u|u|}|u|,d_2(u,v)=Y_v-Y_{uv}u-Y_{v|v|}|v|,\ d_3(u,r)=Y_r-Y_{ur}u-Y_{r|r|}|r|,\ d_4(u,v)=N_v-N_{uv}u-N_{v|v|}|v|,\ d_5(u,r)=N_r-N_{ur}u-N_{r|r|}|r|$。$m$ 是 AUV 的质量，I_{zz} 是转动惯量项，其余系数描述了作用在 AUV 上的耦合力和力矩，更详细的参数细节可参见文献[118]。

2. *水动力学参数估算及运动仿真*

根据深海机器人的布局和设计参数，可估算出上述模型中的质量及惯量参数：$m=1.1\times10^3\,\mathrm{kg},I_z=1.4\times10^2\,\mathrm{kg\cdot m^2},X_{\dot{u}}=-3.4\times10\,\mathrm{kg},X_{\dot{v}}=X_{\dot{r}}=Y_{\dot{u}}=N_{\dot{u}}=0,Y_{\dot{v}}=-1.4\times10^2\,\mathrm{kg},Y_{\dot{r}}=N_{\dot{v}}=6.9\times10\,\mathrm{kg\cdot m/rad}$。根据海水环境的相关参数，可以估算水动力学参数：$X_u=0,Y_v=0,N_r=0,X_{u|u|}=-5.2\times10\,\mathrm{kg/m},Y_{v|v|}=-4.8\times10\,\mathrm{kg/m},N_{r|r|}=-3.1\times10^2\,\mathrm{kg/m}$。根据设计，左右推进器的距离为 $l=1\mathrm{m}$。

为了直观地分析左、右推进器推力对深海机器人航行速度和方向的作用效果，假设缆的拉力作用为 0，基于上述模型进行仿真实验。测试时，0～25s 时间段，令 $T_1=T_2=10\mathrm{N}$，25～50s 时间段，$T_1=2\mathrm{N},T_2=10\mathrm{N}$；50～75s 时间段，$T_1=10\mathrm{N},T_2=2\mathrm{N}$。得到的水平面运动轨迹如图 6.2 所示。由此可见，左右推进器提供相同的前向推力时，深海机器人沿直线向前运动；右侧推力大于左侧推力时，深海机器人向左侧转弯运动；左侧推力大于右侧推力时，深海机器人向右侧转弯运动。仿真结果与实际经验相符。

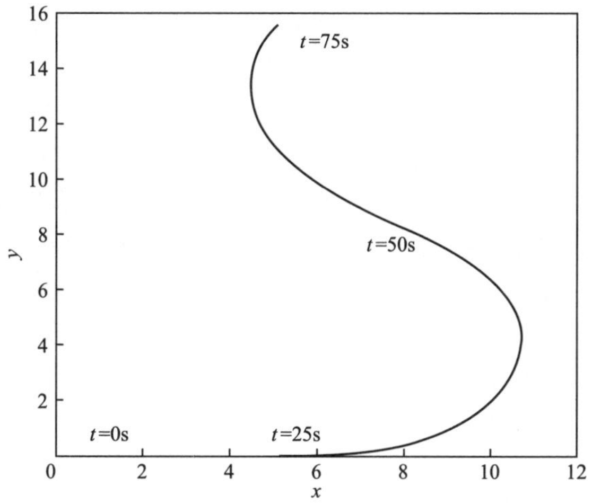

图 6.2　深海机器人水平面运动轨迹仿真结果

6.3　基于非线性模型预测控制的路径点追踪方法

本节针对深海机器人的路径点跟踪问题，研究视线导航策略改进的表达形式，阐述一种基于非线性模型预测控制的路径点跟踪控制算法。该算法采用深海机器人的非线性离散模型作为预测模型，且考虑控制输入的约束条件。在算法的在线优化环节，基于状态联立的梯度投影法进行优化求解，并设计了计算加速方法。此外，通过引入模型在线反馈校正缓解提高其鲁棒性。通过仿真实验验证了该算法对于路径跟踪控制问题的有效性，同时验证了该算法处理控制输入约束条件的能力和存在模型失配情况下的鲁棒性表现。本节内容取材于作者的研究成果论文[115]。

6.3.1　问题描述

深海机器人的运动控制是实现各种高级功能的基础要求。根据具体任务的不同，深海机器人运动控制目标包括状态定量控制、状态轨迹跟踪控制、路径跟踪控制等。状态轨迹跟踪控制是对于全部运动状态或者某些状态设定一条时间轨迹，使系统按照设定的状态曲线演进。路径跟踪控制是针对规划好的一条空间曲线，控制深海机器人按照该路径运动，但不限定具体时间节点。路径跟踪控制问题不只是状态的直接跟踪，它往往需要综合考虑路径导航策略和控制方法，复杂性更高。

深海机器人的运动路径可以用三维空间中的一条曲线描述如下：$\boldsymbol{\rho}(t)=(x(t),y(t),z(t))$。在实际工作中，操控者常常不需要深海机器人严格按照一条光滑的曲线运动，而是用一系列的路径点刻画其目标轨迹。只要深海机器人能够按照顺序经过这些点，从极限的角度理解，当设定的路径点足够密，就可以近似一条曲线。

近年来，许多学者对深海机器人的路径点跟踪控制问题进行了研究。大多数研究采用简单而稳定的视线导航策略进行路径规划[119]。对于深海机器人的运动控制，主要方法包括 backstepping 设计方法[120-122]、滑模控制[123,124]和线性化方法[125]等。但是这些方法都无法直接处理执行器饱和(控制器存在约束)问题，且方法的鲁棒性也存在一定缺陷。本节阐述一种模型预测控制方法以实现深海机器人的路径点跟踪控制。对于该算法中的预测模型、优化性能指标、在线优化求解过程、处理模型不确定性的鲁棒设计等环节，本节将进行详细阐述。

6.3.2 视线导航策略及其改进表示

对于深海机器人的路径跟踪问题，采用视线导航(line of sight, LOS)策略是一种简单而有效的方法。这一策略最初是在船舶航线跟踪中提出的，它模拟了水手的导航行为，即操控船舶的艏向指向目标航线上一段前视距离的位置。以二维平面内的路径跟踪为例，如果目标路径是一条光滑曲线，首先要在曲线上找到当前位置对应的最近点，然后在其切线方向上向前一段距离 Δ 确定视线点，如图 6.3 所示[119]。视线导航方向就是从深海机器人当前位置指向该视线点的向量。该导航策略的有效性可以通过如下定理给出。

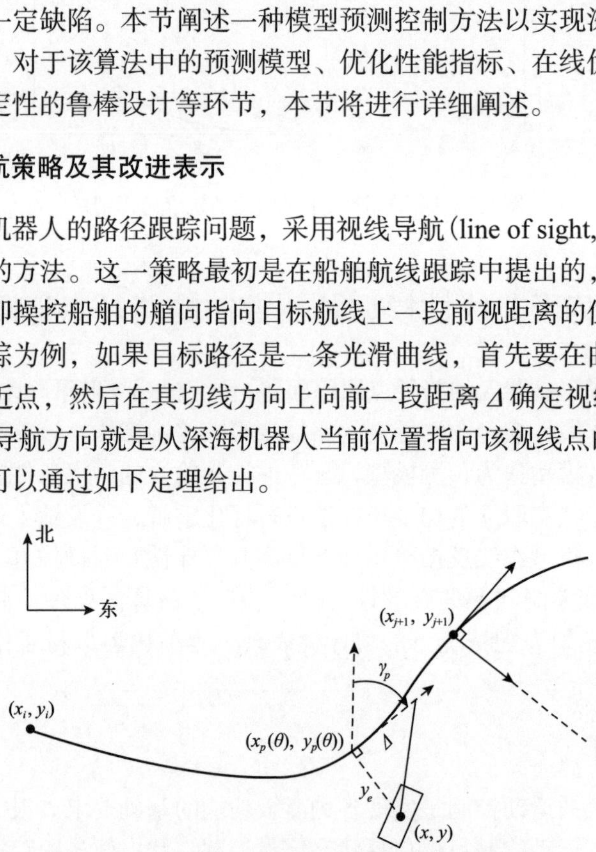

图 6.3 二维光滑曲线路径的视线导航策略示意

定理 6.3.1[119] 如果视线前视距离满足 $0 < \Delta_{\min} < \Delta < \Delta_{\max}$，且深海机器人的实际速度 $U = \sqrt{u^2 + v^2}$ 满足 $0 < U_{\min} < U < U_{\max}$，若深海机器人实际运动方向与视线导航方向始终保持一致，则轨迹交叉误差将一致半全局收敛(uniform semiglobal exponential convergence)到零，即实际运动路径能够跟踪到目标路径。

上述定理说明，如果视线前视距离大于零且有界，而且深海机器人的运动速度大于零且有界，那么采用视线导航策略将保证路径跟踪的实现。

在实际的路径跟踪任务中，目标路径并非一条光滑曲线。对于路径点跟踪问题，视线导航策略更为直接，即使得深海机器人的艏向转向从当前位置到目标路径点的视线方向，如图 6.4 所示。从图 6.4 可知，视线向量是从深海机器人的位置指向目标路径点，表示为 $\overrightarrow{\boldsymbol{pp}^k}=\left(x^k-x,y^k-y\right)$。轨迹交叉误差为 e_c，视线前视距离为 $\varDelta$。当前向速度为正时，视线导航策略对于三维路径点跟踪具有有效性，其收敛性为满足全局 k 指数稳定性。

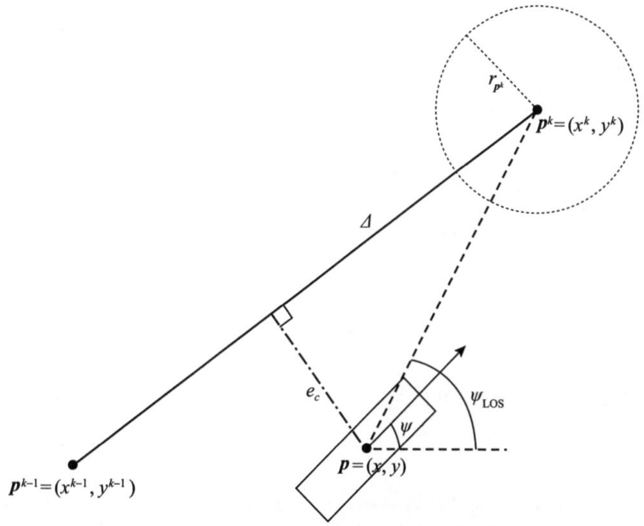

图 6.4　路径点跟踪控制的视线导航策略示意

在模型预测控制框架中，为了计算得到控制输入需要求解一个优化问题，其最小化目标函数中包含 $\|\Delta\psi\|$。为了克服反正切形式的视线角在 $-\pi/\pi$ 边界线处不连续和无法直接求导的问题，这里引入一种反余弦形式的导航误差表示方法，即视线向量 $\overrightarrow{\boldsymbol{pp}^k}$ 与深海机器人艏向向量 $\boldsymbol{h}=(\cos\psi,\sin\psi)$ 之间的夹角，即

$$\|\Delta\psi\|=\|\psi-\psi_{\text{LOS}}\|=<\boldsymbol{h},\overrightarrow{\boldsymbol{pp}^k}>=\arccos\frac{\left(x^k-x\right)\cos\psi+\left(y^k-y\right)\sin\psi}{\sqrt{\left(x^k-x\right)^2+\left(y^k-y\right)^2}}\in[0,\pi] \tag{6-15}$$

上述形式可以避免角跟踪方向的误导，同时可以方便地对各个状态变量求偏导数。对于深海机器人路径点跟踪控制问题，采用公式(6-15)进行方向导航的同时，要求深海机器人的前进方向 u 被设定控制到一个稳定速度 u_d，能够保证实际速度 U 大于零且有界。因此，根据定理 6.3.1，在实现视线导航策略，即 $\|\psi-\psi_{\text{LOS}}\|\to 0$

时，深海机器人将渐进地到达目标路径点。

6.3.3 模型预测控制算法

模型预测控制通过滚动优化求解最优的未来控制的输入序列，但是在当前时刻只应用求得的第一个控制输入。在下一采样时刻，系统将重复这一优化过程，因此模型预测控制又被称为滚动时域控制。采用模型预测控制的框架在解决深海机器人的路径点跟踪控制问题上具有三方面优势：第一，模型预测控制能够优化未来一段时间的系统输出，即未来一段运动轨迹，因此适用于深海机器人跟踪时变的视线角的调整过程；第二，模型预测控制能够显式地处理控制输入存在的约束，因此能够避免其他控制方法无法避免的执行器饱和问题；第三，模型预测控制鲁棒性强，其算法建立在实际状态基础上，模型的误差不会随着时间积累，而且通过设计模型反馈校正，在实际输出偏差较大时，能在线调整模型参数。因此可以更好地抵抗模型时变误差和环境干扰等。

1. 预测模型

模型预测控制在实际应用中是一种离散控制算法，因此需要将深海机器人连续时间模型转变为如下离散时间模型，我们采用欧拉方法[126]将非线性系统进行离散化，得到如下模型，即

$$\boldsymbol{\eta}(i+1)=\boldsymbol{\eta}(i)+\Delta t\boldsymbol{J}(\boldsymbol{\eta}(i))\boldsymbol{v}(i) \tag{6-16}$$

$$\boldsymbol{v}(i+1)=\boldsymbol{v}(i)+\Delta t\boldsymbol{M}^{-1}\left[\boldsymbol{\tau}(i)-\boldsymbol{C}(\boldsymbol{v}(i))\boldsymbol{v}(i)-\boldsymbol{D}(\boldsymbol{v}(i))\boldsymbol{v}(i)\right] \tag{6-17}$$

其中，Δt 为离散时间间隔，其取值一般足够小，使得在采样区间内系统状态可以视为不变量。将系统状态变量记为紧凑形式：$\boldsymbol{\chi}(i)=\left[\boldsymbol{\eta}^{\mathrm{T}}(i),\boldsymbol{v}^{\mathrm{T}}(i)\right]^{\mathrm{T}}$，则可得如下通用形式的离散时间模型，即

$$\boldsymbol{\chi}(i+1)=\boldsymbol{f}(\boldsymbol{\chi}(i),\boldsymbol{\mu}(i)) \tag{6-18}$$

模型预测控制算法，直接采用上述离散时间非线性模型作为预测模型，因此是一个非线性模型预测控制方法。在算法具体过程中，需要在线求解一个带约束的非线性优化问题，这会带来很大的计算复杂度。为了减少计算负担，研究者转而采用线性化模型预测控制算法，即不断地将模型线性化，然后求解更为简单的线性二次规划问题。然而，线性模型预测控制的主要问题是模型失配，导致控制效果较差，在有些情况下甚至会导致闭环系统不稳定。文献[127]对比了非线性模型预测控制和线性化模型预测控制方法在路径跟踪中的效果，结论是非线性模型预测虽然计算复杂，但是控制效果显著地比线性方法好。本小节阐述的非线性算

法可以保证控制效果，同时通过一些简化方法降低非线性模型预测控制算法的计算复杂度，使其能够满足在线实施的快速实时性要求。

2. 在线优化

模型预测控制的目标是使得深海机器人达到稳定状态 $\psi=\psi_{\text{LOS}}$ ，$u=u_d$ 以及 $v=r=0$ ，即视线导航偏差为零，前进速度保持恒定的正值，横向速度和偏航角速度为零。这一稳定状态其实就是深海机器人以一个恒定速度径直驶向目标路径点。对应于这一目标稳态，可以得到稳态控制输入为

$$\boldsymbol{\mu}_d=\left[\xi_d,\delta_d\right]^{\text{T}}=\left[\boldsymbol{X}_u u_d-\boldsymbol{X}_{u|u|}u_d\left|u_d\right|,0\right]^{\text{T}} \tag{6-19}$$

令当前时刻对应 $t=0$ ，考虑如下针对偏差系统的优化目标函数，即

$$\begin{aligned}\min_{\boldsymbol{\mu}(0),\cdots,\boldsymbol{\mu}(N-1)} J=&\sum_{i=1}^{N}a_i\left(\psi(i)-\psi_{\text{LOS}}(i)\right)^2+\sum_{i=1}^{N}b_i\left(u(i)-u_d\right)^2\\&+\sum_{i=1}^{N-1}\left(\boldsymbol{\mu}(i)-\boldsymbol{\mu}_d\right)^{\text{T}}\boldsymbol{M}_i\left(\boldsymbol{\mu}(i)-\boldsymbol{\mu}_d\right)\end{aligned} \tag{6-20}$$

其中，N 是预测时间窗长度；$a_i>0$ ，$b_i>0$ 是平衡角度跟踪误差和速度跟踪误差的权重系数；$\boldsymbol{M}_i=\text{diag}\left(r_i^1,r_i^2\right)>0$ 是平衡两个控制输入之间的权重系数矩阵。将式(6-15)代入式(6-20)，将优化目标函数中关于系统状态 $\boldsymbol{\chi}(i)$ 和关于控制输入 $\boldsymbol{\mu}(i)$ 的两部分分开表示，可得如下优化问题，即

$$\min_{\boldsymbol{\mu}(0),\cdots,\boldsymbol{\mu}(N-1)} J=\sum_{i=1}^{N}\phi(\boldsymbol{\chi}(i))+\sum_{i=0}^{N-1}l(\boldsymbol{\mu}(i)) \tag{6-21}$$

其中

$$\begin{aligned}\phi(\boldsymbol{\chi}(i))=&a_i\left[\arccos\frac{\left(x^k-x(i)\right)\cos\psi(i)+\left(y^k-y(i)\right)\sin\psi(i)}{\sqrt{\left(x^k-x(i)\right)^2+\left(y^k-y(i)\right)^2}}\right]^2\\&+b_i\left(u(i)-u_d\right)^2\end{aligned} \tag{6-22}$$

$$l(\boldsymbol{\mu}(i))=r_i^1\left(\xi(i)-\xi_d\right)^2+r_i^2\delta^2(i) \tag{6-23}$$

系统状态和控制输入需要满足以下约束条件，即

$$\boldsymbol{\chi}(i+1)=\boldsymbol{f}(\boldsymbol{\chi}(i),\boldsymbol{\mu}(i)) \tag{6-24}$$

$$\boldsymbol{\mu}_{\min} \leqslant \boldsymbol{\mu}(i) \leqslant \boldsymbol{\mu}_{\max}, \quad i=0,1,\cdots,N-1 \tag{6-25}$$

非线性模型(6-24)即为预测模型，在上述优化问题中充当等式约束；控制输入的幅度限制(6-25)是上述优化问题的不等式约束。

采用状态联立变分法求解上述优化问题。具体地，将$\{\boldsymbol{\chi}(i), i=1,2,\cdots,N\}$和$\{\boldsymbol{\mu}(i), i=1,2,\cdots,N\}$统一视为优化变量，等式约束可以通过引入拉格朗日乘子转化为仅含不等式约束地优化问题。设拉格朗日乘子序列为$\left\{\boldsymbol{\lambda}_i \in \mathbb{R}^6, i=1,2,\cdots,N\right\}$，则优化目标函数可以转化为

$$J=\sum_{i=1}^{N}\phi(\boldsymbol{\chi}(i))+\sum_{i=0}^{N-1}l(\boldsymbol{\mu}(i))+\sum_{i=0}^{N-1}\boldsymbol{\lambda}_{i+1}^{\mathrm{T}}[\boldsymbol{f}(\boldsymbol{\chi}(i),\boldsymbol{\mu}(i))-\boldsymbol{\chi}(i+1)] \tag{6-26}$$

针对当前一组状态变量$\{\boldsymbol{\chi}(i), i=1,2,\cdots,N\}$，最优性的必要条件为梯度为零，即

$$\nabla_{\boldsymbol{\chi}(i)}J=\nabla_{\boldsymbol{\chi}(i)}\phi(\boldsymbol{\chi}(i))+\nabla_{\boldsymbol{\chi}(i)}\boldsymbol{f}(\boldsymbol{\chi}(i),\boldsymbol{\mu}(i))\boldsymbol{\lambda}_{i+1}-\boldsymbol{\lambda}_i=0, \quad i=1,2,\cdots,N-1 \tag{6-27}$$

$$\nabla_{\boldsymbol{\chi}(N)}J=\nabla_{\boldsymbol{\chi}(N)}\phi(\boldsymbol{\chi}(N))-\boldsymbol{\lambda}_N=0 \tag{6-28}$$

因此，可以得到最优性条件下$\boldsymbol{\lambda}_i$的表达式为

$$\boldsymbol{\lambda}_N=\nabla_{\boldsymbol{\chi}(N)}\phi(\boldsymbol{\chi}(N)) \tag{6-29}$$

$$\boldsymbol{\lambda}_i=\nabla_{\boldsymbol{\chi}(i)}\phi(\boldsymbol{\chi}(i))+\nabla_{\boldsymbol{\chi}(i)}\boldsymbol{f}(\boldsymbol{\chi}(i),\boldsymbol{\mu}(i))\boldsymbol{\lambda}_{i+1}, \quad i=1,2,\cdots,N-1 \tag{6-30}$$

将式(6-29)和式(6-30)代入优化目标函数，则可以对J求关于向量$\boldsymbol{\mu}(i)$的梯度为

$$\nabla_{\boldsymbol{\mu}(i)}J=\nabla_{\boldsymbol{\mu}(i)}l(\boldsymbol{\mu}(i))+\nabla_{\boldsymbol{\mu}(i)}\boldsymbol{f}(\boldsymbol{\chi}(i),\boldsymbol{\mu}(i))\boldsymbol{\lambda}_{i+1}, \quad i=0,1,\cdots,N-1 \tag{6-31}$$

上式即为目标函数对于控制输入的梯度。于是可以通过非线性规划算法中的梯度法进行迭代寻优。由于不等式约束的存在，在每一步迭代中采用梯度投影法，保证得到的优化变量是约束集内的可行解。具体而言，在迭代中选取负梯度方向，补偿选取通过 Armijo 规则，将其投影到可行集内，得到下一个可行解，然后根据预测模型得到下一组状态变量$\left\{\boldsymbol{\chi}(i), i=1,\cdots,N\right\}$，再重复上述过程，直到得到的解满足一定的最优化条件，或者迭代步数达到设定的最大值，算法终止。

上述算法中每一个决策时刻，都需要求最优控制输入序列，求解过程采用的是非线性规划中的梯度搜索过程，这一过程存在两个问题。一是解的局部最优问题，这是非线性规划算法共同的问题。二是计算复杂度问题。对于第一个问题，可以在算法的初始化阶段采用启发式方法选取初值，即控制输入序列的初值。具

体地，令推力 ξ^0 接近于零，使其保持较慢的前进速度，方便进行转向。对于方向舵，令其初始偏转角 δ^0 与初始的视线角误差成正比，保证其转向目标路径点的方向。对于第二个问题，引入两种方法以简化优化过程。①在当前时刻，将上一时刻的最优控制输入序列进行延拓，作为当前时刻优化过程的初值。即令 $\left\{\boldsymbol{\mu}^0(0),\cdots,\boldsymbol{\mu}^0(N-1)\right\}=\left\{\boldsymbol{\mu}^*(0),\cdots,\boldsymbol{\mu}^*(N-1)\right\}$。这样选取的原因是采样时间间隔很短，系统状态经过这一小段时间的变化较小，当前时刻的最优解往往与上一时刻的最优解接近。②当优化目标函数 J 接近于零时，略去优化计算的过程，直接采用稳态控制输入作为系统的实际输入。

在上述算法中，当深海机器人运动到以 $\boldsymbol{p}^k$ 为圆心，以 r^k 为半径的圆内时，就认为深海机器人到达了目标路径点。实际过程中，在运动到 $\boldsymbol{p}^k$ 点附近时，将对运动航线进行再次规划，给出下一目标点 $\boldsymbol{p}^{k+1}$，从而继续新的路径点跟踪过程。

3. 反馈校正

在模型预测控制算法中，控制输入在每个采样时刻都会基于当前实测状态进行优化求解，模型的误差不会随着时间累积，因此是一种在线调参的自适应控制。对于模型偏差在一定范围内的实际系统，不设计额外的反馈校正环节，模型预测控制也具有一定的鲁棒性。当预测模型与实际模型偏差较大时，需要设计模型反馈校正环节；在实际输出与预测值偏差较大时，将在线辨识模型参数。

深海机器人的动力学模型是一种多输入多输出的非线性模型，其中导致非线性的主要是变量之间的相互耦合。然而，深海机器人的大部分运动参数都可以由传感器测得，比如惯性导航测量仪、多普勒计程仪等。当只能测量位置和姿态信息时，运动速度和角速度可以通过位置和姿态角度对时间间隔的差分得到。因此，可以将模型中的耦合项视为独立的新变量，各项的系数单独表示，从而原模型可以分解转化成如下线性回归模型，即

$$\boldsymbol{\chi}(i+1)=\boldsymbol{\Phi}(i)\boldsymbol{\Theta}=\boldsymbol{\Phi}(\boldsymbol{\chi}(i),\boldsymbol{\chi}(i+1),\boldsymbol{\mu}(k))\boldsymbol{\Theta} \tag{6-32}$$

其中，$\boldsymbol{\Phi}(\boldsymbol{\chi}(i),\boldsymbol{\chi}(i+1),\boldsymbol{\mu}(k))$ 是状态信息组合而成的回归矩阵；$\boldsymbol{\Theta}$ 是模型中所有参数组成的回归系数向量。针对上述回归模型，使用最小二乘递推法进行参数回归计算和在线辨识。具体地，递推最小二乘法使用如下公式进行在线估计参数，即

$$\hat{\boldsymbol{\Theta}}(i)=\hat{\boldsymbol{\Theta}}(i-1)+\boldsymbol{K}(i)[\boldsymbol{\chi}(i)-\boldsymbol{\Phi}(i-1)\hat{\boldsymbol{\Theta}}(i-1)] \tag{6-33}$$

$$\boldsymbol{K}(i)=\boldsymbol{P}(i-1)\boldsymbol{\Phi}^{\mathrm{T}}(i-1)\left[\lambda+\boldsymbol{\Phi}(i-1)\boldsymbol{P}(i-1)\boldsymbol{\Phi}^{\mathrm{T}}(i-1)\right]^{-1} \tag{6-34}$$

$$\boldsymbol{P}(i)=\frac{1}{\lambda}[\boldsymbol{I}-\boldsymbol{K}(i)\boldsymbol{\Phi}(i-1)]\boldsymbol{P}(i-1) \tag{6-35}$$

其中，$\hat{\boldsymbol{\Theta}}(i)$ 为 i 时刻参数 $\boldsymbol{\Theta}$ 的估计值，初值 $\hat{\boldsymbol{\Theta}}(0)$ 可由离线辨识得到；$\boldsymbol{P}(0)=\alpha^2\boldsymbol{I}$，$\alpha^2=10^5\sim10^{10}$；遗忘因子 λ 通常选为 $0.95\leqslant\lambda\leqslant0.995$。

下面我们给出基于非线性模型预测控制的路径点跟踪控制的完整算法。

算法 6.1 基于非线性模型预测控制的路径点跟踪控制算法(LOS-NMPC 算法)

输入：AUV 当前位置和姿态状态 $\boldsymbol{\chi}(0)$；目标路径点的坐标 $\boldsymbol{p}^k=\left(x^k,y^k\right)$.

初始化：根据当前位置和目标位置的关系，启发式地给出一组可行的控制输入序列 $\left\{\boldsymbol{\mu}^0(0),\cdots,\boldsymbol{\mu}^0(N-1)\right\}$.

在线优化：

STEP 1：令当前时刻为 $t=0$，由式(6-24)，代入 $\boldsymbol{\chi}(0)$ 和 $\left\{\boldsymbol{\mu}^0(0),\cdots,\boldsymbol{\mu}^0(N-1)\right\}$，依次求取 $\left\{\boldsymbol{\chi}^0(1),\cdots,\boldsymbol{\chi}^0(N)\right\}$.

STEP 2：由式(6-29)求 $\boldsymbol{\lambda}_N$，然后按照式(6-30)倒推迭代求出 $\{\boldsymbol{\lambda}_i,i=N-1,N-2,\cdots,1\}$.

STEP 3：由式(6-31)计算 $\nabla_{\boldsymbol{\mu}(i)}J,i=0,1,\cdots,N-1$.

STEP 4：采用梯度投影法计算新的控制输入序列: $\left(\boldsymbol{\mu}^1(0),\cdots,\boldsymbol{\mu}^1(N-1)\right)^{\mathrm{T}}=$ $\left[\left(\boldsymbol{\mu}^0(0),\cdots,\boldsymbol{\mu}^0(N-1)\right)^{\mathrm{T}}-s^0\left(\nabla_{\boldsymbol{\mu}(0)}J,\cdots,\nabla_{\boldsymbol{\mu}(N-1)}J\right)^{\mathrm{T}}\right]^+$。其中步长 s_0 是由 Amijio 规则确定的，$[\cdot]+$ 表示到约束集 $U_{\mathrm{cons}}=\{\boldsymbol{\mu}_{\min}\leqslant\boldsymbol{\mu}(i)\leqslant\boldsymbol{\mu}_{\max},i=0,1,\cdots,N-1\}$ 的投影.

STEP 5：判断 J 的下降是否小于一个正常数 ε，或者迭代步数大于最大迭代步数 $M_{\max}$，如果判断结果为真，则跳到 STEP 6；否则，令 $\left\{\boldsymbol{\mu}^0(0),\cdots,\boldsymbol{\mu}^0(N-1)\right\}=\left\{\boldsymbol{\mu}^1(0),\cdots,\boldsymbol{\mu}^1(N-1)\right\}$，跳到 STEP 1.

施加控制：

STEP 6：得到最优控制输入序列记为 $\left\{\boldsymbol{\mu}^*(0),\cdots,\boldsymbol{\mu}^*(N-1)\right\}$，对 AUV 的执行器输入控制量 $\boldsymbol{\mu}(t)=\boldsymbol{\mu}^*(0)$，该控制量在采样时间区间 $(t_0,t_0+h]$ 内保持不变.

反馈校正：

STEP 7：在时刻 $t=t_0+h$，测量 AUV 的实际运动状态 $\boldsymbol{\chi}(t_0+h)$。如果 $\boldsymbol{\chi}(t_0+h)$ 与预测输出存在较大偏差，则由式(6-33)到式(6-35)进行模型辨识，重新计算模型参数.

STEP 8：判断当前时刻的实际位置与 $\boldsymbol{p}^k$ 的距离是否小于可接受的半径 $r_{\boldsymbol{p}^k}$。如果是，则算法终止。否则令 $\boldsymbol{\chi}(0)=\boldsymbol{\chi}(t_0+h)$，且令启发式初值选为 $\left\{\boldsymbol{\mu}^0(0),\cdots,\boldsymbol{\mu}^0(N-1)\right\}=\left\{\boldsymbol{\mu}^*(1),\cdots,\boldsymbol{\mu}^*(N-1),\boldsymbol{\mu}^*(N)\right\}$，跳到 STEP 1.

6.3.4　仿真实验结果与分析

1. 模型无偏差时的路径跟踪结果

根据 REMUS 型号 AUV 的模型参数[114]构建用于仿真实验的深海机器人动力学模型方程，得到式(6-18)形式的离散化预测模型。

深海机器人的模型中具体参数取值为：$m = 3.048\times10\text{kg}, I_{zz} = -1.31\times10^3\text{kg/m}, Y_{rr} = 6.32\times10^{-1}\text{kg}\cdot\text{m/rad}^2, Y_{uv} = -28.6\text{kg/m}, Y_{\dot{v}} = -3.55\times10\text{kg}, Y_{\dot{r}} = 1.93\text{kg}\cdot\text{m/rad}, Y_{ur} = 6.15\text{kg/rad}, Y_{uu\delta} = 9.64\text{kg/(m}\cdot\text{rad)}, N_v = 0, N_r = 0, N_{v|v|} = -3.18\text{kg}, N_{rr} = -9.40\times10\text{kg}\cdot\text{m}^2/\text{rad}^2, N_{uv} = 10.62\text{kg}, N_{\dot{v}} = 1.93\text{kg}\cdot\text{m}, N_{\dot{r}} = -4.88\text{kg}\cdot\text{m}^2/\text{rad}, N_{ur} = -3.93\text{kg}\cdot\text{m/rad}, N_{uu\delta} = -6.15\text{kg/rad}$。模型离散化时采用的离散时间区间为 $\Delta t = 0.5\text{s}$。

假设实际模型与预测模型无偏差。深海机器人的初始位置为$[0,0]$，其艏向角为 0，表示艏向指向 x 轴正方面。在水平面上取 4 个路径点 $\boldsymbol{p}^1 = [30\text{m}, 20\text{m}]$，$\boldsymbol{p}^2 = [60\text{m}, 0]$，$\boldsymbol{p}^3 = [90\text{m}, -20\text{m}]$，$\boldsymbol{p}^4 = [120\text{m}, 0]$组成 4 段目标路径，使用基于视线导航策略的非线性模型预测控制算法进行仿真实验。此外，指定期望的稳定速度为 $u_d = 1\text{m/s}$，预测时间窗为 $N = 5$，优化目标函数中的权重系数 $a_i = 10 - i$，$b_i = 5 - 0.5i$，$r_i^1 = 1 - 0.1i$，$r_i^2 = 5 - 0.5i$。

深海机器人运动轨迹的仿真结果如图 6.5 所示，运动过程中前进速度 u 随时间变化曲线如图 6.6 所示。仿真结果表明，在每一段路径中，深海机器人都可以实现对路径点的跟踪。

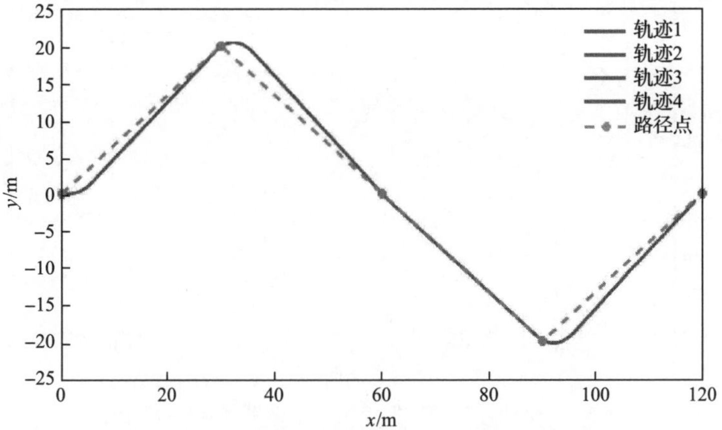

图 6.5　在模型无偏差时深海机器人路径点跟踪轨迹

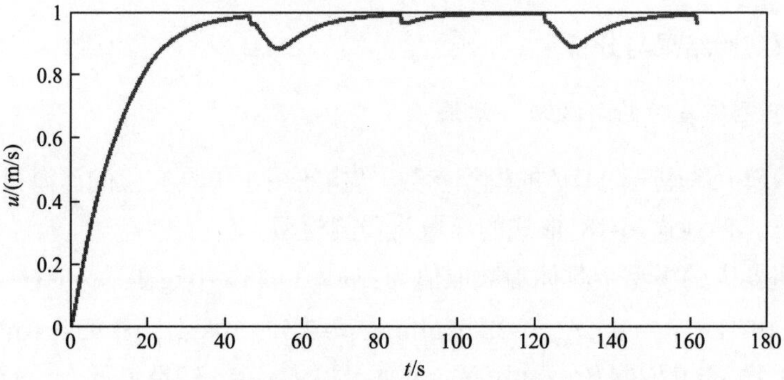

图 6.6 在模型无偏差情况下前进速度随时间变化曲线

2. 模型存在偏差时的仿真结果

实际情况中，真实模型与预测模型往往存在偏差。通过对预测模型的各个参数增加一定幅度白噪声(白噪声平均幅值为原参数绝对值的1/20)，作为真实模型。在不增加反馈校正环节的情况下，深海机器人的轨迹结果如图 6.7 所示。仿真结果表明，当模型存在一定幅度随机偏差的情况下，LOS-NMPC 算法仍能控制深海机器人实现路径点跟踪，具有一定的鲁棒性。但是，从图 6.8 中的前进速度曲线可以看到，曲线出现“毛刺”，说明实际模型的偏差使得控制量不断发生振动性变化。

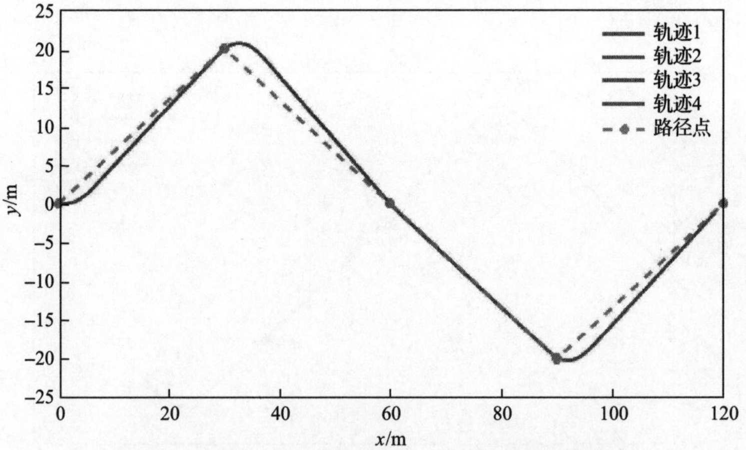

图 6.7 模型存在随机偏差情况下的路径点跟踪轨迹

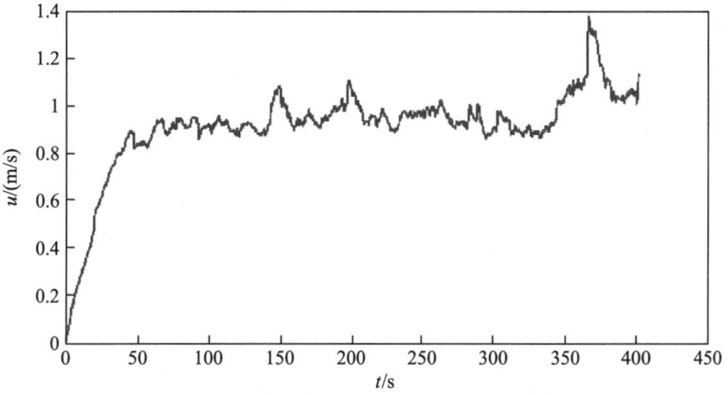

图 6.8　模型存在随机偏差情况下前进速度随时间变化曲线

6.4　基于确定性策略梯度的强化学习深度控制方法

本节从深海机器人的作业需求中抽象出三种深度控制问题——固定深度、曲线深度及海床跟踪控制，根据每种深度控制问题中深海机器人可获得的观测信息，设计完备的状态与多目标优化的奖励函数，补偿观测中缺失的深度曲线趋势信息，将深度控制问题建模为完全可观的马尔可夫决策过程。同时，针对深海机器人深度控制问题构建一种通用的最优控制框架，并阐述一种基于神经网络的确定性策略梯度算法，在不依赖深海机器人准确模型的条件下，从深海机器人的航行轨迹数据中学习出最优控制策略。在真实深海机器人模型上的仿真实验表明，强化学习控制策略在超调量、反应时间上均优于基于准确模型的非线性模型预测控制器。本节内容在我国南海真实海床数据的跟踪仿真实验中得到了应用验证。

本节针对深海机器人的深度控制问题，在不依赖准确动力学模型的条件下，研究基于无模型强化学习的控制方法。基于模型的控制方法如滑模控制、模型预测控制等通常结合控制对象的准确动力学模型设计控制器，这一类方法或者用于模型完全已知的控制问题，或者先通过模型辨识等手段辨识控制系统的准确模型，再结合模型设计控制器。但深海机器人的准确动力学模型难以建立，模型偏差会极大地降低该类方法的控制表现。而无模型强化学习将控制对象的系统模型视为环境的一部分，能够在不依赖准确系统模型的条件下，从控制对象与环境的交互行为数据中学习最优控制策略。

在深海机器人深度控制问题中，实际作业中搭载传感设备的限制，可能使机器人无法获取参考深度曲线的具体函数形式，从而无法判断其变化趋势信息，如何通过状态定义补偿缺失的信息是解决该问题的难点之一。对于深海机器人这类控制系统，由于舵角或动力系统功率的限制，其执行器存在饱和区间，因此控制策略生成的动作要符合深海机器人控制量的物理约束。深海机器人深度控制包含了多项控制目标，包括深度跟踪、趋势跟踪与速度约束等，因此奖励函数的设计要考虑多目标之间的权重分配，以提高强化学习控制策略的动态与静态性能。

考虑到深海机器人控制量的连续性，本节采用策略梯度算法求解深度控制任务的最优控制问题。在策略梯度算法中，动作-值函数与策略的参数化函数空间影响了解空间的规模与最优策略的控制表现；由于神经网络具备优秀的表达与近似能力，我们将其与确定性策略梯度算法结合，提出了一种基于神经网络的确定性策略梯度算法，通过评价网络与策略网络的交替迭代，训练多层感知器形式的非线性控制策略。由于水下实验的成本与风险较高，深海机器人与环境的交互采样次数受到限制，因此无模型强化学习的样本使用效率是其应用于水下控制问题的一大瓶颈。我们通过在采样机制上的改进，提出了一种权重化的经验回放机制，依据训练误差分配样本的重采样概率，以提高算法的样本使用效率。本节内容取材于作者的研究成果论文[128,129]。

6.4.1 问题描述

深海机器人的深度控制任务要求控制器控制深海机器人追踪一个设定的参考深度轨迹 $z_r = g(x)$，其中 $g(x)$ 表明参考深度轨迹是 X 轴坐标 x 的函数。深度控制是很多深海机器人作业任务中的基础控制需求之一，比如水下挖掘需要机器人悬停在某个固定的深度水平，水下避障则通过控制机器人跟踪一条规划的深度曲线以躲避鱼群或者岩石等障碍物，海底测绘则要求机器人沿着某个海床区域扫描海底的地形分布等。

1. 固定深度控制

固定深度控制要求深海机器人下潜到水下某个固定的深度，即 z_r 为常数，为了避免深海机器人在设定的参考深度上振荡，还要保持深海机器人的 z 纵摇角 $\theta = 0$，保持深海机器人处于水平的姿态。

2. 曲线深度跟踪控制

曲线深度跟踪的控制目标是控制深海机器人跟踪一条预先设定的参考深度轨迹 $z_r = g(x)$，该轨迹通常根据探测的障碍物分布预先规划，因此其函数形式完全已知。深海机器人不仅要跟踪轨迹使 $|z - z_r|$ 收敛到零点附近，还要跟踪轨迹的方向，保持深海机器人的纵摇角与轨迹的斜率角一致。

3. 海床跟踪控制

海床跟踪控制深海机器人沿着海床航行，并保持固定的相对安全深度

$\left|z-z_r\right|=d$，其中d表示设定的安全深度，如图 6.9 所示。假定在该问题中，由于传感设备的限制，深海机器人无法获取海床变化轨迹的具体形式，仅能借助声呐设备探测自身到海床的竖直距离，这一假设模拟了深海机器人实际水下作业的条件。因此，海床跟踪控制与曲线深度跟踪控制主要区别在于，深海机器人无法预判参考深度轨迹的变化趋势。

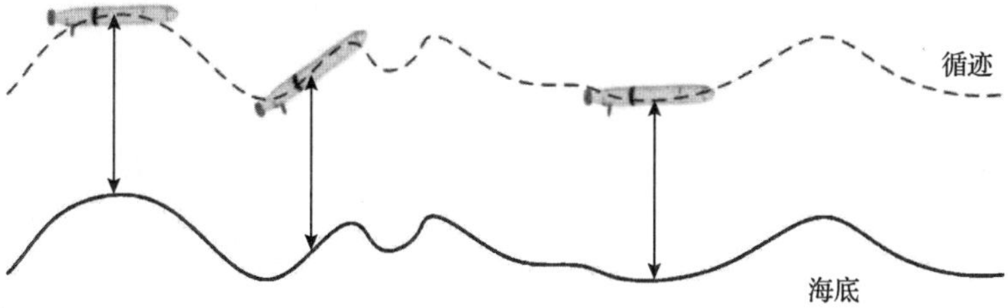

图 6.9　海床跟踪控制问题示意

深海机器人的深度控制问题主要关注深海机器人深度自由度上的运动，为了简化问题的分析，我们假定深海机器人在某个竖直平面上运动，忽略平面外的自由度。在 6.2.2 节中，我们阐述了深海机器人纵荡速度约束下的 XZ 平面的运动学与动力学方程，其中包含了深海机器人纵摇q与垂荡w两个自由度以及对应的深度z与纵摇角度θ。我们用$\boldsymbol{X}=[z,\theta,w,q]^{\mathrm{T}}$表示深海机器人的运动状态变量，并用一个一般化的函数表示深海机器人的运动学与动力学模型，即

$$\dot{\boldsymbol{X}}=\boldsymbol{f}(\boldsymbol{X},\boldsymbol{\tau},\boldsymbol{\xi}) \tag{6-36}$$

其中，$\boldsymbol{\tau}$表示在垂荡与纵摇两个自由度上施加的外力与外力矩向量；$\boldsymbol{\xi}$表示模型中可能存在的噪声。

6.4.2　马尔可夫决策过程建模

固定深度控制、曲线深度跟踪控制、海床跟踪控制三种控制问题的难度是逐渐递增的，本节分析它们的难点与特点，分别构建不同的马尔可夫决策过程模型，作为强化学习控制方法应用的铺垫。

1. 固定深度控制的马尔可夫决策过程(Markov decision process，MDP)建模

(1)状态定义：状态由深海机器人的运动变量$\boldsymbol{X}$与参考深度z_r共同决定。$\boldsymbol{X}$包含了深海机器人的纵摇角θ，由于具有周期性，角度的数值大小并不能反映真实差异，比如 0 和 2π 等价于相同的角度，但若将其作为状态，数值差异会引起状态歧义，两个等价的状态会被控制策略误作为两个不同的状态。因此我们将θ拆成极坐标表示$[\cos\theta,\sin\theta]^{\mathrm{T}}$，将$[0,2\pi]$的周期性区间映射到两个$[-1,1]$的坐标区间，

从而反映不同角度的真实差异。另外，将深海机器人与参考深度的相对深度 $z-z_r$ 作为状态，帮助控制策略依据机器人在参考深度的上方或下方控制深海机器人下潜或上浮。综上，固定深度控制的状态定义为

$$\boldsymbol{s}=[\cos\theta,\sin\theta,\Delta z,w,q]^{\mathrm{T}} \tag{6-37}$$

(2)奖励函数定义：固定深度控制的目标是控制深海机器人保持在设定的固定深度，并保持水平的姿态，根据该目标设计了如下的奖励函数，即

$$r(\boldsymbol{s},\boldsymbol{\tau})=-\left[\rho_1\left(z-z_r\right)^2+\rho_2\theta^2+\rho_3 w^2+\rho_4 q^2+\boldsymbol{\tau}^{\mathrm{T}}\boldsymbol{M}\boldsymbol{\tau}\right] \tag{6-38}$$

其中，$\rho_1 \sim \rho_4$ 表示权重系数；$\boldsymbol{M}\in\mathbb{R}^{2\times 2}$ 表示控制量 $\boldsymbol{\tau}$ 的权重系数矩阵(通常为对角矩阵)。该奖励函数包含了多项控制目标，前两项对应深度与纵摇角的控制目标，第三项与第四项减小深海机器人的纵摇与垂荡以避免偏离设定的深度，最后一项是控制的能量消耗惩罚。

2. 曲线深度跟踪控制的 MDP 建模

(1)状态定义：在曲线深度跟踪控制中，控制器要预判参考深度曲线的变化趋势以提前调整控制量。上一节定义的状态式(6-37)并不包含曲线的变化趋势，会由于不完全可观引起状态歧义；图 6.10 举例说明了深海机器人在跟踪不同的参考深度曲线，可由式(6-37)定义出相同的状态。为此，在状态中加入参考深度曲线的趋势信息。

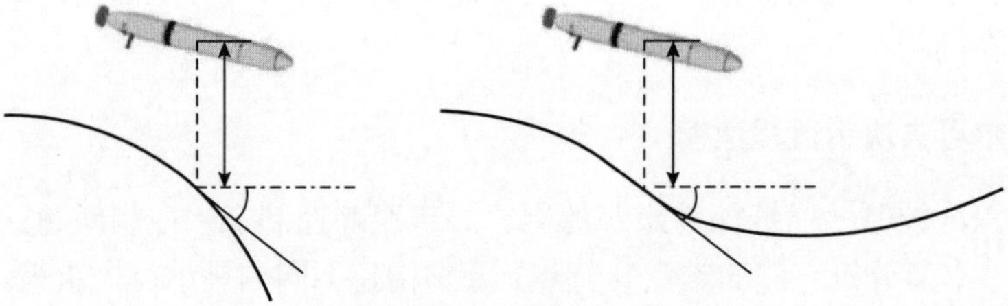

图 6.10　曲线深度跟踪控制的状态歧义示例

定义深海机器人与参考深度曲线的相对深度 $z_\Delta=z-z_r$ 与相对角度 $\theta_\Delta=\theta-\theta_c$。$\theta_c$ 表示参考深度曲线的斜率角，其变化率可推导出如下的关系，即

$$\dot{\theta}_c=\frac{g''(x)}{\left(1+g'(x)\right)^2}\dot{x}=\frac{g''(x)}{\left(1+g'(x)\right)^2}\left(u_0\cos\theta+w\cos\theta\right) \tag{6-39}$$

其中，u_0 表示深海机器人恒定的纵荡速度；$g'(x)$ 与 $g''(x)$ 分别表示参考深度曲线

$g(x)$关于x的一阶和二阶导数。上式说明$\dot{\theta}_c$不仅与深度曲线的斜率及曲率有关，还与深海机器人的速度和倾斜角相关。根据式(6-39)，$\dot{\theta}_\Delta$表示为

$$\dot{\theta}_\Delta = \dot{\theta} - \dot{\theta}_c = q - \frac{g''(x)}{\left(1+g'(x)\right)^2}\left(u_0\cos\theta + w\cos\theta\right) \tag{6-40}$$

而相对深度的变化率可推导出如下的关系式，即

$$\dot{z}_\Delta = \dot{z} - \dot{z}_r = w\cos\theta - u_0\sin\theta + \left(u_0\cos\theta + w\sin\theta\right)\tan\theta_c \tag{6-41}$$

综上，曲线深度跟踪控制的状态定义为

$$\boldsymbol{s} = \left[z_\Delta, \cos\theta_\Delta, \sin\theta_\Delta, \cos\theta_c, \sin\theta_c, \dot{\theta}_\Delta, w, q\right]^{\mathrm{T}} \tag{6-42}$$

(2)奖励函数定义：曲线深度跟踪控制的目标是控制深海机器人追踪一个给定的深度曲线轨迹$z_r = g(x)$，在式(6-38)的基础上加入了深海机器人深度曲线斜率角的控制目标，定义曲线深度跟踪控制的奖励函数为

$$r(\boldsymbol{s},\boldsymbol{\tau}) = -\left(\rho_1 {z_\Delta}^2 + \rho_2 {\theta_\Delta}^2 + \rho_3 w^2 + \rho_4 q^2 + \boldsymbol{\tau}^{\mathrm{T}}\boldsymbol{M}\boldsymbol{\tau}\right) \tag{6-43}$$

3. 海床跟踪控制的 MDP 建模

(1)状态定义：在海床跟踪控制中，海床的变化曲线没有显式的函数形式。为了模拟水下作业中搭载设备有限的条件，假定深海机器人在跟踪过程中仅能通过声呐等传感设备探测自身到海床的相对深度，无法获取海床曲线的斜率角θ_c与变化率$\dot{\theta}_c$，因此无法按照式(6-42)定义状态，而式(6-37)定义的状态不完全可观。为了缓解状态的局部可观性，我们利用深海机器人最近观测的相对深度序列弥补缺失的海床曲线变化趋势信息，定义海床跟踪控制的状态为

$$\boldsymbol{s}_t = \left[\Delta z_{t-N+1}, \cdots, \Delta z_{t-1}, \Delta z_t, \cos\theta_t, \sin\theta_t, w_t, q_t\right]^{\mathrm{T}} \tag{6-44}$$

其中，N表示观测序列的截断长度；t表示每一步决策时刻。在控制的开始阶段$t < N$，我们通过重复初始观测以填充观测序列。

(2)奖励函数定义：由于深海机器人在跟踪海床的过程要保持设定的安全深度d,定义奖励函数为

$$r\left(\boldsymbol{s}_t, \boldsymbol{\tau}\right) = -\left[\rho_1(\Delta z - d)^2 + \rho_2 w^2 + \rho_3 q^2 + \boldsymbol{\tau}^{\mathrm{T}}\boldsymbol{M}\boldsymbol{\tau}\right] \tag{6-45}$$

6.4.3 基于神经网络的确定性策略梯度算法

本小节针对深海机器人深度控制问题阐述一种基于神经网络的确定性策略梯度(neural network based deterministic policy gradient, NNDPG)算法：首先引入确定性策略梯度理论，给出确定性形式策略函数的策略梯度理论形式，以及参数化假设条件下的值函数估计形式；然后设计多层感知器形式的动作-值函数与策略函数——策略网络与评价网络，结合随机梯度算法估计两个网络权重参数的梯度，通过评价-策略网络的交替更新从深海机器人的航行数据中训练控制策略；最后总结NNDPG算法的流程与框架。

1. 确定性策略梯度理论

1)重参数化与确定性策略梯度理论形式

确定性策略梯度理论衍生于基于路径求导的策略梯度算法，利用一种被称为重参数化的手段将参数化的随机策略分布 $\pi_{\boldsymbol{\theta}}(\boldsymbol{a}|\boldsymbol{s})$ 分离成一个确定形式的函数与一个无关策略参数的噪声项，即

$$\pi_{\boldsymbol{\theta}}(\boldsymbol{a}|\boldsymbol{s}) \to \boldsymbol{\mu}_{\boldsymbol{\theta}}(\boldsymbol{s}) + \boldsymbol{\varepsilon} \tag{6-46}$$

其中，噪声项 $\boldsymbol{\varepsilon}$ 服从某个连续分布，而 $\boldsymbol{\mu}_{\boldsymbol{\theta}}: S \to A$ 表示一个从状态空间到动作空间的确定性映射函数。重参数化形式可以表示很多连续分布，比如高斯分布，若 ε 服从零均值的高斯分布 $N(0,\sigma^2)$，则随机策略 $\pi_{\boldsymbol{\theta}}(\boldsymbol{a}|\boldsymbol{s})$ 服从高斯分布 $N\left(\boldsymbol{\mu}_{\boldsymbol{\theta}}(\boldsymbol{s}),\sigma^2\right)$。

重参数化解耦了策略的随机性与策略参数，噪声主要用于策略在训练过程中探索未访问的状态区域，由于其与策略参数无关，在策略梯度推导中可以直接使用确定形式的策略函数。我们首先定义 $\boldsymbol{\mu}_{\boldsymbol{\theta}}$ 的折扣化到达状态平稳分布为

$$\rho_{\gamma}^{\boldsymbol{\mu}}(\boldsymbol{s}) = \int_S \sum_{t=0}^{T} \gamma^t p_0(\boldsymbol{s}') p(\boldsymbol{s}' \to \boldsymbol{s}, t, \boldsymbol{\mu}) \mathrm{d}\boldsymbol{s}' \tag{6-47}$$

定理 6.4.1 对于任一以确定性策略 $\boldsymbol{\mu}_{\boldsymbol{\theta}}$ 展开的 MDP，若其时长满足 $T \to \infty$，其优化目标可以表达为折扣化到达状态平稳分布的期望形式，即

$$\begin{aligned} J(\boldsymbol{\theta}) &= \int_S \rho_{\gamma}^{\boldsymbol{\mu}}(\boldsymbol{s}) r\left(\boldsymbol{s}, \boldsymbol{\mu}_{\boldsymbol{\theta}}(\boldsymbol{s})\right) \mathrm{d}\boldsymbol{s} \\ &= E_{\boldsymbol{s}\sim\rho_{\gamma}^{\boldsymbol{\mu}}}\left[r\left(\boldsymbol{s}, \boldsymbol{\mu}_{\boldsymbol{\theta}}(\boldsymbol{s})\right)\right] \end{aligned} \tag{6-48}$$

证明：对优化目标函数 $J(\boldsymbol{\theta})$ 展开为

$$
\begin{aligned}
J(\boldsymbol{\theta}) &= \int_{s} p_0(\boldsymbol{s}) V^{\boldsymbol{\mu}}(\boldsymbol{s}) \mathrm{d}\boldsymbol{s} \\
&= \int_{s} p_0(\boldsymbol{s}) Q^{\boldsymbol{\mu}}\left(\boldsymbol{s}, \boldsymbol{\mu}_{\boldsymbol{\theta}}(\boldsymbol{s})\right) \mathrm{d}\boldsymbol{s} \\
&= \int_{s} p_0(\boldsymbol{s}) \left[r\left(\boldsymbol{s}, \boldsymbol{\mu}_{\boldsymbol{\theta}}(\boldsymbol{s})\right) + \gamma \cdot \int_{s'} p\left(\boldsymbol{s}' \mid \boldsymbol{s}, \boldsymbol{\mu}_{\boldsymbol{\theta}}(\boldsymbol{s})\right) V^{\boldsymbol{\mu}}(\boldsymbol{s}') \mathrm{d}\boldsymbol{s}' \right] \mathrm{d}\boldsymbol{s} \\
&= \int_{s} p_0(\boldsymbol{s}) r\left(\boldsymbol{s}, \boldsymbol{\mu}_{\boldsymbol{\theta}}(\boldsymbol{s})\right) \mathrm{d}\boldsymbol{s} + \int_{s} p_0(\boldsymbol{s}) \int_{s'} p\left(\boldsymbol{s}' \mid \boldsymbol{s}, \boldsymbol{\mu}_{\boldsymbol{\theta}}(\boldsymbol{s})\right) \gamma r\left(\boldsymbol{s}', \boldsymbol{\mu}_{\boldsymbol{\theta}}(\boldsymbol{s}')\right) \mathrm{d}\boldsymbol{s}' \mathrm{d}\boldsymbol{s} \\
&\quad + \int_{s} p_0(\boldsymbol{s}) \int_{s'} p\left(\boldsymbol{s}' \mid \boldsymbol{s}, \boldsymbol{\mu}_{\boldsymbol{\theta}}(\boldsymbol{s})\right) \gamma^2 \int_{s''} p\left(\boldsymbol{s}'' \mid \boldsymbol{s}', \boldsymbol{\mu}_{\boldsymbol{\theta}}(\boldsymbol{s}')\right) V^{\boldsymbol{\mu}}\left(\boldsymbol{s}''\right) \mathrm{d}\boldsymbol{s}'' \mathrm{d}\boldsymbol{s}' \mathrm{d}\boldsymbol{s} \\
&= \int_{s} p_0(\boldsymbol{s}) r\left(\boldsymbol{s}, \boldsymbol{\mu}_{\boldsymbol{\theta}}(\boldsymbol{s})\right) \mathrm{d}\boldsymbol{s} + \int_{s} p_0(\boldsymbol{s}) \gamma \int_{s'} p(\boldsymbol{s} \to \boldsymbol{s}', 1, \boldsymbol{\mu}) r\left(\boldsymbol{s}', \boldsymbol{\mu}_{\boldsymbol{\theta}}(\boldsymbol{s}')\right) \mathrm{d}\boldsymbol{s}' \mathrm{d}\boldsymbol{s} \\
&\quad + \int_{s} p_0(\boldsymbol{s}) \gamma^2 \int_{s''} p(\boldsymbol{s} \to \boldsymbol{s}'', 2, \boldsymbol{\mu}) V^{\boldsymbol{\mu}}(\boldsymbol{s}'') \mathrm{d}\boldsymbol{s}'' \mathrm{d}\boldsymbol{s} \\
&\quad \vdots \\
&= \int_{s} p_0(\boldsymbol{s}) \int_{\boldsymbol{x}} \sum_{t=0}^{\infty} \gamma^t p(\boldsymbol{s} \to \boldsymbol{x}, t, \boldsymbol{\mu}) r\left(\boldsymbol{x}, \boldsymbol{\mu}_{\boldsymbol{\theta}}(\boldsymbol{x})\right) \mathrm{d}\boldsymbol{x} \mathrm{d}\boldsymbol{s} \\
&= \int_{s} \rho_{\gamma}^{\boldsymbol{\mu}}(\boldsymbol{x}) r\left(\boldsymbol{x}, \boldsymbol{\mu}_{\boldsymbol{\theta}}(\boldsymbol{x})\right) \mathrm{d}\boldsymbol{x} \\
&= E_{\boldsymbol{x} \sim \rho_{\gamma}^{\boldsymbol{\mu}}} \left[r\left(\boldsymbol{x}, \boldsymbol{\mu}_{\boldsymbol{\theta}}(\boldsymbol{x})\right) \right]
\end{aligned}
$$

其中，第五个等式利用了多步状态转移概率的定义，倒数第二个等式利用了 $\rho_{\gamma}^{\boldsymbol{\mu}}$ 的定义(6-47)。

引入了确定性的策略函数后，优化目标期望符号下标中不包含策略本身，这种更简洁形式的好处在于，不需要通过重要性采样补偿采样策略与被训练策略的不一致性。

文献[130]证明了对于任一以确定性策略 $\boldsymbol{\mu}_{\boldsymbol{\theta}}$ 展开的 MDP，若其时长满足 $T \to \infty$ ，$p(\boldsymbol{s}' \mid \boldsymbol{s}, \boldsymbol{a})$ 、$\boldsymbol{\mu}_{\boldsymbol{\theta}}(\boldsymbol{s})$ 、$V^{\boldsymbol{\mu}}(\boldsymbol{s})$ 及其一阶导数均连续，$\left\| \nabla_{\boldsymbol{\theta}} V^{\boldsymbol{\mu}}(\boldsymbol{s}) \right\|$ 有界，则其期望累计奖励优化目标关于策略函数参数的梯度为

$$
\nabla_{\boldsymbol{\theta}} J(\boldsymbol{\theta}) = E_{\boldsymbol{s} \sim \rho_{\gamma}^{\boldsymbol{\mu}}} \left[\nabla_{\boldsymbol{\theta}} \boldsymbol{\mu}_{\boldsymbol{\theta}}(\boldsymbol{s}) \nabla_{\boldsymbol{a}} Q^{\boldsymbol{\mu}}(\boldsymbol{s}, \boldsymbol{a}) |_{\boldsymbol{a} = \boldsymbol{\mu}_{\boldsymbol{\theta}}(\boldsymbol{s})} \right] \tag{6-49}
$$

其中，$Q^{\boldsymbol{\mu}}(\boldsymbol{s}, \boldsymbol{a})$ 表示由策略 $\boldsymbol{\mu}_{\boldsymbol{\theta}}$ 诱导的动作值函数。式(6-49)期望内的梯度内积项等价于 $\nabla_{\boldsymbol{\theta}} Q^{\boldsymbol{\mu}}\left(\boldsymbol{s}, \boldsymbol{\mu}_{\boldsymbol{\theta}}(\boldsymbol{s})\right)$ 基于链式法则的展开，因此确定性策略梯度是沿着最大化动作值函数的梯度上升方向更新策略参数，而期望的意义在于每个状态的梯度更新权重依赖于其到达概率，到达概率越高则被更新的频率越高。

确定性策略梯度的期望形式使其可通过采样的方式近似估计，采样的过程利用采样策略与环境交互收集状态转移的数据，由于确定形式的策略无法探索，因

此采样策略通常不是 $\boldsymbol{\mu}_{\boldsymbol{\theta}}$ 而选择另一个随机策略 $\boldsymbol{\beta}$ ，在实现时以 $\boldsymbol{\beta}$ 的折扣化到达状态分布表示策略梯度的期望

$$\nabla_{\boldsymbol{\theta}} J(\boldsymbol{\theta}) \approx E_{s\sim\rho_{\gamma}^{\beta}}\left[\nabla_{\boldsymbol{\theta}}\boldsymbol{\mu}_{\boldsymbol{\theta}}(\boldsymbol{s})\nabla_{\boldsymbol{a}} Q^{\boldsymbol{\mu}}(\boldsymbol{s},\boldsymbol{a})|_{\boldsymbol{a}=\boldsymbol{\mu}_{\boldsymbol{\theta}}(\boldsymbol{s})}\right] \tag{6-50}$$

采样策略 $\boldsymbol{\beta}$ 与被更新策略 $\boldsymbol{\mu}_{\boldsymbol{\theta}}$ 的不一致性虽然导致估计偏差,但给算法实现带来了便利，采样策略的形式具备很大的灵活性，并可结合经验回放机制重复使用训练样本，从而提高样本使用效率。

2)动作值函数近似条件下的策略梯度

虽然式(6-49)提供了确定性策略梯度的理论形式，但其依赖于动作值函数的真实值 $Q^{\boldsymbol{\mu}}(\boldsymbol{s},\boldsymbol{a})$ ，在连续状态与动作空间的 MDP 中难以计算，通常采用参数化的近似函数 $Q_{\boldsymbol{\omega}}(\boldsymbol{s},\boldsymbol{a})$ 表示，用其替换 $Q^{\boldsymbol{\mu}}(\boldsymbol{s},\boldsymbol{a})$ 后确定性策略梯度表示为

$$\widehat{\nabla_{\boldsymbol{\theta}} J(\boldsymbol{\theta})} = E_{s\sim\rho_{\gamma}^{\mu}}\left[\nabla_{\boldsymbol{\theta}}\boldsymbol{\mu}_{\boldsymbol{\theta}}(\boldsymbol{s})\nabla_{\boldsymbol{a}} Q_{\boldsymbol{\omega}}(\boldsymbol{s},\boldsymbol{a})|_{\boldsymbol{a}=\boldsymbol{\mu}_{\boldsymbol{\theta}}(\boldsymbol{s})}\right] \tag{6-51}$$

$Q_{\boldsymbol{\omega}}(\boldsymbol{s},\boldsymbol{a})$ 的函数空间不仅影响动作-值函数的估计误差，也会影响 $\widehat{\nabla_{\boldsymbol{\theta}} J(\boldsymbol{\theta})}$ 与真实策略梯度 $\nabla_{\boldsymbol{\theta}} J(\boldsymbol{\theta})$ 的偏差。$\widehat{\nabla_{\boldsymbol{\theta}} J(\boldsymbol{\theta})}$ 无偏时 $Q_{\boldsymbol{\omega}}(\boldsymbol{s},\boldsymbol{a})$ 需要满足以下两个条件[130]，即

$$\nabla_{\boldsymbol{a}} Q_{\boldsymbol{\omega}}(\boldsymbol{s},\boldsymbol{a})|_{\boldsymbol{a}=\boldsymbol{\mu}_{\boldsymbol{\theta}}(\boldsymbol{s})} = \left[\nabla_{\boldsymbol{\theta}}\boldsymbol{\mu}_{\boldsymbol{\theta}}(\boldsymbol{s})\right]^{\mathrm{T}}\boldsymbol{\omega} \tag{6-52}$$

$$\boldsymbol{\omega} = \arg\min_{\boldsymbol{\omega}'} E\left[\left\|\nabla_{\boldsymbol{a}} Q_{\boldsymbol{\omega}'}(\boldsymbol{s},\boldsymbol{a})|_{\boldsymbol{a}=\boldsymbol{\mu}_{\boldsymbol{\theta}}(\boldsymbol{s})} - \nabla_{\boldsymbol{a}} Q^{\boldsymbol{\mu}}(\boldsymbol{s},\boldsymbol{a})|_{\boldsymbol{a}=\boldsymbol{\mu}_{\boldsymbol{\theta}}(\boldsymbol{s})}\right\|^2\right] \tag{6-53}$$

条件式(6-52)说明了使 $\widehat{\nabla_{\boldsymbol{\theta}} J(\boldsymbol{\theta})}$ 无偏的参数化动作值函数是动作 $\boldsymbol{a}$ 的线性形式；条件式(6-53)要求参数 $\boldsymbol{\omega}$ 最小化参数化值函数与真实值函数关于动作梯度的均方误差，在实现时通常被转化为最小化参数化与真实动作-值函数的均方误差。

3)收敛性分析

本小节将分析确定性策略梯度理论的局部收敛性。文献[131]提供了逐步衰减学习率条件下梯度方法的收敛性证明，我们以引理的形式给出。

引理 6.4.1[131] 对于任一连续可导函数 $f(\boldsymbol{v})$ ，令 $\boldsymbol{v}_t$ 表示由梯度更新策略 $\boldsymbol{v}_{t+1} = \boldsymbol{v}_t + \lambda_t \boldsymbol{g}_t$ 产生的序列，其中 $\boldsymbol{g}_t$ 满足

$$\nabla f(\boldsymbol{v}_t)^2 \leqslant -\nabla f(\boldsymbol{v}_t)^{\mathrm{T}}\boldsymbol{g}_t,\quad \boldsymbol{g}_t \leqslant c_2\nabla f(\boldsymbol{v}_t),\quad c_1,c_2>0 \tag{6-54}$$

若对任意参数 $\boldsymbol{v}$ 、$\bar{\boldsymbol{v}}$ ，存在某个常数 $L>0$ ，使得

$$\|\nabla f(\boldsymbol{v}) - \nabla f(\bar{\boldsymbol{v}})\| \leqslant L\|\boldsymbol{v}-\bar{\boldsymbol{v}}\|$$

且学习率 λ_t 满足

$$\lim_{t\to\infty}\lambda_t = 0,\quad \sum_{t=0}^{\infty}\lambda_t = \infty$$

则 $\lim_{t\to\infty} f\left(\boldsymbol{v}_t\right) = -\infty$ 或 $f\left(\boldsymbol{v}_t\right)$ 收敛到某个有限值，且 $\lim_{t\to\infty}\nabla f\left(\boldsymbol{v}_t\right) = 0$。序列 $\boldsymbol{v}_t$ 的每一个极限点均是 $f(\boldsymbol{v})$ 的驻点。

结合引理 6.4.1，我们将证明确定性策略梯度理论的局部收敛性。

定理 6.4.2　对于任一由确定性策略函数 $\boldsymbol{\mu}_{\boldsymbol{\theta}}$ 展开的 MDP，其奖励函数有界 $\max_{\boldsymbol{s},\boldsymbol{a}} r(\boldsymbol{s},\boldsymbol{a}) < \infty$，且按照如下的迭代规则生成参数序列 $\left\{\boldsymbol{\theta}_k\right\}_{k=0}^{\infty}$ 与对应的期望累计奖励函数序列 $\left\{J\left(\boldsymbol{\theta}_k\right)\right\}_{k=0}^{\infty}$，即

$$\begin{aligned}
\boldsymbol{\theta}_{k+1} &= \boldsymbol{\theta}_k + \alpha_k \boldsymbol{g}_k \\
\boldsymbol{g}_k &= \mathrm{E}_{s\sim\rho_\gamma^\mu}\left[\nabla_{\boldsymbol{\theta}}\boldsymbol{\mu}_{\boldsymbol{\theta}}(\boldsymbol{s})\Big|_{\boldsymbol{\theta}=\boldsymbol{\theta}_k} \nabla_{\boldsymbol{a}} Q_{\boldsymbol{\omega}_k}(\boldsymbol{s},\boldsymbol{a})\Big|_{\boldsymbol{a}=\boldsymbol{\mu}_{\boldsymbol{\theta}_k}(\boldsymbol{s})}\right]
\end{aligned}\tag{6-55}$$

若满足以下条件：

(1) 策略函数 $\boldsymbol{\mu}_{\boldsymbol{\theta}}$ 与动作-值函数 $Q_{\boldsymbol{\omega}}$ 连续可导，且满足式(6-52)；

(2) 策略函数的二阶导数存在且有界，$\max_{\boldsymbol{\theta},s,a,i,j}\left|\dfrac{\partial^2 \mu_{\boldsymbol{\theta}}(\boldsymbol{s},\boldsymbol{a})}{\partial\boldsymbol{\theta}_i\partial\boldsymbol{\theta}_j}\right| < B < \infty$；

(3) 动作-值函数参数序列 $\left\{\boldsymbol{\omega}_k\right\}_{k=0}^{\infty}$ 满足式(6-53)；

(4) 学习率序列 $\left\{\alpha_k\right\}_{k=0}^{\infty}$ 满足

$$\lim_{k\to\infty}\alpha_k = 0,\quad \sum_{k=0}^{\infty}\alpha_k = \infty$$

则 $\lim_{k\to\infty}\nabla_{\boldsymbol{\theta}} J\left(\boldsymbol{\theta}_k\right) = 0$。

证明：由条件(2)与(4)可知，

$$\boldsymbol{g}_k = \nabla_{\boldsymbol{\theta}} J\left(\boldsymbol{\theta}_k\right)$$

因而满足引理 6.4.1 对 $\boldsymbol{g}_k$ 的条件。由有界性条件(1)与(3)，可知 $\dfrac{\partial^2 J}{\partial\boldsymbol{\theta}_i\partial\boldsymbol{\theta}_j}$ 有界，因而引理 6.4.1 对 $\boldsymbol{v}$、$\bar{\boldsymbol{v}}$ 的条件成立。结合条件(5)与引理 6.4.1，可证明序列 $\left\{\boldsymbol{\theta}_k\right\}_{k=0}^{\infty}$ 收敛到 $J(\boldsymbol{\theta})$ 的局部最优点。

2. 策略-评价网络迭代

上文给出了确定性策略梯度的理论形式，但其收敛性需要满足较为严苛的条件，尤其是动作值函数为动作的线性函数。对于比较复杂的深海机器人控制问题，线性的参数化动作值函数难以逼近真实值函数，因此需要放松这一条件，结合神经网络的表达与逼近能力，定义多层感知器形式的动作-值函数与策略函数，并结合时间差分算法与确定性策略梯度理论推导出二者的交替迭代更新规则。

1) 多层感知器函数近似器

由于其优秀的表达与逼近能力，神经网络在模式识别、计算机视觉等问题中有着广泛的应用。我们采用一种常见的神经网络——多层感知器(multi-layer perceptron, MLP)以近似动作值函数与策略函数。MLP 堆叠多个全连接的隐含层，每个隐含层具备如下的数学形式，即

$$\boldsymbol{y}=\boldsymbol{f}\left(\boldsymbol{\omega}^{\mathrm{T}}\boldsymbol{x}+\boldsymbol{b}\right)$$

其中，$\boldsymbol{x}\in\mathbb{R}^{M}$ 为隐含层的输入；$\boldsymbol{y}\in\mathbb{R}^{N}$ 为隐含层的输出；$\boldsymbol{\omega}\in\mathbb{R}^{M\times N}$ 与 $\boldsymbol{b}\in\mathbb{R}^{N}$ 表示神经网络的权重与偏置；$\boldsymbol{f}:\mathbb{R}^{N}\to\mathbb{R}^{N}$ 被称为激活函数。每个隐含层的输出是下个隐含层的输入，第一层的输入与最后一层的输出是整个神经网络的输入与输出，在数学上表示为

$$\boldsymbol{y}=\boldsymbol{f}_n\left(\boldsymbol{\omega}_n^{\mathrm{T}}\left(\cdots\boldsymbol{f}_2\left(\boldsymbol{\omega}_2^{\mathrm{T}}\boldsymbol{f}_1\left(\boldsymbol{\omega}_1^{\mathrm{T}}\boldsymbol{x}+\boldsymbol{b}_1\right)+\boldsymbol{b}_2\right)\right)+\boldsymbol{b}_n\right)$$

多层感知器MLP具备较好的逼近能力，万能逼近定理(universal approximation theorem)证明了在隐含单元数量足够多的情况下，一个双层 MLP 能够以任意精度逼近任意一个连续函数。

针对深海机器人深度控制问题，我们设计了 MLP 形式的近似动作-值函数 $Q_{\boldsymbol{\omega}}(\boldsymbol{s},\boldsymbol{a})$ 与策略函数 $\boldsymbol{\mu}_{\boldsymbol{\theta}}(\boldsymbol{s})$，称为评价网络与策略网络，如图 6.11 所示。评价网络

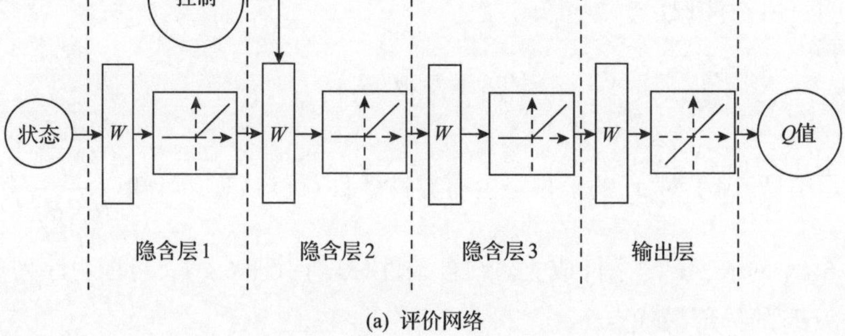

(a) 评价网络

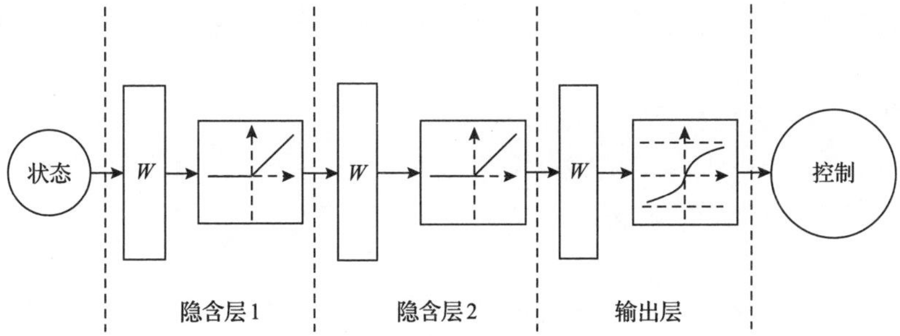

(b) 策略网络

图 6.11　评价网络与策略网络的结构示意

具备三个隐含层，状态与动作分别在第一个与第二个隐含层传入网络，最后一层采用线性激活函数输出对真实动作-值函数的估计；策略网络具备两个隐含层，为了解决深海机器人执行器饱和的问题，我们采用双曲正切函数作为输出层的激活函数，以生成[−1,1]区间的输出，并根据深海机器人的动力设备限制放缩到真实控制量的非饱和区间。

评价与策略网络选择修正线性单元(rectified linear unit，ReLU)激活函数，其数学形式为 $f(x)=\max(0,x)$ 。相比于传统神经网络中使用的 Sigmoid 与双曲正切激活函数，ReLU 激活函数具备以下几个优点：①单向抑制，ReLU 抑制输入负半轴的响应，这与生物学上神经元的激活机制类似；②稀疏性，ReLU 在输入负半轴的响应为 0，使训练后的神经网络只有部分隐层单元是激活的，提取的特征具备稀疏性；③缓解梯度消失，如图 6.12 所示，Sigmoid 与双曲正切函数的响应随着输入绝对值的增大趋于平缓，导致后向传播的梯度为零，ReLU 分段线性的特

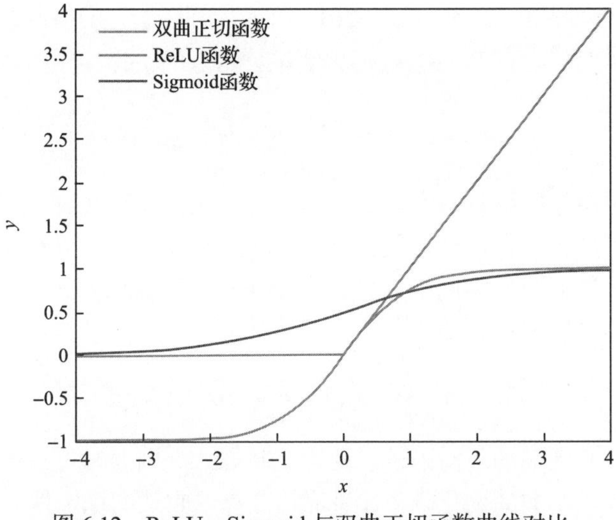

图 6.12　ReLU、Sigmoid 与双曲正切函数曲线对比

点使输入正半轴的梯度能够无损地向后传递，而多个 ReLU 的组合能够形成非线性映射；④计算效率提高，ReLU 的分段线性提高了网络前向与后向的计算效率。

2) 评价-策略网络权重更新规则

本小节推导评价与策略网络权重的更新规则。评价网络的优化目标是最小化近似与真实值函数的均方误差

$$L_{\boldsymbol{\omega}} = E_{\boldsymbol{s}\sim\rho_{\gamma}^{\boldsymbol{\beta}},\boldsymbol{a}\sim\boldsymbol{\beta}}\left[Q_{\boldsymbol{\omega}}(\boldsymbol{s},\boldsymbol{a}) - Q^{\boldsymbol{\mu}}(\boldsymbol{s},\boldsymbol{a})\right]^2 \tag{6-56}$$

对于连续状态空间的 MDP，真实值函数 $Q^{\boldsymbol{\mu}}(\boldsymbol{s},\boldsymbol{a})$ 由于难以准确计算，通常被估计值代替。结合时间差分算法计算动作值函数的估计值 $\hat{Q}^{\boldsymbol{\mu}}(\boldsymbol{s},\boldsymbol{a})$，进而推导出评价网络的权重更新规则为

$$\boldsymbol{\omega} \leftarrow \boldsymbol{\omega} + \alpha_{\boldsymbol{\omega}} E\left[\left(\hat{Q}^{\boldsymbol{\mu}}(\boldsymbol{s},\boldsymbol{a}) - Q_{\boldsymbol{\omega}}(\boldsymbol{s},\boldsymbol{a})\right)\nabla_{\boldsymbol{\omega}} Q^{\boldsymbol{\omega}}(\boldsymbol{s},\boldsymbol{a})\right] \tag{6-57}$$

$$\hat{Q}^{\boldsymbol{\mu}}(\boldsymbol{s},\boldsymbol{a}) = r(\boldsymbol{s},\boldsymbol{a}) + \gamma Q_{\boldsymbol{\omega}}\left(\boldsymbol{s}', \boldsymbol{\mu}_{\boldsymbol{\theta}}(\boldsymbol{s}')\right) \tag{6-58}$$

其中，$\boldsymbol{s}'$ 表示状态 $\boldsymbol{s}$ 在执行动作 $\boldsymbol{a}$ 后的后继状态。特别地，$\hat{Q}^{\boldsymbol{\mu}}(\boldsymbol{s},\boldsymbol{a})$ 包含了后继状态的动作值函数估计值以及评价网络权重 $\boldsymbol{\omega}$，但梯度推导的过程并没有计算其对于 $\boldsymbol{\omega}$ 的梯度，因为时间差分算法将 $\hat{Q}^{\boldsymbol{\mu}}(\boldsymbol{s},\boldsymbol{a})$ 视为常数项。文献[132]证明了 $Q_{\boldsymbol{\omega}}$ 为线性函数条件下时间差分算法的收敛性，文献[133]证明了对于非线性函数如神经网络形式的 $Q_{\boldsymbol{\omega}}$，时间差分算法在限制条件下收敛。

训练过程中 $\boldsymbol{\omega}$ 的变化也会引起 $\hat{Q}^{\boldsymbol{\mu}}(\boldsymbol{s},\boldsymbol{a})$ 的频繁变化，从而降低算法收敛的稳定性。为解决这个问题，文献[134]使用一种"目标网络"的机制，引入目标评价网络 $Q_{\tilde{\boldsymbol{\omega}}}(\boldsymbol{s},\boldsymbol{a})$ 与目标策略网络 $\boldsymbol{\mu}_{\tilde{\boldsymbol{\theta}}}(\boldsymbol{s})$，以替换 $\hat{Q}^{\boldsymbol{\mu}}(\boldsymbol{s},\boldsymbol{a})$ 中的原始评价与策略网络，即

$$\hat{Q}^{\boldsymbol{\mu}}(\boldsymbol{s},\boldsymbol{a}) = r(\boldsymbol{s},\boldsymbol{a}) + \gamma Q_{\tilde{\boldsymbol{\omega}}}\left(\boldsymbol{s}', \boldsymbol{\mu}_{\tilde{\boldsymbol{\theta}}}(\boldsymbol{s}')\right) \tag{6-59}$$

目标网络与原始网络具有完全相同的结构与初始权重参数，在算法迭代过程中，目标网络的更新包含两种方式：一种方式是在原始网络更新固定步数后，将其权重参数直接复制给目标网络；另一种方式是在原始网络更新后采用如下的平滑规则更新目标网络权重，即

$$\tilde{\boldsymbol{\omega}} \leftarrow \tau\tilde{\boldsymbol{\omega}} + (1-\tau)\boldsymbol{\omega}, \quad \tilde{\boldsymbol{\theta}} \leftarrow \tau\tilde{\boldsymbol{\theta}} + (1-\tau)\boldsymbol{\theta} \tag{6-60}$$

其中，τ 表示 $[0,1]$ 区间的平滑因子。两种更新方式分别通过更新周期与平滑因子控制目标网络权重参数的变化频率，进而提高算法收敛的稳定性。

策略网络的优化目标是最大化动作-值函数，沿着其梯度上升方向更新权重，我们依据确定性策略梯度理论定义策略网络的损失函数为

$$L_{\boldsymbol{\theta}} = -E_{\boldsymbol{s} \sim \rho_{\gamma}^{\beta}}\left[Q_{\boldsymbol{\omega}}\left(\boldsymbol{s}, \boldsymbol{\mu}_{\boldsymbol{\theta}}(\boldsymbol{s})\right)\right] \tag{6-61}$$

策略网络权重的更新规则为

$$\boldsymbol{\theta} \leftarrow \boldsymbol{\theta} + \alpha_{\theta} E\left[\nabla_{\boldsymbol{\theta}} \boldsymbol{\mu}_{\boldsymbol{\theta}}(\boldsymbol{s}) \nabla_{\boldsymbol{a}} Q(\boldsymbol{s}, \boldsymbol{a})\Big|_{\boldsymbol{a}=\boldsymbol{\mu}_{\theta}(\boldsymbol{s})}\right] \tag{6-62}$$

为了估计式(6-57)与式(6-62)中的期望，采用随机梯度算法，从大量训练样本中随机采样小批量样本，并以求和取平均的方式估计梯度，避免了全局遍历样本的高计算代价，而采样的随机性保证了随机梯度算法在理论上的次线性收敛。在强化学习中，一个训练样本表示为 MDP 一步转移过程的数据元组$\langle \boldsymbol{s}, \boldsymbol{a}, r, \boldsymbol{s}' \rangle$，假设每次采样 N 个样本$\left\{\langle \boldsymbol{s}_i, \boldsymbol{a}_i, r_i, \boldsymbol{s}_i' \rangle\right\}_{i=1}^{N}$，则随机梯度算法形式的权重更新规则表示为

$$\boldsymbol{\omega} \leftarrow \boldsymbol{\omega} + \alpha_{\omega} \frac{1}{N} \sum_{i=1}^{N}\left[r_i + \gamma Q_{\tilde{\boldsymbol{\omega}}}\left(\boldsymbol{s}_i', \boldsymbol{\mu}_{\tilde{\boldsymbol{\theta}}}\left(\boldsymbol{s}_i'\right)\right) - Q_{\boldsymbol{\omega}}\left(\boldsymbol{s}_i, \boldsymbol{a}_i\right)\right] \nabla_{\boldsymbol{\omega}} Q_{\boldsymbol{\omega}}\left(\boldsymbol{s}_i, \boldsymbol{a}_i\right) \tag{6-63}$$

$$\boldsymbol{\theta} \leftarrow \boldsymbol{\theta} + \alpha_{\theta} \frac{1}{N} \sum_{i=1}^{N}\left[\nabla_{\boldsymbol{\theta}} \boldsymbol{\mu}_{\boldsymbol{\theta}}\left(\boldsymbol{s}_i\right) \nabla_{\boldsymbol{a}} Q\left(\boldsymbol{s}_i, \boldsymbol{a}\right)\Big|_{\boldsymbol{a}=\boldsymbol{\mu}_{\theta}\left(\boldsymbol{s}_i\right)}\right] \tag{6-64}$$

在算法的每步迭代中，评价与策略网络的权重更新被交替执行，等同于动态规划算法中的策略评估与策略提升步骤，如图 6.13 所示，评价网络与策略网络的迭代序列将逐渐收敛到最优解。

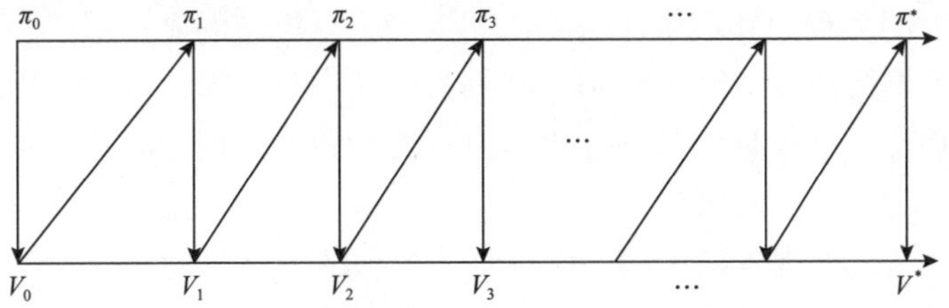

图 6.13　策略评估与策略提升交替执行

3. 算法小结

针对深海机器人深度控制问题的 NNDPG 算法的主要流程如下。

算法 6.2　针对深海机器人深度控制问题的 NNDPG 算法

输入：算法参数 α_ω 、α_θ 、τ 、N 、M 、T ；

STEP 1：初始化 Q_ω 、$\boldsymbol{\mu}_\theta$ 、$Q_{\tilde{\omega}}$ 、$\boldsymbol{\mu}_{\tilde{\theta}}$ 以及经验池 R；

STEP 2：**FOR** iter = 1 to M　**DO**

STEP 3：　　初始化 $\boldsymbol{X}_0$ 与 $\boldsymbol{s}_0$ ；

STEP 4：　　**FOR** $t = 0$ to T　**DO**

STEP 5：　　　　由采样策略 $\boldsymbol{\beta}$ 生成动作 $\boldsymbol{a}_t$ ： $\boldsymbol{a}_t = \boldsymbol{\beta}(\boldsymbol{s}_t) = \boldsymbol{\mu}_\theta(\boldsymbol{s}_t) + \boldsymbol{\xi}_t$ ；

STEP 6：　　　　执行动作 $\boldsymbol{a}_t$ ，由环境获取 $\boldsymbol{X}_{t+1}$ 、$\boldsymbol{s}_{t+1}$ 与奖励信号 r_t ；

STEP 7：　　　　将样本 $\langle \boldsymbol{s}_t, \boldsymbol{a}_t, r_t, \boldsymbol{s}'_{t+1} \rangle$ 存入经验池 R；

STEP 8：　　　　从经验池中重采样批量样本 $\left\{\langle \boldsymbol{s}_i, \boldsymbol{a}_i, r_i, \boldsymbol{s}'_i \rangle\right\}_{i=1}^{N}$ ；

STEP 9：　　　　通过式(6-42)和式(6-43)更新策略网络与动作值函数网络的参数；

STEP 10：　　　　通过式(6-39)更新目标网络的参数；

STEP 11：　　**END FOR**

STEP 12：**END FOR**

输出：深海机器人深度控制策略 $\boldsymbol{\mu}_\theta(\boldsymbol{s})$ 。

为满足强化学习探索的需求，NNDPG 算法采用随机采样策略 $\boldsymbol{\beta}$ 与环境交互，β 由策略网络预测值与探索噪声 $\boldsymbol{\xi}$ 组成，其中 $\boldsymbol{\xi}$ 为 Ornstein-Uhlenbeck 随机过程生成时序相关的噪声序列，其具体形式为

$$\boldsymbol{\xi}_{t+1} - \boldsymbol{\xi}_t = \vartheta\left(l - \boldsymbol{\xi}_t\right) + \sigma \boldsymbol{\varepsilon}_t \tag{6-65}$$

其中，$\boldsymbol{\varepsilon}_t$ 表示服从维纳过程的噪声；σ 为噪声的幅值；l 为随机过程的均值；ϑ 为追踪均值的乘性系数。

算法 6.2 的流程中并不依赖深海机器人动力学模型的显式形式，而将其视为环境中的一个黑箱模型，算法 STEP 6 根据当前状态与动作，利用动力学模型生成下一时刻的状态。这正是无模型强化学习算法特性的体现，因此该算法可被视为深海机器人深度控制的通用框架。

为了更清晰地展现算法结构，我们通过图 6.14 阐述针对深海机器人深度控制问题的 NNDPG 算法整体逻辑关系。算法目标是学习一个由策略网络表示的状态反馈控制器，图中包含两条后向传播的路径，一条是将时间差分误差通过后向传播更新评价网络权重，另一条是将评价网络的梯度作为误差，通过后向传播更新策略网络权重；评价网络的输出通过梯度模块计算出梯度，并利用确定性策略梯度算法计算策略网络的权重；这两条路径对应了动态规划算法中的策略评估与策略提升两个步骤，算法交替迭代两条路径的更新规则，最终收敛到最优策略函数。

图中的状态转换器模块将深海机器人的物理状态转换成 MDP 的状态。

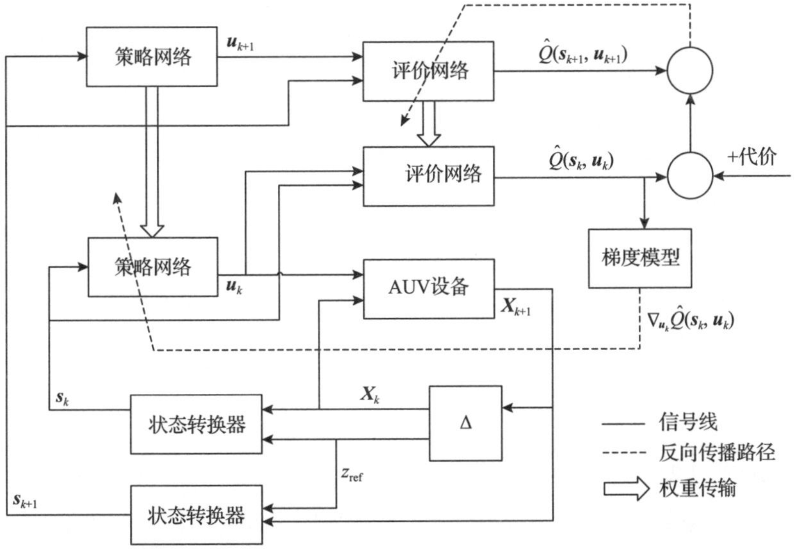

图 6.14　深海机器人深度控制的 NNDPG 算法逻辑关系

6.4.4　仿真实验结果与分析

本小节将通过真实 AUV 模型的仿真实验验证 NNDPG 控制方法在深海机器人深度控制问题上的有效性。我们分别在三种深度控制问题的仿真实验中，对比 NNDPG 与两种基于模型控制器的控制性能。最后，利用我国南海的真实海床数据，测试 NNDPG 海床跟踪控制表现。

1. 实验环境与设定

1) 控制对象

仿真实验的控制对象是 AUV，AUV 的动力学模型采用 6.2 节中的动力学方程。我们选择了 REMUS 与 Minesniper MkII 两种型号的 AUV，如图 6.15 所示，表 6.1

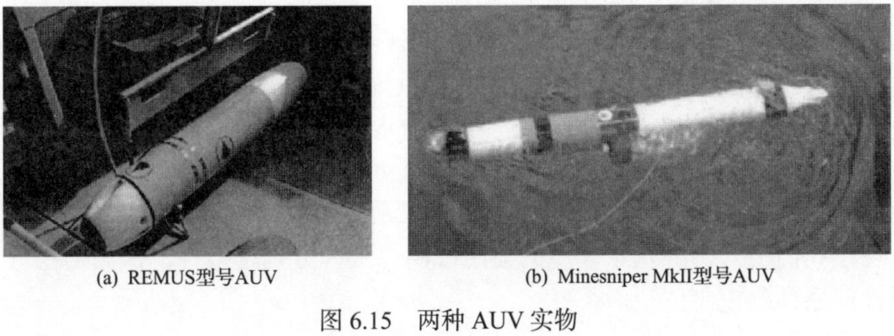

(a) REMUS型号AUV　(b) Minesniper MkII型号AUV

图 6.15　两种 AUV 实物

表 6.1 两种 AUV 的水动力学系数

系数	取值	
	REMUS	Minesniper MkII
m/kg	30.48	40
$M_{\dot{q}}$/(kg·m^2/rad)	–4.88	–8.9
$M_{\dot{w}}$/(kg·m)	–1.93	2.2
$Z_{\dot{q}}$/(kg·m^2/rad)	–1.93	2.5
$Z_{\dot{w}}$/kg	–35.5	–42.2
I_{yy}/(kg·m^2)	3.45	8
M_{ww}/kg	3.18	10
M_{qq}/(kg·m^2/rad^2)	–188	20
Z_{qq}/(kg·m/rad^2)	–0.632	–0.426
Z_{ww}/(kg/m)	–131	220

分别列举了两种 AUV 的水动力学系数[88,120]。两种 AUV 的控制量都是在深度控制问题的两个自由度上施加的推力与推力矩，分别用τ_1与τ_2表示，其上限分别是$50\text{N}\cdot\text{m}$与$30\text{N}\cdot\text{m}$，因此 MDP 的动作表示为$\boldsymbol{a}=[\tau_1,\tau_2]^{\text{T}}$。

2)实验设定

NNDPG 算法的参数设置如下：算法最大迭代步长$M=1000$，经验池最大容量$D=10000$，批量采样大小$N=64$；MDP 每步转移的时间间隔为 0.1s，最大时长 100s，对应最大离散时间步数$T=1000$，折扣因子$\gamma=0.99$，奖励函数权重系数$\rho_1=\rho_2=5.0$，$\rho_3=\rho_4=0.5$，$\boldsymbol{R}=[0.01,0;0,0.01]$；评价网络权重更新学习率$\alpha_{\boldsymbol{\omega}}=0.001$，隐含层大小$(40,30,30)$；策略网络权重更新学习率$\alpha_{\boldsymbol{\theta}}=0.01$，隐含层大小$(40,30)$；目标网络权重更新系数$\tau=0.999$；探索噪声的 Ornstein-Uhlenbeck 随机过程参数$\vartheta=0.15$，$\iota=0$，$\sigma=0.3$。

此外，为了说明基于强化学习的智能控制算法的优势，在实验部分将 NNDPG 算法与线性二次高斯积分器(linear quadratic Gaussian integral, LQGI)、非线性模型预测控制(nonlinear model predictive control, NMPC)方法进行了对比。

2. 对比控制器

现在我们引入两种基于模型的参照控制方法，分别是线性二次高斯积分器和非线性模型预测控制。

1) 线性二次高斯积分器

LQGI 是一种针对线性系统的控制器，根据系统状态与控制误差积分项设计反馈控制律，即

$$\boldsymbol{u}=\boldsymbol{K}[\boldsymbol{X},\boldsymbol{\varepsilon}]^{\mathrm{T}}=\boldsymbol{K}_X\boldsymbol{X}+\boldsymbol{K}_{\varepsilon}\boldsymbol{\varepsilon}$$

其中，$\boldsymbol{X}$ 表示系统的状态；$\boldsymbol{K}$ 、$\boldsymbol{K}_X$ 、$\boldsymbol{K}_{\varepsilon}$ 表示反馈系数矩阵；$\boldsymbol{\varepsilon}$ 表示控制误差的积分项。假定系统输出为 $\boldsymbol{y}$，参考输出为 $\boldsymbol{y}_r$，则 $\boldsymbol{\varepsilon}$ 表示为

$$\boldsymbol{\varepsilon}(t)=\int_0^t\left(\boldsymbol{y}_r(\tau)-\boldsymbol{y}(\tau)\right)\mathrm{d}\tau$$

反馈系数矩阵 $\boldsymbol{K}$ 则通过求解如下的优化问题进行确定：

$$\min_K J(\boldsymbol{u})=\int_0^t\left\{[\boldsymbol{X}\quad\boldsymbol{\varepsilon}]Q\begin{bmatrix}\boldsymbol{X}\\ \boldsymbol{\varepsilon}\end{bmatrix}+\boldsymbol{u}^{\mathrm{T}}\boldsymbol{M}\boldsymbol{u}\right\}\mathrm{d}t$$

对于线性系统，该优化问题可以转化为求解一个几何 Recatti 方程[135]。由于 AUV 的动力学模型是非线性的，我们通过 SIMULINK 的线性近似模块将非线性模型在设定的稳定状态处进行线性化[136]，即

$$w=w_0+\Delta w,\quad q=q_0+\Delta q,\quad z=z_0+\Delta z,\quad \theta=\theta_0+\Delta\theta$$

其中，Δw 、Δq 、Δz 、$\Delta\theta$ 为线性近似误差，$\left[w_0,q_0,z_0,\theta_0\right]^{\mathrm{T}}$ 为所选择的稳定状态，实验中设置为 $[0.0,2.0,0.0,0.0]^{\mathrm{T}}$。线性化后的 AUV 系统模型方程表示为

$$\begin{aligned}\dot{\boldsymbol{X}}&=\boldsymbol{A}\boldsymbol{X}+\boldsymbol{B}\boldsymbol{u}+\boldsymbol{\xi}\\ \boldsymbol{y}&=\boldsymbol{C}\boldsymbol{X}\end{aligned}$$

其中，$\boldsymbol{X}=[w,q,z,\theta]^{\mathrm{T}}$ 为系统的状态；$\boldsymbol{y}=[z,\theta]^{\mathrm{T}}$ 为系统的输出，线性方程的各项系数矩阵取值为

$$\boldsymbol{A}=\begin{bmatrix}-1.0421 & 0.7856 & 0 & 0.0207\\ 6.0038 & -0.6624 & 0 & -0.7083\\ 1.0000 & 0 & 0 & -2.0000\\ 0 & 1.0000 & 0 & 0\end{bmatrix}$$

$$\boldsymbol{B}=\begin{bmatrix}0.0153 & 0.0035\\ -0.0035 & 0.1209\\ 0 & 0\\ 0 & 0\end{bmatrix},\quad \boldsymbol{C}=\begin{bmatrix}0 & 0 & 1 & 0\\ 0 & 0 & 0 & 1\end{bmatrix}$$

2) 非线性模型预测控制

另一种参照控制器——非线性模型预测控制是一种基于 AUV 非线性动力学模型的最优控制方法，在每一步决策时，该算法利用系统模型规划出未来 N 步轨迹，通过求解一个最小化 N 步损失总和的优化问题获得最优控制器。N 步损失总和表示为[137]

$$J_k = \frac{1}{2}\boldsymbol{X}_{k+N}^{\mathrm{T}} P_0 \boldsymbol{X}_{k+N} + \frac{1}{2}\sum_{i=0}^{N-1}\left(\boldsymbol{X}_{k+i}^{\mathrm{T}}\boldsymbol{Q}\boldsymbol{X}_{k+i} + \boldsymbol{u}_{k+i}^{\mathrm{T}}\boldsymbol{M}\boldsymbol{u}_{k+i}\right)$$

其中，k 表示当前决策时刻；$\boldsymbol{X}$ 为系统的状态；$\boldsymbol{u}$ 表示施加给系统的控制量。NMPC 的带约束优化问题表示为

$$\min_{\{\boldsymbol{u}_k,\boldsymbol{u}_{k+1},\cdots,\boldsymbol{u}_{k+N-1}\}} J_k$$

$$\text{s.t.}\quad \boldsymbol{X}_{i+1} = \boldsymbol{f}\left(\boldsymbol{X}_i,\boldsymbol{u}_i\right),\quad i = k,k+1,\cdots,k+N-1$$

其中，$\left\{\boldsymbol{u}_k,\boldsymbol{u}_{k+1},\cdots,\boldsymbol{u}_{k+N}\right\}$ 为控制量序列；$\boldsymbol{f}$ 表示 AUV 的非线性动力学模型。控制量序列大小 N 被称为预测步长（prediction horizon）。NMPC 通过交替迭代一个前向过程与后向过程以求解该优化问题，前向过程执行一个候选控制量序列得到 N 步系统轨迹与损失和，后向过程利用拉格朗日乘子与系统方程消除 J_k 对状态序列的偏导，从而得到 J_k 关于控制量序列的梯度，并沿着负梯度方向更新候选控制量序列，两个过程交替迭代直到算法收敛。模型预测控制在每一步决策求解一个控制量序列，但仅执行序列的第一项，在下一时刻重新求解新的控制量序列。

3. 实验结果

1) 固定深度控制问题

我们设定深海机器人初始深度 $z_0 = 2\mathrm{m}$，目标深度 $z_r = 8\mathrm{m}$，并对比 NNDPG、LQGI 与 NMPC 在该问题上的控制表现。图 6.16 展示了一个 MDP 周期内在深度与纵摇角度两个自由度上的跟踪轨迹，三种控制器的静态误差较为接近，但 NMPC 与 NNDPG 的控制轨迹在短时间内收敛，而 LQGI 的控制轨迹振荡效应较为明显。为了量化控制表现，我们对比了三种控制器的超调量（overshooting，OS）、稳态误差（steady state error, SSE）与反应时间（response time，RT）三项指标，如表 6.2 所示。可以看出，NNDPG 的控制性能与 NMPC 较为接近，甚至在超调量与反应时间上略优于 NMPC（分别提升了 71%、6.4%、9.8%），但 NMPC 是基于准确 AUV 动力学模型设计的控制器，而 NNDPG 在不依赖准确 AUV 动力学模型的条件下能够训练出与之媲美的控制策略；LQGI 的控制指标与其余两种控制器相差较多，在反应时间上相差一个量级，因为 LQGI 是将 AUV 的非线性动力学模型进行线性近

似，由此导致的模型偏差降低了其控制性能。

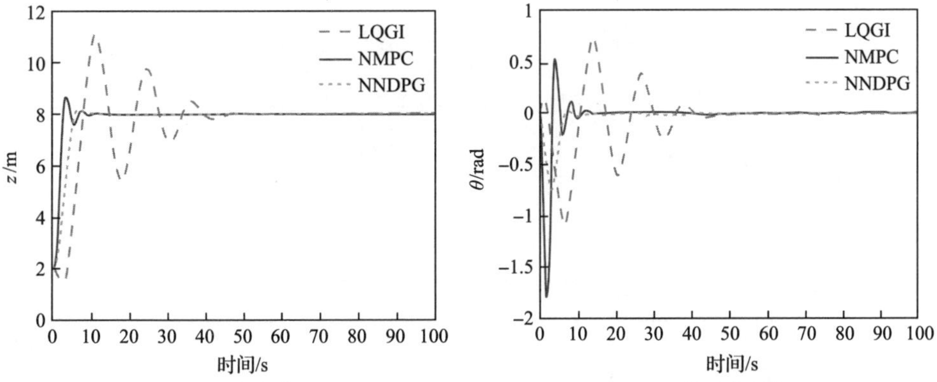

(a) z自由度　(b) θ自由度

图 6.16　三种控制器的固定深度控制轨迹对比

表 6.2　三种控制器的固定深度控制指标对比

控制器	SSE_z/m	OS_z/m	RT_z/s	SSE_θ/rad	RT_θ/rad
LQGI	0.0436	3.0849	42.5	0.0158	46.5
NMPC	0.0094	0.6772	7.8	0.0065	12.2
NNDPG	0.0191	0.1945	7.3	0.0108	11.0

为了验证 NNDPG 的通用性，我们分别在 REMUS 与 Minesniper MkII 两种型号 AUV 上测试其控制效果，绘制深度、纵摇角度与控制量的轨迹，如图 6.17 所示。

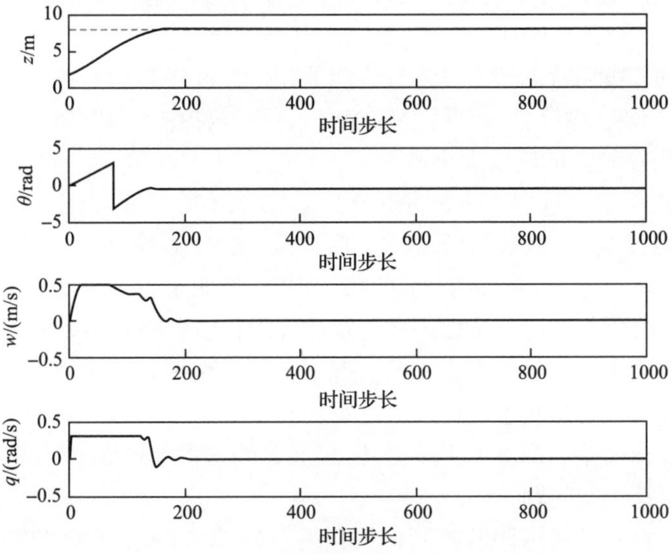

(a) REMUS型AUV

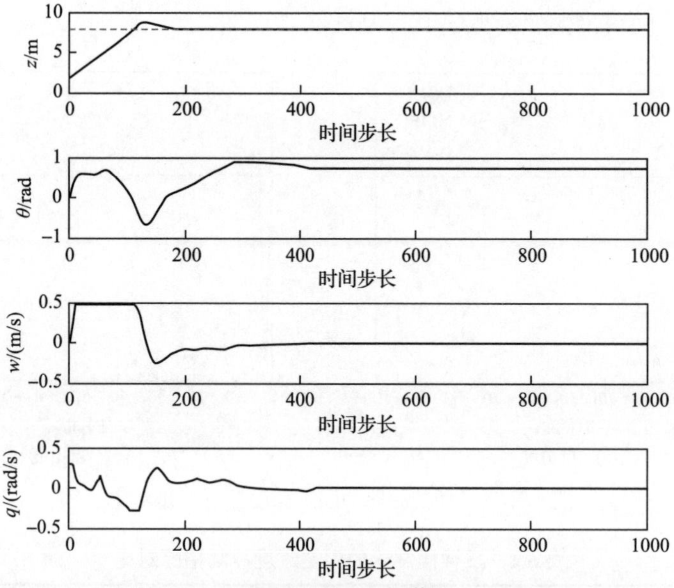

(b) Minesniper MkII型AUV

图 6.17　NNDPG 算法在两种型号 AUV 的控制效果对比

从图中可看出，NNDPG 算法在深度自由度上的控制表现不受 AUV 型号的影响，但 Minesniper MkII 的纵摇角静态误差并不为零，可能是由 Minesniper MkII 的形状导致。

2) 曲线深度追踪控制问题

我们设定参考深度曲线为 $z = g(x) = 10 - \sin(\pi/50 \cdot x)$。首先假定 AUV 能够获取曲线的函数形式，按照状态定义将参考深度轨迹的趋势信息加入状态，训练 NNDPG 算法并标记为 NNDPG-PI (perfect information)。然后假设 AUV 仅能观测相对深度信息，按照状态定义将最近观测的相对深度序列加入状态，以补偿缺失的参考轨迹变化趋势信息，训练 NNDPG 算法并标记为 NNDPG-WIN-N, 其中 WIN-N 表示历史观测的窗口大小为 N。

我们对比了 NNDPG-PI、NNDPG-WIN-1、NNDPG-WIN-3 三种不同控制策略以及两种参照控制器的跟踪轨迹与跟踪误差，如图 6.18 所示。从图中可看出 NNDPG-PI 取得了与 NMPC 相接近的跟踪误差，说明了参考深度轨迹的趋势信息引入了控制策略预判性能，从而提高了跟踪表现；但 NNDPG-WIN-1 跟踪轨迹的振荡表现，说明了在趋势信息未知的情况下，仅采用单一时刻的相对深度会导致状态不完全可观；若在状态中加入最近观测的相对深度序列，NNDPG-WIN-3 在反应时间与稳态误差上都有了明显提升，虽然其静态误差仍显示微弱的振荡效应。

3) 海床跟踪控制问题

为了模拟真实的海床跟踪控制，从我国南海 23°06′N ，120°07′E 附近的海床分布数据中截取了一段海床轨迹，如图 6.19 所示。

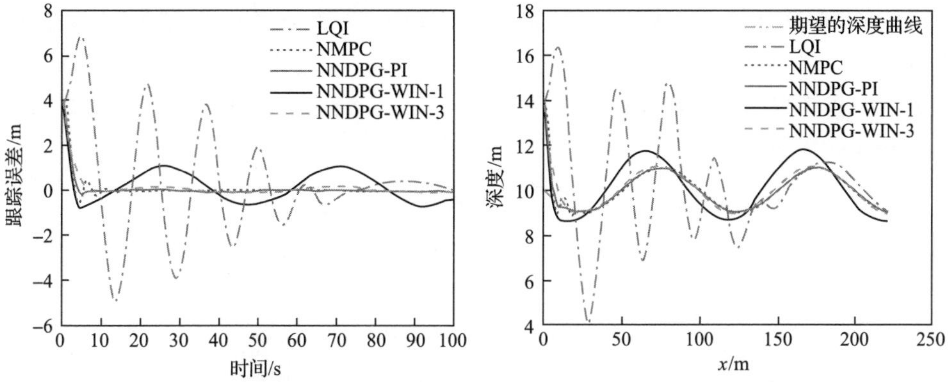

(a) 跟踪误差　(b) 深度跟踪轨迹

图 6.18　曲线深度控制问题的控制轨迹对比

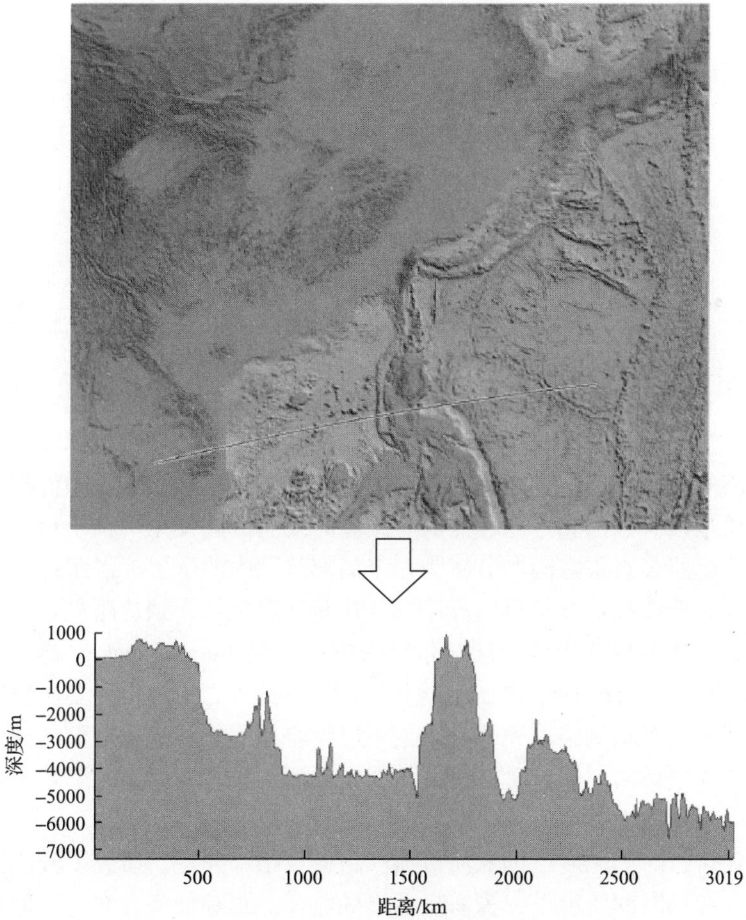

图 6.19　海床轨迹的截取过程

NNDPG-WIN-3 与 NMPC 两种方法在海床跟踪控制任务中的跟踪表现对比如图 6.20 所示。从图中可看出，在不依赖 AUV 准确动力学模型的条件下，NNDPG 控制策略仍能追踪变化剧烈的海床轨迹，虽然跟踪精度不如 NMPC，但能跟踪海床的整体起伏趋势。

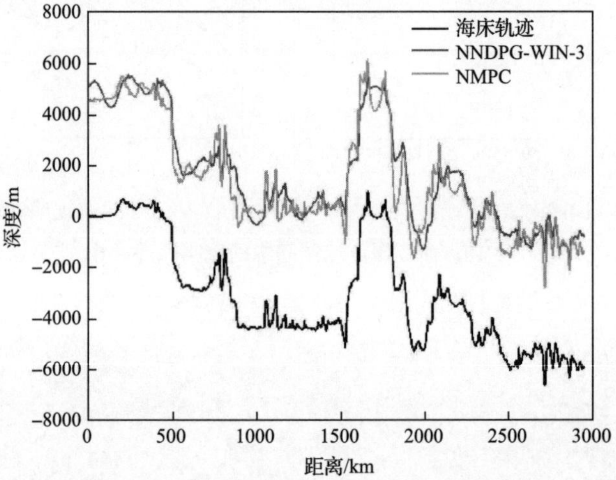

图 6.20　NNDPG 与 NMPC 的海床跟踪轨迹对比

6.5　基于分层强化学习的长时间跨度路径点跟踪控制

本节针对长时间跨度路径点跟踪问题，阐述一种基于分层强化学习的深海机器人控制方法。在长时间跨度下，路径点与深海机器人的相对坐标没有边界，影响控制策略的泛化能力；在障碍物分布的阻碍下，单层强化学习的低探索效率导致控制策略难以探索出到达路径点的长距离路线。因此使用一种子目标点策略，将长时间跨度路径点跟踪问题分解为多个局部范围内的子目标点跟踪子问题，通过跟踪不断靠近路径点的子目标点序列，控制深海机器人到达路径点。结合子目标点策略，将该问题建模为分层马尔可夫决策过程(hierarchical Markov decision process, HMDP)，构建 HMDP 的最优控制问题。此外，通过设计多层感知器形式的上下层评价与策略网络，充分利用上下层策略在不同时间粒度上的探索，提高算法的整体探索效率。通过真实深海机器人模型的仿真实验，验证了子目标点策略以及分层结构的有效性。

本节针对长时间跨度下的深海机器人路径点跟踪问题，研究了分层强化学习控制方法。在长时间跨度下，深海机器人的路径点跟踪任务存在两个问题。一是相对坐标的无边界问题，路径点到机器人的距离没有上界，以二者的相对坐标为状态，会导致状态空间无边界，当测试场景下的坐标尺度远大于训练场景时(由于状态无边界，这种情况始终存在)，控制策略的泛化能力会受到更大尺度状态数值的影响。二是单层强化学习在长时间控制任务中的低探索效率，随着决策时间步数的增加，路径跟踪问题的解空间呈指数型地增长，强化学习通过探索机制搜索高回报解的难度也增大；由于单层强化学习的控制策略直接控制深海机器人的执行器，若在其生成的动作上加入探索噪声，在障碍物的阻碍作用下，机器人也只能在小范围内随机游走，这种探索的低效性容易使算法陷入局部最优解。

探索机制本质上就是强化学习的试错特性，是强化学习能否解决控制问题的关键因素之一。它通过在动作中加入随机扰动，使控制系统与环境的交互具备一定的随机性，从而在状态空间中探索未被访问的高回报区域，强化学习再从高回报的状态动作序列中学习高回报的控制策略。因此，探索机制一直是强化学习研究的重要方向之一。在目前的研究进展中，提高强化学习探索效率的方法主要包含以下几种思路：①改进采样机制，除了在动作上加入随机噪声，还可以采用特定的随机动作分布；②加入探索奖励，通过在奖励函数中加入策略访问新状态的奖励，鼓励算法探索未被访问的状态空间区域；③引入最大熵策略模型，在 MDP 的优化目标中加入策略的信息熵正则项，算法在最大化累计回报的同时增大随机策略函数的信息熵，从而提高其探索能力；④构建分层强化学习(hierarchical reinforcement learning, HRL)算法，HRL 将控制问题在时间维度上分解为多个控制子问题，子问题由底层强化学习求解，而上层强化学习的动作作用于子问题的整个控制周期，因此其时间粒度是原控制问题的几十乃至上百倍，上层强化学习的探索效率也成倍地增加。我们选择分层强化学习的另一个原因在于，通过子问题的巧妙建模，能够规避长时间跨度路径点跟踪控制中的相对坐标无边界问题。

HRL 的难点体现在分层 MDP 建模与训练算法两个方面，且前者对后者有很大的影响，合理的建模能够简化分层强化学习的训练，消除上下层训练误差的耦合影响。因此，本节的研究重点与亮点集中在如何合理地构建分层 MDP 模型，并在建模的基础上结合确定性策略梯度算法设计分层训练的算法框架。本节内容取材于作者的研究成果论文[138]。

6.5.1　问题描述

路径点跟踪控制在数学上定义为：假定机器人的坐标为 $\left[x(t),y(t),z(t)\right]^{\mathrm{T}}$，路径点的坐标为 $\left[x_r,y_r,z_r\right]^{\mathrm{T}}$，路径跟踪控制问题要求控制器在有限时间内，控制机器人到达路径点的局部邻域，即 $\sqrt{\left(x(t)-x_r\right)^2+\left(y(t)-y_r\right)^2+\left(z(t)-z_r\right)^2}\leqslant d_e$，其中，$d_e$ 表示路径点的邻域半径。路径点跟踪控制虽然是一种基础控制问题，但考虑到深海机器人动力学模型的复杂非线性与不准确性，它对控制器的跟踪精度与稳定性都有较高的要求。同时，在长时间跨度下，路径点到机器人的距离较远，控制器可能需要上千乃至上万步决策才能控制机器人到达路径点，随之产生了两个新问题。

首先，MDP 的状态很难定义。在长时间跨度下，路径点与深海机器人有边界，以相对坐标为状态，会导致状态空间无边界。由于强化学习用类似监督学习的训练机制，通过控制系统与训练场景下的环境交互收集训练样本，然后训练策略网络与评价网络。若状态空间无边界，则当测试场景中的状态超出训练场景的状态空间时，策略网络与评价网络的泛化能力均会受到影响。而且，这并不是依靠算法自身的泛化性能或者增大样本量就能解决的，因为训练集的样本量存在上限，利用状态的无边界性始终能产生高于训练集数值水平几十个量级的状态输入，哪怕是数值差异都能令网络的泛化性失效。已有强化学习相关研究很少考虑状态的边界问题，通常默认假设一个限制的训练场景；但当强化学习应用到深海机器人这一实际问题时，状态的边界是必须考虑的因素之一。

其次，当路径点跟踪的场景中存在障碍物时，问题的难度进一步增加。深海机器人在跟踪路径点的同时要避开障碍物，如何权衡这两项控制指标，是奖励函数设计的重要难点。当路径点距离深海机器人较远时，深海机器人需要从障碍物分布的空隙中探索出一条到达路径点的长距离路线，并且为了避开障碍物可能要先远离路径点，这会导致奖励函数的短期下降；由于单层强化学习的动作是深海机器人的执行器控制量(如推进器推力、舵角等)，在障碍物的阻碍作用下，即使通过探索机制在动作上加入噪声，深海机器人也只会小范围地随机游走，因此单层强化学习的探索效率较低；低探索效率导致深海机器人难以走出奖励函数下降的状态空间，随着训练过程的收敛，算法容易陷入低回报的局部最优解。

我们通过一个实例描述长时间跨度下深海机器人的路径点跟踪问题，如图 6.21(a)所示。场景中存在管道、岩石等障碍物，图中的红五角星表示设定的路径点；机器人能够通过其前端五个方向的声呐传感器，探测到障碍物的距离，

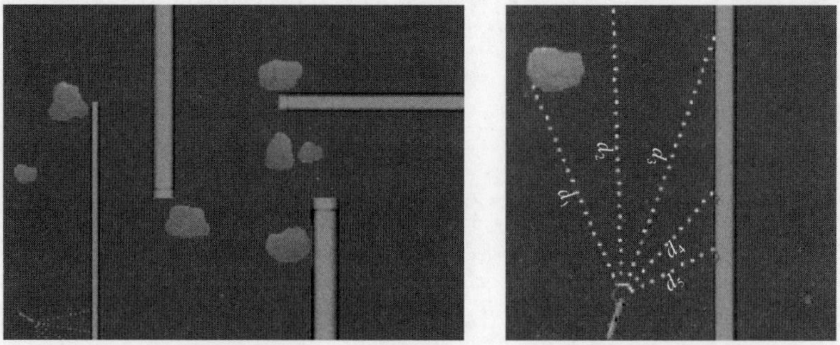

(a) 场景示意图　　(b) 声呐信号分布图

图 6.21　有障碍物的路径点追踪

如图 6.21(b) 中的白色虚线所示，我们用探测的五个距离组成的向量 $\boldsymbol{d}=[d_1,d_2,d_3,d_4,d_5]$ 表示障碍物的分布。

6.5.2　分层马尔可夫决策过程建模

首先从无障碍物的场景出发，通过一种子目标点策略分解原控制问题；然后自底向上地构建 HMDP 模型，包括上下层 MDP 的状态、动作与奖励函数定义，以及两个 MDP 组合后的分层结构。

1. 路径点跟踪问题的子目标点分解

假定场景中不存在障碍物，对于距离较远的路径点，深海机器人可以先跟踪其与路径点之间的临时目标点，到达后再跟踪新位置与路径点之间的新临时目标点，当临时目标点不断靠近路径点时，深海机器人相应地也在靠近路径点。基于这一思路我们提出了子目标点策略：首先训练一个局部范围内的子目标点跟踪控制器，局部范围定义为以深海机器人为圆心、固定半径的圆形邻域，该控制器能够控制深海机器人跟踪邻域内的任意路径点；对于超出邻域的路径点，以深海机器人与路径点连线交于圆形邻域边界的交点作为临时目标点，称其为子目标点，深海机器人在局部控制器的作用下到达子目标点后，再以新位置定义的新圆形邻域与连线的交点作为新的子目标点；深海机器人跟踪不断靠近路径点的子目标序列，直到路径点落在局部控制器的控制半径内。图 6.22 显示了子目标点策略的示意图，图中的实线表示深海机器人的跟踪轨迹，轨迹上的黑点表示子目标点，五角星表示路径点，虚线圆圈表示局部控制器的控制邻域。通过子目标点分解策略，保证了局部控制器的状态输入是有界的。深海机器人与子目标点的相对坐标不会

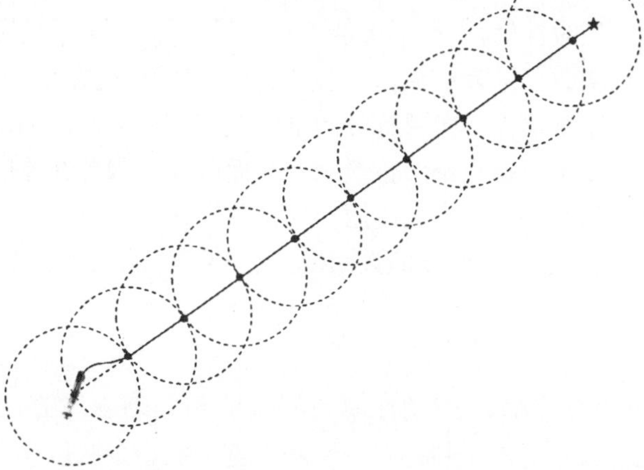

图 6.22　子目标点策略示意

超过设定的圆形邻域，因此解决了长时间跨度下的状态无边界问题。只要子目标点序列不断靠近路径点，局部控制器不需要路径点的相对坐标就能控制深海机器人跟踪远距离的路径点。

子目标点策略实际上将长时间跨度的问题分解成了多个短时间跨度的子问题，也是将一个长期的目标分解成多个短期子目标，局部控制器通过不断实现子目标以接近长期目标。由于场景中没有障碍物，基于强先验知识——两点之间直线距离最短，人为设置了子目标点序列。而在有障碍物的情况下，深海机器人为了避障不能以直线的轨迹跟踪路径点，因此无法利用先验设置子目标点。但该分解思路给了我们一个很好的启发：能否利用强化学习一个生成子目标点的策略？从这一点出发，提出一种基于子目标点的 HMDP 框架，并自底向上完成建模过程。

2. 底层 MDP 建模：局部范围的子目标点跟踪

底层控制器实现了局部范围内深海机器人的子目标点跟踪，这一控制问题可以被建模为 MDP，并称其为底层 MDP。

(1)底层状态定义：由于深海机器人仅在某个水平面上运动，因此其运动状态包括三自由度的位置与速度向量 $\boldsymbol{\eta}=\left[x,y,\psi,u,v,r\right]^{\mathrm{T}}$，如图 6.23 所示，其中 u、v、r 表示深海机器人的纵荡、横荡速度与艏摇角速度。假定子目标点的坐标为 $\boldsymbol{p}_r=\left[x_r,y_r\right]^{\mathrm{T}}$。结合 LOS 策略，以子目标点为视线点，定义视线距离 $\varDelta=\sqrt{\left(x-x_r\right)^2+\left(y-y_r\right)^2}$ 与视线角 ψ_{LOS}，如图 6.23 所示，并定义底层状态为

$$\boldsymbol{s}_b=\boldsymbol{F}_b\left(\boldsymbol{\eta},\boldsymbol{p}_r\right)\doteq\left[\varDelta,\cos\left(\psi_\varDelta\right),\sin\left(\psi_\varDelta\right),u,v,r\right]^{\mathrm{T}} \tag{6-66}$$

其中，$\psi_\varDelta$ 表示视线方向与深海机器人艏向的夹角，$\psi_\varDelta=\psi_{\mathrm{LOS}}-\psi$ 表示深海机器人需要从当前艏向逆时针旋转 $\psi_\varDelta$ 后才能正对着子目标点，为了消除角度量的周期性，使用两个三角函数分量表示 $\psi_\varDelta$。上述状态定义的好处在于，$\varDelta$ 与 $\psi_\varDelta$ 以相对极坐标的方式表示了机器人与子目标点的空间关系，其取值范围不会随着机器人绝对位置、艏向以及子目标点绝对位置的变化而改变，因此在原问题分解后的多个子目标点跟踪子问题中均可直接使用，具备较好的泛用性。

(2)底层奖励函数定义：奖励函数同样基于 LOS 策略定义，即

$$r_b=R_b\left(\boldsymbol{\eta},\boldsymbol{p}_r\right)\doteq\rho_1\cdot u\cos\left(\psi_\varDelta\right)-\rho_2v^2-\rho_3r^2-\rho_4 \tag{6-67}$$

第一项表示方向约束奖励，鼓励深海机器人的艏向与视线方向保持一致，当 $\psi_\varDelta=0$ 时深海机器人正对着子目标点，跟踪轨迹最短；余弦值函数能够将周期性的角度量单调递减地映射到 $[-1,1]$ 区间，同时不区分深海机器人的艏向在视线方

向的哪一侧，符合实际的跟踪过程；以深海机器人纵荡速度 u 作为乘子，一方面鼓励深海机器人尽可能快地跟踪子目标点，另一方面当 u 为负值时，该项也取负值，作为深海机器人远离路径点的惩罚。第二项与第三项是深海机器人垂荡与艏摇的速度约束，惩罚深海机器人过快地侧向移动或旋转，减小振荡并降低控制能耗。第四个常数项是时间惩罚项，会随着时间线性累加，有助于加快深海机器人的跟踪速度。

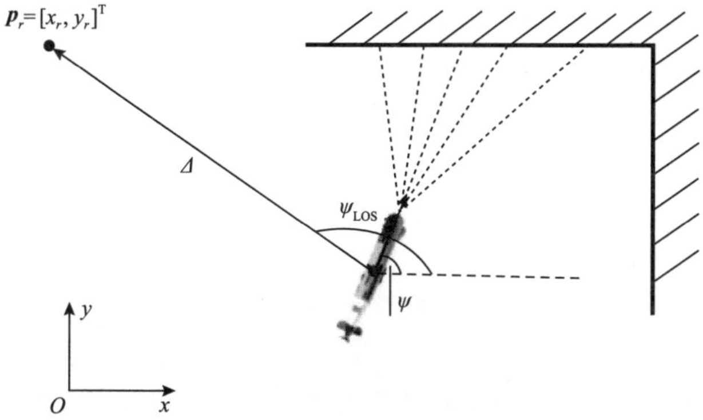

图 6.23　路径点跟踪的 LOS 策略示意

(3)底层动作定义：动作定义为深海机器人执行器的控制量，取决于深海机器人的具体动力装置，用符号 $\boldsymbol{\tau}$ 表示。底层策略函数是底层状态 $\boldsymbol{s}_b$ 到动作 $\boldsymbol{\tau}$ 的映射，表示为 $\boldsymbol{\mu}_b:\boldsymbol{s}_b\rightarrow\boldsymbol{\tau}$ 。

值得注意的是，在底层 MDP 的定义过程中，假设机器人无视场景中的障碍物分布，这一假设出于两点考虑：其一，障碍物的分布具有很强的随机性，将其加入状态会干扰子目标点跟踪过程，影响底层策略的泛化能力；其二，若子目标点的跟踪过程受到阻碍，可利用上层策略根据障碍物分布切换新的子目标点，换言之，通过子目标点机制将避障的控制目标转移给了上层 MDP。

3. 上层 MDP 建模：子目标点生成

上层控制器根据障碍物分布、深海机器人与路径点的相对位置等信息生成子目标点，这一过程可以被建模为 MDP，并称其为上层 MDP。

(1)上层状态定义：假定路径点坐标为 $\boldsymbol{p}_d=\left[x_d,y_d\right]^{\mathrm{T}}$，障碍物分布表示为五个方向上的声呐探测的距离向量 $\boldsymbol{d}=\left[d_1,d_2,d_3,d_4,d_5\right]^{\mathrm{T}}$，结合 $\boldsymbol{p}_d$ 和 $\boldsymbol{d}$ 及机器人的运动状态 $\boldsymbol{\eta}$，定义上层状态如下：

$$\boldsymbol{s}_u=\boldsymbol{F}_u\left(\boldsymbol{\eta},\boldsymbol{p}_d,\boldsymbol{d}\right)\doteq\left[x-x_d,y-y_d,\cos\psi,\sin\psi,u,v,r,d_1,d_2,d_3,d_4,d_5\right]^{\mathrm{T}} \tag{6-68}$$

由于上层 MDP 需要考虑障碍物的影响，因此其状态包含了深海机器人与路径点的相对笛卡儿坐标，而不是如底层状态的极坐标表示，相对坐标$\left[x-x_d, y-y_d\right]^{\mathrm{T}}$、深海机器人艏向以及距离向量$\boldsymbol{d}$完整地描述了深海机器人、路径点与障碍物三者的相对空间关系。

(2) 上层奖励函数定义：上层 MDP 包含了避障与路径点跟踪两项控制目标，因此定义了二者加权求和的奖励函数为

$$r_u = R_u\left(\boldsymbol{\eta}, \boldsymbol{p}_d, \boldsymbol{d}\right) \doteq -\kappa \cdot \Delta\left\|\boldsymbol{p}-\boldsymbol{p}_d\right\| + \lambda\sum_{i=1}^{5} d_i \tag{6-69}$$

$$\Delta\left\|\boldsymbol{p}-\boldsymbol{p}_d\right\| = \left\|\boldsymbol{p}_{t+1}-\boldsymbol{p}_d\right\| - \left\|\boldsymbol{p}_t-\boldsymbol{p}_d\right\| \tag{6-70}$$

其中，$\boldsymbol{p}=\left[x, y\right]^{\mathrm{T}}$表示深海机器人的绝对坐标。奖励函数的第一项是路径点跟踪奖励项，表示为机器人到路径点的距离变化量，之所以选择变化量是为了更清晰地量化控制器在跟踪目标上取得的进展。我们没有采用如同底层奖励函数的 LOS 策略，是因为该策略倾向于控制深海机器人的艏向朝着路径点，不利于深海机器人避开障碍物。奖励函数的第二项是避障奖励项，表示为五个方向上障碍物距离的求和，鼓励深海机器人探索障碍物之间的空隙区域。系数κ与λ一方面作为权重平衡了两项控制目标，另一方面也将二者的数值放缩到同一量级，避免数值差异影响平衡。另外，我们还设计了一个到达奖励机制：深海机器人的探索过程可能使其远离路径点，这会导致奖励函数数值的短期下降，若下降的时间较长，机器人探索到路径点后的总奖励值可能低于其在局部范围内随机游走的总奖励值(因为r_u的定义说明深海机器人仅实现避障就可以获得正奖励)；因此让深海机器人在到达路径点后能够获得一个高于r_u两个量级的正常数到达奖励，用于补偿由策略探索导致的总奖励值下降，而强化学习利用 Bellman 更新可将这一高额奖励反向分配给路径上的状态与动作。

(3) 上层动作定义：上层 MDP 的动作用于生成子目标点，由于子目标点始终处于以深海机器人当前位置为圆心的局部圆形邻域内，因此将动作定义为子目标点相对于深海机器人当前位置的极坐标$\boldsymbol{g}=\left[\sigma,\phi\right]$。结合深海机器人绝对坐标$\boldsymbol{p}$与上层动作$\boldsymbol{g}$，子目标点的绝对坐标可以表示为

$$\boldsymbol{p}_r = \left[x+\sigma\cos\phi, y+\sigma\sin\phi\right]^{\mathrm{T}} \tag{6-71}$$

为了控制子目标点的空间范围，σ与ϕ的取值分别被限制在区间$\left[R_1, R_2\right]$与$\left[-\pi, \pi\right]$内，其中$0<R_1<R_2$。上层策略函数定义为上层状态到动作的映射，表示为$\boldsymbol{\mu}_u: \boldsymbol{s}_u \rightarrow \boldsymbol{g}$。

4. HMDP 整体框架

结合上下层 MDP 建模，长时间跨度下深海机器人路径点跟踪问题的 HMDP 框架如图 6.24 所示。深海机器人的动力学模型被视为环境的一部分；底层 MDP 根据深海机器人的运动状态与上层 MDP 传递的子目标点构建底层状态与奖励函数，由底层策略 $\boldsymbol{\mu}_b$ 生成机器人执行器的控制量 $\boldsymbol{\tau}$，控制深海机器人的状态转移；上层 MDP 根据深海机器人的运动状态、障碍物分布与路径点构建上层状态与奖励函数，由上层策略 $\boldsymbol{\mu}_u$ 生成子目标点，传递给下层 MDP；在这一过程中，上层动作直接作用于底层 MDP，并由底层策略的控制过程实现上层状态的转移，此时上层 MDP 将底层 MDP 也视为环境的一部分。

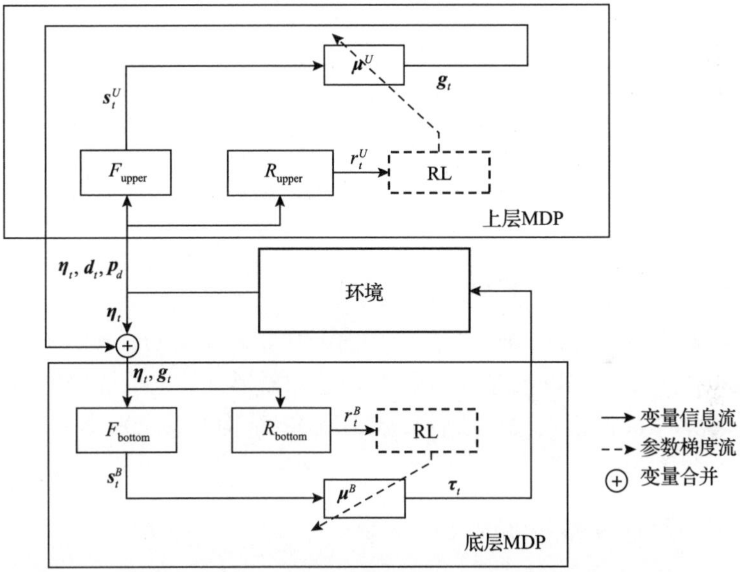

图 6.24　长时间跨度下路径点跟踪的 HMDP 框架

图 6.25 展示了 HMDP 随时间展开的过程。在某个时刻 t，上层策略生成一个子目标点动作 $\boldsymbol{g}_t$，底层策略控制深海机器人跟踪该子目标点，这一过程等价于一个底层 MDP 的完整周期；底层 MDP 在以下三个条件中任意一个成立时终止：①深海机器人到达子目标点，②超出最大跟踪周期 ι，③距离障碍物过近，具体表示为任一方向上探测的障碍物距离小于设定的阈值；在底层 MDP 终止后，上层策略根据此时深海机器人与环境的状态生成下一个子目标点动作 $\boldsymbol{g}_{t+1}$，并启动下一轮底层 MDP。从这一过程中可以看出，上下层 MDP 处于不同的时间粒度，上层 MDP 每一步转移间隔等价于底层 MDP 的整数倍(最大为 ι 倍)。因此，上层策略面对的是一个决策步数缩小几百倍的控制问题，即通过 HMDP 结构将原始的

长时间跨度控制问题转化为一个时间跨度更小的控制问题。

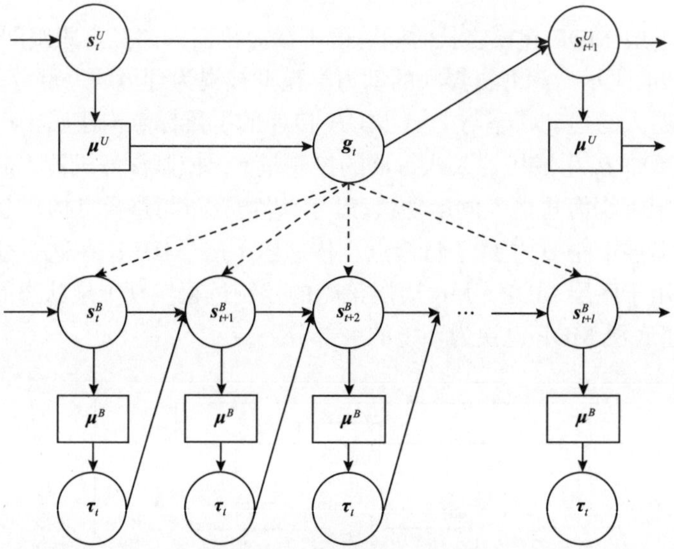

图 6.25 HMDP 展开序列

6.5.3 分层确定性策略梯度算法

结合上文 HMDP 框架，阐述一种分层确定性策略梯度(hierarchical deterministic policy gradient, HDPG)算法。首先定义多层感知器形式的上下层评价与策略网络，构建分层评价-策略网络迭代；然后根据 HMDP 结构的特点采用上下分离的训练框架。

1. 分层的评价-策略网络迭代

首先定义上下层 MDP 的动作值函数，即

$$Q_{\boldsymbol{\mu}_u}\left(\boldsymbol{s}_u,\boldsymbol{g}\right)=E\left[\sum_{k=0}^{K}\gamma^k r_{u,t+k\iota}\middle|\boldsymbol{s}_{u,t}=\boldsymbol{s}_u,\boldsymbol{g}_t=\boldsymbol{g}\right] \tag{6-72}$$

$$Q_{\boldsymbol{\mu}_b}\left(\boldsymbol{s}_b,\boldsymbol{\tau}\right)=E\left[\sum_{k=t}^{\iota}r_{b,k}\middle|\boldsymbol{s}_{b,t}=\boldsymbol{s}_b,\boldsymbol{\tau}_t=\boldsymbol{\tau}\right] \tag{6-73}$$

上下层 MDP 均具备连续的状态与动作空间，为此定义多层感知器形式的上下层策略网络 $\boldsymbol{\mu}_{u,\boldsymbol{\theta}}$、$\boldsymbol{\mu}_{b,\boldsymbol{\vartheta}}$ 与评价网络 $Q_{u,\boldsymbol{\omega}}$、$Q_{b,\boldsymbol{\nu}}$，用于参数化表示策略以及近似真实值函数。评价网络与策略网络的具体结构如图 6.26 所示，其中“FC”表示全连接(full connected)网络，隐含层均采用 ReLU 激活函数，评价网络的状态与动

作输入被连接后传入网络(符号“C”表示)；底层策略函数采用双曲正切函数输出有界的控制量，以满足深海机器人执行器饱和的限制；上层策略函数同样也采用双曲正切函数，因为在建模时限制了子目标点的生成范围。

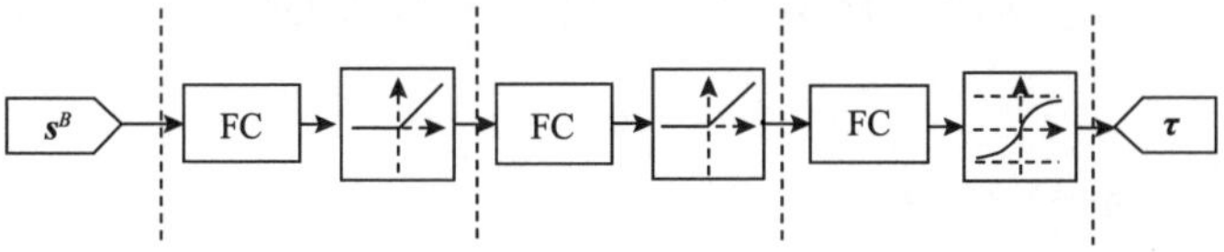

(a) $\boldsymbol{\mu}_{\theta}^{B}$

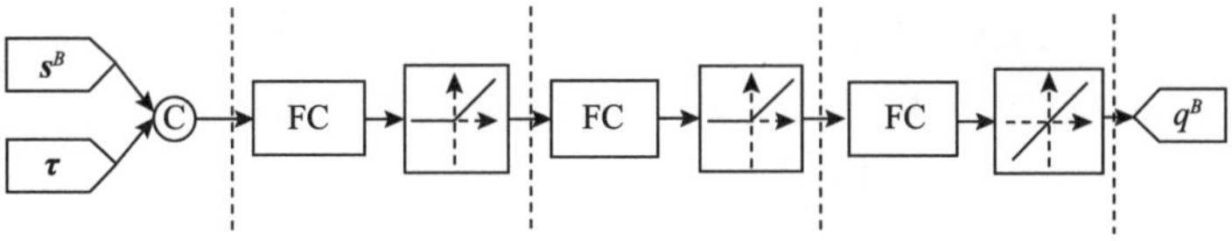

(b) Q_{ν}^{B}

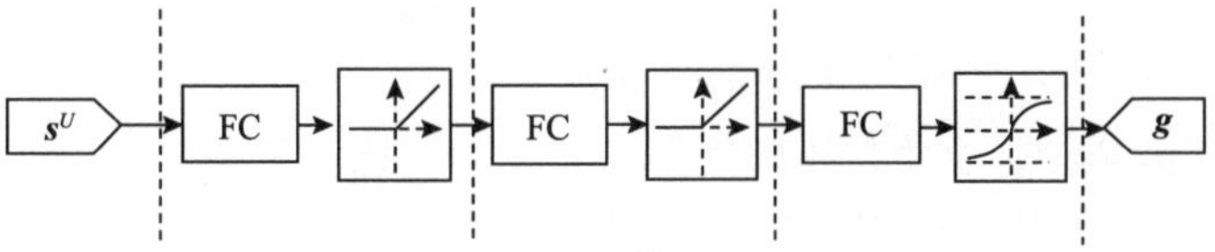

(c) $\boldsymbol{\mu}_{\theta}^{U}$

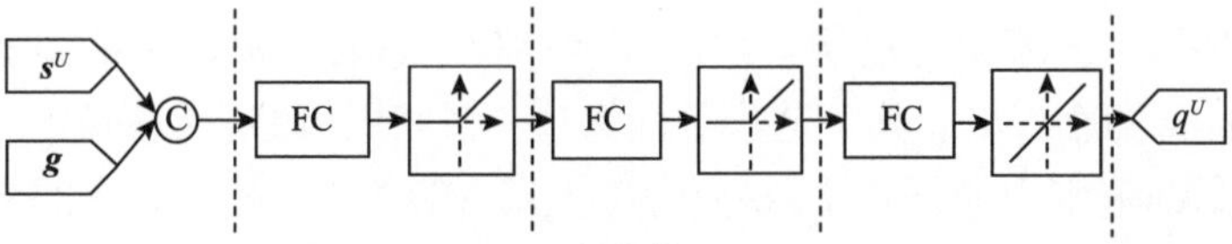

(d) Q_{ω}^{U}

图 6.26　上下层评价网络与策略网络结构示意

结合近似值函数的确定性策略梯度理论与时间差分算法，我们设计了分层评价-策略网络权重更新规则。

(1) 上层评价-策略网络更新规则

$$\boldsymbol{\theta} \leftarrow \boldsymbol{\theta} + \alpha_{\boldsymbol{\theta}} E\left[\nabla_{\boldsymbol{\theta}} \boldsymbol{\mu}_{u,\boldsymbol{\theta}}(\boldsymbol{s}_u) \nabla_{\boldsymbol{g}} Q_{u,\boldsymbol{\omega}}(\boldsymbol{s}_u, \boldsymbol{g})\Big|_{\boldsymbol{g}=\boldsymbol{\mu}_{u,\boldsymbol{\theta}}(\boldsymbol{s}_u)} \right] \tag{6-74}$$

$$\boldsymbol{\omega} \leftarrow \boldsymbol{\omega} + \alpha_{\boldsymbol{\omega}} E\left\{ \left[r_{u,t} + \gamma Q_{u,\boldsymbol{\omega}}\left(\boldsymbol{s}_{u,t+1}, \boldsymbol{\mu}_{u,\boldsymbol{\theta}}(\boldsymbol{s}_{u,t+1})\right) - Q_{u,\boldsymbol{\omega}}(\boldsymbol{s}_{u,t}, \boldsymbol{g}_t) \right] \nabla_{\boldsymbol{\omega}} Q_{u,\boldsymbol{\omega}}(\boldsymbol{s}_{u,t}, \boldsymbol{g}_t) \right\} \tag{6-75}$$

(2) 底层评价-策略网络更新规则

$$\boldsymbol{\vartheta} \leftarrow \boldsymbol{\vartheta} + \alpha_{\boldsymbol{\vartheta}} E\left[\nabla_{\boldsymbol{\vartheta}} \mu_{b,\boldsymbol{\vartheta}}(\boldsymbol{s}_b) \nabla_{\boldsymbol{\tau}} Q_{b,\boldsymbol{\nu}}(\boldsymbol{s}_b, \boldsymbol{\tau})\Big|_{\boldsymbol{\tau}=\mu_{b,\boldsymbol{\vartheta}}(\boldsymbol{s}_b)} \right] \tag{6-76}$$

$$\boldsymbol{v} \leftarrow \boldsymbol{v} + \alpha_{\boldsymbol{v}} E\left\{\left[r_{b,t} + \gamma Q_{b,\boldsymbol{v}}\left(\boldsymbol{s}_{b,t+1}, \boldsymbol{\mu}_{b,\boldsymbol{\vartheta}}\left(\boldsymbol{s}_{b,t+1}\right)\right) - Q_{b,\boldsymbol{v}}\left(\boldsymbol{s}_{b,t}, \boldsymbol{\tau}_t\right)\right]\nabla_{\boldsymbol{v}} Q_{b,\boldsymbol{v}}\left(\boldsymbol{s}_{b,t}, \boldsymbol{\tau}_t\right)\right\} \tag{6-77}$$

因为上层 MDP 的时间粒度更大，在其评价网络的更新规则中，后继状态的时刻为 $t+l$，其中 l 表示底层 MDP 的周期(根据底层 MDP 的实际时长变化，并不是固定值)。

2. 上下分离的训练框架

分层强化学习算法通常有两种训练方式。第一种是端到端的训练方式，同时初始化上下层评价与策略网络，将上下层 MDP 作为一个整体与环境交互，从环境的反馈中获取各自的状态与奖励函数，算法的每次迭代同时更新上层与底层网络；这种方式的优点在于样本使用率高，上下层强化学习的训练共享与环境的交互过程，降低了实验成本；另外，当 HMDP 结构中存在着上下层之间的梯度传递时[139]，端到端是唯一的训练方式；但这种方式收敛性难以保证，因为底层策略的控制性能直接影响上层动作的奖励信号评价。

在 HMDP 框架中，上下层 MDP 之间唯一的信息传递是上层策略生成的子目标点，因此采用上下分离的训练方式，将上层强化学习与下层强化学习的训练过程完全解耦。在底层强化学习训练结束后，上层强化学习将底层 MDP 与环境合并为一个新环境，并不关注底层策略的控制过程。这种分离训练框架虽然交互成本更高，但具备两个好处：其一是收敛性保证，当底层策略收敛到最优解后(意味着能够跟踪局部范围内的任意子目标点)，上层 MDP 从环境中获取的奖励函数能够真实反映子目标点的优劣，不会由于反馈偏差影响上层强化学习算法的收敛性；其二是底层策略的泛化能力更强，在端到端的训练方式下，底层策略跟踪的子目标点均是由上层策略生成的，其分布的随机程度较低，而在单独训练底层策略时，我们可以人为随机生成子目标点，提高其分布的随机程度，从而增强底层策略的泛化能力。

底层强化学习针对不存在障碍物的场景，固定深海机器人的初始位置，并随机生成其局部邻域内任意位置的子目标点。上层强化学习在一个存在障碍物的场景下训练，将底层策略与机器人视为一个新的控制系统；由于障碍物的阻挡，底层策略并不一定能控制机器人跟踪到每个子目标点，这不会影响训练效果，因为子目标点由上层策略生成，若生成的子目标点不可达，对应的奖励信号也会下降，强化学习的试错机制会相应地调整上层策略，使其尽可能生成可达的子目标点。

由于 HDPG 算法的每层强化学习等价于一个基于神经网络的确定性策略梯度算法(参见 6.4.3 节)，因此不再赘述其具体算法流程。

6.5.4　仿真实验结果与分析

1. 实验环境与设定

(1) 实验平台：仿真实验选用 REMUS 型号 AUV。为了简化问题，考虑二维平面的路径点跟踪问题，因此 AUV 的仿真采用三自由度运动与动力学模型，模型中各项水动力学系数如表 6.3 所示[88]。REMUS 型号 AUV 采用欠驱动的控制方式，控制量为单推进器的推力 ξ 与舵角 δ，并通过关系式

$$\boldsymbol{\tau}_{XY}=\left[\xi, Y_{uu\delta}u^2\delta, N_{uu\delta}u^2\delta\right]^{\mathrm{T}}$$

转换为三个自由度上的力与力矩，其中系数 $Y_{uu\delta}=9.64\mathrm{kg/(m\cdot rad)}$，$N_{uu\delta}=-6.15\mathrm{kg/rad}$；推力的 $\xi(\mathrm{N})$ 取值范围为 $[0,80]$，舵角 $\delta(\mathrm{rad})$ 的取值区间为 $\left[-\pi/6,\pi/6\right]$。

表 6.3　REMUS 型号 AUV 的水动力学系数

参数	值	参数	值
m/kg	30.48	$I_{zz}/(\mathrm{kg\cdot m^2})$	3.45
$X_{\dot{u}}/\mathrm{kg}$	–0.93	$Y_{\dot{v}}/\mathrm{kg}$	–35.50
$Y_{\dot{r}}/(\mathrm{kg\cdot m/rad})$	1.93	$N_{\dot{v}}/(\mathrm{kg\cdot m})$	1.93
$N_{\dot{r}}/(\mathrm{kg\cdot m^2/rad})$	–4.88	$X_{u\lvert u\rvert}/(\mathrm{kg/m})$	–1.62
$Y_{v\lvert v\rvert}/(\mathrm{kg/m})$	-1.31×10^2	$Y_{r\lvert r\rvert}/(\mathrm{kg\cdot m/rad^2})$	0.632
$Y_{uv}/(\mathrm{kg/m})$	–28.60	$Y_{ur}/(\mathrm{kg/rad})$	5.22
$N_{v\lvert v\rvert}/\mathrm{kg}$	–3.18	$N_{r\lvert r\rvert}/(\mathrm{kg\cdot m^2/rad})$	–9.40
N_{uv}/kg	–2.40	$N_{ur}/(\mathrm{kg\cdot m^2/rad})$	–2.00

(2) 实验环境：我们搭建了一个存在障碍物的长时间跨度路径点跟踪的仿真环境，如图 6.27 所示，图中的五角星表示路径点，管道与岩石是障碍物，机器人的初始位置固定，可以看出机器人与路径点之间的距离较远且有较多的障碍物阻挡，此场景模拟了长时间跨度的实验条件。机器人前端的五条虚线模拟了五个方向上的声呐探测过程，根据虚线的长度可以计算机器人到障碍物的距离，其最大长度为 40m。

(3) 底层 MDP 设置：时间间隔为 0.5s，最大周期 $l=200\mathrm{s}$。动作定义为控制量向量 $\boldsymbol{\tau}=\left[\xi,\delta\right]^{\mathrm{T}}$，奖励函数各项系数设置为 $\rho_1=1.0,\ \rho_2=\rho_3=0.01,\ \rho_4=0.01$。底

层 MDP 训练过程中，每次实验机器人初始位置固定，艏向角从 $[0,2\pi]$ 区间内随机生成，圆形邻域半径为 100m，子目标点从邻域内随机采样。

(4) 上层 MDP 设置：最大周期为 $K=100\text{s}$，换算为底层 MDP 的时间单位，整个控制问题的最大周期 $T=K\cdot\iota=20000\text{s}$。动作定义为子目标点相对极坐标 $\boldsymbol{g}=[\sigma,\phi]^{\mathrm{T}}$，其中 $50\text{m}\leqslant\sigma\leqslant100\text{m},\ 0\leqslant\phi\leqslant2\pi$；奖励函数的各项系数设置为 $\kappa=0.01,\ \lambda=0.025$，到达奖励的数值为 500。上层 MDP 训练过程中，每次实验深海机器人的初始坐标固定为 (60,40)，艏向角从 $[0,2\pi]$ 区间内随机生成。

(5) HDPG 参数设置：底层评价与策略网络隐含层大小 (64,32,32)，评价网络学习率 $\alpha_v=0.001$，策略网络学习率 $\alpha_\vartheta=0.003$；底层探索噪声采用 Ornstein-Uhlenbeck 随机过程生成，系数设置为 $\vartheta=0.15,\ \iota=0,\ \sigma=0.3$；底层训练最大交互步数 2×10^5。上层评价与策略网络隐含层大小 (128,64,32)，评价网络学习率 $\alpha_\omega=0.0001$，策略网络学习率 $\alpha_\theta=0.001$；上层探索噪声采用高斯分布 $N(0,\sigma)$ 生成，其中标准差 $\sigma=0.5$；上层训练最大交互步数 10^7，折扣因子 $\gamma=0.99$。

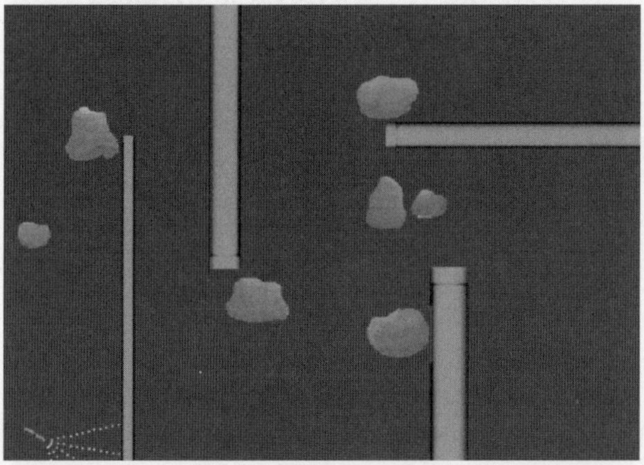

图 6.27　二维水下避障与路径点跟踪仿真实验场景

2. 底层策略实验结果分析

为了避免实验中随机因素(子目标点位置、AUV 艏向、探索噪声等)的干扰，使用固定随机数种子训练 10 次，计算总奖励值的均值与方差，绘制成随训练交互步数变化的曲线，如图 6.28(a) 所示。图中的深色实线表示均值线，浅色阴影表示均值附近单位标准差的波动区域。可以看出，在 AUV 的局部子目标点跟踪问题中，底层 NNDPG 算法表现出良好的收敛性与稳定性。为了进一步展示控制策略的具体性能，进行单次子目标点跟踪实验，将跟踪过程中二者相对距离 $\varDelta$ 以及艏向与视线方向夹角 ψ_Δ 的变化曲线绘制如图 6.28 所示。在图 6.28(b) 中，由于机器人的转弯半径，相对距离一开始略微增大，然后以直线趋势下降至 0 附近，说明机器人在转向后匀速靠近子目标点；在图 6.28(c)中，机器人艏向与视线方向的夹角迅速降低至 0 附近，说明控制策略迅速调转机器人正对着子目标点；另外，ψ_Δ 下降至 0 之前，相对距离 Δ 已经开始下降，说明控制策略并不是让机器人原地转向后再朝着目标点前进，而是以一种接近 Dubins 曲线的方式高效转弯。

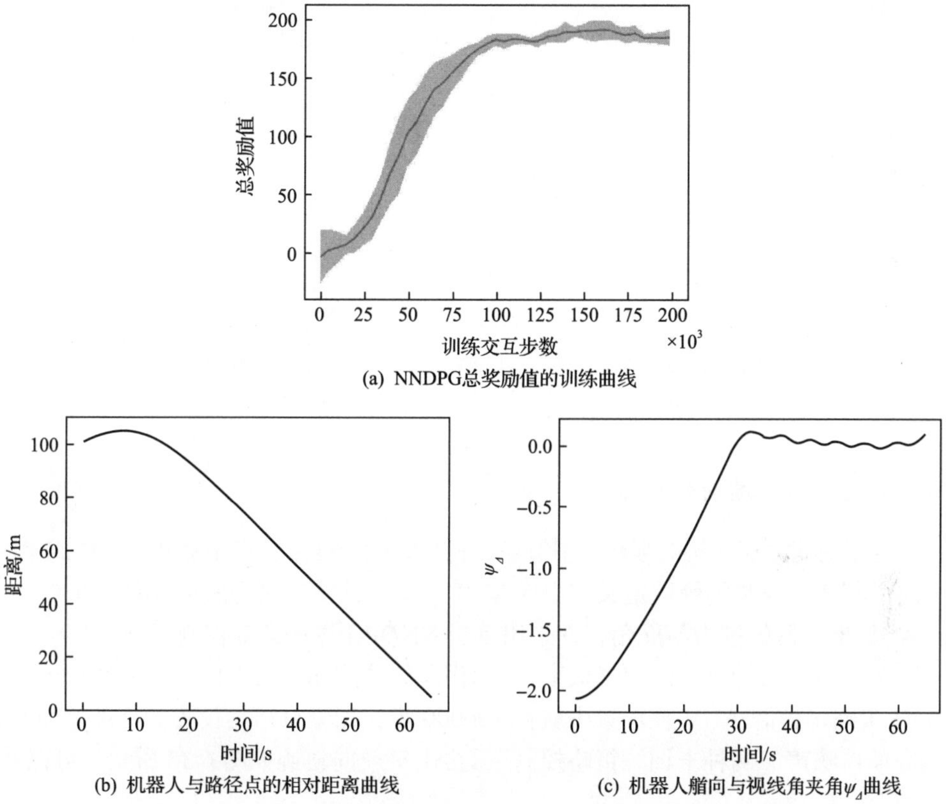

图 6.28　局部范围路径点跟踪控制的训练曲线与控制性能曲线

为了测试底层控制策略在长距离路径点跟踪控制中的表现，设定两组长距离路径点，第一组路径点坐标为$\{(500,600),(900,300),(200,50)\}$（单位为 m），第二组路径点坐标为$\{(100,600),(800,600),(800,100),(200,100)\}$，机器人的初始位置坐标为$(200,100)$，艏向角度由$[0,2\pi]$区间的均匀分布随机生成。由于路径点均处于底层控制策略的控制范围之外，将机器人与路径点连线交于圆形邻域的交点作为子目标点，机器人到达一个子目标点后，根据其位置重新生成下一子目标点，直至路径点落在控制范围内，将其直接设为子目标点。底层控制策略跟踪两组路径点的轨迹如图 6.29 所示，图中的红圆点为机器人的初始位置，绿圆点表示子目标点，红色五角星表示长距离路径点，黑色实线表示机器人的行驶轨迹。两组路径点跟踪的轨迹均验证了底层控制策略的稳定性。因为底层控制策略并不知道路径点的位置，机器人到达子目标点时的艏向不一定朝着路径点，每次切换子目标点时控制策略需要调转机器人的艏向，转弯半径导致轨迹呈现 Dubins 曲线，因此图中的轨迹呈现出明显的分段性。

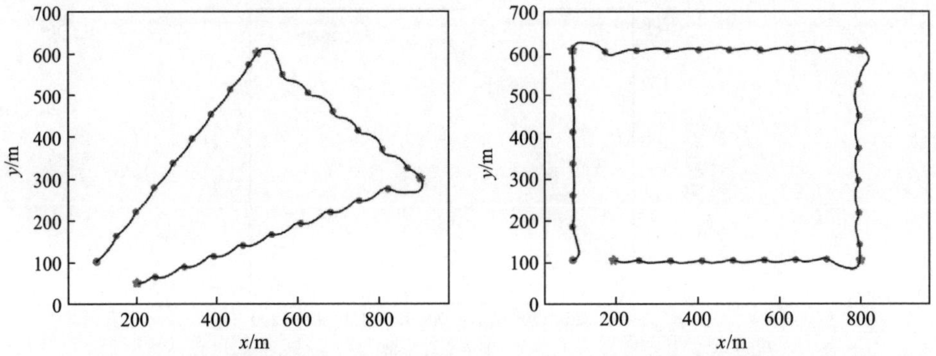

(a) 跟踪轨迹一　　(b) 跟踪轨迹二

图 6.29　长距离路径点跟踪轨迹(无障碍物)

3. 上层策略实验结果分析

为了对比分层结构的强化学习算法，将长时间跨度路径点跟踪问题建模成单层 MDP，其状态与奖励函数定义与上层 MDP 一致，动作定义为底层 MDP 的动作——AUV 推进器的推力与舵角，并采用单层 NNDPG 算法训练控制策略。

为了对比两种算法的探索效率，分别用随机初始化的 HDPG 上层策略与单层 DPG 策略，控制 AUV 在场景中航行 100000 步，探索噪声均设置为标准差为 0.1 的高斯白噪声。两种未训练策略控制下的 AUV 航向轨迹如图 6.30 所示，可以看

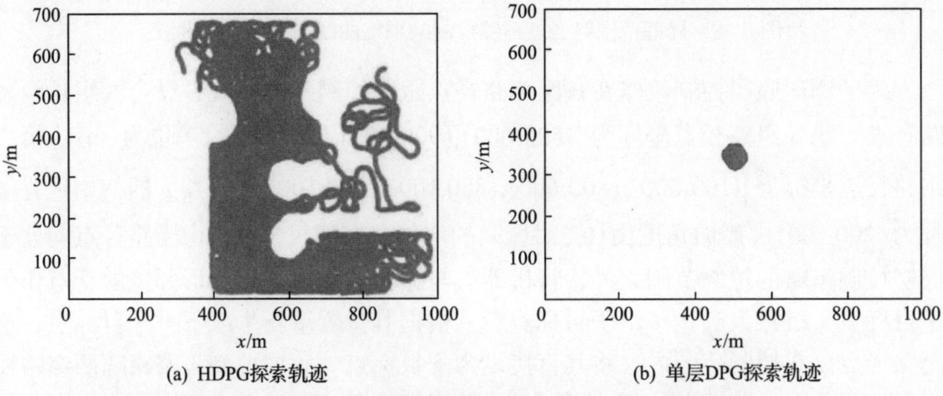

(a) HDPG探索轨迹　　(b) 单层DPG探索轨迹

图 6.30　HDPG 策略与单层 DPG 策略的探索轨迹对比

出，HDPG 策略的控制轨迹覆盖的区域比单层 DPG 策略大得多，说明了上层策略在更大时间粒度上探索的高效率，而单层 DPG 策略的探索噪声作用于 AUV 的底层控制量上，导致 AUV 的探索轨迹在其出生点的局部邻域内不断重叠。

为了对比了 HDPG 算法与单层 DPG 算法的训练表现，图 6.31(a)给出了总奖励值随着训练交互步数的变化曲线。可以看出，单层 DPG 算法的收敛总奖励值比 HDPG 算法低得多，说明由于低探索效率，其无法学习出跟踪远距离路径点的控制策略；HDPG 算法虽然经过较长时间的探索，但一旦探索到路径点，其训练曲线迅速上升，这是由到达路径点后的高额回报导致的，也说明了设置到达奖励的有效性。另外，HDPG 算法在探索阶段的总奖励值水平低于单层 DPG 算法，我们分析认为，这是因为上层策略的高效探索机制使奖励信号短暂下降。

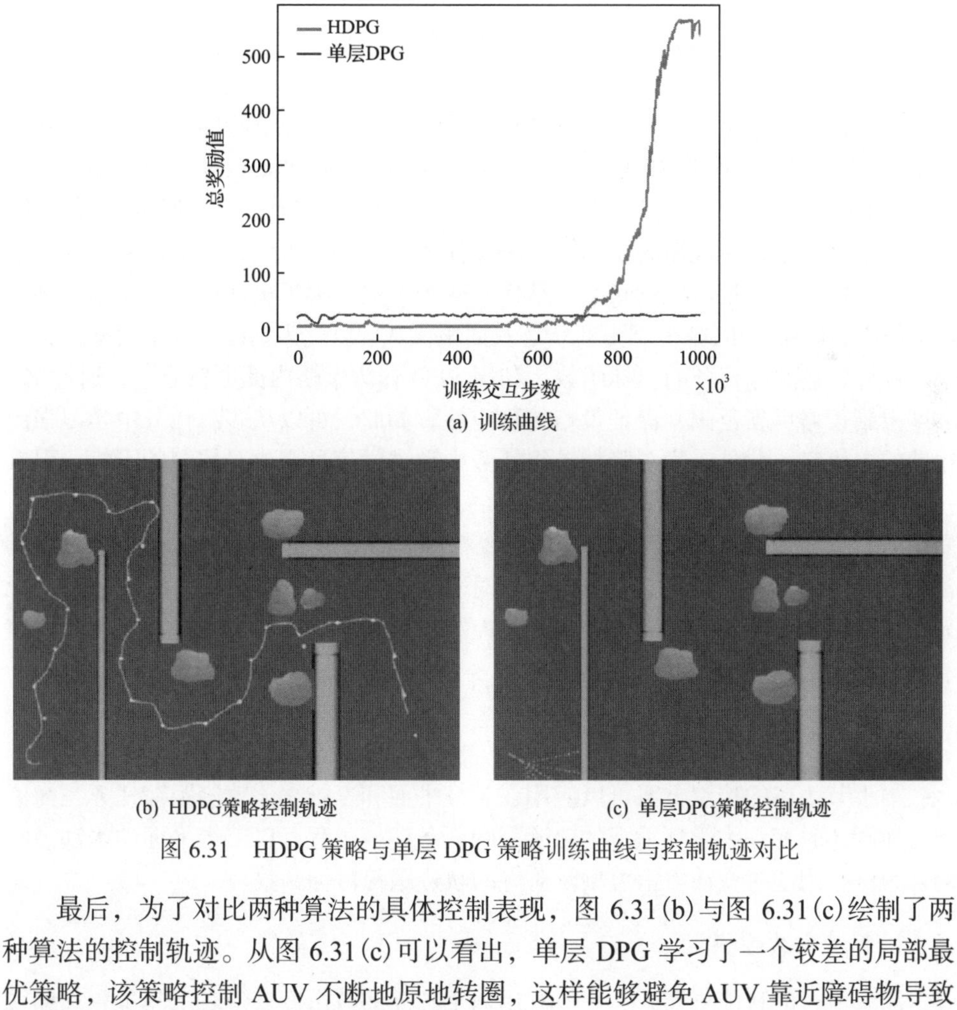

(a) 训练曲线

(b) HDPG策略控制轨迹　　(c) 单层DPG策略控制轨迹

图 6.31　HDPG 策略与单层 DPG 策略训练曲线与控制轨迹对比

最后，为了对比两种算法的具体控制表现，图 6.31(b)与图 6.31(c)绘制了两种算法的控制轨迹。从图 6.31(c)可以看出，单层 DPG 学习了一个较差的局部最优策略，该策略控制 AUV 不断地原地转圈，这样能够避免 AUV 靠近障碍物导致奖励信号的下降，但这种过于贪婪的控制策略无法牺牲短期回报探索到路径点。在图 6.31(b) 中，黄点表示是上层策略生成的子目标点，子目标点序列逐渐靠近路径点；白色虚线表示 AUV 的航行轨迹，说明了底层策略控制 AUV 跟踪这些子目标点，最终到达了路径点的局部邻域内；由于子目标点的存在，AUV 的航行轨迹并不平滑，并且能明显看出有些子目标点并不是最优选择；另外，我们发现 AUV 没有到达倒数第六个子目标点，说明在底层 MDP 的最大周期内，AUV 来不及从上一个子目标点航行至该子目标点，但后继的子目标点使其仍能够靠近路径点，因此子目标点实质上为 AUV 跟踪路径点提供了临时的方向信息。虽然控制表现上存在一些缺陷，但 HDPG 控制策略成功地解决了障碍物阻碍下的长时间跨度路径点跟踪问题。

6.6 基于元强化学习的轨迹跟踪控制

本节针对深海机器人在真实海底环境具备的时变动力学特性，阐述一种基于注意力机制的模型无关元学习(attention-based model-agnostic meta-learning, AMAML)的轨迹跟踪控制器。具体而言，将时变动力学环境下的轨迹跟踪任务拆分为多组动力学变化规律固定的轨迹跟踪任务。针对每组任务，引入通用的马尔可夫决策模型，包括对应的状态、动作及回报函数。为了实现一般不规则轨迹的跟踪需求，应用了 LOS 准则更新状态及回报函数。以此为基础，应用模型无关元学习设计轨迹跟踪任务的目标函数，利用 PPO 作为策略内部更新方案，通过 KL 散度限制策略更新范围，保证策略的稳定性，如此，可以从多组任务中学习强泛化性的主策略。此外，为了降低单组任务中动力学信息变化对控制的干扰，引入一套端到端的基于注意力机制的策略网络，该策略网络从多步历史状态中学习时变动力学的有效信息，有效地提高了跟踪精度。最终形成的 AMAML 控制策略具备如下三点优势：①解决了深海机器人时变属性导致的控制难题；②实现了一般无规则目标轨迹的跟踪任务；③实现了控制精度和泛化性的双重提升。本节内容取材于作者的研究成果论文[140]。

6.6.1 问题描述

本小节阐述的控制方案可以应用在二维平面和三维立体轨迹跟踪任务，为了便捷地阐述时变动力学环境下的轨迹跟踪任务建模过程，以二维平面的水动力学模型为例，阐述时变动力学模型及对应的轨迹跟踪目标函数。

1. 时变动力学模型

深海航行的智能机器人，一般利用六个独立的自由度变量表示其位置和偏转信息，如图 6.32 所示。位置信息包括坐标信息(x,y,z)及对应的一阶导数(μ,v,w)，一阶导数表示其在对应方向的平移运动速度。偏转信息包括偏转角度信息(ϕ,θ,ψ)及对应的一阶导数(p,q,r)，一阶导数表示其在对应旋转轴的旋转角速度。在二维水平面，六自由度模型简化为三自由度模型，状态信息为$\boldsymbol{\eta}=[x,y,\psi]^{\mathrm{T}}\in\mathbb{R}^3,\boldsymbol{v}=[\mu,v,r]^{\mathrm{T}}\in\mathbb{R}^3$，由此，二维平面深海机器人的动力学模型为

$$\dot{\boldsymbol{\eta}}=\boldsymbol{J}(\boldsymbol{\eta})\boldsymbol{v} \tag{6-78}$$

$$\boldsymbol{M}\dot{\boldsymbol{v}}=-\boldsymbol{C}(\boldsymbol{v})\boldsymbol{v}-\boldsymbol{D}(\boldsymbol{v})\boldsymbol{v}+\boldsymbol{G}(\boldsymbol{v})\boldsymbol{\tau} \tag{6-79}$$

其中，$\boldsymbol{M}\in\mathbb{R}^{3\times3}$为系统惯性矩阵，由刚体系统矩阵和附加质量矩阵两部分组成；$\boldsymbol{C}(\boldsymbol{v})\in\mathbb{R}^{3\times3}$为水动力学阻尼矩阵；$\boldsymbol{D}(\boldsymbol{v})\in\mathbb{R}^{3\times3}$为科里奥利力向心力矩阵；$\boldsymbol{G}(\boldsymbol{v})\in\mathbb{R}^{3\times2}$为输入变换矩阵；$\boldsymbol{J}(\boldsymbol{\eta})\in\mathbb{R}^{3\times3}$为状态变换矩阵。模型输入$\boldsymbol{\tau}=\left[\tau_u,\tau_r\right]^{\mathrm{T}}$分别表示推进力和推进力矩矢量。

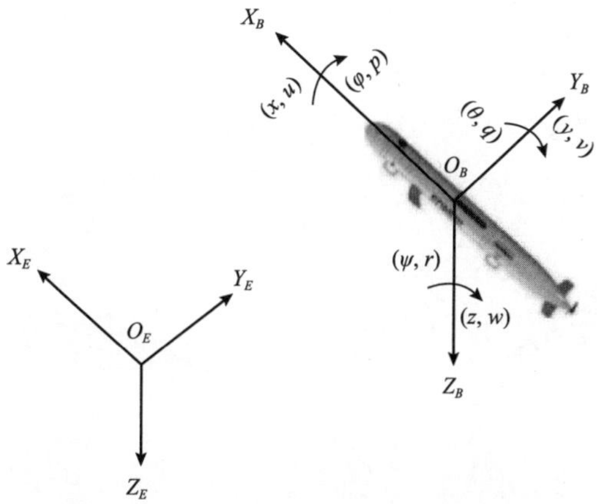

图 6.32　地坐标系六自由度深海机器人示意

上述模型存在如下控制难点。

(1) 动力学模型为欠驱动。动力学模型式(6-78)～式(6-79)的控制输入$\boldsymbol{\tau}$为二维，低于状态$\boldsymbol{\eta}$维度三维。

(2) 动力学模型为驱动饱和。驱动饱和指模型控制输入为受限输入。具体而言，控制输入$\boldsymbol{\tau}$进入系统应被约束为$\mathrm{sat}(\boldsymbol{\tau})=\left[\mathrm{sat}(\tau_u),\mathrm{sat}(\tau_r)\right]$，$\mathrm{sat}(\tau_u)$具体形式表示为

$$\mathrm{sat}(\tau_u)=\begin{cases}\mathrm{sign}(\tau_u)u_M, & |\tau_u|\geqslant u_M\\ \tau_u, & |\tau_u|<u_M\end{cases} \tag{6-80}$$

其中，$\mathrm{sign}(\cdot)$为示性函数；u_M代表τ_u的上限；另一维输入τ_r做同样约束处理为

$\mathrm{sat}(\tau_r)$，约束上界为 r_M。

(3) 动力学模型为时变的。控制器设计重点需要解决的则为深海机器人时变动力学属性，时变动力学本质指系统矩阵 $\boldsymbol{M}(\cdot),\boldsymbol{C}(v,\cdot),\boldsymbol{D}(v,\cdot),\boldsymbol{G}(v,\cdot)$ 中的动力学参数 ω 随着航行过程中遇到的海风、海浪、地形等而变化。其中，深海机器人因为不同航行任务和航行环境，经常执行吸水、放水等操作，其质量是航行过程容易经常变化的参数。

基于上述三点属性，动力学模型式(6-78)～式(6-79)更新为如下形式：

$$\dot{\boldsymbol{\eta}}=\boldsymbol{J}(\boldsymbol{\eta})\boldsymbol{v} \tag{6-81}$$

$$\tilde{\boldsymbol{M}}(\boldsymbol{\omega})\dot{\boldsymbol{v}}=-\tilde{\boldsymbol{C}}(\boldsymbol{v},\boldsymbol{\omega})\boldsymbol{v}-\tilde{\boldsymbol{D}}(\boldsymbol{v},\boldsymbol{\omega})\boldsymbol{v}+\tilde{\boldsymbol{G}}(\boldsymbol{v},\boldsymbol{\omega})\mathrm{sat}(\boldsymbol{\tau}) \tag{6-82}$$

其中，$\tilde{\boldsymbol{M}}(\boldsymbol{\omega}),\tilde{\boldsymbol{C}}(\boldsymbol{v},\boldsymbol{\omega}),\tilde{\boldsymbol{D}}(\boldsymbol{v},\boldsymbol{\omega}),\tilde{\boldsymbol{G}}(\boldsymbol{v},\boldsymbol{\omega})$ 为考虑时变动力学参数 $\boldsymbol{\omega}$ 的动力学矩阵。此处对时变动力学建模作如下假设：

假设 6.1.1 深海机器人动力学模型式(6-81)～式(6-82)时变动力学参数 $\boldsymbol{\omega}$ 在航行周期一段时间内保持不变。

假设 6.1.1 对问题做了一定简化，同时也是贴合真实深海机器人航行任务，参考文献[141]，在一段航行周期内，航行环境变化不大，动力学参数保持不变是合理假设。如图 6.33 所示，ω_i 表示时间区间 T_i 上的动力学参数。

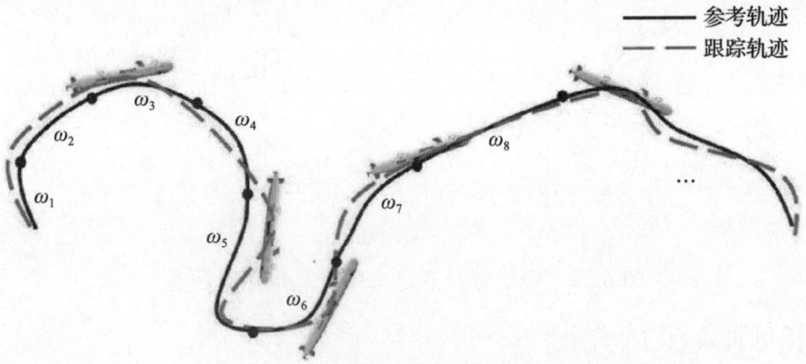

图 6.33 时变动力学的轨迹跟踪任务示意

2. 轨迹跟踪问题

深海机器人在管道跟踪、海底测绘等深海任务中，最常见的水下活动为二维水平面的轨迹跟踪控制，如图 6.33 所示。轨迹跟踪控制问题就是事先给定目标轨迹 $\boldsymbol{d}_r\in\mathbb{R}^2$，设计最优的控制输入 $\boldsymbol{\tau}^*$ 控制深海机器人的行驶轨迹 $\boldsymbol{d}\in\mathbb{R}^2$ 贴合目标轨迹 $\boldsymbol{d}_r$，定义深海机器人与目标轨迹的跟踪误差为

$$\boldsymbol{e}(t)=\left[x(t)-x_r(t),y(t)-y_r(t)\right] \tag{6-83}$$

其中，$\boldsymbol{d}(t)=[x(t),y(t)]^{\mathrm{T}}$ 为深海机器人第 t 步的坐标位置，$\boldsymbol{d}_r(t)=\left[x_r(t),y_r(t)\right]^{\mathrm{T}}$ 为目标轨迹第 t 步的坐标位置。轨迹跟踪问题建模为无限时间步的最优控制问题，设计控制输入 $\boldsymbol{\tau}=\left[\boldsymbol{\tau}(1),\boldsymbol{\tau}(2),\cdots\right]$ 最小化如下性能函数：

$$\min_{\boldsymbol{\tau}} J(\boldsymbol{\tau})=\int_{t=0}^{\infty}\left(\boldsymbol{e}(t)^{\mathrm{T}}\boldsymbol{e}(t)+\boldsymbol{\tau}(t)^{\mathrm{T}}\boldsymbol{H}\boldsymbol{\tau}(t)\right)\mathrm{d}t, \tag{6-84}$$

其中，$\boldsymbol{H}\in\mathbb{R}^{2\times 2}$ 为控制输入的正定矩阵，用于约束输入信号的能量消耗，即希望以较低能耗最小化轨迹跟踪误差。

6.6.2　元强化学习马尔可夫决策过程建模

MDP 是应用强化学习的基础，当求解问题被建模为合适的 MDP，应用强化学习算法求解问题会得到较优性能。

1. 时变动力学下的跟踪任务拆解

针对动力学变化规律固定不变的深海机器人控制任务可建模为 MDP 模型，针对时变动力学的深海机器人控制任务超过了一般 MDP 的建模能力，无法用 MDP 的四元组 $M=\{S,A,P,R\}$ 描述轨迹跟踪控制过程，因为其忽略了无法观测到的时变动力学参数 $\boldsymbol{\omega}$，即 MDP 的转移概率 p 非恒定不变，已超出了一般 MDP 的建模范围。时变动力学下的轨迹跟踪问题应该被建模为部分可观测的 MDP 模型，记 $M_{\mathrm{tv}}=\{S,A,P,R,\omega\}$，$\omega$ 为系统无法观测的状态信息且影响系统转移概率 p，其在每组跟踪控制任务均不同。一般的强化学习方法对部分可观测的 MDP 求解效果有限。一种启发式的求解思路是将时变动力学下的轨迹跟踪任务拆解为多组轨迹跟踪任务，每组跟踪任务动力学参数 $\boldsymbol{\omega}$ 变化规律固定不变，即将 M_{tv} 拆解为多组 MDP，表示为 $M_i=\{S,A,P,R,\omega_i\},i=1,\cdots,p$，如图 6.34 所示。此时，优化目标转化为学习一个强泛化性的元策略，其可以在多组任务上取得较好的跟踪控制效果，且可以迁移到一组新动力学参数下的跟踪任务。由于海底航行任务的目标轨迹通常较长，综合假设 6.6.1，单组任务包含 N 个时间区间，每个时间区间内动力学参数保持不变。故单组任务对应一组动力学参数 $\boldsymbol{\omega}_i=\left[\omega_{i1},\omega_{i2},\cdots,\omega_{iN}\right]$，$N$ 代表一组任务的时间区间数。为了后续建模及求解不产生歧义，此处提出如下假设。

假设 6.6.2　时变动力学下的轨迹跟踪任务分解为多组恒定动力学的轨迹跟踪任务，每组跟踪任务的区别是动力学参数 $\boldsymbol{\omega}_i$ 变化规律不一样，深海机器人模型及跟踪任务的其他模块均保持一致。

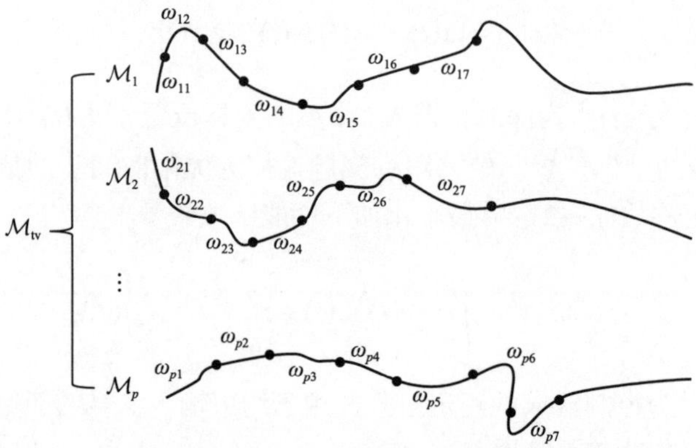

图 6.34 时变动力学轨迹跟踪任务的分解示意

2. 恒定动力学下的 MDP 建模

针对动力学变化规律固定的轨迹跟踪任务，建模其为 $M_i:\{S,A,P,R,\boldsymbol{\omega}_i\}$ 。利用差分代替微分，深海机器人的连续动力学模型式(6-81)～式(6-82)转化为

$$\boldsymbol{\eta}(k+1)=\boldsymbol{\eta}(k)+T_s\boldsymbol{J}(\boldsymbol{v}(k)) \tag{6-85}$$

$$\boldsymbol{v}(k+1)=\boldsymbol{v}(k)+T_s\tilde{\boldsymbol{M}}(\boldsymbol{\omega}(k))^{-1}\boldsymbol{F}(\boldsymbol{v}(k),\boldsymbol{\omega}(k)) \tag{6-86}$$

$$\boldsymbol{F}(\boldsymbol{v}(k),\boldsymbol{\omega}(k))=\tilde{\boldsymbol{G}}(\boldsymbol{v}(k),\boldsymbol{\omega}(k))\mathrm{sat}(\boldsymbol{\tau}(k)))-\tilde{\boldsymbol{C}}(\boldsymbol{v}(k),\boldsymbol{\omega}(k))\boldsymbol{v}(k)-\tilde{\boldsymbol{D}}(\boldsymbol{v}(k),\boldsymbol{\omega}(k))\boldsymbol{v}(k) \tag{6-87}$$

其中，T_s 为采样时间；$\left[\boldsymbol{\eta}(k)^{\mathrm{T}},\boldsymbol{v}(k)^{\mathrm{T}}\right]^{\mathrm{T}}$,$\boldsymbol{\tau}(k),\boldsymbol{\omega}(k)$ 分别为时间步 k 对应的系统状态、输入信号和时变参数。

基于差分模型式(6-85)～式(6-87)，M_i 的状态、动作及回报函数设计如下。

状态设计：传轨迹跟踪控制任务的目标轨迹在训练和测试期间均保持一致，经常设计为常见曲线形式，例如螺旋曲线、正弦曲线等。然而，固定的目标轨迹使得训练好的控制器很难迁移到其他类型的目标轨迹，甚至需要从头开始训练。

本方法试图解决一般性的轨迹跟踪控制问题，并证明控制算法的强泛化性，本小节轨迹跟踪问题的目标轨迹是不规则的，这也与海底任务的真实场景保持一致。为了实现不规则轨迹的追踪，MDP 的状态设计不能利用深海机器人的绝对坐标信息，应该利用深海机器人与目标轨迹的相对位置信息。原因有两点：一是不同目标轨迹的坐标取值空间很大，限制了控制器的跟踪精度，而相对位置信息缩小了状态的取值空间，更有利于控制器学到有效跟踪信息；二是相对位置信息有利于提高控制器的泛化性，容易完成一般不规则目标轨迹的跟踪任务。

从相对位置信息出发设计，MDP 的状态信息分为三类：相对位置信息，短视目标信息及速度信息。图 6.35 给出了主要状态信息的示意图，具体组成如下。

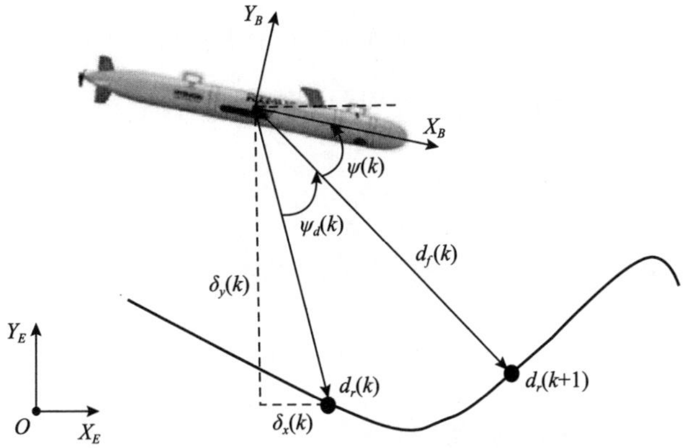

图 6.35　深海机器人 MDP 建模状态示意

(1) 相对位置信息

$$\boldsymbol{\eta}_{1k}=\left[\delta_x(k),\delta_y(k),\cos\left(\psi(k)\right),\sin\left(\psi(k)\right)\right]^{\mathrm{T}} \tag{6-88}$$

其中，$\delta_x(k)=x(k)-x_r(k),\delta_y(k)=y(k)-y_r(k)$ 代表深海机器人与目标轨迹的相对坐标，$\psi(k)$ 为深海机器人二维平面偏转角。将 $\psi(k)$ 转化为 $\cos\left(\psi(k)\right),\sin\left(\psi(k)\right)$ 有两点原因：一是避免角度的周期性变化对状态产生混淆，因为 ψ 与 $\psi+2k\pi\left(k\in\mathbb{Z}\right)$ 代表同样的偏转角；二是三角函数转换可以将角度状态空间从 $\left(-\infty,+\infty\right)$ 缩小为 $[-1,1]\times[-1,1]$。

(2) 短视目标信息

$$\boldsymbol{\eta}_{2k}=\left[d_f(k),\cos\left(\psi_d(k)\right),\sin\left(\psi_d(k)\right)\right]^{\mathrm{T}} \tag{6-89}$$

为加强对目标轨迹变化趋势的感知能力，同时避免深海机器人陷入当前目标轨迹点，此处还考虑了下一时刻目标轨迹点 $\left(x_r\left(k+1\right),y_r\left(k+1\right)\right)$ 用于指引深海机器人后续的偏转方向和航行距离。受启发于 LOS 原则，设计前视距离 $d_f(k)$ 与偏转方向 $\psi_d(k)$，具体定义如下：

$$d_f(k)=\sqrt{\left(x_r\left(k+1\right)-x(k)\right)^2+\left(y_r\left(k+1\right)-y(k)\right)^2} \tag{6-90}$$

$$\bar{\psi}(k)=\arctan\left(\frac{y_r\left(k+1\right)-y(k)}{x_r\left(k+1\right)-x(k)}\right) \tag{6-91}$$

其中，$\psi_d(k)=\bar{\psi}(k)-\psi(k)$。

(3)速度信息

$$\boldsymbol{v}_k=[\mu(k),v(k),r(k)]^{\mathrm{T}}$$

因此，时变动力学下的轨迹跟踪问题最终设计的状态为

$$\boldsymbol{s}(k)=\left[\boldsymbol{\eta}_{1k}^{\mathrm{T}},\boldsymbol{\eta}_{2k}^{\mathrm{T}},\boldsymbol{v}_k^{\mathrm{T}}\right]^{\mathrm{T}} \tag{6-92}$$

动作设计：动作函数与深海机器人的控制输入保持一致，即

$$\boldsymbol{a}(k)=\boldsymbol{\tau}(k)=\left[\operatorname{sat}\left(\tau_u(k)\right),\operatorname{sat}\left(\tau_r(k)\right)\right]^{\mathrm{T}} \tag{6-93}$$

回报函数设计：回报函数的设计取决于状态及求解任务，轨迹跟踪控制的目标是使得深海机器人的航行轨迹与目标轨迹在每个时间步贴合，设计出如下即时回报函数：

$$r(k)=-\left[\rho_1\delta_x(k)^2+\rho_2\delta_y(k)^2+\rho_3 d_f(k)^2+\rho_4\psi_d(k)^2+\boldsymbol{a}(k)^{\mathrm{T}}\boldsymbol{\Omega}\boldsymbol{a}(k)\right] \tag{6-94}$$

其中，负号将最小化跟踪误差转化为最大化累计回报。前两项用于最小化深海机器人与目标轨迹之间的相对距离。随后两项用于防止第 k 步的深海机器人陷入当前轨迹跟踪点，并引导深海机器人到下一个参考点。由于跟踪不规则目标轨迹，AUV 需要指向当前目标轨迹点和下一步目标轨迹点的综合方向。最后一项用于控制输入动作产生的能耗，$\boldsymbol{\Omega}\in\mathbb{R}^{2\times2},\rho_i\in\mathbb{R},i=1,2,3,4$ 是多项回报函数之间的调节矩阵与调节系数。

6.6.3　基于注意力机制的元强化学习控制算法

本小节针对时变动力学环境下的轨迹跟踪任务，阐述基于注意力机制的元强化学习算法。首先，阐述模型无关元强化学习目标函数，引入近端策略优化算法与策略参数约束正则项，保证算法优化迭代的稳定性。在此基础上，阐述基于注意力机制的策略网络，提取单组任务的时变动力学信息，提升轨迹跟踪任务的跟踪精度。最后，给出了基于注意力机制的元强化学习控制策略的算法流程与框架。

1. 模型无关元强化学习框架

一个好的机器学习模型通常需要大量的样本或数据来进行训练，才有比较好的性能。两相比较，人类适应、学习新技能则更快更准。人类只需见过几次猫和鸟就可以准确地把它们区分开来，知道如何骑自行车的人很可能在很少甚至没有

演示的情况下就能快速骑摩托车。元学习致力于学习一个较为通用的机器学习模型，通过比较少的训练数据迅速学习新技能。理想的元学习模型能够很好地适应或泛化训练期间从未遇到过的新任务和新环境。测试期间，模型通过自适应环节，在对新任务仅有较少的了解，如很少的演示数据或少量的环境交互次数，即可以快速高效地完成新的任务。

常规的强化学习方法框架解决固定不变的任务，任务在训练和测试阶段保持不变，其学习的策略难以在类似任务上取得较好的效果，或者难以以较低的样本效率快速适应求解类似任务。元强化学习，顾名思义，即元学习思路迁移到强化学习领域，训练任务和测试任务不同但是来自同一个任务分布 $\rho(\mathcal{T})$，如不同奖励概率的多臂老虎机、不同布局的迷宫、同一个机器人但是具有不同物理参数等。元强化学习旨在通过元训练过程从多组类似任务中学习到一组快速解决新任务的智能体策略，如迷你机器人从多种路况的道路上学习的控制策略，可以快速在新的上坡或者下坡地面上完成驾驶任务。从 MDP 角度出发，元强化学习中每组任务 $\mathcal{T}$ 对应一组不同的 MDP，不同任务之间状态空间 S 和动作空间 A 保持一致，区别在于其转移概率 P 或回报函数 R 不一样。因此，元强化学习的目标在于从多种任务中学习如何解决多组 MDP。最早的元强化学习算法是 MAML 算法，其本质是从任务分布 $\rho(\mathcal{T})$ 中采样训练任务，训练一组强泛化性的神经网络模型，通过梯度下降更新网络参数，在采样新任务中快速取得实现高性能。具体而言，策略函数 $\pi_{\boldsymbol{\theta}}$，通过任务 $\mathcal{T}_i$ 的累计回报函数 $R(\mathcal{T}_i,\boldsymbol{\theta})$。利用任务 $\mathcal{T}_i$ 的采样数据 $\boldsymbol{\tau}_i$，执行一步或者多步的梯度更新，使策略参数由 $\boldsymbol{\theta}$ 更新为 $\boldsymbol{\theta}_i'$，以一步梯度更新为例，即

$$\boldsymbol{\theta}_i' \doteq U(\boldsymbol{\theta},\mathcal{T}_i) = \boldsymbol{\theta} - \alpha\nabla_{\boldsymbol{\theta}} E_{\boldsymbol{\tau}\sim P_{\mathcal{T}_i}(\boldsymbol{\tau}|\boldsymbol{\theta})} R(\boldsymbol{\tau},\boldsymbol{\theta}) \tag{6-95}$$

其中，α 为学习步长；U 表示依赖任务 $\mathcal{T}_i$ 的一步梯度下降参数更新方程。从任务分布 $\rho(\mathcal{T})$ 采样多个任务，构建多个任务的联合性能函数，更新参数 $\boldsymbol{\theta}$，形成元强化学习的目标函数，即

$$J^{\text{MAML}}(\boldsymbol{\theta}) = E_{\mathcal{T}\sim\rho(\mathcal{T})}\left[E_{\boldsymbol{\tau}'\sim P_{\mathcal{T}}(\boldsymbol{\tau}'|\ \boldsymbol{\theta}')}\left[R(\boldsymbol{\tau}',\boldsymbol{\theta}')\right]\right] \tag{6-96}$$

$$= E_{\mathcal{T}\sim\rho(\mathcal{T})}\left[E_{\boldsymbol{\tau}'\sim P_{\mathcal{T}}(\boldsymbol{\tau}'|\ \boldsymbol{\theta}')}\left[R\left(\boldsymbol{\tau}',\boldsymbol{\theta}-\alpha\nabla_{\boldsymbol{\theta}} E_{\boldsymbol{\tau}\sim P_{\mathcal{T}}(\boldsymbol{\tau}|\boldsymbol{\theta})} R(\boldsymbol{\tau},\boldsymbol{\theta})\right)\right]\right] \tag{6-97}$$

根据目标函数(6-96)，执行梯度下降更新参数，即

$$\boldsymbol{\theta} = \boldsymbol{\theta} - \beta\cdot\nabla J^{\text{MAML}}(\boldsymbol{\theta}) \tag{6-98}$$

$$= \boldsymbol{\theta} - \beta\nabla_{\boldsymbol{\theta}} E_{\mathcal{T}\sim\rho(\mathcal{T})}\left[E_{\boldsymbol{\tau}'\sim P_{\mathcal{T}}(\boldsymbol{\tau}'|\ \boldsymbol{\theta}')}\left[R(\boldsymbol{\tau}',\boldsymbol{\theta}')\right]\right] \tag{6-99}$$

$$=\boldsymbol{\theta}-\beta\nabla_{\boldsymbol{\theta}}E_{\mathcal{T}\sim\rho(\mathcal{T})}\left[R\left(\mathcal{T},\boldsymbol{\theta}'\right)\right] \tag{6-100}$$

$$=\boldsymbol{\theta}-\beta\nabla_{\boldsymbol{\theta}}E_{\mathcal{T}\sim\rho(\mathcal{T})}\left[R\left(\mathcal{T},\boldsymbol{\theta}-\alpha\nabla_{\boldsymbol{\theta}}R\left(\mathcal{T},\boldsymbol{\theta}\right)\right)\right] \tag{6-101}$$

其中，$R\left(\mathcal{T},\boldsymbol{\theta}'\right)$ 为 $E_{\boldsymbol{\tau}'\sim P_{\mathcal{T}}\left(\boldsymbol{\tau}'|\ \boldsymbol{\theta}'\right)}\left[R\left(\boldsymbol{\tau}',\boldsymbol{\theta}'\right)\right]$ 的缩写形式。利用梯度下降更新参数 $\boldsymbol{\theta}$ 涉及目标函数对参数的二阶求导。考虑推导证明的一般性，假设对任务 $\mathcal{T}$ 的策略参数做 k 步梯度下降，即

$$\begin{aligned}
&\boldsymbol{\theta}_0=\boldsymbol{\theta}\\
&\boldsymbol{\theta}_1=\boldsymbol{\theta}_0-\alpha\nabla_{\boldsymbol{\theta}}R\left(\mathcal{T},\boldsymbol{\theta}_0\right)\\
&\cdots\\
&\boldsymbol{\theta}_k=\boldsymbol{\theta}_{k-1}-\alpha\nabla_{\boldsymbol{\theta}}R\left(\mathcal{T},\boldsymbol{\theta}_{k-1}\right)
\end{aligned}$$

以此为基础，对(6-98)的 $\nabla J^{\mathrm{MAML}}(\theta)$ 按照链式法则进行梯度展开，可得

$$\begin{aligned}
\nabla J^{\mathrm{MAML}}(\boldsymbol{\theta})&=E_{\mathcal{T}\sim\rho(\mathcal{T})}\left[\nabla_{\boldsymbol{\theta}}R\left(\mathcal{T},\boldsymbol{\theta}_k\right)\right]\\
&=\left[\nabla_{\boldsymbol{\theta}_k}R\left(\mathcal{T},\boldsymbol{\theta}_k\right)\cdot\left(\nabla_{\boldsymbol{\theta}_{k-1}}\boldsymbol{\theta}_k\right)\cdots\left(\nabla_{\boldsymbol{\theta}_0}\boldsymbol{\theta}_1\right)\cdot\left(\nabla_{\boldsymbol{\theta}}\boldsymbol{\theta}_0\right)\right]\\
&=E_{\mathcal{T}\sim\rho(\mathcal{T})}\left[\nabla_{\boldsymbol{\theta}_k}R\left(\mathcal{T},\boldsymbol{\theta}_k\right)\cdot\left(\prod_{i=1}^{k}\nabla_{\boldsymbol{\theta}_{i-1}}\boldsymbol{\theta}_i\right)\cdot I\right]\\
&=E_{\mathcal{T}\sim\rho(\mathcal{T})}\left[\nabla_{\boldsymbol{\theta}_k}R\left(\mathcal{T},\boldsymbol{\theta}_k\right)\cdot\prod_{i=1}^{k}\nabla_{\boldsymbol{\theta}_{i-1}}\left(\boldsymbol{\theta}_{i-1}-\alpha\nabla_{\boldsymbol{\theta}}R\left(\mathcal{T},\boldsymbol{\theta}_{i-1}\right)\right)\right]
\end{aligned}$$

上述方程给出了对参数二阶导数的结果，说明其实际应用的高计算复杂度。定义解决任务分布 $\rho(\mathcal{T})$ 的策略为元策略。如图 6.36 所示，MAML 算法的参数更新策略分为外层更新与内层更新，具体步骤分为如下三部分。

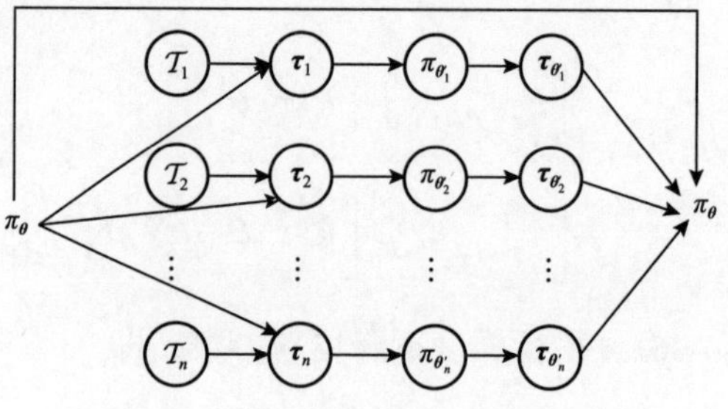

图 6.36 MAML 的参数一步更新示意

(1)参数初始化：从任务分布 $\rho(\mathcal{T})$ 采样 n 组任务 $\mathcal{T}_i,i\in1,2,\cdots,n$，每批次内部

更新前，每组任务策略 π_{θ_i} 均以 π_{θ} 初始化。

(2) 内部更新：策略 π_{θ_i} 通过与任务 $\mathcal{T}_i$ 对应的环境交互获取采样数据，利用式(6-95) 进行一步或多步参数更新，获取更新策略 $\pi_{\theta_i'}$ 及对应的采样数据 $\tau_{\theta_i'}$。

(3) 外部更新：收集 n 组任务的样本数据，根据目标函数式 (6-96) 更新元策略参数 $\boldsymbol{\theta}$，每批次训练执行上述流程，直至策略 π_{θ} 性能收敛。在测试集上，从任务分布 $\rho(\mathcal{T})$ 采样新任务 $\mathcal{T}_{\text{new}}$，通过少数几步数据采样与参数更新即可在 $\mathcal{T}_{\text{new}}$ 取得较好效果。

2. 近端策略优化的元强化学习

时变动力学环境下的跟踪任务可以拆分为多组固定动力学的跟踪任务，元强化学习是解决多组 MDP 的元策略 π_{θ}。时变动力学下跟踪任务 $\mathcal{M}_{\text{tv}}$ 对应元强化学习任务分布 $\rho(\mathcal{T})$，固定动力学参数 $\boldsymbol{\omega}_i$ 的跟踪任务 $\mathcal{M}_i$ 对应元强化学习采样的任务 $\mathcal{T}_i$。因此，MAML 是一套可以用于时变动力学环境下轨迹跟踪任务的有效方法，且训练出的策略 π_{θ} 可以部署在新的恒定动力学的轨迹跟踪任务，符合预期的轨迹跟踪任务需求。

MAML 算法在求解实际问题时，会因为计算效率低存在很大受限性。MAML 算法计算效率低的原因有如下两点：第一，MAML 内部更新策略为信赖域策略优化(TRPO)算法，TRPO 在计算目标函数的线性近似与策略约束的二阶近似时，计算复杂度太高；第二，TRPO 算法为严格的强化学习同策略算法，对每个采样样本仅利用一次，做一次梯度更新，样本效率低。因此，MAML 算法的内部更新策略采用近似策略优化(PPO)。PPO 策略刚好解决 TRPO 的计算效率低的缺陷。首先，PPO 计算概率比例 $r_t(\boldsymbol{\theta})$，通过对概率比例的幅度限制约束策略函数 $\pi_{\theta}(\boldsymbol{a}\,|\,\boldsymbol{s})$ 的更新幅度，这与 TRPO 的相对熵(Kullback-Leibler divergence，KL 散度)约束起到了类似作用，且计算过程简单便捷。其次，PPO 采样批量数据，利用批量数据进行多步策略更新可有效地提高样本效率。MAML 的内部更新替代为 PPO 的做法仅需将式(6-96)的 $E_{\tau\sim P_{\mathcal{T}}(\tau|\theta)}\left[R(\boldsymbol{\tau},\boldsymbol{\theta})\right]$ 替换为 $J_{\mathcal{T}}^{\text{CLIP}}(\boldsymbol{\theta})$。

然而，在应用 PPO 执行内部策略更新时，需要控制策略更新前与策略更新后状态分布的偏移，使得内部更新策略方向更为集中准确，避免发散。针对任务 $\mathcal{T}_i$，其第 j 步内部更新的状态分布为 $\rho_{i,j}^{\pi_\theta}(\boldsymbol{s})$。如果对每步内部更新之后的状态分布 $\rho_{i,j}^{\pi_\theta}(\boldsymbol{s})$ 无约束，其与内部更新前的状态分布 $\rho^{\theta_0}(\boldsymbol{s})$ 差距随着策略更新越来越大，这会使得策略优化方向产生较大偏差。因此，在式(6-96)的目标函数加上初始策略 π_{θ_0} 与训练更新策略 π_{θ} 的 KL 散度约束 $\hat{D}_{\text{KL}}\left(\pi_{\theta},\pi_{\theta_0}\right)$，通过动作分布的约束限制状态分布在训练过程变化幅度，具体定义形式为

$$\hat{D}_{\mathrm{KL}}\left(\pi_{\boldsymbol{\theta}},\pi_{\boldsymbol{\theta}_0}\right)=\frac{1}{nN_u}\sum_{i=1}^{n}\sum_{j=1}^{N_u}D_{\mathrm{KL}}\left(\pi_{\boldsymbol{\theta}_{i,j}},\pi_{\boldsymbol{\theta}_0}\right) \tag{6-102}$$

其中，$\pi_{\boldsymbol{\theta}_{i,j}}$ 表示任务 $\mathcal{T}_i$ 的第 j 步内部更新的状态；N_u 代表内部更新的总步数；n 指同一批次训练过程采样的任务数。因此，更新式(6-96)的目标函数为

$$J^{\mathrm{MAML-KL}}(\boldsymbol{\theta})=J^{\mathrm{MAML}}(\boldsymbol{\theta})-\eta\hat{D}_{\mathrm{KL}}\left(\pi_{\boldsymbol{\theta}},\pi_{\boldsymbol{\theta}_0}\right) \tag{6-103}$$

其中，η 表示 KL 散度控制的超参数。此外，内部更新策略 PPO 的优势函数 $A^{\pi}\left(s_t,a_t\right)$ 计算需要估计基准值函数 $b^{\pi}\left(s_t\right)$；大多数强化学习算法采用 $b^{\pi}\left(s_t\right)=V^{\pi}\left(s_t\right)$，通过时间差分的方法拟合数据预估值函数 $V^{\pi}\left(s_t\right)$，然而在求解新任务时预估值函数需要收集较多的数据，耗费较长时间值函数才能收敛。这里采用多项式近似器数值回归 $b^{\pi}\left(s_t\right)$，即

$$b^{\pi}\left(s_t\right)=b_0+b_1s_t+b_2s_t^2+b_3t+b_4t^2+b_5t^3 \tag{6-104}$$

其中，系数 $b_i,i=0,\cdots,5$ 是利用状态特征与预估的 GAE 累计回报，直接通过最小二乘拟合得到。

3. 基于注意力机制的策略网络

上文给出时变动力学环境下轨迹跟踪控制目标函数 $J^{\mathrm{MAML-KL}}(\boldsymbol{\theta})$，仍然存在一个尚未解决的问题：单次跟踪任务，动力学参数 ω 在相邻时间区间内变化，使得控制器的训练过程不稳定。本小节求解问题是一类经典的 POMDP 问题，状态设计过程并未考虑时变动力学参数信息。因此，针对 $\mathcal{T}_i$，通过融合历史状态信息提取任务时间区间 T_k 的动力学参数信息 ω_{ik} 是一个有效的方法。长短期记忆网络(long short term memory, LSTM)本身是处理时序信息，从历史信息提取有效隐状态信息的神经网络。然而，LSTM 复杂的网络结构导致其在处理较长的时序信息时，通常会出现梯度爆炸或梯度消失现象，训练极其不稳定。本小节所处理的轨迹跟踪任务恰好是长时间序列。因此，此处本小节阐述基于注意力机制的策略网络，利用历史 M 步的状态信息，提取 ω_{ik} 有关的辅助信息，致力于提升训练稳定性和跟踪精度。

如图 6.37 所示，本小节阐述了包含状态输入模块和注意力机制模块的策略网络。在状态处理层，历史信息 $\boldsymbol{H}_k\in\mathbb{R}^{\mathrm{att}}$ 通过注意力模块提取动力学参数相关信息，深度编码的状态信息 $\boldsymbol{I}_k\in\mathbb{R}^{\mathrm{ext}}$ 是状态 $\boldsymbol{s}_k$ 经全连接网络的状态输入层编码得到。将 $\boldsymbol{H}_k,\boldsymbol{I}_k,\boldsymbol{s}_k$ 三层信息合并做为隐藏层输入，生成控制动作 $\boldsymbol{a}_k$。

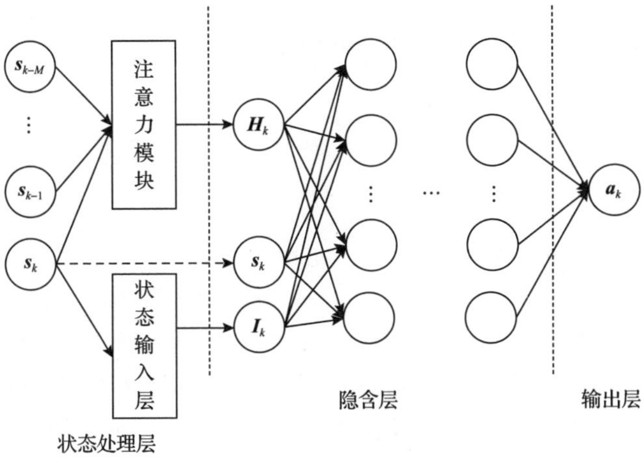

图 6.37　策略网络结构示意

图 6.38 展示了注意力模块的结构。注意力模块输入前 M 步状态信息，利用注意力与自注意力机制生成历史信息 $\boldsymbol{H}_k$；首先，M 个状态信息 $\boldsymbol{s}_{k-M}$，$\boldsymbol{s}_{k-M+1},\cdots,\boldsymbol{s}_{k-1}$ 经过状态编码形成隐层向量 $\boldsymbol{h}_{k,M},\boldsymbol{h}_{k,M-1},\cdots,\boldsymbol{h}_{k,1}$；给定隐层编码信息，通过自注意力机制，得到注意力编码向量 $\boldsymbol{n}_{k,1},\boldsymbol{n}_{k,2},\cdots,\boldsymbol{n}_{k,M}$。具体操作为：设定询问向量为 $\boldsymbol{h}_{k,i}$，字典向量和内存向量均为 $\boldsymbol{h}_{k,M},\boldsymbol{h}_{k,M-1},\cdots,\boldsymbol{h}_{k,1}$；注意力向量 $\boldsymbol{n}_{k,i},i\in[1,2,\cdots,M]$ 计算为

$$\boldsymbol{n}_{k,i}=\mathrm{Att}\left(\mathrm{query}:\boldsymbol{h}_{k,i},\mathrm{key}:\left\{\boldsymbol{h}_{k,j}\right\}_{j=1}^{M},\mathrm{memory}:\left\{\boldsymbol{h}_{k,j}\right\}_{j=1}^{M}\right) \tag{6-105}$$

可得所有的注意力编码向量 $\boldsymbol{n}_{k,1},\boldsymbol{n}_{k,2},\cdots,\boldsymbol{n}_{k,M}$，随后以状态 $\boldsymbol{s}_k$ 编码的向量 $\boldsymbol{h}_k$ 为询问向量，字典向量和内存向量均为 $\boldsymbol{n}_{k,1},\boldsymbol{n}_{k,2},\cdots,\boldsymbol{n}_{k,M}$，进行软注意力计算：

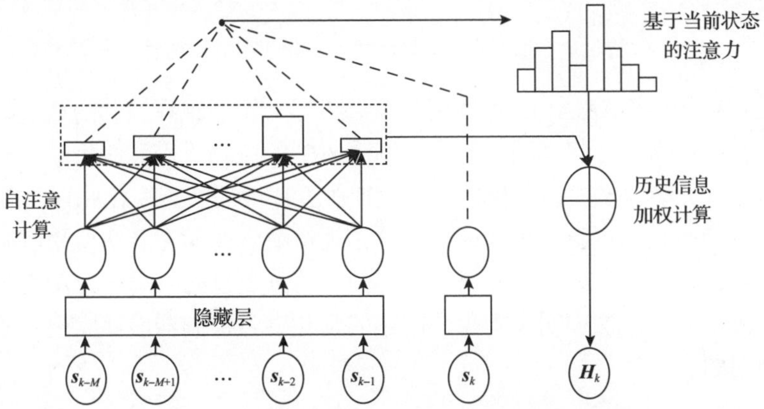

图 6.38　策略网络的自注意力机制模块示意

$$\boldsymbol{H}_k = \text{SoftAtt}\left(\text{query}:\boldsymbol{h}_k,\text{key}:\left\{\boldsymbol{h}_{k,j}\right\}_{j=1}^{M},\text{memory}:\left\{\boldsymbol{h}_{k,j}\right\}_{j=1}^{M}\right) \tag{6-106}$$

即可得历史信息向量 $\boldsymbol{H}_k$。

4. 算法小结

本小节阐述了一种 AMAML 算法，实现时变动力学环境下的轨迹跟踪任务。图 6.39 给出了 AMAML 算法的流程图，每一轮外部更新的流程如下：从原有任务分布中采样有限组任务，每组任务深海机器人与仿真环境交互，利用采样数据完成一步或若干步内部更新，每步内部更新利用交互的样本数据计算内部更新目标函数，利用梯度下降原则更新每组任务的策略参数，在完成每组任务内部更新后，综合多组任务的结果计算目标函数与累计 KL 散度约束函数，求和得到目标函数，以此目标函数通过梯度反向传播更新策略参数。

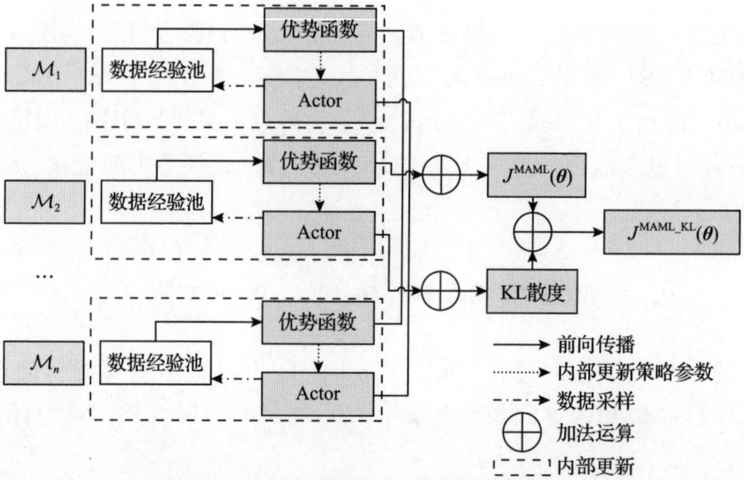

图 6.39 基于注意力机制的元强化学习算法流程

算法 6.3 给出了 AMAML 算法用于深海机器人轨迹跟踪控制的算法训练流程图，其中有两点需要专门说明。第一，算法 6.3 的流程无需深海机器人动力学模型的显示形式，动力学模型方程仅用于设计仿真环境的状态变化原理，提供第 17 行的下一时刻的状态更新和生成回报，这是无模型强化学习算法应用解决问题的范畴。第二，第 3 行生成的目标轨迹是不规则的且随机的，第 6 行动力学模型参数也是随机生成的，这表明了本小节阐述的强化学习控制器能够实现一般的轨迹跟踪控制问题。

算法 6.3　AMAML 算法

输入：学习速率 α ，β ，任务分布 ρ ，批次外部更新采样任务数 n，单次目标轨迹的时间区间数 N，轨迹长度 T，历史状态数 M，外部更新总批次 L，内部更新步数 N_u ，批量大小 B。

输出：深海机器人控制策略 $\pi_{\boldsymbol{\theta}}(\boldsymbol{s})$

STEP 1: 如图 6.37 构建策略网络，随机初始化策略参数 $\boldsymbol{\theta}$ ；

STEP 2: for 外部更新从 $l = 1,2,\cdots, L$ do

STEP 3: 　采样目标轨迹 τ_r ；

STEP 4: 　从任务分布中采样 n 组任务 $\mathcal{T}_i \sim \rho(\mathcal{T})$, $i = 1, 2,\cdots, n$;

STEP 5: 　for 采样任务 $i = 1,2,\cdots, n$ do

STEP 6: 　　设定深海机器人的时变动力学参数为 $\boldsymbol{\omega}(\mathcal{T}_i)=[\omega_{i1},\omega_{i2},\cdots,\omega_{iN}]$ ；

STEP 7: 　　设定任务 $\mathcal{T}_i$ 的初始策略参数 $\boldsymbol{\theta}_i=\boldsymbol{\theta}_0=\boldsymbol{\theta}$ ；

STEP 8: 　　for 内部更新步数 $j = 0,1,\cdots, N_u$ do

STEP 9: 　　　重置深海机器人初始状态 $\boldsymbol{s}_0$;

STEP 10: 　　　for $t = 1,2,\cdots, T$ do

STEP 11: 　　　　if $t \leqslant M$ then

STEP 12: 　　　　　固定策略网络前面 $M\text{–}t$ 步状态为 $\boldsymbol{s}_0$ ，生成控制动作 $\boldsymbol{a}_t=\pi_{\boldsymbol{\theta}}(\boldsymbol{s}_t,\boldsymbol{s}_{t-1},\cdots,\boldsymbol{s}_0)$;

STEP 13: 　　　　end if

STEP 14: 　　　　生成控制动作 $\boldsymbol{a}_t=\pi_{\boldsymbol{\theta}}(\boldsymbol{s}_t,\boldsymbol{s}_{t-1},\cdots,\boldsymbol{s}_{t-M})$;

STEP 15: 　　　　执行控制输入 $\boldsymbol{a}_t$ ，得到下一步状态 $\boldsymbol{s}_{t+1}$ 和回报函数 r_t ；

STEP 16: 　　　end for

STEP 17: 　　　策略 $\pi_{\boldsymbol{\theta}_i}$ 收集的轨迹数 $D_i=\left\{\boldsymbol{\tau}_b=\{\boldsymbol{s}_0,\boldsymbol{a}_0,r_0,\boldsymbol{s}_1,\boldsymbol{a}_1,r_1,\boldsymbol{s}_2,\cdots,\boldsymbol{a}_T,r_T,\boldsymbol{s}_{T+1}\}\right\}_{b=1}^{B}$;

STEP 18: 　　　利用轨迹数据 D_i 和目标轨迹 $\boldsymbol{\tau}_r$ ，根据 PPO 的优化算法计算目标函 $J_{\mathcal{T}_i}^{\text{CLIP}}$ ；

STEP 19: 　　　计算 KL 散度函数 $D_{\text{KL}}\left(\pi_{\boldsymbol{\theta}_{i,j}},\pi_{\boldsymbol{\theta}_0}\right)$;

STEP 20: 　　　执行梯度下降 $\boldsymbol{\theta}_i=\boldsymbol{\theta}_i-\alpha\nabla_{\boldsymbol{\theta}_i}J_{\mathcal{T}_i}^{\text{CLIP}}(\boldsymbol{\theta}_i)$;

STEP 21: 　　end for

STEP **22:** 　　**经过** N_u 步内部更新的策略 $\pi_{\boldsymbol{\theta}_i'}$ 为任务 $\mathcal{T}_i$ 采样轨迹跟踪数 $D_i'=\left\{\{\boldsymbol{\tau}_b'\}_{b=1}^{B}\right\}$;

STEP 23: 　end for

STEP 24: 　利用 n 组任务采样数据 $\{D_i'\}_{i=1}^{n}$ ，根据式(6-103)，计算目标函数 $J_{\mathcal{T}}^{\text{MAML\_KL}}(\boldsymbol{\theta})$;

STEP 25: 　执行梯度下降 $\boldsymbol{\theta}=\boldsymbol{\theta}-\beta\nabla_{\boldsymbol{\theta}}J^{\text{MAML\_KL}}(\boldsymbol{\theta})$;

STEP 26: end for

6.6.4　深海机器人仿真环境搭建

本小节针对时变动力学环境的深海机器人提出基于元强化学习的轨迹跟踪控

制策略。为了验证控制策略的有效性，本小节搭建了轨迹跟踪任务的深海机器人仿真环境，详细阐述深海机器人动力学模型的具体参数信息、时变动力学参数的变化规律和跟踪目标轨迹的生成方法。

1. 深海机器人的运动学与动力学模型

针对二维水平面的轨迹跟踪任务，我们选用的是美国伍兹霍尔海洋研究所设计出的 REMUS 系列深海机器人作为控制对象[85]，与本章 6.6.1 节保持一致，REMUS 型号的 AUV 通常视为水平面上的三自由度运动，即沿着 OX 与 OY 轴做平移运动，沿着 OZ 轴的艏向转动。REMUS 系列的 AUV 动力学模型的矩阵 $\boldsymbol{M}(\cdot),\boldsymbol{C}(v,\cdot),\boldsymbol{D}(v,\cdot),\boldsymbol{G}(v,\cdot)$ 及 $\boldsymbol{J}(\boldsymbol{\eta})$ 的具体信息为

$$\boldsymbol{M}=\begin{bmatrix} m-X_{\dot{u}} & 0 & 0 \\ 0 & m-Y_{\dot{v}} & mx_g-Y_{\dot{r}} \\ 0 & mx_g-N_{\dot{v}} & I_{zz}-N_{\dot{r}} \end{bmatrix} \tag{6-107}$$

$$\boldsymbol{C}(\boldsymbol{v})=\begin{bmatrix} 0 & 0 & c_{13} \\ 0 & 0 & c_{23} \\ c_{31} & c_{32} & 0 \end{bmatrix} \tag{6-108}$$

$$\boldsymbol{D}(\boldsymbol{v})=\begin{bmatrix} d_{11} & 0 & 0 \\ 0 & d_{22} & d_{23} \\ 0 & d_{32} & d_{33} \end{bmatrix} \tag{6-109}$$

$$\boldsymbol{G}(\boldsymbol{v})=\begin{bmatrix} 1 & 0 \\ 0 & Y_{uu\sigma}u^2 \\ 0 & N_{uu\sigma}u^2 \end{bmatrix} \tag{6-110}$$

$$\boldsymbol{J}(\boldsymbol{\eta})=\begin{bmatrix} \cos\psi & -\sin\psi & 0 \\ -\sin\psi & \cos\psi & 0 \\ 0 & 0 & 1 \end{bmatrix} \tag{6-111}$$

其中，$c_{31}=-c_{13}=m\left(x_g r+v\right)-Y_{\dot{v}}v-Y_{\dot{r}}r$；$c_{32}=-c_{23}=X_{\dot{u}}u-mu$；$d_{11}=-X_u-X_{|u|u}\left|u\right|$；$d_{22}=-Y_v-Y_{|v|v}\left|v\right|-Y_{uv}u$；$d_{23}=-Y_r-Y_{ur}u-Y_{rr}\left|r\right|$；$d_{32}=-N_v-N_{|v|v}\left|v\right|-N_{uv}u$；$d_{33}=-N_r-N_{ur}u-N_{rr}\left|r\right|$；$m$ 为 AUV 的质量；$Y_{uu\sigma}$ 为 AUV 的尾翼升力系数；$N_{uu\sigma}$ 为 AUV 的尾翼升力力矩系数。其余系数则描述了 AUV 在六个自由度方向上的力及力矩系数，文献[85]阐述了其具体物理意义及数值。表 6.4 给出了本

小节 REMUS 模型用到的系数数值，由于 REMUS 的对称性结构设置，x_g, X_u，Y_v, y_r, N_v, N_r 等水动力学参数取值为 0。

表 6.4　REMUS 型号 AUV 的水动力学系数数值

参数	值	单位	参数	值	单位
m	30.48	kg	$Y_{\dot{r}}$	1.93	kg · m/rad
I_{zz}	3.45	kg · m^2	Y_{ur}	6.15	kg/rad
$X_{\|u\|u}$	–1.62	kg/m	N_{rr}	–94	kg · m^2/rad^2
$X_{\dot{u}}$	–0.93	kg	$N_{\|v\|v}$	–3.18	kg
$Y_{uu\sigma}$	9.64	kg/(m · rad)	N_{uv}	10.62	kg
$Y_{\|v\|0}$	–1310	kg/m	$N_{\dot{r}}$	1.93	kg · m
Y_{rr}	0.632	kg · m/rad^2	N_r	–4.88	kg · m^2/rad
Y_{uv}	–28.6	kg/m	N_{ur}	–3.93	kg · m/rad
$Y_{\dot{v}}$	–35.5	kg	$N_{uu\delta}$	–6.15	kg/rad

此外，REMUS 型号的 AUV 配备双动力驱动装置，τ_u 提供 AUV 的 OX 轴方向推进力，τ_r 提供垂直 OZ 轴方向的旋转力矩。根据前文描述的驱动饱和限制，两个方向控制输入幅度均存在上限，此处设定 $u_M = 86\text{N}$ 和 $r_M = 13.6\times\pi\times180\,\text{rad}$；AUV 的初始速度项设定 $u_0 = 1.5, v_0 = 0.5, r_0 = 0$，为了保证 AUV 航行的安全性，AUV 的速度项 $[u_t, v_t, r_t]$ 也被限制在 $[-3.3,-1,-0.5]$ 与 $[3.3,1,0.5]$ 之间。

2. 时变动力学参数

从 AUV 动力学模型矩阵式(6-107)～式(6-108)参数分析可知，影响 AUV 动力学模型的关键参数为 AUV 的质量 m。另外，AUV 的输入矩阵系数通过影响控制输入影响 AUV 动力学模型。因此，这里设定时变动力学参数包含 AUV 质量及输入矩阵系数，即 $\boldsymbol{\omega} = [m, Y_{uu\sigma}, N_{uu\sigma}]$。为了保证参数时变规律的一般性，时变参数 $m(t), Y_{uu\sigma}(t), N_{uu\sigma}(t)$ 每隔 T_{in} 从均匀分布 $U(\cdot,\cdot)$ 中采样且在下一个 T_{in} 时间步内维持不变，数学定义为

$$m(t) = \begin{cases} U(m_{\min}, m_{\max}), & \dfrac{t}{T_{\text{in}}} = k, k = 0,1,\cdots,N-1 \\ m(kT_{\text{in}}), & t \in (kT_{\text{in}}, (k+1)T_{\text{in}}) \end{cases} \tag{6-112}$$

$$Y_{uu\sigma}(t)=\begin{cases}U\left(Y_{uu\sigma\min},Y_{uu\sigma\max}\right), & \dfrac{t}{T_{\text{in}}}=k,k=0,1,\cdots,N-1,\\ Y_{uu\sigma}\left(kT_{\text{in}}\right), & t\in\left(kT_{\text{in}},(k+1)T_{\text{in}}\right)\end{cases}$$

$$N_{uu\sigma}(t)=\begin{cases}U\left(N_{uu\sigma\min},N_{uu\sigma\max}\right), & \dfrac{t}{T_{\text{in}}}=k,k=0,1,\cdots,N-1,\\ N_{uu\sigma}\left(kT_{\text{in}}\right), & t\in\left(kT_{\text{in}},(k+1)T_{\text{in}}\right)\end{cases}$$

其中，$m_{\min}=(1-\kappa)m_0$；$m_{\max}=(1+\kappa)m_0$；$Y_{uu\delta\min}=(1-\kappa)Y_{uu\delta 0}$；$Y_{uu\delta\max}=(1+\kappa)Y_{uu\delta 0}$；$N_{uu\delta\min}=(1-\kappa)N_{uu\delta 0}$；$N_{uu\delta\max}=(1+\kappa)N_{uu\delta 0}$；边界系数$\kappa=0.3$。设定标称值$m_0,Y_{uu\delta 0},N_{uu\delta 0}$与表 6.4 取值一致。在一次轨迹跟踪任务中，动力学参数的变化规律如图 6.40 所示。

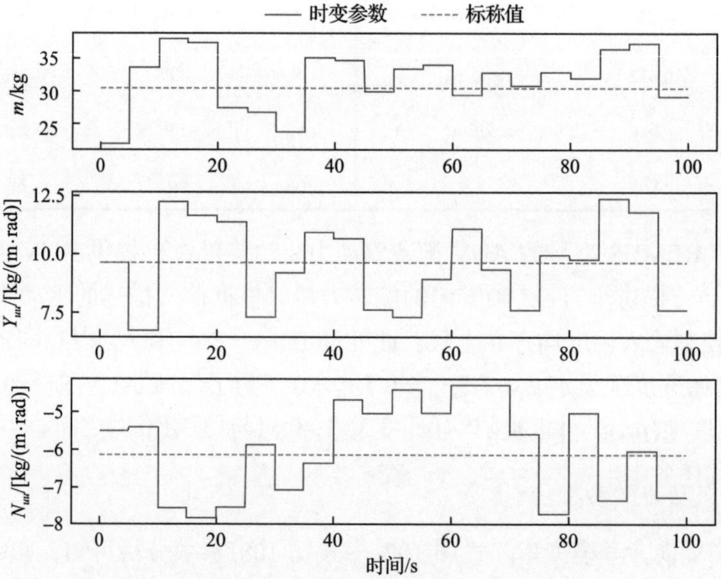

图 6.40　单次轨迹跟踪任务动力学参数变化示意

3. 目标轨迹生成方法

深海机器人的轨迹跟踪任务中，目标轨迹的形式通常是已知且较为常见的曲线类型。为了验证控制策略的泛化性，本小节考虑如下两种目标轨迹。

1) 目标轨迹 1

目标轨迹 1 是类螺旋曲线，称为 Spiral-RT。

$$x_r(t+1)=x_r(t)+T_s\cos(\theta_d(t))d_d(t) \tag{6-113}$$

$$y_r(t+1)=y_r(t)+T_s\sin(\theta_d(t))d_d(t) \tag{6-114}$$

2) 目标轨迹 2

目标轨迹 2 是根据深海机器人航行的 LOS 准则生成，称为 LOS-RT。

$$x_r(t+1)=x_r(t)+\cos(\theta(t))d(t) \tag{6-115}$$

$$y_r(t+1)=y_r(t)+\sin(\theta(t))d(t) \tag{6-116}$$

LOS-RT 的初始点定为 $\boldsymbol{d}_r(0)=(0,0),\boldsymbol{d}_r(1)=(0.1,0.1)$，目标轨迹点 $\boldsymbol{d}_r(t+1)=(x_r(t+1),y_r(t+1))$ 则由上一目标轨迹点 $\boldsymbol{d}_r(t)=(x_r(t),y_r(t))$ 与期望偏转角 $\theta(t)$ 与期望航行距离 $d(t)$ 生成，其生成机理与 LOS 准则一致。而 $\theta(t)$ 和 $d(t)$ 也是按照上述(6-112)式生成：

$$\theta(t)=\begin{cases}U(\theta_{\min},\theta_{\max}), & \dfrac{t}{T_{\text{in}}}=k,k=0,1,\cdots,N-1\\ \theta(kT_{\text{in}}), & t\in(kT_{\text{in}},(k+1)T_{\text{in}})\end{cases} \tag{6-117}$$

$$d(t)=\begin{cases}U(d_{\min},d_{\max}), & \dfrac{t}{T_{\text{in}}}=k,k=0,1,\cdots,N-1\\ d(kT_{\text{in}}), & t\in(kT_{\text{in}},(k+1)T_{\text{in}})\end{cases} \tag{6-118}$$

其中，$\theta_{\min}=-\dfrac{\pi}{120}$；$\theta_{\max}=\dfrac{\pi}{120}$；$d_{\min}=1.5$；$d_{\max}=2.5$。Spiral-RT 是很多轨迹跟踪任务中常见的目标轨迹类型，是深海任务中常见的跟踪轨迹，存在固定的螺旋收缩规律。LOS-RT 是一种不规则目标轨迹，没有确定性的轨迹变化规律，在训练和测试任务中生成的轨迹均不一样，可以用于代表一般性的不规则轨迹跟踪任务。两类目标轨迹的采样时间 $T_s=0.1\text{s}$，总控制步长 $T=1000$，故轨迹跟踪任务总时间为 100s。设定时间区间长度 $T_{\text{in}}=50\text{s}$，时间区间数目 $N=20$。

6.6.5 仿真结果实验与分析

本小节分别考虑两类二维平面目标轨迹跟踪任务，对比了 AMAML 算法与两类强化学习算法与传统控制算法的跟踪性能。

1. 实验环境与基准方法

AMAML 算法的超参数设置如表 6.5 所示，策略网络采用 Adam 优化器进行参数更新。策略网络的参数初始化设置：输入处理层的注意力机制模块参数从正态分布 $\mathcal{N}(0,0.1)$ 采样而初始化；隐藏层为双层全连接神经网络，设定神经元数目为 150，非线性激活层函数为 tanh ，输出层直接输出动作，参数从均匀分布 $U(-0.001, 0.001)$ 采样而做初始化。策略网络的输入状态均做归一化处理，使得状态信息在同一量级，保证训练的稳定性。

表 6.5　AMAML 算法的超参数设置

参数描述	参数变量	参数值
MDP 回报函数权重系数值	$[\rho_1, \rho_2, \rho_3, \rho_4]$	$[0.5, 0.5, 0.05, 0.05]$
MDP 回报函数权重矩阵值	$\boldsymbol{\Omega}$	$\mathrm{diag}[0.005, 0.005]$
外部更新学习速率	β	0.0005
内部更新学习速率	α	0.1
历史向量 $\boldsymbol{H}_k$ 维度	R^{att}	20
深度编码状态 $\boldsymbol{I}_k$ 维度	R^{ext}	20
折扣因子	γ	0.99
GAE 调节因子	λ	0.995
PPO 截断系数	ϵ	0.3
KL 散度惩罚系数	η	0.0005
外部更新总步长	L	1000
内部更新总步长	N_u	2
外部更新采样任务数	n	20
内部更新批量数	B	20
边界系数	κ	0.3
测试阶段单次更新采样轨迹数	N_s	10

本小节为了验证AMAML算法在解决时变动力学环境下的轨迹跟踪任务的有效性，选取了两类经典有效的强化学习方法：PPO 和 DDPG。PPO 算法的参数设定参考开源网站 Github 的 PPO 开源代码，DDPG 算法的策略网络和评价网络采用一致的神经网络，输入输出层以外，隐藏层均为神经元数目分别为 300 和 400 的双层神经网络，激活函数为 ReLu 函数。其他的环境与训练过程设定与 AMAML 算法保持一致。此外本小节给出了传统控制算法 NMPC 作为基准算法。NMPC 在第 t 时间步最小化如下损失函数：

$$\min_{\overline{\boldsymbol{u}}(\cdot)} J\left(\boldsymbol{x}(t), \overline{\boldsymbol{u}}(\cdot)\right) = \int_t^{t+T_p} F\left(\overline{\boldsymbol{x}}(\xi), \overline{\boldsymbol{u}}(\xi)\right) \mathrm{d}\xi \tag{6-119}$$

约束为

$$\dot{\overline{\boldsymbol{x}}}(\xi) = \boldsymbol{f}\left(\overline{\boldsymbol{x}}(\xi), \overline{\boldsymbol{u}}(\xi)\right), \quad \overline{\boldsymbol{x}}(t) = \boldsymbol{x}(t) \tag{6-120}$$

$$\boldsymbol{u}_{\min} \leqslant \overline{\boldsymbol{u}}(\xi) \leqslant \boldsymbol{u}_{\max}, \quad \forall \xi \in [t, t+T_c]$$

$$\overline{\boldsymbol{u}}(\xi) = \overline{\boldsymbol{u}}(t+T_c), \quad \forall \xi \in [t+T_c, t+T_p]$$

$$\boldsymbol{x}_{\min} \leqslant \overline{\boldsymbol{x}}(\xi) \leqslant \boldsymbol{x}_{\max}, \quad \forall \xi \in [t, t+T_p]$$

其中，T_p 与 T_c 表示预测和控制步长，一般 $T_p \geqslant T_c$。在深海机器人跟踪控制问题中，状态更新方程(6-120)即为深海机器人动力学模型或其变种，$\boldsymbol{x}, \overline{\boldsymbol{u}}$ 分别对应深海机器人的状态 $\left[\boldsymbol{\eta}^{\mathrm{T}}, \boldsymbol{v}^{\mathrm{T}}\right]^{\mathrm{T}}$ 及控制输入 $\boldsymbol{\tau}$，损失函数 F 则对应式(6-84)。其他的状态和动作约束信息，此处不再重复赘述。NMPC 控制器的实现利用了 MATLAB R2019a 的 nlmpc 模块。

强化学习系列算法均分为训练和测试两个阶段，对于 Spiral-RT，训练和测试阶段目标轨迹相同，动力学参数变化规律不同；对于 LOS-RT，训练和测试阶段目标轨迹和动力学参数变化规律均不相同。测试阶段，智能体与环境交互，采样 N_s 条轨迹执行一次参数更新。

2. 轨迹跟踪实验结果及分析

1) 目标轨迹 Spiral-RT 的跟踪实验结果

图 6.41 给出了 AMAML 与两类传统强化学习方法 DDPG、PPO 在目标轨迹 Spiral-RT 上的学习曲线。该曲线展示了三次独立实验的平均累计回报随策略更新步数的变化规律，每次独立实验采用了不同的随机种子对网络初始化。黑框的实验结果则展示 AMAML 在内部更新步数 $N_u = 0,1,2$ 的对比结果。图 6.42 给出了测试任务上，四类控制算法在目标轨迹 Spiral-RT 的实际跟踪效果。从学习曲线看出，针对时变动力学场景下的跟踪任务，DDPG 学习曲线抖动厉害，不能得到稳定的控制策略；PPO 则在前期短暂的抖动后收敛到较为稳定的控制策略，而本小节阐述的 AMAML 算法则取得了快速收敛且稳定的控制效果。从跟踪曲线来看，AMAML 算法取得非常高且稳定的跟踪控制性能，具备较小的累计跟踪误差；DDPG 则无法取得期望的跟踪效果，PPO 与 NMPC 需要前期的探索才能收敛到既定的目标轨迹上。

2) 目标轨迹 LOS-RT 的跟踪实验结果

为了进一步验证 AMAML 算法可以辅助 AUV 实现深海的复杂轨迹跟踪任务，本小节选用 LOS-RT 代表不规则目标轨迹。时变动力学模型配合不规则目标轨迹可以代表了 AUV 深海环境中最一般性的轨迹跟踪控制任务。图 6.43 展示了在当前设定下，PPO 算法也无法获得稳定的跟踪控制效果，呈现了先收敛后发散的学习曲线，DDPG 仍然无法得到稳定的控制策略。相反，AMAML 仍然得到稳定的训练曲线。图 6.44 给出的轨迹跟踪路线则展示 AMAML 与 NMPC 在跟踪不规则轨迹的良好跟踪效果，PPO 与 DDPG 则不能较好的完成该场景下的跟踪任务。

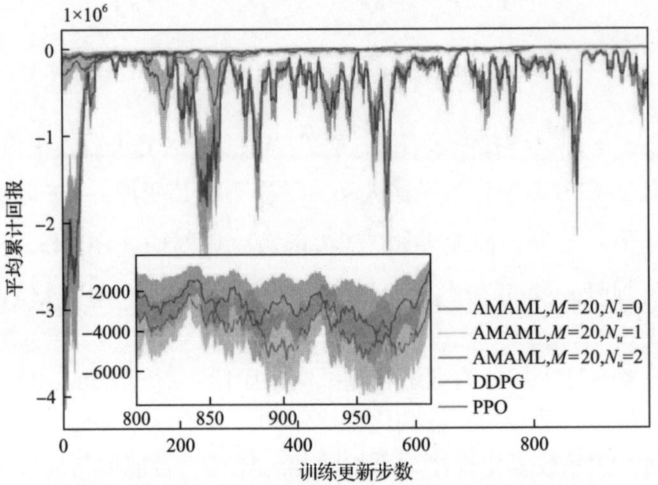

图 6.41　强化学习系列算法在 Spiral-RT 的学习曲线

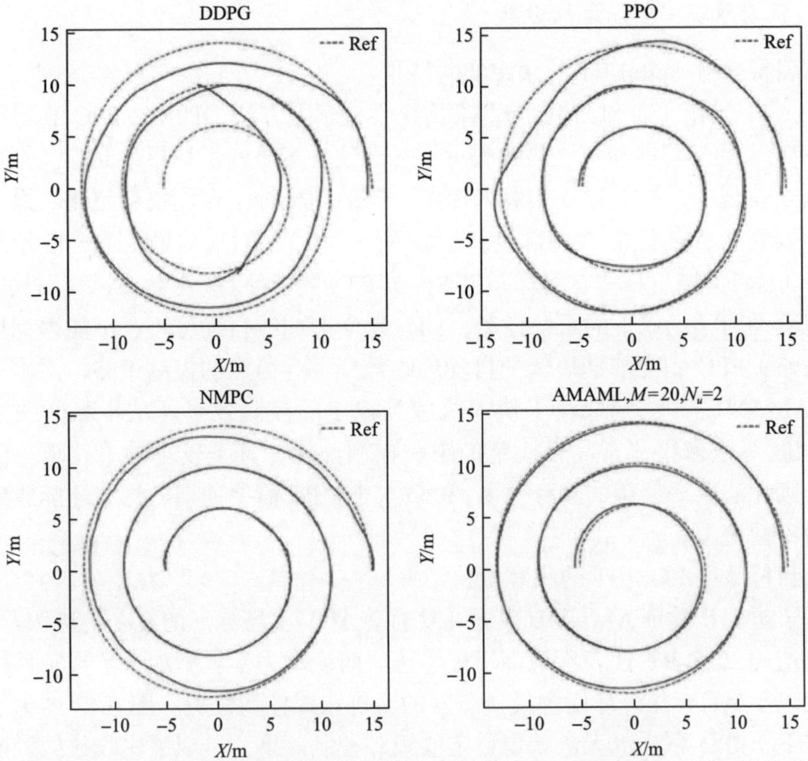

图 6.42　四类控制算法在 Spiral-RT 的轨迹跟踪效果

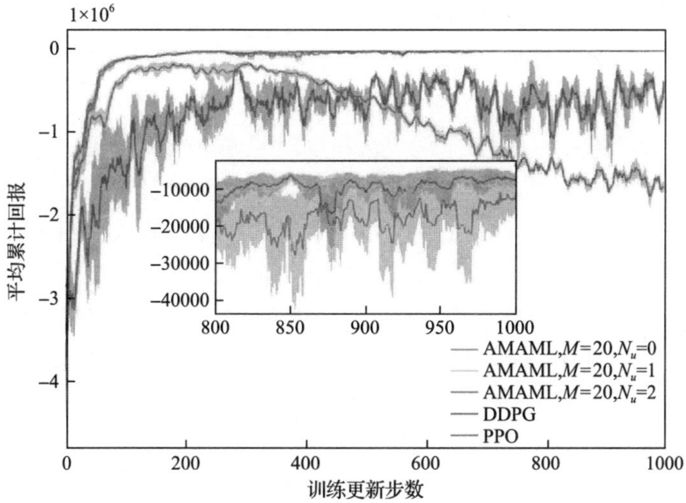

图 6.43　强化学习系列算法在 LOS-RT 的学习曲线

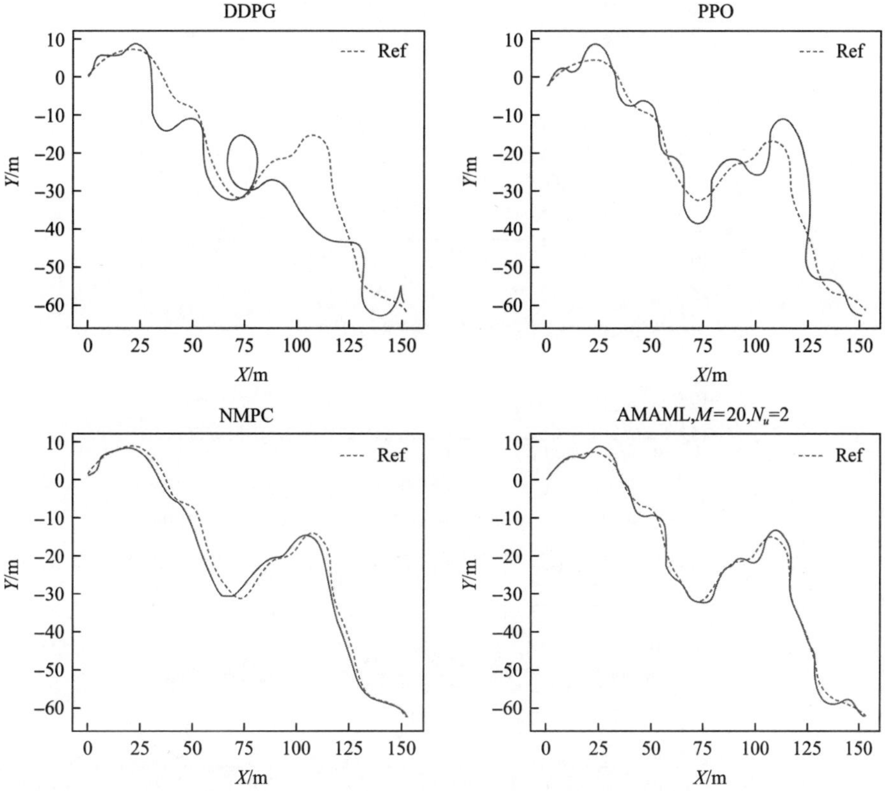

图 6.44　四类控制算法在 LOS-RT 的轨迹跟踪效果

图 6.45 给出了四类控制算法在图 6.44 的 X 轴与 Y 轴的跟踪误差，AMAML

相比 DDPG 与 PPO 具有更快的收敛速度和更小的跟踪误差；NMPC 尽管也有比较小的跟踪误差，然而其调节能力较弱，X 轴始终存在较为恒定的跟踪误差偏差无法消除，AMAML 则可以很好地消除跟踪误差偏差。此外，图 6.46 给出了四类算法下 AUV 的控制输入，从如下两点分析。第一，输入驱动饱和，可以看出 DDPG 与 PPO 是无法成功学习到有效的控制输入范围，一直触发输入边界，图上显示控制输入信号被切顶。而 AMAML 则学习到了有效的控制输入范围，这与基于模型的 NMPC 方法类似，控制输入均稳定在输入边界内。第二，控制输入的周期性，由于动力学模型参数和目标轨迹变化规律均是周期性变化，AMAML 成功地学习到了其周期性变化规律，控制输入 $\boldsymbol{\tau}_u,\boldsymbol{\tau}_r$ 均存在一定周期性变化规律，有效地说明 AMAML 学习到了一定的动力学参数变化规律，这超越了传统强化学习算法。基于模型的控制策略 NMPC 虽然满足控制输入驱动饱和，且取得较为满意的跟踪精度，然而其控制输入并未呈现出较为清晰的周期性变化规律，这也间接证明了 AMAML 算法的有效性。

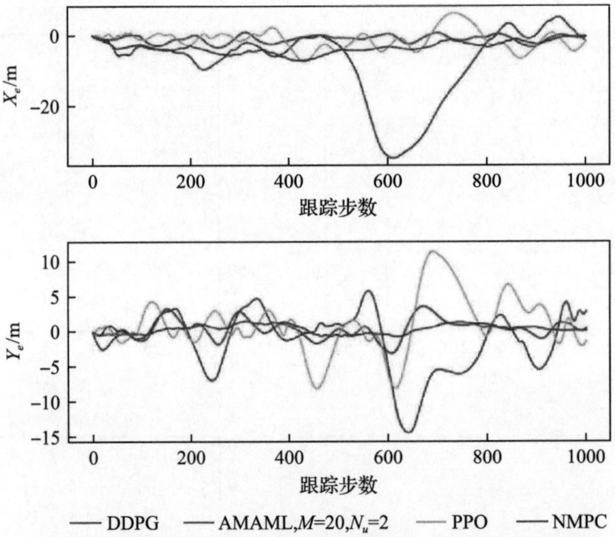

图 6.45　强化学习系列算法在 LOS-RT 上的轨迹跟踪误差

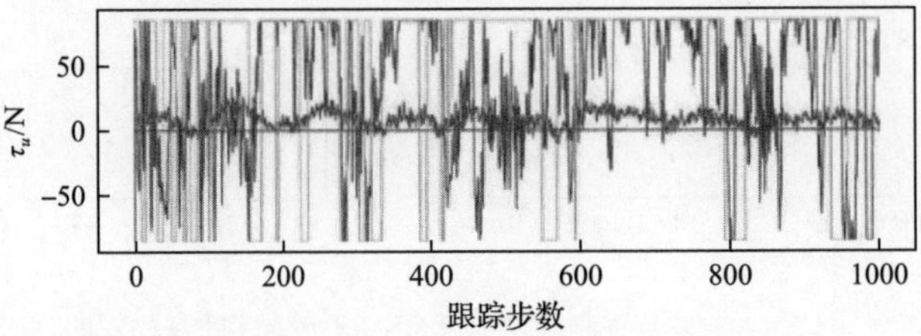

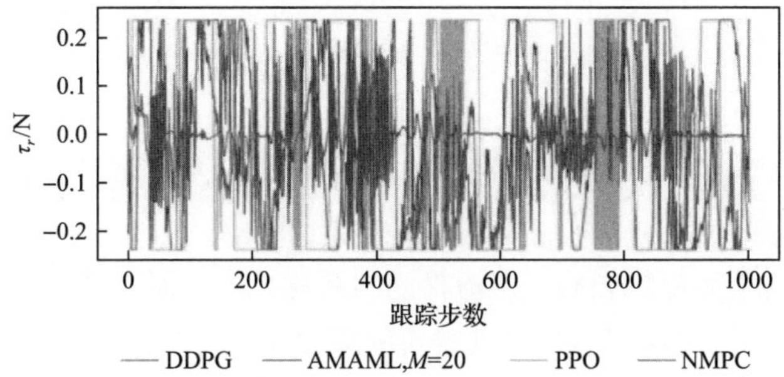

图 6.46　强化学习系列算法在 LOS-RT 的轨迹跟踪控制信号

第 7 章　深海探测与采样机器人水下试验

水下试验是全面检测和验证深海探测与采样机器人系统功能和各项性能的关键步骤，也是推动深海探测与采样机器人从实验室走向工程实际应用的重要环节。潜水器的试验通常包括水池试验、湖上试验和海上试验三个步骤，对于有缆潜水器，受支持母船布放系统的限制等原因，通常在系统完成装船联调后，可通过码头试验来代替湖上试验。因此，深海探测与采样机器人水下试验主要包括水池试验、码头试验和深海试验。为了安全、科学地完成深海试验，试验采取分阶段、由浅入深的方式逐步开展。

本章以深海探测与采样机器人的水下试验实施流程为主，结合在上海交通大学海洋工程水池进行水池试验、搭载“大洋号”科考船执行西太平洋地球物理调查航次的经历，介绍深海探测与采样机器人的水下试验情况。

7.1　水 池 试 验

水池试验是检测潜水器系统功能和性能的关键环节，相比海上试验，它具有成本低、灵活性高等优势，因此成为海洋装备检测试验不可或缺的环节。上海交通大学海洋工程水池可以模拟风浪流等各种海洋环境条件，是我国技术功能比较完备的水池。水池主尺度为 50m×30m×6m，主要装备的试验设施和仪器设备有：造波系统、消波系统、造流系统、造风系统、水深调节系统、拖车系统等，为深海探测与采样机器人的功能测试提供了良好的试验平台。图 7.1(a)展示了该试验水池的总体概貌，图 7.1(b)展示了深海探测与采样机器人水池试验瞬间。

(a) 上海交通大学海洋工程水池　　(b) 深海探测与采样机器人水池试验瞬间

图 7.1　深海探测与采样机器人水池试验

深海探测与采样机器人在进行整机下水试验之前，其各个舱体以及搭载的定位与导航系统、传感器系统、液压系统、照明与摄像系统、推进系统等都必须经过实验室单个模块和多模块组合实验验证，其中关键零部件必须通过严格的第三方测试，如，液压系统和控制舱等关键零部件必须通过 6000m 的耐压测试，电路模块和水下中控系统必须通过第三方检验测试，完成高低温、湿热和振动试验，确保各系统在大深度下具有良好的稳定性和可靠性。经第三方测试和实验室测试，各项功能验证正常后方可进入水池试验。图 7.2 展示了部分关键零部件的第三方测试图。

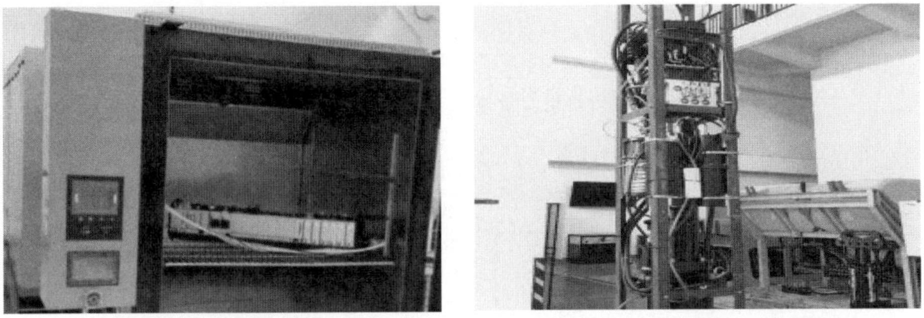

(a) 控制舱进行高低温与湿热试验　(b) 液压系统进行耐压测试

图 7.2　关键零部件通过第三方测试

项目团队在上海交通大学水下工程实验水池，对深海探测与采样机器人开展系统的水下实验测试，对重点子系统反复验证，并与实验室测试结果进行校验，核心测试过程及结果如下。

1. 定位与导航系统

水池实验中主要利用光纤惯导的艏向角、艏向角速度信息以及推进器进行深海探测与采样机器人的定向功能测试。图 7.3 展示了深海探测与采样机器人的定向性能测试情况，图中蓝色线和红色线的良好匹配表明深海探测与采样机器人在对目标艏向的跟从性和精确度方面表现优异。从而验证了惯导的艏向和艏向速度数据精度以及时效性良好，另一方面说明定位与导航系统中另一重要设备 DVL 的作用是为惯导组合导航采集提供深海探测与采样机器人对海底面的相对速度与高度信息。图 7.4 展示了水池试验实测的高度数据和对底速度数据。

2. 传感器系统

传感器系统包含多种物理化学异常检测传感器：CTD 传感器、Eh 传感器、浊度传感器和缆姿态传感器等。其中，本项目 SBE39 CTD 传感器集成了温度和深度测量功能，未配置盐度测量探头，不具备盐度测量功能。图 7.5 展示了上述相关传感器的数据采集测试试验数据。

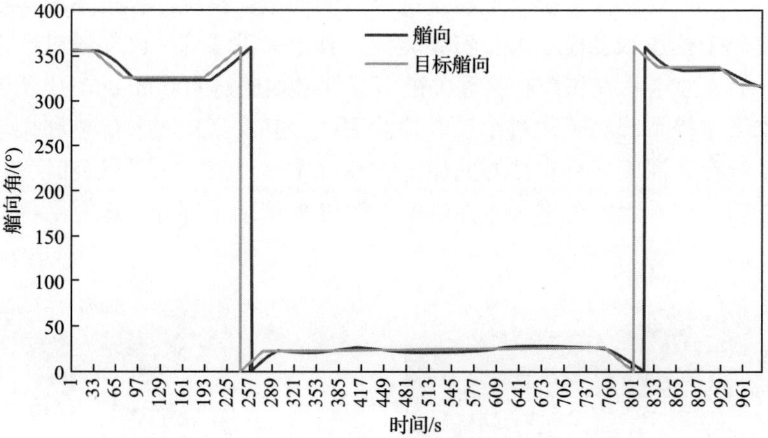

图 7.3　定向性能测试结果

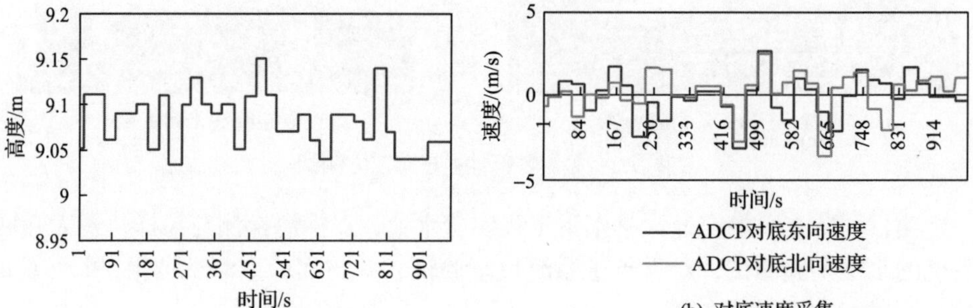

(a) 高度采集　　(b) 对底速度采集

图 7.4　导航系统测试

3. 液压系统

液压系统包括液压泵站、液压阀箱、液压补偿器、拔销以及抓斗，其中液压泵站内置电机与推进器电机为同型号电机，通过驱动器箱内电路驱动。经过陆上和水池试验证明，液压抓斗在水下能够正常工作；在岸上实验中证明，液压拔销机构能够有效释放，抓斗开合功能测试正常。

4. 推进系统与照明摄像系统

对推进系统，开展前进、后退、转向等开环动作测试，通过整定控制参数实现自动定向控制，定向控制精度误差小于 2°。对照明摄像系统开展水下拍照与摄像测试，经验证图像与影像清晰可靠。图 7.6 展示了推进系统与照明摄像系统的实际测试场景。

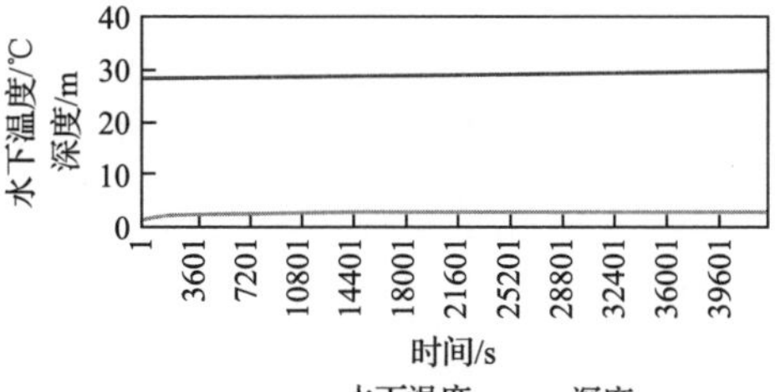

(a) CTD传感器采集测试

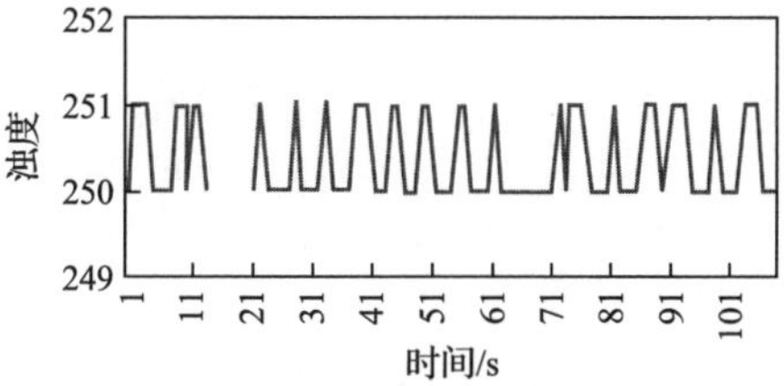

(b) 浊度传感器信号采集测试

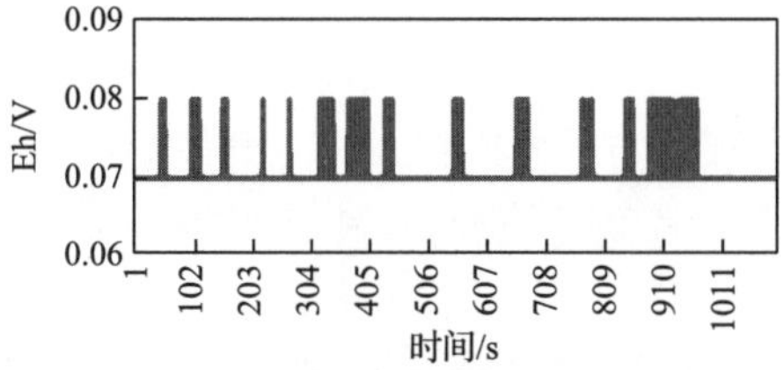

(c) Eh传感器信号采集测试

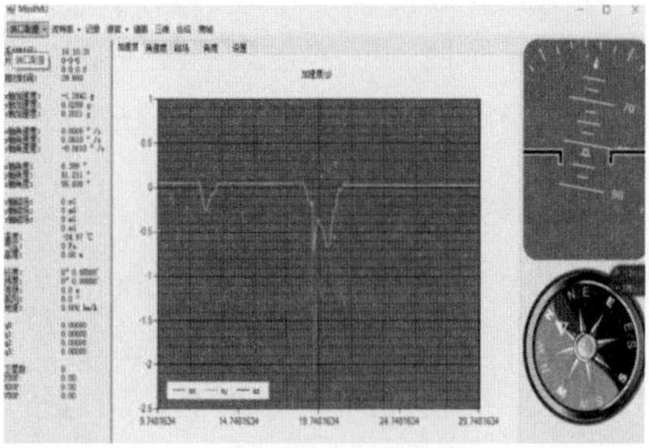

(d) 缆姿态传感器测试

图 7.5　传感器系统测试

深海探测与采样机器人整机经过了在水池中连续 8 小时的系统烤机试验，各项系统的稳定性和可靠性都得到了充分考核。

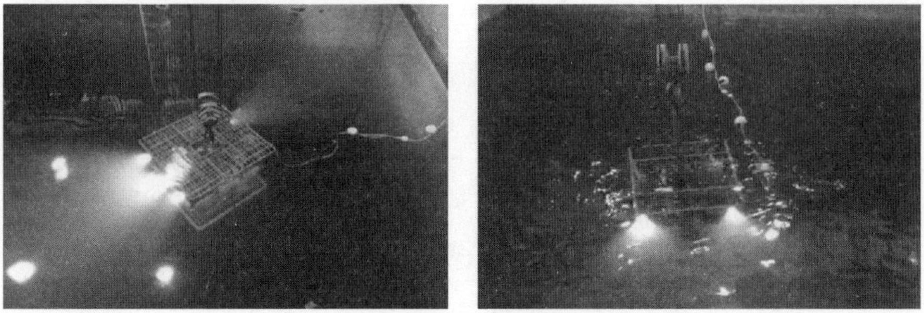

图 7.6　推进系统与照明摄像系统测试

7.2　深 海 试 验

深海试验是深海探测与采样机器人能否走向实际应用的终极考核。本节围绕深海探测与采样机器人搭载“大洋号”科考船执行西太平洋地球物理调查航次的经历，介绍深海探测与采样机器人的深海试验过程，重点分为海试准备和海试实施两个阶段。海试准备阶段重点是做好海试方案的设计和码头测试，另外还包括搭载平台设备的准备、出海人员的职责分工、应对风险的预案等。海试实施阶段包括海试选址、作业过程和成果分析。

7.2.1 海试方案

海试方案是指导深海探测与采样机器人深海试验的纲领性指导文件，需要在研发团队方和搭载平台方的共同研究协商下完成，以保证其在深海试验时的有效性和可操作性。海试方案一般包括：海试对象、海试地点与条件、海试目标、海试主要内容、海试验收考核内容及指标等。

1. 海试对象

本次海试的设备是一套6000m级的深海探测与采样机器人，主要包括：

(1) 深海探测与采样机器人本体，包括上端控制模块和下端抓斗模块；

(2) 甲板上装备，水面监控动力站。

深海探测与采样机器人本体的配置与参数见表7.1

表 7.1 深海探测与采样机器人本体基本配置与参数表

指标项	配置与参数
最大潜深/m	6000
工作半径/m	约150
有效载荷/t	0.8
主尺度/mm×mm×mm	总体尺寸：1750×1550×1700 抓斗模块：1750×1550×1050
重量/t	1.8
主轴功率/kW	15
拖曳速度/节	0.5～1
推进系统	2个主电推
系泊推力/kgf	纵向：150(前)/120(后) 侧向：90
传感器组	Eh传感器、浊度仪、深度计&高精度传感器、漏水检测、姿态传感器、电子罗盘、避碰声呐
控制功能	定向精度(精度：3°)、速度精度(精度：目标速度×5%)、定位精度(精度：航行距离×1%)

续表

指标项	配置与参数
液压系统	泵站：1 套液压泵站，12L/min、210bar，驱动抓斗 阀箱：1 个阀箱(3 路开关阀箱)
云台系统	双自由度、液压驱动
灯光与视频	2 个监视摄像头，4 个泛光 LED 灯+2 个聚光 LED 灯
高清系统	1 个高清摄像机：DeepSea P&L, HD Multi SeaCam
声学系统	避碰声呐：中国科学院声学所研制 USBL 信标：母船提供 声学多普勒流速剖面仪
用户接口	串口：2 路 Rs232+2 路 Rs485/Rs422 电源：2 路 120V 直流@3A+2 路 24V 直流@3A

2. 海试地点与条件

海试地点：西太平洋，浅水区为 2000m 左右，深水区为 4000m 以上。

海试条件：本次海试利用科考船“大洋号”平台进行验证，相关技术和海试条件的需求及满足情况如表 7.2 所示。

表 7.2　海试条件需求分析表

项目	需求	是否满足
水深	2 个试验点：3000m、5000m 级海域	满足
海流	海底流小于 1 节	满足
基本海况/气象	不大于 4 级	满足
海底环境	沙质或沉积物底质，基本平坦	满足
航速(节)(是否停航)	顶流，动力定位	满足
甲板设备(A 型架/折臂吊/绞车)	船尾 A 架、8000m 光电缆和脐带绞车	满足
网络(GPS/罗经/船姿态数据/水深)	GPS、罗经、船姿态数据、水深	满足
水下定位(超短基线/Pinger)	超短基线定位系统	满足
设备存放要求(尺寸/重量)	监控动力站要求：长 6.1m，宽 2.5m，高 2.5m 采样器本体要求：长 1.8m，宽 1.8m	满足
电源(380/220/110/直流)	380V 交流，55kW	满足

3. 海试目标

(1) 总体功能测试；

(2)水面监控动力站总体功能及中频高压电深远距离输配测试；

(3)水面、水下软件系统功能测试；

(4)水面导航软件功能测试；

(5)电控系统深水作业功能测试；

(6)本体结构深水作业性能测试；

(7)液压系统深水作业功能测试；

(8)通过海试，初步验证智能化搜索控制系统的有效性，为后期实际应用和升级积累海上应用经验和数据。

4. 海试主要内容

基于海试目标，本次海试通过浅水和深水试验验证系统功能和有效性。主要试验内容如表 7.3 所示。

表 7.3　海试内容

试验科目	试验内容	试验方法
基本功能试验	耐压结构 视频系统 推进系统 液压系统 定位与组合导航 系统信息传输系统 物理化学传感器 水面监控动力站 400Hz 供电	深海机器人直接吊放方式至预定深度，依次检查各子系统功能，回收后检查系统状态
基本航行功能	前进 后退 回转	深海机器人直接吊放至预定深度，在近海底依次完成各航行功能测试，自动记录航行数据，同步手动记录数据，分析其基本航行功能的有效性
基本自动控制	定向控制 速度控制 位置控制	深海机器人直接吊放至预定深度，在近海底依次完成各自动控制功能测试，自动记录航行数据，同步手动记录数据，分析其基本自动控制功能的有效性
抓斗功能	动作测试 应急释放	深海机器人坐底后，控制抓斗进行采样抓取测试，抓取沉积物或岩石样品

5. 海试验收考核内容及指标

基于深海探测与采样机器人项目的合同要求，以及深海探测与采样机器人的前期试验测试成果，制定海试验收考核内容及指标如表 7.4 所示。

表 7.4　海试验收考核内容及指标

考核内容	指标项	考核方式
耐压及水密性	浅水区工作正常、深水区最大负载正常	功能考核
整机基本功能有效性	基本信息传输有效 基本动力供给有效 抓斗功能有效	功能考核
主要性能指标	定位精度：航行距离×1% 运动速度精度：目标速度×5% 运动方向角度精度：≤3° 拖行速度：0.5～1 节拖航下，能够稳定工作	专项考核

7.2.2　码头测试

按照计划，“大洋号”2019 年 12 月 29 日启航，深海探测与采样机器人于 12 月 25～12 月 28 日完成装船和码头测试。码头测试是深海测试的预先演练，可以为做好深海测试打好基础。为尽快展开码头测试，研发团队与搭载平台方协商，于 12 月 25 日完成了设备装船、承重头制作、船电和绞车的布线工作，12 月 26～28 日根据安排在舟山科考码头开展码头测试。图 7.7 展示了深海探测与采样机器人吊装上船的场景，图 7.8 展示了深海探测与采样机器人码头下水测试的场景，图 7.9 展示了深海探测与采样机器人与搭载平台联调联试的场景。

图 7.7　深海探测与采样机器人吊装上船

码头测试内容包括以下两个方面。

(1) 对深海探测与采样机器人本体系统进行以下测试工作：

①承重头的拉力试验；

②深海探测与采样机器人-动力站-绞车滑环-船电的绝缘检查；

图 7.8　深海探测与采样机器人码头下水测试

图 7.9　深海探测与采样机器人与大洋号在码头联调联试

③自带 GPS 接收机在船上安装与布线连接；

④船载超短基线信号源的连接，完成了超短基线水面主机和机器人水面导航软件间的线缆连接和输出信号的测试；

⑤USBL 信标在智能深海探测与采样机器人上的搭载；

⑥监控动力站显示画面的分屏显示，将机器人系统硬盘录像机连接至船网，并在绞车操作室通过硬盘录像机客户端进行连接观看，将水面监控软件画面(包含深海探测与采样机器人深度、高度信息)通过 KVM 机器连接至绞车操作室。

(2)对监控动力站和深海探测与采样机器人上电联调联试，确保系统功能正常。

7.2.3　作业过程

1. 海试选址

根据海试方案的要求，结合“大洋号”行进路线，依据由浅入深的基本原则，分阶段完成深海探测与采样机器人的海试。在开展深海探测与采样机器人试验前的地球物理调查中通过多波束以及浅剖仪进行多次海底剖面扫掠，选取出深度、地质、斜度合适的站点。在海底测量中发现两处站位深度分别满足 3000m 级和 5000m 级海上测试条件，选取两处为深海探测与采样机器人的预定作业站点，如图 7.10 所示。

(1)3000m 级水深区域 T1 点：在海脊斜坡处选取坡度小于 20°的区域，进行深海探测与采样机器人 2000～3000m 阶段功能试验。

(2) 5000m 级水深区域 T2 点：在海底盆地区域，进行 4000～5000m 阶段功能试验。

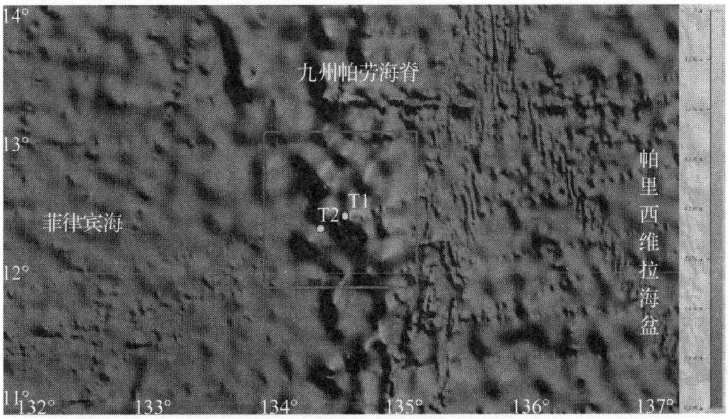

图 7.10　西太作业区域位置示意

2. 海试作业

根据气候条件和前期工作基础与计划安排，“大洋号”于 2020 年 1 月 16 日和 18 日分别到达两个预定站点，深海探测与采样机器人按照海试计划开启执行海试任务，作业过程如下。

(1) 检查机器人密封性，检查机器人搭载设备以及水密接插件紧固程度，测量补偿器油位并记录、标记。填写“机器人作业前后检查记录”“补偿器记录表”。

(2) 通过万米光电缆给机器人本体供电，实测表明所有传感器、惯导、罗盘、DVL、避碰声呐、照明与摄像系统、液压系统、推进器等功能均正常，测试过程约半小时。填写“机器人作业前后检查记录”并保持机器人本体通电。

(3) 填写作业申请表，在得到作业允许后开始机器人下水，入水后开启机器人水下灯、声学设备[包含声学多普勒流速剖面仪(acoustic Doppler current profiler，ADCP)、避碰声呐]、推进器通信开关等，确认数据记录开启。

(4) 开始机器人下潜作业，保持监控动力站-驾驶台-绞车操作间-甲板作业组紧密沟通，期间记录“作业过程记录表”“运行状态记录表”。

(5) 机器人近底时加大沟通密度，以监控动力站命令为主进行小范围探测、坐底和样品抓取，之后进行机器人回收，期间记录“作业过程记录表”“运行状态记录表”。

表 7.5 和表 7.6 展示了 T1 站点和 T2 站点“作业过程记录表”中不同作业过程典型状态的记录信息，图 7.11 展示了一次典型作业过程的图像记录。

表 7.5　作业过程记录表 T1(节选)

UTC 时间	深度/m	缆长/m	低压电压/V	升沉估计/m	事件
4:28	100	120	100	—	深海探测与采样机器人功能测试正常
6:31	2515	2535	100	2.84	观测到海底
6:43	2526	2546	100	—	坐底采样
7:55	50	70	100	—	绞车切换至手动操作
8:02	0	20	100	—	回收深海探测与采样机器人至甲板

表 7.6　作业过程记录表 T2(节选)

UTC 时间	深度/m	缆长/m	低压电压/V	高压电压/V	升沉估计/m	事件
10:45	84	104	100	3000	—	深海探测与采样机器人入水，张力 1.37T
11:50	2490	2510	100	3000	—	系统测试正常，张力 4.83T
12:18	3490	3515	100	3000	4.3	系统测试正常，张力 5.96T
13:16	4330	4348	100	3000	—	坐底采样
15:17	0	20	100	3000	—	回收深海探测与采样机器人至甲板

(a) 吊起　(b) 入水　(c) 回收　(d) 落座

图 7.11　典型作业过程

7.2.4　结果分析

1. 数据记录分析

将 T1、T2 站点作业过程中的传感器数据可视化后如图 7.12 和图 7.13 所示，具体分析如下。

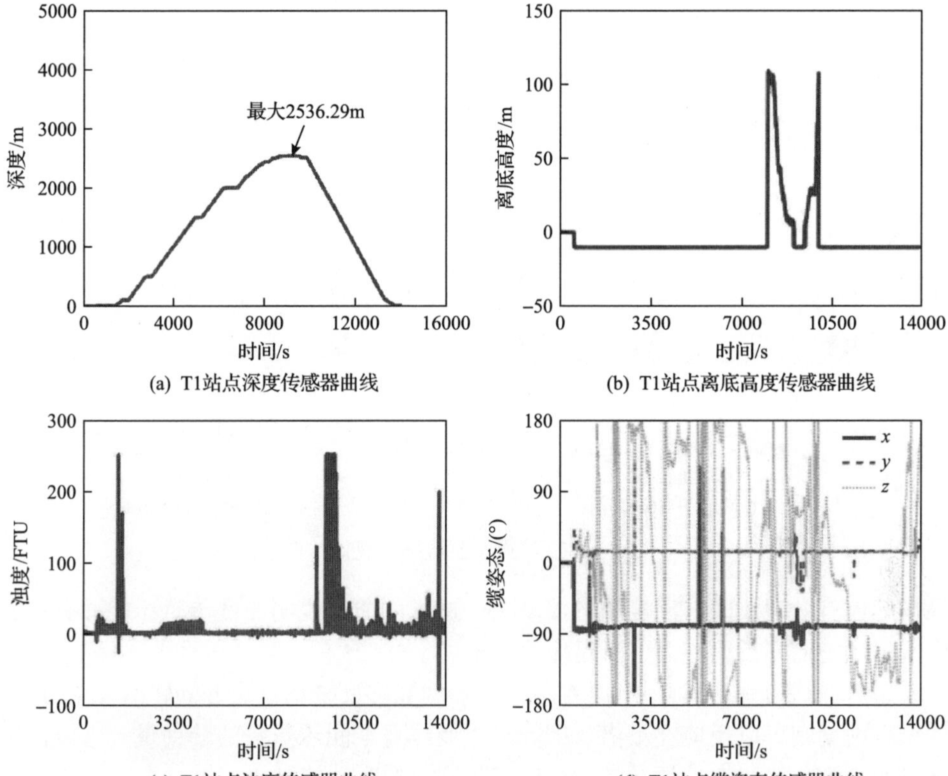

(a) T1站点深度传感器曲线　(b) T1站点离底高度传感器曲线

(c) T1站点浊度传感器曲线　(d) T1站点缆姿态传感器曲线

图 7.12　T1 站点作业数据可视化结果

(1) 深度传感器能够准确记录下潜过程的深度信息，能够观察到下潜过程中曲线存在几个由系统测试停留形成的深度阶梯。

(2) 在 ADCP 高度的信息中可以观察到高度最低值的横坐标与深度最高值的横坐标对应，说明 ADCP 的高度信息准确并且可以观察到其最大测量高度为 100m 左右，符合作业需求。

(3) 从浊度仪的曲线中可以观察到三个峰值，分别对应入水期间由于水-气分界面(即水花)导致的浊度升高、坐底作业期间水下沉积物扬起造成的浊度升高以及出水期间由于水-气分界面导致的浊度升高，在回收过程中由升沉运动导致的样

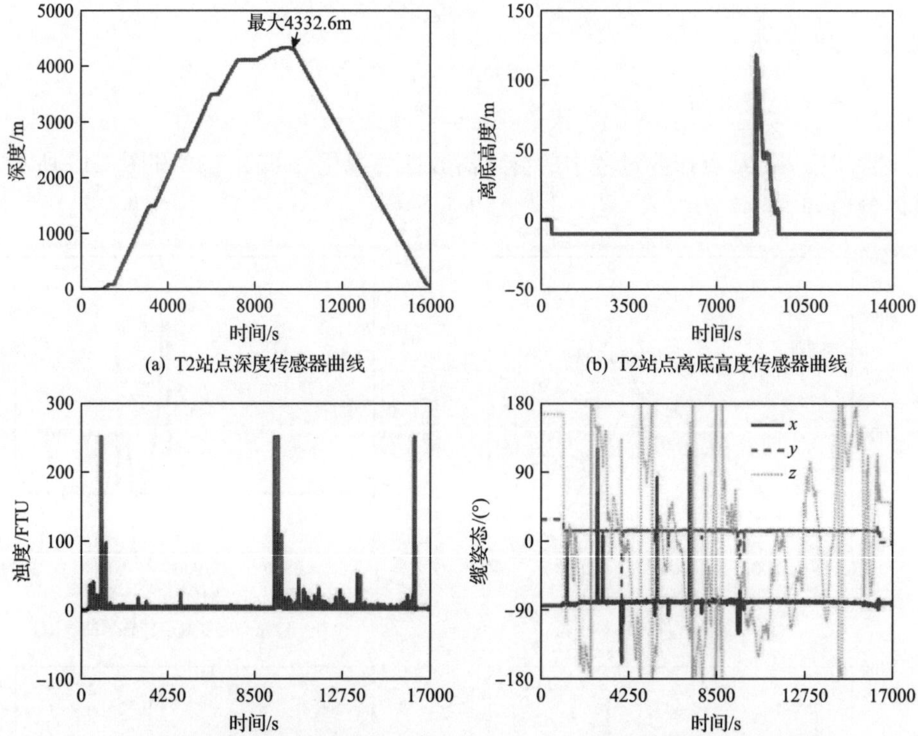

(a) T2站点深度传感器曲线　(b) T2站点离底高度传感器曲线

(c) T2站点浊度传感器曲线　(d) T2站点缆姿态传感器曲线

图 7.13　T2 站点作业数据可视化结果

品扬起也有效地反映在浊度值的波动上。这样的曲线说明浊度传感器能够有效反应水下环境的光投射能力，满足作业需求。

(4) 从缆姿态传感器中可以看到 X 轴角度能够反映承重头处的转圈现象，其余两个自由度则可以反应在下潜、回收，以及作业期间承重头的转动量，可以供水下作业时判断缆姿态是否异常，为缆控机器人的运动控制研究提供重要信息。

将 T1、T2 站点作业过程中的机器人本体的姿态数据可视化后如图 7.14 和图 7.15 所示，具体分析如下。

1) 光纤惯导能够有效地反应机器人本体的姿态变化，表现为艏向由于铠装缆释放扭矩而持续变化。

2) 横倾和纵倾在下潜过程中由于深沉运动耦合出现波动，在坐底时由于海底斜度出现大角度横倾。

综上分析可见，惯导系统满足使用要求。

2. 样品分析

深海探测与采样机器人在西太平洋海试期间经过两个站位的试验，总共抓取样品两次。其中，T1 站位抓取样品为沙质海底土壤、钙质样品，如图 7.16 所示；T2 站位抓取样品为深海沉积物、岩石样品，如图 7.17 所示。

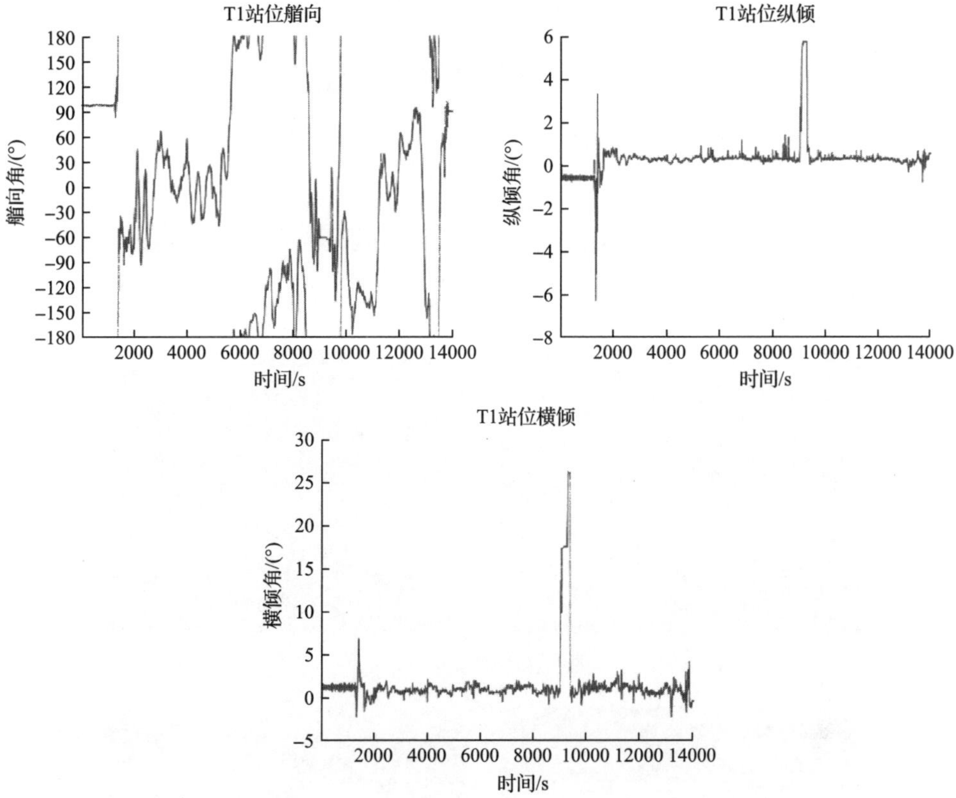

图 7.14　T1 站位深海探测与采样机器人本体姿态

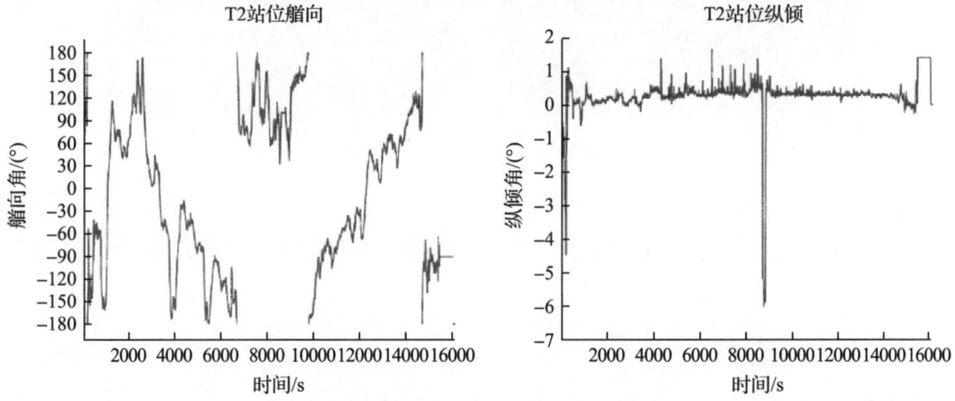

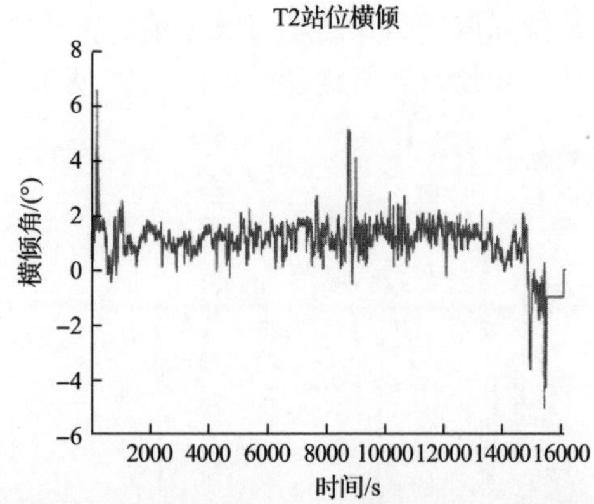

图 7.15　T2 站位深海探测与采样机器人本体姿态

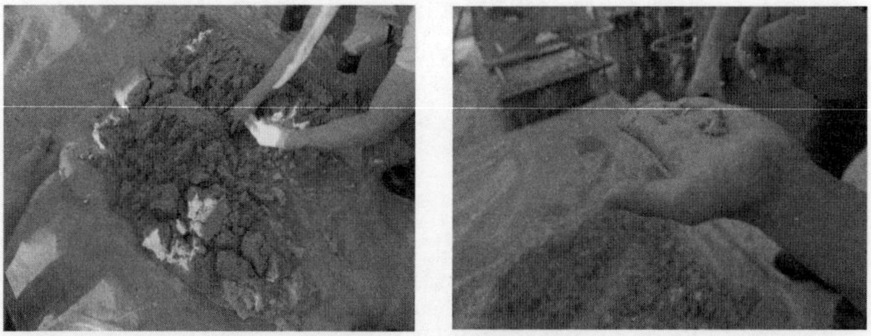

图 7.16　T1 站位样品

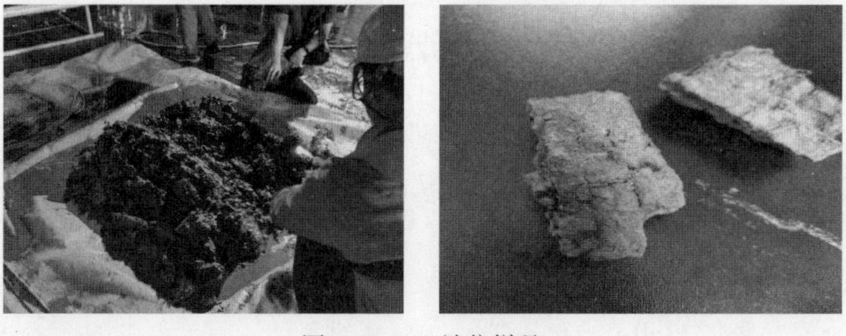

图 7.17　T2 站位样品

通过抓取样品结果分析可见，深海探测与采样机器人具有抓取多种样品的能力，抓斗模块与液压系统配合良好，咬合力达标且在关闭抓取阀门后能够保持关闭压紧状态至甲板，满足深海作业需求。

3. 动力站性能分析

将作业过程中的“运行状态记录表”中水面动力站数据可视化，如图 7.18 所示。从动力站参数变化中可以观察到，绝缘值 LIM 始终保持在 5MΩ 以上，高低压电压、电流稳定且低压电流偏低，说明动力站工作状态良好、运行稳定，与铠装缆配合良好。

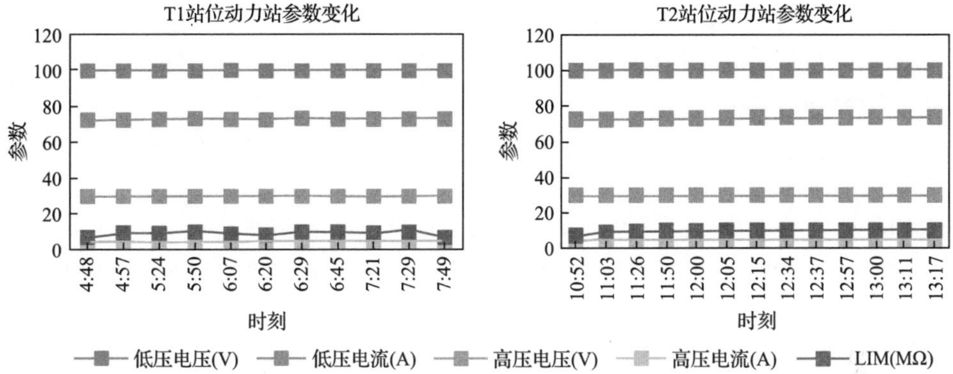

图 7.18　T1 和 T2 站点动力站状态数据可视化

7.2.5　海试总结

深海探测与采样机器人通过在西太平洋海底的小范围自主移动探测和自主采样作业，验证了其总体技术性能，具体表现情况如下：

(1) 总体结构设计良好，满足海上应用要求；

(2) 机器人系统性能稳定，下水试验取得圆满成功；

(3) 机器人本体各分舱以及液压系统的水密性能良好；

(4) 机器人控制系统的软硬件在深海环境中保持控制精度和稳定性；

(5) 机器人系统高压供电系统长时间负载运行保持了性能稳定；

(6) 视频采集系统、传感器系统传输实时性强、效率高、稳定性好；

(7) 机器人抓斗模块的抓取作业实现了自主、高效、稳定。

参 考 文 献

[1] Jamieson J W, Petersen S, Bach W, et al. Hydrothermalism, Encyclopedia of Marine Geosciences. Berlin:Springer, 2016.

[2] Hannington M, Jamieson J W, Monecke T, et al. The abundance of seafloor massive sulfide deposits. Geology, 2011, 39(12): 1155-1158.

[3] Allen C M, Simpson J H, Carson R M. The structure and variability of shelf sea fronts as observed by an undulating CTD system (Conductivity and Temperature Detector). Oceanologica Acta, 1980, 3: 59-68.

[4] Murayama Y, Tsuchiya K, Morii A.Development of titanium alloy wire-armored electromechanical deepsea cable. Proceedings of Oceans, 1991, 1: 150-160.

[5] 裴轶群, 李英辉. 二级深拖系统的瞬态仿真及升沉补偿. 上海交通大学学报, 2011, 45(4): 581-584.

[6] Shirayama Y. Respiration rates of bathyal meiobenthos collected using a deep-sea submersible SHINKAI 2000. Deep Sea Research Part A: Oceanographic Research Papers, 1992, 39(5): 781-788.

[7] Kraegefsky S.Sea trials of the towed undulating vehicle triaxus.Berichte zur Polar und Meeresforschung, 2014, 683: 67-69.

[8] Bettina M, Rolf K.Possible transport pathway of diazotrophic trichodesmium by Agulhas Leakage from the Indian into the Atlantic Ocean. Scientific Reports, 2024, 14(1): 2906.

[9] 周建平, 陶春辉, 金翔龙, 等. 集成深拖与AUV对洋中脊热液喷口的联合探测. 热带海洋学报, 2011, 30(5): 81-87.

[10] 王苗苗, 顾玉民, 杨帆. 海底可视技术在大洋科考中的应用和发展趋势. 海洋技术, 2012, 31(1): 115-118.

[11] 程振波, 吴永华, 石丰登, 等. 深海新型取样仪器-电视抓斗及使用方法. 海岸工程, 2011, 30(1): 51-54.

[12] Newman J B, Stakes D.Tiburon: Development of an ROV for ocean science research. IEEE OCEANS'94, 1994, 2: 483-488.

[13] Mikagawa T, Fukui T. 10000-meter class deep sea ROV KAIKO and underwater operations. Proceedings of the 9th International Offshore and Polar Engineering Conference, 1999: 388-394.

[14] Zumberge M A, Sasagawa G S, Spiess F N.Advanced tethered vehicle activation project. La Jolla: Scripps Institution of Oceanography, 2006.

[15] Yoerger D, Newman J, Slotine J J. Supervisory control system for the Jason ROV. IEEE Journal

of Oceanic Engineering, 1986, 11(3): 392-400.

[16] 高艳波，李慧青，柴玉萍，等. 深海高技术发展现状及趋势. 海洋技术，2010，29(3): 119-124.

[17] Smith G. Development of a 5000 meter remote operated vehicle for marine research. IEEE OCEANS'87, 1987: 1254-1259.

[18] 中国21世纪议程管理中心，国家海洋技术中心. 海洋高技术进展2009. 北京：海洋出版社，2010.

[19] 彭学伦. 水下机器人的研究现状与发展趋势. 机器人技术与应用, 2004,(4): 44-47.

[20] 许竞克，王佑君，侯宝科，等. ROV 的研发现状及发展趋势. 四川兵工学报，2011，32(4): 71-74.

[21] Burian E, Yoerger D, Bradley A, et al. Gradient search with autonomous underwater vehicles using scalar measurements. Proceedings of Symposium on Autonomous Underwater Vehicle Technology, IEEE, 1996: 86-98.

[22] Ai X, You K, Song S. A source-seeking strategy for an autonomous underwater vehicle via on-line field estimation. International Conference on Control, Automation, Robotics and Vision, IEEE, 2016: 1-6.

[23] Mayhew C G, Sanfelice R G, Teel A R. Robust source-seeking hybrid controllers for nonholonomic vehicles. 2008 American Control Conference, IEEE, 2008: 2722-2727.

[24] Azuma S I, Sakar M S, Pappas G J. Stochastic source seeking by mobile robots. IEEE Transactions on Automatic Control, 2012, 57(9): 2308-2321.

[25] Matveev A S, Teimoori H, Savkin A V. Navigation of a unicycle-like mobile robot for environmental extremum seeking. Automatica, 2011, 47(1): 85-91.

[26] Zhang C, Arnold D, Ghods N, et al. Source seeking with non-holonomic unicycle without position measurement and with tuning of forward velocity. Systems & Control Letters, 2007, 56(3): 245-252.

[27] Zhang C, Siranosian A, Krstic M. Extremum seeking for moderately unstable systems and for autonomous vehicle target tracking without position measurements. Automatica, 2007, 43 (10): 1832-1839.

[28] Cochran J, Krstic M. Nonholonomic source seeking with tuning of angular velocity. IEEE Transactions on Automatic Control, 2009, 54(4): 717-731.

[29] Lin J, Song S, You K, et al. Stochastic source seeking with forward and angular velocity regulation. Automatica, 2017, 83: 378-386.

[30] Frihauf P, Krstic M, Basar T. Nash equilibrium seeking in noncooperative games. IEEE Transactions on Automatic Control, 2011, 57(5): 1192-1207.

[31] Michaelides M P, Panayiotou C G. Plume source position estimation using sensor networks.

Proceedings of the 2005 IEEE International Symposium on Mediterrean Conference on Control and Automation Intelligent Control, IEEE, 2005: 731-736.

[32] Kuang X, Shao H. Maximum likelihood localization algorithm using wireless sensor networks. First International Conference on Innovative Computing Information and Control, IEEE, 2006: 263-266.

[33] Langer K. A guide to sensor design for land mine detection. EUREL International Conference of the Detection of Abandoned Land Mines: A Humanitarian Imperative Seeking a Technical Solution, IET, 1996: 30-32.

[34] 孟庆浩, 李飞. 主动嗅觉研究现状. 机器人, 2006, 28(1): 89-96.

[35] Rozas R, Morales J, Vega D. Artificial smell detection for robotic navigation. Fifth International Conference on Advanced Robotics' Robots in Unstructured Environments, IEEE, 1991: 1730-1733.

[36] Genovese V, Dario P, Magni R, et al. Self organizing behavior and swarm intelligence in a pack of mobile miniature robots in search of pollutants. Proceedings of the IEEE/RSJ International Conference on Intelligent Robots and Systems, IEEE, 1992: 1575-1582.

[37] Russell R A. Robotic location of underground chemical sources. Robotica, 2004, 22(1): 109-115.

[38] Moriizumi T, Ishida H. Robotic systems to track chemical plumes. 2002 Conference on Optoelectronic and Microelectronic Materials and Devices, IEEE, 2002: 537-540.

[39] Itti L, Koch C. A saliency-based search mechanism for overt and covert shifts of visual attention. Vision Research, 2000, 40(10-12): 1489-1506.

[40] Teimoori H, Savkin A V. Equiangular navigation and guidance of a wheeled mobile robot based on range-only measurements. Robotics and Autonomous Systems, 2010, 58(2): 203-215.

[41] Hayes A T, Martinoli A, Goodman R M. Distributed odor source localization. IEEE Sensors Journal, 2002, 2(3): 260-271.

[42] Russell R A, Bab-Hadiashar A, Shepherd R L, et al. A comparison of reactive robot chemotaxis algorithms. Robotics and Autonomous Systems, 2003, 45(2): 83-97.

[43] Russell R A. Chemical source location and the robomole project. Proceedings Australian Conference on Robotics and Automation, 2003: 1-6.

[44] Li W, Farrell J A, Pang S, et al. Moth-inspired chemical plume tracing on an autonomous underwater vehicle. IEEE Transactions on Robotics, 2006, 22(2): 292-307.

[45] Lilienthal A, Duckett T. Building gas concentration gridmaps with a mobile robot. Robotics and Autonomous Systems, 2004, 48(1): 3-16.

[46] Lilienthal A, Duckett T. Creating gas concentration gridmaps with a mobile robot. Proceedings 2003 IEEE/RSJ International Conference on Intelligent Robots and Systems, IEEE, 2003:

118-123.

[47] Loutfi A, Coradeschi S, Lilienthal A J, et al. Gas distribution mapping of multiple odour sources using a mobile robot. Robotica, 2009, 27(2): 311-319.

[48] Monroy J, Hernandez-Bennetts V, Fan H, et al. Gaden: A 3D gas dispersion simulator for mobile robot olfaction in realistic environments. Sensors, 2017, 17(7): 1479.

[49] Fan H, Hernandez-Bennetts V, Schaffernicht E, et al. Towards gas discrimination and mapping in emergency response scenarios using a mobile robot with an electronic nose. Sensors, 2019, 19(3): 685.

[50] Pang S, Farrell J A. Chemical plume source localization. IEEE Transactions on Systems Man & Cybernetics Part B Cybernetics, 2006, 36(5): 1068.

[51] Li J G, Meng Q H, Li F, et al. Mobile robot based odor source localization via particle filter. Proceedings of the 48h IEEE Conference on Decision and Control Held Jointly with 28th Chinese Control Conference, IEEE, 2009: 2984-2989.

[52] Cao X, Zhu D, Yang S X. Multi-auv target search based on bioinspired neurodynamics model in 3D underwater environments. IEEE Transactions on Neural Networks and Learning Systems, 2015, 27(11): 2364-2374.

[53] Loutfi A, Coradeschi S, Karlsson L, et al. Putting olfaction into action: Using an electronic nose on a multi-sensing mobile robot. 2004 IEEE/RSJ International Conference on Intelligent Robots and Systems, IEEE, 2004: 337-342.

[54] Ishida H, Tanaka H, Taniguchi H, et al. Mobile robot navigation using vision and olfaction to search for a gas/odor source. Autonomous Robots, 2006, 20(3): 231-238.

[55] Kowadlo G, Rawlinson D, Russell R A, et al. Bi-modal search using complementary sensing olfaction/vision for odour source localization. Proceedings 2006 IEEE International Conference on Robotics and Automation, IEEE, 2006: 2041-2046.

[56] 蒋萍, 孟庆浩, 曾明, 等. 一种新的移动机器人气体泄漏源视觉搜寻方法. 机器人, 2009, 31(5): 397-403.

[57] Li W, Li Y, Zhang J. Fuzzy color extractor based algorithm for segmenting an odor source in near shore ocean conditions. 2008 IEEE International Conference on Fuzzy Systems, IEEE, 2008: 2256-2261.

[58] Li W, Sutton J, Li Y. Integration of chemical and visual sensors for identifying an odor source in near shore ocean conditions. 2008 Seventh International Conference on Machine Learning and Applications, IEEE, 2008: 444-449.

[59] Liu Z, Abbaszadeh S. Double Q-learning for radiation source detection. Sensors, 2019, 19 (4): 960.

[60] Liu H, Zhang Z, Zhu Y, et al. Self-supervised incremental learning for sound source localization

in complex indoor environment. 2019 International Conference on Robotics and Automation, IEEE, 2019: 2599-2605.

[61] Xu W, Huang J, Wang Y, et al. Reinforcement learning-based shared control for walking-aid robot and its experimental verification. Advanced Robotics, 2015, 29(22): 1463-1481.

[62] Chen X, Fu C, Huang J. A deep Q-network for robotic odor/gas source localization: Modeling, measurement and comparative study. Measurement, 2021, 183: 109725.

[63] Hayes A T, Martinoli A, Goodman R M. Swarm robotic odor localization: Offline optimization and validation with real robots. Robotica, 2003, 21(4): 427-441.

[64] MacKay D J. Introduction to Gaussian processes. NATO ASI Series F Computer and Systems Sciences, 1998, 168:133-166.

[65] Cressie N. Statistics for Spatial Data. New Jersey: John Wiley & Sons, 1991.

[66] Cortes J. Distributed Kriged Kalman filter for spatial estimation. IEEE Transactions on Automatic Control, 2009, 54(12): 2816-2827.

[67] Martinez S. Distributed interpolation schemes for field estimation by mobile sensor networks. IEEE Transactions on Control Systems Technology, 2010, 18(2): 491-500.

[68] Huang G B, Zhu Q Y, Siew C K. Extreme learning machine: Theory and applications. Neurocomputing, 2006, 70(1): 489-501.

[69] Huang G B, Chen L, Siew C K, et al. Universal approximation using incremental constructive feedforward networks with random hidden nodes. IEEE Transactions on Neural Networks, 2006, 17(4): 879-892.

[70] Liang N Y, Huang G B, Saratchandran P, et al. A fast and accurate online sequential learning algorithm for feedforward networks. IEEE Transactions on Neural Networks, 2006, 17(6): 1411-1423.

[71] Choi J, Oh S, Horowitz R. Distributed learning and cooperative control for multi-agent systems. Automatica, 2009, 45(12): 2802-2814.

[72] Niu L, Song S, You K. A plume-tracing strategy via continuous state-action reinforcement learning. 2017 Chinese Automation Congress, IEEE, 2017: 759-764.

[73] Hu H K, Song S J, Phillip C. Plume tracing via model-free reinforcement learning method. IEEE Transactions on Neural Networks and Learning System, 2019, 30: 2515-2527.

[74] Hu H, Song S, Huang G. Self-attention-based temporary curiosity in reinforcement learning exploration. IEEE Transactions on Systems, Man, and Cybernetics: Systems, 2019, 51(9): 5773-5784.

[75] Farrell J A, Murlis J, Long X, et al. Filament-based atmospheric dispersion model to achieve short time-scale structure of odor plumes. Environmental Fluid Mechanics, 2002, 2(1): 143-169.

[76] Lin J, Song S, You K, et al. 3D velocity regulation for nonholonomic source seeking without position measurement. IEEE Transactions on Control Systems Technology, 2015, 24(2): 711-718.

[77] Matveev A S, Hoy M C, Savkin A V. 3D environmental extremum seeking navigation of a nonholonomic mobile robot. Automatica, 2014, 50(7): 1802-1815.

[78] Cochran J, Siranosian A, Ghods N, et al. 3D source seeking for underactuated vehicles without position measurement. IEEE Transactions on Robotics, 2009, 25(1): 117-129.

[79] Ghadiri-Modarres M, Mojiri M, Zangeneh H. Nonholonomic source localization in 3D environments without position measurement. IEEE Transactions on Automatic Control, 2016, 61(11): 3563-3567.

[80] Gelbert G, Moeck J P, Paschereit C O, et al. Advanced algorithms for gradient estimation in one-and two-parameter extremum seeking controllers. Journal of Process Control, 2012, 22(4): 700-709.

[81] Khalil H K. Noninear Systems. 3rded. New Jersey: Prentice-Hall, 2002.

[82] Routh E J. A treatise on the stability of a given state of motion: Particularly steady motion. Cambridge: University of Cambridge, 1877.

[83] 徐建安, 任立国, 杨立平, 等. 水下机器人广义预测控制算法及能耗问题研究. 控制理论与应用, 2009, 26(10): 1148-1150.

[84] Kim J, Chung W K. Accurate and practical thruster modeling for underwater vehicles. Ocean Engineering, 2006, 33(5-6): 566-586.

[85] 王芳, 万磊, 李晔, 等. 欠驱动AUV的运动控制技术综述. 中国造船, 2010, 51(2): 227-241.

[86] Johansen T A, Fossen T I, Berge S P. Constrained nonlinear control allocation with singularity avoidance using sequential quadratic programming. IEEE Transactions on Control Systems Technology, 2004, 12(1): 211-216.

[87] Caccia M, Indiveri G, Veruggio G. Modeling and identification of open-frame variable configuration unmanned underwater vehicles. IEEE Journal of Oceanic Engineering, 2000, 25(2): 227-240.

[88] Prestero T. Verification of a six-degree of freedom simulation model for the REMUS autonomous underwater vehicle. Cambridge:Massachusetts Institute of Technology, 2001.

[89] 孙树民, 李悦. 浅谈水下定位技术的发展. 广东造船, 2006, 4: 19-24.

[90] Brosilow C, Joseph B. Techniques of Model-Based Control. New Jersey: Prentice-Hall, 2002.

[91] Sallab A E, Abdou M, Perot E, et al. Deep reinforcement learning framework for autonomous driving. Electronic Imaging, 2017, 2017(19): 70-76.

[92] Pan X, You Y, Wang Z, et al. Virtual to real reinforcement learning for autonomous driving. arXiv preprint arXiv: 1704.03952, 2017.

[93] Jaritz M, de Charette R, Toromanoff M, et al. End-to-end race driving with deep reinforcement learning. Proceedings of IEEE International Conference on Robotics and Automation, IEEE, 2018: 2070-2075.

[94] Koch W, Mancuso R, West R, et al. Reinforcement learning for UAV attitude control. ACM Transactions on Cyber-Physical Systems, 2019, 3 (2) : 1-21.

[95] Zhang B, Mao Z, Liu W, et al. Geometric reinforcement learning for path planning of UAVs. Journal of Intelligent & Robotic Systems, 2015, 77 (2) : 391-409.

[96] Imanberdiyev N, Fu C, Kayacan E, et al. Autonomous navigation of UAV by using real-time model-based reinforcement learning. Proceedings of International Conference on Control, Automation, Robotics and Vision, IEEE, 2016: 1-6.

[97] Gil C R, Calvo H, Sossa H. Learning an efficient gait cycle of a biped robot based on reinforcement learning and artificial neural networks. Applied Sciences, 2019, 9 (3) : 502.

[98] Wu W, Gao L. Posture self-stabilizer of a biped robot based on training platform and reinforcement learning. Robotics and Autonomous Systems, 2017, 98: 42-55.

[99] Lin L, Xie H, Shen L. Application of reinforcement learning to autonomous heading control for bionic underwater robots. Proceedings of IEEE International Conference on Robotics and Biomimetics, IEEE, 2009: 2486-2490.

[100] Lin L, Xie H, Zhang D, et al. Supervised neural Q-learning based motion control for bionic underwater robots. Journal of Bionic Engineering, 2010, 7: S177-S184.

[101] Frost G, Lane D M. Evaluation of Q-learning for search and inspect missions using underwater vehicles. Proceedings of Oceans-St. John's, IEEE, 2014: 1-6.

[102] Walters P, Kamalapurkar R, Voight F, et al. Online approximate optimal station keeping of a marine craft in the presence of an irrotational current. IEEE Transactions on Robotics, 2018, 34 (2) : 486-496.

[103] Leonetti M, Ahmadzadeh S R, Kormushev P. On-line learning to recover from thruster failures on autonomous underwater vehicles. Proceedings of Oceans-San Diego, IEEE, 2013: 1-6.

[104] Ahmadzadeh S R, Kormushev P, Caldwell D G. Multi-objective reinforcement learning for AUV thruster failure recovery. Proceedings of IEEE Symposium on Adaptive Dynamic Programming and Reinforcement Learning, IEEE, 2014: 1-8.

[105] Ahmadzadeh S R, Leonetti M, Carrera A, et al. Online discovery of AUV control policies to overcome thruster failures. Proceedings of IEEE International Conference on Robotics and Automation, IEEE, 2014: 6522-6528.

[106] Meger D, Higuera J C G, Xu A, et al. Learning legged swimming gaits from experience. Proceedings of IEEE International Conference on Robotics and Automation, IEEE, 2015: 2332-2338.

[107] Zhang X L, Li B, Chang J, et al. Gliding control of underwater gliding snake-like robot based on reinforcement learning. Proceedings of IEEE International Conference on CYBER Technology in Automation, Control, and Intelligent Systems, IEEE, 2018: 323-328.

[108] Fernandez-Gauna B, Osa J L, Grana M. Effect of initial conditioning of reinforcement learning agents on feedback control tasks over continuous state and action spaces. Proceedings of International Joint Conference SOCO'14-CISIS'14-ICEUTE'14, 2014: 125-133.

[109] Cui R, Yang C, Li Y, et al. Neural network based reinforcement learning control of autonomous underwater vehicles with control input saturation. Proceedings of UKACC International Conference on Control, IEEE, 2014: 50-55.

[110] Cui R, Yang C, Li Y, et al. Adaptive neural network control of AUVs with control input nonlinearities using reinforcement learning. IEEE Transactions on Systems, Man, and Cybernetics: Systems, 2017, 47(6): 1019-1029.

[111] Shi W, Song S, Wu C, et al. Multi pseudo Q-learning-based deterministic policy gradient for tracking control of autonomous underwater vehicles. IEEE Transactions on Neural Networks and Learning Systems, 2018, 30(12): 3534-3546.

[112] Shi W, Song S, Wu C. High-level tracking of autonomous underwater vehicles based on pseudo averaged Q-learning. Proceedings of IEEE International Conference on Systems, Man, and Cybernetics, IEEE, 2018: 4138-4143.

[113] Carlucho I, de Paula M, Wang S, et al. Adaptive low-level control of autonomous underwater vehicles using deep reinforcement learning. Robotics and Autonomous Systems, 2018: 71-86.

[114] Carlucho I, de Paula M, Wang S, et al. AUV position tracking control using end-to-end deep reinforcement learning. Proceedings of Oceans 2018 MTS/IEEE Charleston, IEEE, 2018: 1-8.

[115] Ai X D, You K Y, Song S J. A source-seeking strategy for an autonomous underwater vehicle via on-line field estimation. 14th International Conference on Control, Automation, Robotics and Vision, IEEE, 2016: 1-6.

[116] Fossen T I. Handbook of Marine Craft Hydrodynamics and Motion Control. New Jersey:John Wiley & Sons, 2011.

[117] Fossen T I.Marine control systems: Guidance, navigation, and control of ships, rigs and underwater vehicles. Trondheim:Marine Cybernetics, 2002.

[118] Kim D W. Tracking of REMUS autonomous underwater vehicles with actuator saturations. Automatica, 2015, 58: 15-21.

[119] Fossen T I, Pettersen K Y. On uniform semiglobal exponential stability of proportional line-of-sight guidance laws. Automatica, 2014, 50(11): 2912-2917.

[120] Refsnes J E, Sorensen A J, Pettersen K Y. Model-based output feedback control of slender-body underactuated AUVs: Theory and experiments. IEEE Transactions on Control Systems

Technology, 2008, 16(5): 930-946.

[121] Aguiar A P, Pascoal A M. Dynamic positioning and way-point tracking of underactuated AUVs in the presence of ocean currents. International Journal of Control, 2007, 80(7): 1092-1108.

[122] Fossen T I, Breivik M, Skjetne R. Line-of-sight path following of underactuated marine craft. Proceedings of the 6th IFAC MCMC, 2003: 244-249.

[123] Guo J, Chiu F C, Huang C C. Design of a sliding mode fuzzy controller for the guidance and control of an autonomous underwater vehicle. Ocean Engineering, 2003, 30(16): 2137-2155.

[124] Healey A J, Lienard D. Multivariable sliding mode control for autonomous diving and steering of unmanned underwater vehicles. IEEE Journal of Oceanic Engineering, 1993, 18(3): 327-339.

[125] Silvestre C, Pascoal A. Control of the Infante AUV using gain scheduled static output feedback. Control Engineering Practice, 2004, 12(12): 1501-1509.

[126] Fossen T I. Guidance and Control of Ocean Vehicles. New Jersey: John Wiley & Sons, 1994.

[127] Zheng H, Negenborn R R, Lodewijks G. Trajectory tracking of autonomous vessels using model predictive control. IFAC Proceedings Volumes, 2014, 47(3): 8812-8818.

[128] Wu H, Song S, You K, et al. Depth control of model-free AUVs via reinforcement learning. IEEE Transactions on Systems, Mans, Cybernetics: Systems, 2019, 49(12): 2499-2510.

[129] Wu H, Song S, You K, et al. Neural-network-based deterministic policy gradient for depth control of AUVs. 2017 Chinese Automation Congress, IEEE, 2017: 839-844.

[130] Silver D, Lever G, Heess N, et al. Deterministic policy gradient algorithms. Proceedings of International Conference on Machine Learning, 2014: 50-55.

[131] Bertsekas D P, Tsitsiklis J N, Volgenant A. Neuro-dynamic programming. Encyclopedia of Optimization, 1996, 27(6): 1687-1692.

[132] Tadic V. On the convergence of temporal-difference learning with linear function approximation. Machine Learning, 2001, 42(3): 241-267.

[133] Maei H R, Szepesvari C, Bhatnagar S, et al. Convergent temporal-difference learning with arbitrary smooth function approximation. Proceedings of Advances in Neural Information Processing Systems, 2009: 1204-1212.

[134] Mnih V, Kavukcuoglu K, Silver D, et al. Human-level control through deep reinforcement learning. Nature, 2015, 518(7540): 529-533.

[135] Young P C, Willems J. An approach to the linear multivariable servomechanism problem. International Journal of Control, 1972, 15(5): 961-979.

[136] Khodayari M H, Balochian S. Modeling and control of autonomous underwater vehicle (AUV) in heading and depth attitude via self-adaptive fuzzy PID controller. Journal of Marine Science and Technology, 2015, 20(3): 559-578.

[137] Sutton G J, Bitmead R R. Performance and computational implementation of nonlinear model predictive control on a submarine. Proceedings of Nonlinear Model Predictive Control, 2000: 461-472.

[138] Wu H, Song S, Hsu Y, et al. End-to-end sensorimotor control problems of AUVs with deep reinforcement learning. 2019 IEEE/RSJ International Conference on Intelligent Robots and Systems, IEEE, 2019: 5869-5874.

[139] Bacon P L, Harb J, Precup D. The option-critic architecture. Proceedings of AAAI Conference on Artificial Intelligence, 2017: 1726-1734.

[140] Jiang P, Song S, Huang G. Attention-based meta-reinforcement learning for tracking control of AUV with time-varying dynamics. IEEE Transactions on Neural Networks and Learning Systems, 2021, 33(11): 6388-6401.

[141] Roy S, Shome S, Nandy S, et al. Trajectory following control of AUV: A robust approach. Journal of the Institution of Engineers: Series C, 2013, 94(3): 253-265.